军队院校"2110工程"建设项目

# 实用泛函分析基础

## Fundamental to Practical Functional Analysis

时　宝　王兴平　盖明久　编著

国防工业出版社
National Defense Industry Press

·北京·

# 内 容 简 介

本书在读者已有微积分、线性代数和矩阵分析等基础知识的基础上简明实用地介绍了泛函分析的基础理论及其应用。全书内容共分为 7 章：第 1 章介绍集论基础知识；第 2 章介绍度量空间的基本概念及其重要性质；第 3 章介绍赋范线性空间的基本概念，重点介绍了有界线性算子和泛函的基本知识；第 4 章介绍 Banach 空间理论的基本定理，重点介绍了 Hahn-Banach 定理和共鸣定理，以及弱收敛和全连续算子的基本概念及性质，最后介绍线性算子谱的基本概念和理论基础；第 5 章介绍内积空间和规范正交集的基本概念和基本理论；第 6 章重点介绍几个基本的不动点定理及其重要的应用；第 7 章介绍非线性泛函分析基础，主要包括测度和 Lebesgue 积分，以及非线性算子的概念，比较详细地介绍了 Banach 空间中的微积分理论基础及应用，最后介绍了锥的概念。

本书可供高等院校数学类专业高年级学生、理工专业硕士/博士研究生学习使用，也可供高校教师在教学和科研中参考使用。

**图书在版编目（CIP）数据**

实用泛函分析基础/时宝, 王兴平, 盖明久编著.
-- 北京: 国防工业出版社, 2016.5
ISBN 978-7-118-10910-8

Ⅰ.①实… Ⅱ.①时… ②王… ③盖… Ⅲ.①泛函分析
Ⅳ.①O177

中国版本图书馆 CIP 数据核字（2016）第 113876 号

※

*国防工业出版社*出版发行
（北京市海淀区紫竹院南路 23 号　邮政编码 100048）
三河市众誉天成印务有限公司印刷
新华书店经售
*

开本 710×1000　1/16　印张 18¼　字数 323 千字
2016 年 5 月第 1 版第 1 次印刷　印数 1—3000 册　定价 48.00 元

# 前　言

　　抽象化是现代数学的主要特征之一. 这种特征最初是受到了两大因素的推动.

　　一个是 19 世纪末由 G. Cantor[①] 所创立的被誉为 19 世纪最伟大的数学创造的集论, 由于结果太惊人, 连他本人都讲: "我看到了, 但是我不能相信它" 最初 G. Cantor 的工作, 遭到许多数学家的反对, 包括 L. Kronecker[②], F. Klein[③] 和 J. Poincaré[④] 等, 但到 20 世纪初, 这一新的理论在数学中的作用越来越明显, 并作为一种普遍的语言进入数学的不同领域, 同时引起了数学中基本概念的深刻变革.

　　另一个是 D. Hilbert[⑤] 在 1899 年提出的对 20 世纪以后的数学有深刻影响的第一个完备的公理体系, 他是一个乐观主义的数学家, 他说: "我们必须知道, 我们必将知道". 虽然 Euclid[⑥] 已用公理化方法总结了古人的几何知识, 但他的公理体系不是完备的. 与以往相比, D. Hilbert 的公理化方法具有两个本质的飞跃: 首先是在几何对象上达到了更深刻的抽象; 其次是考虑了各公理间的相互关系, 明确了对公理体系的基本逻辑要求, 即相容性、独立性和完备性.

---

　　① Georg Ferdinand Ludwig Philipp Cantor (1845.03.03—1918.01.06), 德国人.

　　② Leopold Kronecker (1823.12.07—1891.12.29), 德国人.

　　③ Felix Christian Klein (1849.04.25—1925.06.22), 德国人.

　　④ Jules Henri Poincaré (1854.04.29—1912.07.17), 德国人, 称为 "对于数学和它的应用具有全面知识的最后一个人".

　　⑤ David Hilbert (1862.01.23—1943.02.14), 德国人, 有 "数学无冕之王" 之称.

　　⑥ Euclid of Alexandria (公元前 325—公元前 265), 古希腊三大数学巨人之一, 称为 "几何学之父".

集论观点和公理化方法在 20 世纪逐渐成为数学抽象的典范, 它们相互结合将数学的发展引向了高度抽象的道路. 从而导致了包括泛函分析在内的具有标志性的抽象分支的崛兴.

关于泛函的抽象理论的研究是在 19 世纪末 20 世纪初首先由 V. Volterra[①] 和 J. Hadamard[②] 在变分法的研究中开创的, "泛函" 这个名称就是由 J. Hadamard 首先采用的, 而 V. Volterra 称泛函为线函数, 即曲线的函数.

泛函分析之所以能迅速发展成为独立的学科, 乃是由于数学史上发生的几件大事.

1. 分析学中问题的类似

人们发现代数学、几何学和分析学中不同领域中的许多概念和方法常常存在惊人的相似之处. 例如, 代数方程求根和微分方程求解都可应用逐次逼近法, 并且解的存在和唯一性条件也极相似. 这种相似在积分方程中表现得就更为突出了. 例如, E. Fredholm[③] 的重要工作主要在积分方程和谱理论方面, 创造了一种优美的方法处理某类特殊的线性积分方程, 揭示了线性积分方程与线性代数方程组之间的相似性, 即把线性积分方程看成 "无限维" 的线性代数方程组. 随后, D. Hilbert 和 E. Hellinger[④] 在 1912 年开创了 "Hilbert 序列空间 $\ell^2$" 的研究, 这应该是史上第一个具体的无限维空间. 到 20 世纪 20 年代, E. Schmidt[⑤] 和 J. von Neumann[⑥] 进一步研究并正式确立了 Hilbert 空间概念.

S. Banach[⑦] 奠定了现代泛函分析基础, 遍及泛函分析的各个方面, 提出了比 Hilbert 空间更一般的所谓 Banach 空间概念, 证明了一批后来成为泛函分析基础的重要定理, 一般认为这标志着泛函分析的诞生.

泛函分析的产生正是和下述情况有关: 即有些初看起来很不相干的东西, 都有着类似的地方. 因此, 它启发人们从这些类似的东西中探寻一般的真正属于本质的东西, 而这正是泛函分析的特征.

2. 非 Euclid 几何的发现

D. Hilbert 曾指出: "19 世纪最有启发性, 最重要的数学成就是非 Euclid 几何的发现."

---

① Vito Volterra (1860.05.03—1940.10.11), 意大利人.

② Jacques Salomon Hadamard (1865.12.08—1963.10.17), 法国人, 1896 年与 C de la Vallée 分别证明了素数定理, 即不超过 $x$ 的素数个数 $\pi(x)$ 当 $x \to \infty$ 时与 $\dfrac{x}{\ln x}$ 是同阶的.

③ Erik Ivar Fredholm (1866.04.07—1927.08.17), 瑞典人.

④ Ernst David Hellinger (1883.09.30—1950.03.28), 德国人.

⑤ Erhard Schmidt (1876.01.13—1959.12.06), 德国人, 现代抽象泛函分析的奠基者之一.

⑥ John von Neumann (1903.12.28—1957.02.08), 匈牙利/美国人, 被称为 "计算机之父".

⑦ Stefan Banach (1892.03.30—1945.08.31), 波兰人.

由于对 Euclid 第五公设的研究, J. Gauss[①], J. Bolyai[②] 和 N. Lobachevsky[③] 建立了非 Euclid 几何这门新的学科. 后来, G. Riemann[④] 的非 Euclid 几何, 即 Riemann 几何为 A. Einstein[⑤] 的广义相对论提供了数学框架.

非 Euclid 几何的建立所产生的一个最重要的影响是迫使数学家们从根本上改变了对数学性质的理解. 历史学家通过数学这面镜子, 不仅看到了数学的成就与应用, 也看到了数学的发展如何教育人们去进行抽象的推理, 发扬理性主义的探索精神, 激发人们对理想和美的追求. 在 19 世纪末及 20 世纪初, 发现了几何化新运河 —— 函数被看成 "函数" 空间中的点或向量. 这样, 就显示出了分析和几何之间相似的地方, 同时存在着把分析几何化的一种可能性. 这种可能性要求把几何概念进一步推广, 以至于最后把 Euclid 空间扩充成无限维空间. 这种几何工具的使用乃是现代泛函分析的特征, 且在关于这门数学的各种著作中这个问题起着决定性的作用.

3. 实变函数论的诞生

集论观点在 20 世纪初首先引起了积分学的变革, 从而导致了实变函数论的诞生.

19 世纪末, 分析的严格化迫使数学家们认真考虑所谓 "病态函数", 如不连续函数 —— Dirichlet[⑥] 函数和不可微函数 —— Weierstrass[⑦] 函数[⑧] 等, 并研究如何将积分概念推广到更广泛的函数类上去.

H. Lebesgue[⑨] 在 1902 年用 "Borel[⑩] 测度" 概念建立了实变函数论的核心

---

[①] Johann Carl Friedrich Gauss (1777.04.30—1855.02.23), 德国人, 三大数学家之一, 被誉为 "数学王子".

[②] János Bolyai (1802.12.15—1860.01.27), 匈牙利人.

[③] Nikolai Ivanovich Lobachevsky (1792.12.01—1856.02.24), 俄罗斯人, 被誉为 "几何学中的 Copenicus".

[④] Georg Friedrich Bernhard Riemann (1826.09.17—1866.07.20), 德国人, 他把数学向前推进了几代人的时间.

[⑤] Albert Einstein (1879.03.14—1955.04.18), 德国/美国人, 当代最伟大的物理学家.

[⑥] Johann Peter Gustav Lejeune Dirichlet (1805.02.13—1859.05.05), 德国人, Fourier 级数理论奠基者, 解析数论创始人之一.

[⑦] Karl Theodor Wilhelm Weierstrass (1815.10.31—1897.02.19), 德国人, 被称为 "现代分析之父"; 他更大的贡献是培养了众多的伟大数学家, 如 Bachmann, Bolza, Cantor, Engel, Frobenius, Gegenbauer, Hensel, Hölder, Hurwitz, Killing, Klein, Kneser, Königsberger, Lerch, Lie, Lueroth, Mertens, Minkowski, Mittag-Leffler, Netto, Schottky, Schwarz 和 Stolz 等.

[⑧] Weierstrass 函数可表示为 $f(x) = \sum\limits_{n=0}^{\infty} b^n \cos(a^n \pi x)$, 其中 $a$ 是奇数, $b \in (0,1)$ 是常数, 使得 $ab > 1 + \dfrac{3\pi}{2}$. Weierstrass 函数是处处连续但处处不可微的.

[⑨] Henri Léon Lebesgue (1875.06.28—1941.07.26), 法国人, 20 世纪最有影响的分析学家.

[⑩] Félix Édouard Justin Émile Borel (1871.01.07—1956.02.03), 法国人, 开创了实变函数理论.

内容 —— Lebesgue 积分, 它是微积分的重大推广, 使微积分的适用范围大大扩展, 引起微积分的深刻变化和飞速发展, 成为近代分析的开端. 因为他的工作已经做了极大的推广, 以致于 H. Lebesgue 本人也害怕如此大的推广, 他悲观地写到: "推广到如此一般的理论, 数学将会变成无内容的漂亮形式而已. 它很快就会死掉". 这项理论在最初受到了 C. Hermite[1] 的激烈反对, 使得 H. Lebesgue 从 1902 年开始直到 1910 年才获准进入巴黎大学.

4. 近世代数的发展

E. Galois[2] 用群论改变了整个数学的面貌. 近世代数的发展, 就是由 Galois 群概念开始的, 使其研究对象突破了数的范畴, 进而研究具有任意性质对象的代数运算. 例如, 继 Galois 群之后, A Cayley[3] 首先指出群可以是普遍概念, 从而引进了抽象群概念. E. Huntington[4] 和 L. Dickson[5] 分别于 1902 年和 1905 年提出了抽象群的公理体系. 到 1920 年, E. Noether[6] 及其学派最终确立了公理化方法在代数学领域的统治地位.

如此合成了现代的泛函分析, 它是现代几何的、函数的以及代数的观点的高度综合. 在泛函分析的发展中, 不管在理论上还是在方法上作为不同数学分支的公共问题起到了特殊的作用.

泛函分析的特点是它不但把古典分析的基本概念和方法一般化了, 而且还把这些概念和方法几何化了. 例如, 不同类型的函数可以看作是 "函数空间" 的点或向量, 这样最后得到了 "抽象空间" 这个一般概念. 它既包含以前讨论过的几何对象, 也包括不同的函数空间.

正如研究有穷自由度系统要求有限维空间的几何学和微积分作为工具一样, 研究无限自由度的系统需要无限维空间的几何学和微积分, 这正是泛函分析的基本内容. 因此, 泛函分析也可通俗地称为无限维空间的几何学和微积分.

一个多世纪以来, 泛函分析一方面以其他众多学科所提供的素材来提取自己研究的对象和某些研究手段, 并形成了自己的许多重要分支; 此外, 它也强有力地推动着其他不少分析学科的发展. 它在微分方程、概率论、函数论、计算数学、控制论和最优化理论等学科中都有重要的应用. 目前, 其观点和方法已经渗入到许多工程技术学科之中, 已成为近代分析的基础之一.

---

[1] Charles Hermite (1822.12.24—1901.01.14), 法国人, 第一个证明 e 是超越数, C. Lindemann 按照 C. Hermite 的方法证明 π 是超越数.

[2] Evariste Galois (1811.10.25—1832.05.31), 法国人.

[3] Arthur Cayley (1821.08.16—1895.01.26), 英国人.

[4] Edward Vermilye Huntington (1874.04.26—1952.11.25), 美国人.

[5] Leonard Eugene Dickson (1874.01.22—1954.01.17), 美国人.

[6] Emmy Amalie Noether (1882.03.23—1935.04.14), 德国人, 被称为迄今为止最伟大的女

全书内容共分为 7 章, 主要选取《泛函分析引论及其应用》《矩阵分析引论及其应用》《微分方程理论及其应用》和书后参考文献中的部分内容. 其中: 第 1 章介绍集论基础知识; 第 2 章介绍度量空间的基本概念及其重要性质; 第 3 章介绍赋范线性空间的基本概念, 重点介绍了有界线性算子和泛函的基础知识; 第 4 章介绍 Banach 空间理论的基本定理, 重点介绍了 Hahn-Banach 定理和共鸣定理, 还介绍了弱收敛和全连续算子的基本概念及性质, 最后介绍线性算子谱的基本概念和理论基础; 第 5 章介绍内积空间和规范正交集的基本概念和基本理论; 第 6 章重点介绍几个基本的不动点定理及其重要的应用; 第 7 章介绍非线性泛函分析基础, 包括测度和 Lebesgue 积分, 几个重要非线性算子概念, 比较详细地介绍了 Banach 空间中的微积分理论基础及应用, 最后介绍了锥的概念. 对于工科等各专业硕士生, 第 3 章第 3.2 节、第 4 章第 4.8 节至第 4.11 节、第 6 章第 6.2 节至第 6.4 节和第 7 章可以选讲或不讲.

本书内容在读者已有微积分、线性代数和矩阵分析等基础知识的基础上, 并结合作者在工科等各专业硕士生和博士生教学过程中所获得的进一步体会写成的. 由于工科等各专业硕士生和博士生大都未受过数学的严格训练, 我们对此进行了必要的补充, 并主要从他们的工科数学学习习惯出发, 调整了原来的部分内容和习题, 改变了部分原来的叙述方式, 分散了重点和难点, 并随时注意穿插与微积分、线性代数和矩阵分析中的相应定义和结论进行类比处理, 尽可能深入浅出, 并让研究生们在数学观点上能够有所提高.

由于作者水平有限, 书中不妥之处在所难免, 敬请读者和同行不吝赐教.

编著者

2015 年 12 月 24 日

# 目　　录

# 第 1 章 集论基础

## 1.1 集与映射

集 (set) 是被看成单一整体的一些不同 "事物". 这些 "事物" 称为这个集的元 (element). 若 $A$ 是集, $x$ 是 $A$ 的元, 记 $x \in A$, 读作 "$x$ 属于 $A$"; 若 $x$ 不是 $A$ 的元, 记 $x \notin A$, 读作 "$x$ 不属于 $A$". 不含任何 "事物" 的集称为空集 (empty-set), 记为 $\varnothing$.

集 $A$ 已给定, 就是说对 "事物 $x$" 都能鉴别 $x$ 是不是 $A$ 的元, 即 $x \in A$ 和 $x \notin A$ 中的哪一个成立.

可用已有的 "事物" 作为元构成各种各样的集. 例如, 将 $1, 2, 3$ 三个数放在一起看成整体就可得集, 可记为 $\{1, 2, 3\}$. 这里用 $\{\ \}$ 表示把括号中的 "事物" 放在一起看成整体的意思. 例如, $\{2, 4, 6, 8\}$ 和 $\left\{ \dfrac{1}{n} \mid n \in \mathbb{Z}^{+} \right\}$ 分别表示由 $2, 4, 6, 8$ 这 4 个数组成的集和由 $1, \dfrac{1}{2}, \cdots, \dfrac{1}{n}, \cdots$ 这样的无限多个数组成的集, 其中 $\mathbb{Z}^{+}$ 是正整数集 (set of positive integers), 即 $\mathbb{Z}^{+} = \{1, 2, \cdots, n, \cdots\}$.

一般来说, 若 $\pi(x)$ 是与 $x$ 有关的命题, 则所有使这个命题成立的 $x$ 所构成的集 $A$ 就记为 $A = \{x \mid \pi(x)\}$. 例如, 当 $\pi(x)$ 是 "数 $x$ 的平方等于 1" 这一命题时, $A = \{x \mid \pi(x)\}$ 就是 $A = \{-1, 1\}$. 又若 $S$ 是事先给定的集, 则 $\{x \mid x \in S, \pi(x)\}$ 表示 $S$ 中所有满足命题 $\pi(x)$ 的 $x$ 构成的集. 例如, 当 $f(x)$ 是给定的实函数, $S$ 是事先给定的集且 $a = \mathrm{const}$ 时, $\{x \mid x \in S, f(x) > a\}$ 是 $S$ 中所有满足条件 $f(x) > a$ 的 $x$ 构成的集.

若属于集 $A$ 的元都属于集 $B$, 则称 $A$ 包含于 $B$ 或是 $B$ 的子集 (subset), 记 $A \subset B$, $A$ 包含于 $B$ 也可说成 $B$ 包含 $A$, 而记 $B \supset A$; 若 $A \subset B$, $B \subset A$ 同时成立, 则称 $A$、$B$ 是相等的 (equal), 记为 $A = B$.

对任意集 $A$, $A \supset A$ 总成立, 所以 $A$ 是其自身的子集. 空集是任意集的子集. 两个集相等, 实际上它们是同一个集. 例如, $\{x \mid x^2 = 1\} = \{-1, 1\}$.

若 $A \subset B$, 且 $A \neq B$, 则称 $A$ 为集 $B$ 的真子集 (proper subset).

集作为一个数学对象, 可定义它们之间的运算.

由两个集 $A$, $B$ 共有元构成的集称为 $A$, $B$ 的交 (intersection), 记为 $A \cap B$ 或 $AB$, 即 $AB = \{x \mid x \in A \text{ 且 } x \in B\}$. 例如, 设

$$A = \{1, 2, 3, 4\}, \ B = \{3, 4, 5, 6\}, \ C = \{6, 7, 8\}$$

则

$$AB = \{3, 4\}, \ BC = \{6\}, \ AC = \varnothing$$

一般来说, 若 $\Lambda$ 是集, 对每个 $\lambda \in \Lambda$ 都相应地给定了集 $A_\lambda$, 则称给定了以 $\Lambda$ 为指标集 (index set) 的一族集. 这时它们的交定义为

$$\bigcap_{\lambda \in \Lambda} A_\lambda = \{x \mid \text{对每个} \lambda \in \Lambda, \text{ 都有 } x \in A_\lambda\}$$

特别地, 当 $\Lambda = \{1, 2, \cdots, n\}$ 或正整数集时, 上述交就分别简记为 $\bigcap\limits_{i=1}^{n} A_i$ 和 $\bigcap\limits_{n=1}^{\infty} A_n$.

**例 1.1.1**  若 $A_n = \left\{ x \mid 0 \leqslant x < 1 + \dfrac{1}{n} \right\} (n \in \mathbb{Z}^+)$, 则

$$\bigcap_{i=1}^{n} A_i = \left\{ x \mid 0 \leqslant x < 1 + \frac{1}{n} \right\} = A_n$$

$$\bigcap_{n=1}^{\infty} A_n = \{x \mid 0 \leqslant x \leqslant 1\}$$

**例 1.1.2**  若 $A_n = \left\{ x \mid n \leqslant x \leqslant n + \dfrac{3}{2} \right\} (n \in \mathbb{N})$, 则 $\bigcap\limits_{n=0}^{\infty} A_n = \varnothing$, 其中 $\mathbb{N}$ 是自然数集 (set of natural numbers).

**例 1.1.3**  若 $A_n = \left\{ x \mid -\dfrac{1}{n} < x < \dfrac{1}{n} \right\} (n \in \mathbb{Z}^+)$, 则

$$\bigcap_{i=1}^{n} A_i = \left\{ x \mid -\frac{1}{n} < x < \frac{1}{n} \right\} = A_n$$

$$\bigcap_{n=1}^{\infty} A_n = \{0\}$$

**例 1.1.4** 若 $\Lambda = \mathbb{R}$, 其中 $\mathbb{R}$ 是实直线, $A_\lambda = \{x \mid \lambda \leqslant x < \infty\}$, $\lambda \in \Lambda$, 则 $\bigcap\limits_{\lambda \in \Lambda} A_\lambda = \varnothing$.

由两个集 $A, B$ 所有元构成的集称为 $A, B$ 的并 (union), 记为 $A \cup B$, 即 $A \cup B = \{x \mid x \in A \text{ 或 } x \in B\}$. 例如, 设 $A = \{1, 2, 3, 4\}$, $B = \{3, 4, 5, 6\}$, 则 $A \cup B = \{1, 2, 3, 4, 5, 6\}$.

同理, 以 $\Lambda$ 为指标集的一族集 $\{A_\lambda\}_{\lambda \in \Lambda}$ 的并就定义为

$$\bigcup_{\lambda \in \Lambda} A_\lambda = \{x \mid \text{存在 } \lambda \in \Lambda, \text{ 使得 } x \in A_\lambda\}$$

特别地, 若 $\Lambda = \{1, 2, \cdots, n\}$ 或正整数集, 则上述并就分别简记为 $\bigcup\limits_{i=1}^{n} A_i$ 和 $\bigcup\limits_{n=1}^{\infty} A_n$.

**例 1.1.5** 若 $A_n = \{x \mid n - 1 < x \leqslant n\}(n \in \mathbb{Z}^+)$, 则

$$\bigcup_{n=1}^{\infty} A_n = \{x \mid 0 < x < \infty\}$$

**例 1.1.6** 若 $A_n = \left\{x \mid -1 + \dfrac{1}{n} \leqslant x \leqslant 1 - \dfrac{1}{n}\right\} (n \in \mathbb{Z}^+)$, 则

$$\bigcup_{i=1}^{n} A_i = \left\{x \mid -1 + \frac{1}{n} \leqslant x \leqslant 1 - \frac{1}{n}\right\} = A_n = \left[-1 + \frac{1}{n}, 1 - \frac{1}{n}\right]$$

$$\bigcup_{n=1}^{\infty} A_n = \{x \mid -1 < x < 1\} = (-1, 1)$$

**例 1.1.7** 若 $\Lambda$ 是大于 0 而小于 1 的全体有理数构成的集,

$$A_\lambda = \left\{x \mid \frac{\lambda}{2} < x < 2\lambda\right\}, \ \lambda \in \Lambda$$

则 $\bigcup\limits_{\lambda \in \Lambda} A_\lambda = (0, 2)$.

集的交和并运算具有下述运算规律:

(1) (交换律, commutative law) $AB = BA$, $A \cup B = B \cup A$;

(2) (结合律, associative law) $A \cup (B \cup C) = (A \cup B) \cup C$, $A(BC) = (AB)C$;

(3) (分配律, distributive law) $A(B \cup C) = (B \cup C)A = (AB) \cup (AC)$;

(4) $A \cup A = A$, $AA = A$;

(5) $AB \subset A \subset A \cup B$.

进一步, 集的交和并运算还有下述性质:

(1) 若 $A_\lambda \subset B_\lambda$, $\lambda \in \Lambda$, 则 $\bigcup\limits_{\lambda \in \Lambda} A_\lambda \subset \bigcup\limits_{\lambda \in \Lambda} B_\lambda$, 特别地, 若 $A_\lambda \subset C$, $\lambda \in \Lambda$, 则 $\bigcup\limits_{\lambda \in \Lambda} A_\lambda \subset C$;

(2) 若 $A_\lambda \subset B_\lambda$, $\lambda \in \Lambda$, 则 $\bigcap\limits_{\lambda \in \Lambda} A_\lambda \subset \bigcap\limits_{\lambda \in \Lambda} B_\lambda$, 特别地, 若 $C \subset A_\lambda$, $\lambda \in \Lambda$, 则 $C \subset \bigcap\limits_{\lambda \in \Lambda} A_\lambda$;

(3) $\bigcup\limits_{\lambda \in \Lambda} (A_\lambda \cup B_\lambda) = \left(\bigcup\limits_{\lambda \in \Lambda} A_\lambda\right) \cup \left(\bigcup\limits_{\lambda \in \Lambda} B_\lambda\right)$;

(4) $A\left(\bigcup\limits_{\lambda \in \Lambda} B_\lambda\right) = \bigcup\limits_{\lambda \in \Lambda} (AB_\lambda)$.

**证**  以 (4) 为例进行证明.

先证若 $x \in A\left(\bigcup\limits_{\lambda \in \Lambda} B_\lambda\right)$, 则 $x \in \bigcup\limits_{\lambda \in \Lambda} (AB_\lambda)$.

取 $x \in A\left(\bigcup\limits_{\lambda \in \Lambda} B_\lambda\right)$, 由交定义, 有 $x \in A$ 且 $x \in \bigcup\limits_{\lambda \in \Lambda} B_\lambda$. 再由并定义, 存在 $\lambda' \in \Lambda$, 使得 $x \in B_{\lambda'}$. 于是 $x \in AB_{\lambda'}$, 从而 $x \in \bigcup\limits_{\lambda \in \Lambda} (AB_\lambda)$, 故

$$A\left(\bigcup\limits_{\lambda \in \Lambda} B_\lambda\right) \subset \bigcup\limits_{\lambda \in \Lambda} (AB_\lambda) \tag{1.1}$$

下面证若 $x \in \bigcup\limits_{\lambda \in \Lambda} (AB_\lambda)$, 则 $x \in A\left(\bigcup\limits_{\lambda \in \Lambda} B_\lambda\right)$.

取 $x \in \bigcup\limits_{\lambda \in \Lambda} (A_\lambda B_\lambda)$, 由并定义, 存在 $\lambda' \in \Lambda$, 使得 $x \in AB_{\lambda'}$. 再由交定义, 有 $x \in A$ 且 $x \in B_{\lambda'}$. 由 $x \in B_{\lambda'}$, 有 $x \in \bigcup\limits_{\lambda \in \Lambda} B_\lambda$, 而 $x \in A$, 故又有 $x \in A\left(\bigcup\limits_{\lambda \in \Lambda} B_\lambda\right)$. 因而

$$\bigcup\limits_{\lambda \in \Lambda} (AB_\lambda) \subset A\left(\bigcup\limits_{\lambda \in \Lambda} B_\lambda\right) \tag{1.2}$$

最后, 由式 (1.1) 和式 (1.2), 有性质 (4) 成立. 证完.

属于集 $A$ 而不属于集 $B$ 的元构成的集称为 $A, B$ 的差 (difference), 记为 $A \setminus B$, 即 $A \setminus B = \{x \mid x \in A$ 但 $x \notin B\}$.

若 $A \supset B$, 则称 $A \setminus B$ 为集 $B$ 相对集 $A$ 的余 (complement), 记为 $\mathfrak{C}_A B$. 若所考虑的一切集都是某一给定集 $S$ 的子集时, $B$ 相对 $S$ 的余就简称为 $B$ 的余, 而把 $\mathfrak{C}_S B$ 简记为 $\mathfrak{C}B$ 或 $B^c$.

集的余运算满足下述规律:

(1) $S^c = \varnothing$, $\varnothing^c = S$;

(2) $A \cup A^c = S$, $AA^c = \varnothing$;

(3) $(A^c)^c = A$;

(4) 若 $A \supset B$, 则 $A^c \subset B^c$.

de Morgan[1] 律 (de Morgan's identity) 是集论中关于余运算的重要公式:

$$\left( \bigcup_{\lambda \in \Lambda} A_\lambda \right)^c = \bigcap_{\lambda \in \Lambda} A_\lambda^c$$

$$\left( \bigcap_{\lambda \in \Lambda} A_\lambda \right)^c = \bigcup_{\lambda \in \Lambda} A_\lambda^c$$

**证** 只证第一个等式.

先证若 $x \in \left( \bigcup_{\lambda \in \Lambda} A_\lambda \right)^c$, 则 $x \in \bigcap_{\lambda \in \Lambda} A_\lambda^c$.

任取 $x \in \left( \bigcup_{\lambda \in \Lambda} A_\lambda \right)^c$, 则 $x \in S$, 但 $x \notin \bigcup_{\lambda \in \Lambda} A_\lambda$. 因而对任意 $\lambda \in \Lambda$, 都有 $x \notin A_\lambda$, 故有 $x \in S \setminus A_\lambda = A_\lambda^c$. 由于这对任意 $\lambda \in \Lambda$ 都成立, 故 $x \in \bigcap_{\lambda \in \Lambda} A_\lambda^c$. 这表明

$$\left( \bigcup_{\lambda \in \Lambda} A_\lambda \right)^c \subset \bigcap_{\lambda \in \Lambda} A_\lambda^c \tag{1.3}$$

下面证若 $x \in \bigcap_{\lambda \in \Lambda} A_\lambda^c$, 则 $x \in \left( \bigcup_{\lambda \in \Lambda} A_\lambda \right)^c$.

任取 $x \in \bigcap_{\lambda \in \Lambda} A_\lambda^c$, 则 $x \in S$. 但对任意 $\lambda \in \Lambda$, 有 $x \in A_\lambda^c$, 故 $x \in S$. 但 $x \notin \bigcup_{\lambda \in \Lambda} A_\lambda$, 此即 $x \in \left( \bigcup_{\lambda \in \Lambda} A_\lambda \right)^c$, 所以

$$\bigcap_{\lambda \in \Lambda} A_\lambda^c \subset \left( \bigcup_{\lambda \in \Lambda} A_\lambda \right)^c \tag{1.4}$$

最后由式 (1.3) 和式 (1.4), 第一个等式成立. 证完.

下面给出两个集的 Descartes[2] 乘积概念.

**定义 1.1.1** 两个集 $A, B$ 的 Descartes 积 (Cartesian product) 定义为所有有序元组 $(a, b)$, 其中 $a \in A$, $b \in B$, 记为 $A \times B$, 且 $(a, b) = (a', b')$ 蕴涵着 $a = a'$, $b = b'$.

---

[1] Augustus de Morgan (1806.06.27—1871.03.18), 英国人, 数理逻辑奠基人, 1849 年给出复数的几何意义.

[2] René Descartes (1596.03.31—1650.02.11), 法国人, 1637 年创立了解析几何, 为微积分的创立奠定了基础, 从而打开了近代数学的大门, 在科学史上具有划时代的意义, 被誉为 "近代科学的始祖".

在微积分中处理的函数一般是实直线或区间上的, 现将其推广为集上的函数.

**定义 1.1.2** 设 $A$ 是非空集. 若 $\varphi$ 把 $A$ 中的每个元 $x$ 都对应于唯一的实数 $\varphi(x)$, 则称其为 $A$ 上的函数 (function).

与微积分类似, 可定义集 $A$ 上的两个函数 $\varphi(x)$, $\psi(x)$ 的和 $\varphi(x) + \psi(x)$, 差 $\varphi(x) - \psi(x)$, 积 $\varphi(x)\psi(x)$, 以及绝对值 $|\varphi(x)|$ 等.

同理, 还可定义序列 $\{\varphi_n(x)\}$ 的收敛性等. 与过去唯一不同的是现在的自变量 $x$ 是在一般集上变化的, 而不一定是在实直线或区间上变化的.

下面讨论比集上的函数概念更一般的集之间的对应关系.

**定义 1.1.3** 设 $A, B$ 都是非空集.

(1) 若存在对应规则 $\varphi$, 使得对 $A$ 中每个元 $x$, 在 $B$ 中都有唯一的确定元 $y$ 与 $x$ 对应, 记为 $\varphi : A \mapsto B$, 使得 $\varphi(x) = y$, 则称其为从 $A$ 到 $B$ 中的映射 (mapping);

(2) $y$ 称为 $x$ 的像 (image), 记为 $y = \varphi(x)$;

(3) 对任意 $y$, 称满足关系 $y = \varphi(x)$ 的 $x$ 全体为 $y$ 的原像 (primary image), 记为 $\varphi^{-1}(y)$;

(4) $A$ 称为 $\varphi$ 的定义域 (domain), 记为 $\mathfrak{D}(\varphi)$;

(5) 称由 $A$ 中所有元的像构成的集, 即 $\varphi(A) = \{y \mid y = \varphi(x), x \in A\}$ 为 $\varphi$ 的值域 (range), 记为 $\mathfrak{R}(\varphi)$;

(6) 若 $\varphi(A) = B$, 则称其为映上的 (map onto).

也常把从定义域 $\mathfrak{D}(\varphi) = A$ 到值域 $\mathfrak{R}(\varphi) \subset B$ 的映射 $\varphi$ 记为 $\varphi : A \mapsto B$.

映射是非常广泛的概念. 若值域 $B$ 是实直线上的集, 则此时映射 $\varphi$ 就是集上的函数. 若定义域 $A$ 和值域 $B$ 都是实直线上的集, 则此时映射 $\varphi$ 就是微积分中研究的一元函数.

不仅如此, 定积分可看成是可积函数集到实直线上集的映射; 求导运算可看成是可微函数集到函数集的映射; 矩阵分析中的线性变换是 $n$ 维向量空间到 $n$ 维向量空间的映射, 等等.

## 1.2 基数

对一个集来说, 元的个数是有限的, 则称为有限的 (finite); 元的个数是无限的, 则称为无限的 (infinite). 而一个无限集元的个数是多少呢? 这一节介绍的基数 (cardinal) 概念是集论的基本概念之一, 它就是通常用于表示多少的数的概念的推广和发展.

### 1.2.1 可数基数

**定义 1.2.1** (1) 若存在 $\varphi : A \mapsto B$, 对任意 $x \in A$, 存在唯一的 $y \in B$, 使得 $y = \varphi(x)$; 反之, 若存在 $\psi : B \mapsto A$, 对任意 $x \in B$, 存在唯一的 $y \in A$, 使得 $y = \psi(x)$, 则称 $A, B$ 是一一对应的 (one-to-one);

(2) 若两个集 $A, B$ 是一一对应的, 则称 $A, B$ 是对等的 (equipotent), 即 $A, B$ 有相同基数, 记为 $\mathrm{card}A = \mathrm{card}B$.

例如, 正奇数集 $O = \{1, 3, \cdots, 2n-1, \cdots\}$ 和正偶数集 $E = \{2, 4, \cdots, 2n, \cdots\}$ 之间可建立一一对应的关系:

$$\varphi : O \mapsto E$$

使得

$$\varphi(2n - 1) = 2n$$

故 $O$ 和 $E$ 有相同基数.

又如, $O = \{1, 3, \cdots, 2n - 1, \cdots\}$ 和正整数集之间可建立一一对应的关系:

$$\varphi : O \mapsto \mathbb{Z}^+$$

使得

$$\varphi(2n - 1) = n$$

故它们是对等的. 这是局部与整体对等的例子.

**定义 1.2.2** (1) 正整数集的基数称为可数基数 (countable cardinal), 记为

$$\mathrm{card}\mathbb{Z}^+ = \aleph_0$$

(2) 若集 $A$ 与正整数集是对等的, 则称其为可数的, 记为

$$\mathrm{card}A = \aleph_0$$

式中: $\aleph$ 为犹太人使用的希伯莱文的第一个字母, 读做 aleph.

可数集的特征是其全部元可排成序列.

下面介绍可数集的几个重要性质.

**定理 1.2.1** 任意无限集都有可数子集.

**证** 设 $M$ 是无限集. 取 $e_1 \in M$. 由于 $M$ 的无限性, $M \setminus \{e_1\}$ 是非空的, 故可取 $e_2 \in M \setminus \{e_1\}$.

一般地, 设已选出 $\{e_1, e_2, \cdots, e_n\}$. 还由于 $M$ 的无限性, $M \setminus \{e_1, e_2, \cdots, e_n\}$ 是非空的. 继续选 $e_{n+1} \in M \setminus \{e_1, e_2, \cdots, e_n\}$.

由归纳法得可数子集 $\{e_1, e_2, \cdots, e_n, \cdots\}$. 证完.

定理 1.2.1 说明可数集是最小的无限集.

**定理 1.2.2** 可数集的无限子集是可数的.

**证** 设 $M$ 是可数集, 则 $\operatorname{card} M = \aleph_0$. 设 $M_1$ 是 $M$ 的无限子集. 由定理 1.2.1 可知, $M_1$ 有可数子集 $M_2$, 即 $\operatorname{card} M_2 = \aleph_0$, 所以 $\operatorname{card} M_1 = \aleph_0$. 证完.

**定理 1.2.3** 有限多个可数集的并是可数的.

**证** 设有可数集 $A_1, A_2, \cdots, A_k$, 其中

$$\begin{cases} A_1 = \{a_{11}, a_{12}, \cdots, a_{1n}, \cdots\} \\ A_2 = \{a_{21}, a_{22}, \cdots, a_{2n}, \cdots\} \\ \quad \vdots \\ A_k = \{a_{k1}, a_{k2}, \cdots, a_{kn}, \cdots\} \end{cases}$$

于是, 可将可数集 $A_1, A_2, \cdots, A_k$ 并的元排列成序列:

$$\bigcup_{i=1}^{k} A_i = \{a_{11}, a_{21}, \cdots, a_{k1}; a_{12}, a_{22}, \cdots, a_{k2}; \cdots; a_{1n}, a_{2n}, \cdots, a_{kn}; \cdots\}$$

它可与正整数集一一对应, 故是可数的. 证完.

进一步还有下述结果.

**定理 1.2.4** 可数个可数集的并是可数的.

**证** 设有可数集 $A_1, A_2, \cdots, A_n, \cdots$, 其中

$$\begin{cases} A_1 = \{a_{11}, a_{12}, a_{13}, \cdots, a_{1n}, \cdots\} \\ A_2 = \{a_{21}, a_{22}, a_{23}, \cdots, a_{2n}, \cdots\} \\ \quad \vdots \\ A_n = \{a_{n1}, a_{n2}, a_{n3}, \cdots, a_{nn}, \cdots\} \\ \quad \vdots \end{cases}$$

并按下标之和的顺序来排列 (下标之和是相同的元按第一个下标来排列). 于是, 可将 $A_1, A_2, \cdots, A_n, \cdots$ 并的元排成序列

$$\bigcup_{n=1}^{\infty} A_n = \{a_{11}; a_{12}, a_{21}; a_{13}, a_{22}, a_{31}; \cdots; a_{1n}, a_{2, n-1}, \cdots, a_{n1}; \cdots\}$$

它可与正整数集一一对应, 故是可数的. 证完.

下面利用上述定理来证明有理数的可数性.

**例 1.2.1**　有理数集 (set of rational numbers) $\mathbb{Q}$ 是可数的.

事实上, 设

$$A_n = \left\{ \frac{1}{n}, \frac{2}{n}, \cdots \frac{n}{n}, \cdots \right\}, \; n \in \mathbb{Z}^+$$

则集 $A_n$ 是可数的. 而正有理数集 $\mathbb{Q}^+ = \bigcup\limits_{n=1}^{\infty} A_n$, 故由上述定理可知, 正有理数集是可数的.

同理, 负有理数集 $\mathbb{Q}^-$ 是可数的, 故有理数集是可数的.

### 1.2.2　连续统基数

例 1.2.1 中已看到有理数集是可数的, 自然要问实数集 (set of real numbers) 是可数的吗? 进一步, 任意无限集都是可数的吗? 例 1.2.2 给出了否定的答案.

**例 1.2.2**　$[0, 1]$ 不是可数的.

事实上, 若不然, 则其中的数就可一一列出排成序列: $a_1, a_2, \cdots, a_n, \cdots$. 将每个实数都表示成十进制小数 (decimal fraction) 形式:

$$\begin{cases} a_1 = 0.p_{11}p_{12} \cdots p_{1n} \cdots \\ a_2 = 0.p_{21}p_{22} \cdots p_{2n} \cdots \\ \quad\vdots \\ a_n = 0.p_{n1}p_{n2} \cdots p_{nn} \cdots \\ \quad\vdots \end{cases}$$

现构造 $b = 0.b_1b_2 \cdots b_n \cdots$, 其中

$$b_n = \begin{cases} 9, & p_{nn} = 1 \\ 1, & p_{nn} \neq 1 \end{cases}$$

则 $b \in (0, 1]$, 但却不等于序列中的任意一个数 $a_n$, 矛盾.

上述所使用的方法称为 Cantor 对角线法 (Cantor diagonalization argument), 后面将几次用到, 不再提及.

例 1.2.2 说明虽然 $[0, 1]$ 和正整数集都是无限集, 但无限集却不都具有相同基数, 即它们之间有本质区别, 需对无限集基数之间进行比较.

**定义 1.2.3**　(1) $[0, 1]$ 的基数称为连续统基数 (continuum cardinal), 记为

$$\operatorname{card}[0, 1] = \aleph$$

(2) 若集 $A$ 与 $[0,1]$ 是对等的, 则称其为不可数的 (uncountable), 记为

$$\mathrm{card}A = \aleph$$

不可数集一般有两个含义, 广义上是指其不是可数的, 狭义上是指其具有连续统基数 $\aleph$. 本书指的是后者.

下面简单提一提代数数与超越数. 事实上, 整系数多项式的实根称为代数数 (algebraic number), 否则称为超越数 (transcendental number).

1851 年, J. Liouville[①] 给出了超越数的具体例子, 称为 Liouville 数 (Liouville number), 即

$$\sum_{n=1}^{\infty} \frac{1}{10^{n!}} = 0.11000100000000000000000010000\cdots$$

式中: 1 在 $n!$ 的位置, 其他位置是 0. 然而, 23 年后的 1874 年, G. Cantor 还证明了超越数的不可数性.

这里给出一个定义, 作业和后续内容中需要用到.

**定义 1.2.4**  (1) 若两个集的交是空集, 则称它们是互斥的 (disjoint);

(2) 若集族中的任意两个集是互斥的, 则称它们是两两互斥的 (mutually disjoint).

### 1.2.3  基数的比较

**定义 1.2.5**  (1) 若集 $A$ 和集 $B$ 的某真子集是一一对应的, 则称 $A$ 的基数不大于 $B$ 的基数, 记 $\mathrm{card}A \leqslant \mathrm{card}B$;

(2) 若 $A, B$ 的某真子集是一一对应的, 而 $A, B$ 本身不是一一对应的, 则称 $A$ 的基数小于 $B$ 的基数, 记 $\mathrm{card}A < \mathrm{card}B$.

显然 $\aleph > \aleph_0$.

下面给出基数比较的重要定理, 称为 Bernstein[②] 定理.

**定理 1.2.5 (Bernstein 定理, Bernstein theorem)**  若 $\mathrm{card}A \leqslant \mathrm{card}B$, $\mathrm{card}B \leqslant \mathrm{card}A$, 则 $\mathrm{card}A = \mathrm{card}B$.

**证**  设集 $A$ 和集 $B_1 \subset B$, 集 $B$ 和集 $A_1 \subset A$ 分别是一一对应的, 且对应关系分别是 $\varphi, \psi$. 显然有

$$\psi(B_1) = A_2 \subset A_1$$
$$\varphi(A_1) = B_2 \subset B_1$$

---

① Joseph Liouville (1809.03.24—1882.09.08), 法国人, 建立了椭圆函数论.
② Felix Bernstein (1878.02.24—1956.12.03), 德国人.

由归纳法有

$$A_0 \supset A_1 \supset A_2 \supset \cdots \supset A_n \supset \cdots$$
$$B_0 \supset B_1 \supset B_2 \supset \cdots \supset B_n \supset \cdots$$

式中

$$A_0 = A,\ A_n = \psi\left(B_{n-1}\right),\ n \in \mathbb{Z}^+$$
$$B_0 = B,\ B_n = \varphi\left(A_{n-1}\right),\ n \in \mathbb{Z}^+$$

设 $D = \bigcap\limits_{n=1}^{\infty} B_n$, 则

$$B = D \cup (B \setminus B_1) \cup (B_1 \setminus B_2) \cup (B_2 \setminus B_3) \cup \cdots \cup (B_{n-1} \setminus B_n) \cup \cdots \quad (1.5)$$
$$B_1 = D \cup (B_1 \setminus B_2) \cup (B_2 \setminus B_3) \cup (B_3 \setminus B_4) \cup \cdots \cup (B_n \setminus B_{n+1}) \cup \cdots \quad (1.6)$$

因为在式 (1.5) 和式 (1.6) 中相同项之间当然是一一对应的. 至于其他项之间, 注意到 $\psi(B) = A_1$, $\psi(B_1) = A_2$, 而 $\varphi(A_1) = B_2$, $\varphi(A_2) = B_3$, 所以 $\varphi\psi(B) = B_2$, $\varphi\psi(B_1) = B_3$. 从而 $\varphi\psi(B \setminus B_1) = B_2 \setminus B_3$.

一般地有

$$\varphi\psi\left(B_{2n-2} \setminus B_{2n-1}\right) = B_{2n} \setminus B_{2n+1}$$

故 $\mathrm{card}B = \mathrm{card}B_1$.

同理有 $\mathrm{card}A = \mathrm{card}A_1$. 证完.

下述推论是 Bernstein 定理 (定理 1.2.5) 的一个直接结果.

**推论 1.2.1** 若 $A \subset B$, 但集 $B$ 与集 $A$ 的一个子集是一一对应的, 则它们是对等的.

**例 1.2.3** $(0,1)$ 是不可数集.

事实上, 用 $r_1, r_2, \cdots, r_n, \cdots$ 表示 $(0,1)$ 中的所有有理数, 当然它们也是 $[0,1]$ 中的有理数.

令

$$x = \begin{cases} t, & t\ \text{为无理数} \\ 0, & t = r_1 \\ 1, & t = r_2 \\ r_n, & t = r_{n+2},\ n \in \mathbb{Z}^+ \end{cases}$$

则 $[0,1]$ 和 $(0,1)$ 是一一对应的. 由例 1.2.2 可知, $(0,1)$ 是不可数的.

**例 1.2.4**  实数集是不可数集.

事实上, 令 $x = \tan \dfrac{(2t-1)\pi}{2}$, 则 $(0,1)$ 和实数集是一一对应的. 由例 1.2.3 可知, 实数集是不可数的.

**例 1.2.5**  令

$$s = \big\{ \{x_1, x_2, \cdots, x_n, \cdots\} \mid x_n \in \mathbb{R}, n \in \mathbb{Z}^+ \big\}$$

是所有实序列集 (set of sequences of real numbers), 则它是不可数集.

事实上, 设 $B \subset s$ 是满足 $x_n \in (0,1)(n \in \mathbb{Z}^+)$ 的实序列集. 取 $\varphi$, 使得

$$\varphi(x) = \left\{ \tan \frac{(2x_1-1)\pi}{2}, \tan \frac{(2x_2-1)\pi}{2}, \cdots, \tan \frac{(2x_n-1)\pi}{2}, \cdots \right\}$$

则 $B$ 和 $s$ 是一一对应的, 故只需证明 $B$ 是不可数的.

事实上, 将任意 $x \in (0,1)$ 与 $\widetilde{x} = (x, x, \cdots, x, \cdots) \in B$ 对应, 则

$$\operatorname{card}B \geqslant \operatorname{card}(0,1) = \aleph$$

此外, 设 $x = (x_1, x_2, \cdots, x_n, \cdots) \in B$, 其中

$$\begin{cases} x_1 = 0.p_{11}p_{12}\cdots p_{1n}\cdots \\ x_2 = 0.p_{21}p_{22}\cdots p_{2n}\cdots \\ \quad\vdots \\ x_n = 0.p_{n1}p_{n2}\cdots p_{nn}\cdots \\ \quad\vdots \end{cases}$$

令

$$\psi(x) = 0.p_{11}p_{12}p_{21}p_{13}p_{22}p_{31}\cdots p_{1n}p_{2,n-1}\cdots p_{n1}\cdots$$

显然 $\psi(x) \in (0,1)$, 所以

$$\operatorname{card}B \leqslant \operatorname{card}(0,1) = \aleph$$

由 Bernstein 定理 (定理 1.2.5) 可知, $s$ 是不可数的.

**例 1.2.6**  $n$ 维 Euclid 空间 ($n$ dimensional Euclidean space) $\mathbb{R}^n$ ($\mathbb{R}^n$ 为 $n$ 维 Euclid 空间) 是不可数集.

事实上, 将 $\boldsymbol{x} \in \mathbb{R}^n$ 对应于 $\{x_1, x_2, \cdots, x_n, 0, \cdots\} \in s$, 则

$$\operatorname{card}\mathbb{R}^n \leqslant \operatorname{card}s = \aleph$$

再将实数 $x$ 对应于 $\{x, 0, \cdots, 0\} \in \mathbb{R}^n$, 则

$$\aleph = \operatorname{card}\mathbb{R} \leqslant \operatorname{card}\mathbb{R}^n$$

由 Bernstein 定理 (定理 1.2.5) 可知, $\mathbb{R}^n$ 是不可数的.

**例 1.2.7** $C[a,b]$ 是不可数集.

事实上, 设 $K \subset C[a,b]$ 是常数函数集, 则它是不可数的, 从而 $\mathrm{card}C[a,b] \geqslant \aleph$.

将 $[a,b]$ 中的所有有理数排列为 $r_1, r_2, \cdots, r_n, \cdots$, 则 $[a,b]$ 上的任意连续函数 $f(x)$ 都由其在有理数处的值来决定.

事实上, 对任意 $x \in [a,b]$, 存在有理数 $r_{n_k} \to x$, $k \to \infty$. 由于 $f(x)$ 的连续性可知, $f(r_{n_k}) \to f(x)$, $k \to \infty$. 令 $\varphi : C[a,b] \mapsto s$, 使得

$$\varphi(f) = (f(r_{n_1}), f(r_{n_2}), \cdots, f(r_{n_k}), \cdots)$$

则 $\mathrm{card}C[a,b] \leqslant \aleph$, 故由 Bernstein 定理 (定理 1.2.5) 可知, $C[a,b]$ 是不可数的.

**例 1.2.8** 将 $[0,1]$ 均分为三段, 删除中间的开区间 $\left(\dfrac{1}{3}, \dfrac{2}{3}\right)$ 后, 剩下两个闭区间 $\left[0, \dfrac{1}{3}\right]$, $\left[\dfrac{2}{3}, 1\right]$.

再将两个闭区间 $\left[0, \dfrac{1}{3}\right]$ 和 $\left[\dfrac{2}{3}, 1\right]$ 都均分为 3 段, 删除中间的两个开区间 $\left(\dfrac{1}{3^2}, \dfrac{2}{3^2}\right)$ 和 $\left(\dfrac{7}{3^2}, \dfrac{8}{3^2}\right)$, 剩下 4 个闭区间 $\left[0, \dfrac{1}{3^2}\right]$, $\left[\dfrac{2}{3^2}, \dfrac{3}{3^2}\right]$, $\left[\dfrac{6}{3^2}, \dfrac{7}{3^2}\right]$ 和 $\left[\dfrac{8}{3^2}, 1\right]$.

依此类推, 剩下点的集 $C$ 称为 Cantor(三分) 集 (Cantor's (ternary) set), 则 Cantor 集 $C$ 是不可数的.

事实上, 用三进制小数 (ternary decimal) 来表示 $[0,1]$ 上的点, 则被删掉的点在表示成三进制小数时是含有 1 的, 而剩下的点是只含有 0 或 2 的. 若再用二进制小数 (binary decimal) 来表示 $[0,1]$ 上的点, 则其与 Cantor 集 $C$ 是一一对应的. 故 Cantor 集 $C$ 是不可数的.

**例 1.2.9** 在 $\left[\dfrac{1}{3}, \dfrac{2}{3}\right]$ 上定义 $\varphi(x) = \dfrac{1}{2}$, 在 $\left[\dfrac{1}{3^2}, \dfrac{2}{3^2}\right]$ 和 $\left[\dfrac{7}{3^2}, \dfrac{8}{3^2}\right]$ 上分别定义 $\varphi(x) = \dfrac{1}{4}$ 和 $\varphi(x) = \dfrac{3}{4}$, 在 $\left[\dfrac{1}{3^3}, \dfrac{2}{3^3}\right]$, $\left[\dfrac{7}{3^3}, \dfrac{8}{3^3}\right]$, $\left[\dfrac{19}{3^3}, \dfrac{20}{3^3}\right]$ 和 $\left[\dfrac{25}{3^3}, \dfrac{26}{3^3}\right]$ 上分别定义 $\varphi(x) = \dfrac{1}{8}$, $\varphi(x) = \dfrac{3}{8}$, $\varphi(x) = \dfrac{5}{8}$ 和 $\varphi(x) = \dfrac{7}{8}$.

依此类推, $\varphi$ 是单调增加的, 且值域 $\mathfrak{R}(\varphi) = [0,1]$, 称为 Cantor 函数 (Cantor's function).

事实上, 它在 $[0,1]$ 上是连续的.

**定理 1.2.6** 设 $A_n (n \in \mathbb{Z}^+)$ 是不可数集, 且它们是两两互斥的, 则 $\bigcup\limits_{n=1}^{\infty} A_n$ 是不可数的.

**证** 设 $I_n = (n-1, n] (n \in \mathbb{Z}^+)$, 则它们都是不可数的, 且是两两互斥的. 因

为

$$\operatorname{card} \bigcup_{n=1}^{\infty} A_n = \operatorname{card} \bigcup_{n=1}^{\infty} I_n = \operatorname{card}(0, \infty)$$

所以 $\bigcup_{n=1}^{\infty} A_n$ 是不可数的. 证完.

$M$ 所有子集构成的集 $\mathfrak{M} = \{A \mid A \subset M\}$ 称为 $M$ 的幂集 (power set).

**定理 1.2.7**  设 $\mathfrak{M}$ 是集 $M$ 的幂集, 则 $\operatorname{card}\mathfrak{M} > \operatorname{card}M$.

**证**  若 $\operatorname{card}\mathfrak{M} = \operatorname{card}M$, 则对任意 $\alpha \in M$, 存在 $M_\alpha \subset M$ 与之对应.

考虑集 $M' = \{\alpha \mid \alpha \in M, \alpha \notin M_\alpha\}$, 则 $M' \subset M$, 且 $M' \in \mathfrak{M}$. 故存在 $\alpha' \in M$ 与之对应, 使得 $M' = M_{\alpha'}$.

若 $\alpha' \in M'$, 由 $M' = M_{\alpha'}$ 定义有 $\alpha' \notin M'$, 矛盾.

而若 $\alpha' \notin M'$, 则由 $M' = M_{\alpha'}$ 定义又有 $\alpha' \in M'$. 矛盾. 证完.

上述定理表明无最大的基数.

若 $M$ 是包含 $n$ 个元的有限集, 则通过简单的计算知 $\mathfrak{M}$ 是包含 $2^n$ 个元的有限集. 推广这个说法, 定理 1.2.7 的意思是 $\operatorname{card}\mathfrak{M} = 2^{\operatorname{card}M}$.

事实上, $\aleph = 2^{\aleph_0}$.

## 习题

1. 试证 $(-1, 1)$ 和实直线是一一对应的.
2. 试证将球面去掉一点后与实平面是一一对应的. 提示: 参考复变函数中的球极射影.
3. 试证实平面上坐标是有理数的点集是可数的.
4. 试证实直线上两两互斥的开区间至多是可数的.
5. 试证单调增加函数的不连续点至多是可数的.
6. 设 $A$ 是无限集, 试证存在子集 $A_1 \subset A$, 使得 $\operatorname{card}A_1 = \operatorname{card}A$, 而集 $A \setminus A_1$ 是可数的.
7. 试证可数集的所有有限子集构成的集是可数的.
8. 试证代数数是可数的, 从而超越数是不可数的.

# 1.3   集论发展简史

由于集论在数学各分支中的重要作用, 有必要将集论史在这里做简要介绍.

集论史的发展与其他数学分支史的发展相当的不同. 在其他数学分支总可以看到从最初的思想到最后的完善, 通常都会有大批的数学家同时发现其重要性. 然而, 集论是相当不同的, 它只是 G. Cantor 一个人的创造.

无限概念从古希腊时就是一个深入研究的对象. Zeno[①] 约在公元前 450 年, 就对无限做出了重要的贡献. 在中世纪, 对无限的讨论就引出了无限集的比较.

1847 年, B. Bolzano[②] 就给出了集的概念. 这时, 很多人不相信无限集的存在, B. Bolzano 第一个打破了有限集观念的框架, 他举例说明不像有限集那样, 无限集可与其真子集是一一对应的. 这个思想最终可用做有限集定义, 是 G. Cantor 集论的前导.

G. Cantor 的早期工作是在数论方面, 在 1867—1871 年发表了大量这方面的论文. 这些工作虽然是高质量的, 但不足以改变整个数学.

一个最重要的事件发生在 1872 年 G. Cantor 到瑞士旅行期间. G. Cantor 遇到并结识了 R. Dedekind, 并保持了很多年的友谊. 两人在 1873—1879 年的大量通信虽然不全是数学方面的, 但 R. Dedekind 深邃的抽象逻辑思维方式对 G. Cantor 后来的思想有了重要的影响.

G. Cantor 从数论转移到三角级数的研究, 研究工作中包含了他集论的初步思想, 得到了无理数的重要结果. R. Dedekind 也独立地在连续性和无理数方面开展研究工作.

1874 年, G. Cantor 发表了一篇标志着集论诞生的论文, 随后在 1878 年投出去的一篇论文使集论成为争论的中心. L. Kronecker 对 G. Cantor 的论文中所包含的革命性新思想非常不满. G. Cantor 曾想撤回这篇论文, 但 R. Dedekind 劝 G. Cantor 不要撤回论文, K. Weierstrass 也支持发表论文.

在 1874 年的论文中, G. Cantor 至少考虑了两种不同的无穷, 它们有相同"大小". G. Cantor 证明代数数集与正整数集是一一对应的; 还用闭区间套定理证明实数集与正整数集不是一一对应的, 就是例 1.2.2. G. Cantor 实际上也证明了 J. Liouville 的结果, 即超越数是无限多的.

在 1878 年的论文中, G. Cantor 给出了集的等价性概念, 即若两个集是一一对应的, 则称它们是等势的. "势" 这个词是 J. Steiner[③] 给出的. 他证明有理数集有最小的无穷势, 还证明 $\mathbb{R}^n$ 与实数集是等势的, 就是例 1.2.6 进一步, 他还证明可数个实数集与实数集仍然是等势的. 此时, G. Cantor 还未使用可数的词, 这个词是在 1883 年引入的.

1879—1884 年, G. Cantor 发表了 6 篇关于集论的论文. 对 G. Cantor 思想的反对声不断增加, 杂志编辑仍然敢于发表这些论文是勇敢的行为. 因为当时, L. Kronecker 在数学界是极其有影响的人物. L. Kronecker 的批评主要是因为他

---

① Zeno of Elea (公元前 490—公元前 425), 古希腊人, 提出过至少 8 个悖论.

② Bernard Placidus Johann Nepomuk Bolzano (1781.10.05—1848.12.18), 捷克人, 与 K. Weierstrass 独立地给出了处处连续而无处可微的函数.

③ Jakob Steiner (1796.03.18—1863.04.01), 瑞士人, 近代射影几何奠基人之一.

只相信构造性的数学, 只能接受正整数集经过有限步直观可构造的数学对象.

1884 年是 G. Cantor 的危机年, 当他对目前的工作不满意而准备到柏林工作时, 遇到了 K. Schwarz[①] 和 L. Kronecker 的极力阻挠. 这一年, G. Cantor 似乎对自己的工作失去了自信, 而放弃了申请数学的职位并转而开始申请哲学的职位. 到 1885 年年初, 危机总算过去了, G. Cantor 也恢复了对自己工作的自信心.

1889 年, G. Peano[②] 引进了 "∩, ∪, ∈" 等符号, 其中 "∩" 像个帽子, "∪" 像个杯子, "∈" 是希腊文 "是" 的第一个字母, G. Peano 使用这些符号比人们的广泛使用早了很多年. 这虽然在集论的发展中并不是很重要的一件事, 但非常值得注意.

1895 年和 1897 年, G. Cantor 发表了关于集论的最后两篇论文, 已经非常类似于今天的集论著作了. G. Cantor 证明了 Bernstein 定理 (定理 1.2.5), 这个定理也由 F. Bernstein 和 F. Schröder[③] 独立证明.

1897 年, 对 G. Cantor 是非常重要的一年. 这一年, 第一次国际数学家大会在苏黎世召开, G. Cantor 的工作受到了 A. Hurwitz[④] 和 J. Hadamard 等人所给予的最高礼遇.

1899 年, G. Cantor 发现了 "所有集构成的集" 的悖论. 所有集构成的集的基数是什么? 显然, 它应该是最大的基数, 而定理 1.2.7 告诉我们, 集的所有子集构成的幂集有更大的基数. 看起来 L. Kronecker 的批评还是部分对的, 当集概念推广太大时就会产生悖论. 最终的悖论是 B. Russell[⑤] 在 1902 年提出的, E. Zermelo[⑥] 也独立发现了这个悖论.

此时, 集论开始对其他数学分支产生重要影响. H. Lebesgue 于 1901 年定义的 "测度", 1902 年定义的 Lebesgue 积分都使用集论概念. 分析学需要 G. Cantor 的集论, 它不能承受将自己限制在 L. Kronecker 意义下的直观数学. 为让集论立得住, 就必须寻找消除悖论的方法.

这就是史上第三次数学危机.

---

[①] Karl Herman Amandus Schwarz (1843.01.25—1921.11.30), 德国人, 以他的名字命名的不等式是他送给他的老师 K. Weierstrass 70 岁生日的生日礼物.

[②] Giuseppe Peano (1858.08.27—1932.04.20), 意大利人, 1890 年第一次构造出充满正方形的连续曲线的例子.

[③] Friedrich Wilhelm Karl Ernst Schröder (1841.11.25—1902.06.16), 德国人.

[④] Adolf Hurwitz (1859.03.26—1919.11.18), 德国人.

[⑤] Bertrand Arthur William Russell (1872.05.18—1970.02.02), 英国人, 1950 年获诺贝尔文学奖.

[⑥] Ernst Friedrich Ferdinand Zermelo (1871.07.27—1953.03.21), 德国人.

# 第 2 章　度量空间

泛函分析的基础是建立在具有两种结构的集之上的, 一种是代数结构即线性结构, 另一种就是拓扑结构即度量结构. 这一章研究的度量空间是基本的拓扑结构, 其在泛函分析理论及其应用中是最基本的, 是极为有用的, 是描述极限和连续性这些分析属性的一般框架.

## 2.1　一致连续性与一致收敛性

在这一节, 介绍一致连续性与一致收敛性的概念, 它们在微积分中几乎不提, 然而在深入学习数学时是回避不了的.

### 2.1.1　一致连续性

为了对比学习一致连续性, 先回顾一下大家在微积分中已经熟悉的连续性定义: 设 $f(x)$ 是区间 $I$ 上的函数, $x_0 \in I$.

(1) 若对任意 $\varepsilon > 0$, 存在 $\delta > 0$, 使得当 $|x - x_0| < \delta$ 时有 $|f(x) - f(x_0)| < \varepsilon$, 则称 $f(x)$ 在点 $x_0 \in I$ 是连续的 (continuous);

(2) 若 $f(x)$ 在每个点 $x \in I$ 都是连续的, 则称其在 $I$ 上是连续的, 记为 $f \in C(I)$, 其中 $C(I)$ 是 $I$ 上的连续函数集 (set of continuous functions).

**例 2.1.1**　Riemann 函数 (Riemann function)

$$R(x) = \begin{cases} \dfrac{1}{q}, & x = \dfrac{p}{q}, \ p, q \text{ 是互素整数}, \ q > 0 \\ 0, & x \text{ 是无理数} \end{cases}$$

在每个无理点上是连续的, 而在有理点上不是连续的.

上述定义有等价的 Heine[①] 归结定理, 它表明序列的收敛性在研究函数的连续性时是非常重要的, 会经常用到, 也非常好用.

**定理 2.1.1 (Heine 归结定理, Heine resolution theorem)**    $f(x)$ 在 $x_0$ 连续的充要条件是 $|x_n - x_0| \to 0, n \to \infty$ 蕴涵着 $|f(x_n) - f(x_0)| \to 0, n \to \infty$.

**证**    先证必要性.

设 $f(x)$ 在 $x_0$ 是连续的, 则对任意 $\varepsilon > 0$, 存在 $\delta > 0$, 使得当 $|x - x_0| < \delta$ 时, 有 $|f(x) - f(x_0)| < \varepsilon$. 令 $x_n \to x_0, n \to \infty$, 则存在 $N \in \mathbb{Z}^+$, 使得当 $n > N$ 时, 有 $|x_n - x_0| < \delta$. 因此, 对任意 $n > N$, 都有 $|f(x_n) - f(x_0)| < \varepsilon$.

下证充分性.

设 $|x_n - x_0| \to 0, n \to \infty$ 蕴涵着 $|f(x_n) - f(x_0)| \to 0, n \to \infty$. 若 $f(x)$ 在点 $x_0 \in I$ 不是连续的, 则存在 $\varepsilon_0 > 0$, 使得对任意 $n \in \mathbb{Z}^+$, 都存在 $x_n \neq x_0$, 它虽然满足 $|x_n - x_0| < \dfrac{1}{n}$, 但 $|f(x_n) - f(x_0)| \geqslant \varepsilon_0$. 显然, $x_n \to x_0, n \to \infty$. 但 $f(x_n) \nrightarrow f(x_0), n \to \infty$. 矛盾. 证完.

注意: $f \in C(I)$ 实际上就是 $f(x)$ 在区间 $I$ 上的每个点是连续的, 因此, 这是一个逐点定义的概念, 是比较熟悉的概念. 从本质上来说, 连续性概念是局部性概念. 这对深入学习和研究是不够的, 需有整体性概念.

H. Heine 给出的一致连续性概念, 是比较精细的概念, 是整体性概念, 是深入学习数学不可回避的基本概念, 在这里进行补充学习.

**定义 2.1.1**    设 $f(x)$ 是区间 $I$ 上的函数. 若对任意 $\varepsilon > 0$, 存在 $\delta > 0$, 当 $x_1, x_2 \in I, |x_1 - x_2| < \delta$ 时, 有 $|f(x_1) - f(x_2)| < \varepsilon$, 则称 $f(x)$ 在 $I$ 上是一致连续的 (uniformly continuous).

从连续性和一致连续性定义看出, 它们最本质的差别在于 $\delta$, 前者与 $\varepsilon$ 和点 $x_0$ 都有关, 后者只与 $\varepsilon$ 有关, 而与点 $x_0$ 无关. 有下述简单结论.

**定理 2.1.2**    (1) 一致连续函数是连续的;
(2) 一致连续函数在任意子区间上是一致连续的.

例 2.1.2 说明连续函数不一定是一致连续的.

**例 2.1.2**    连续函数 $f(x) = \dfrac{1}{x}$ 在 $(0, 1)$ 上不是一致连续的.

事实上, 可以用反证法 (proof by contradiction 或 reduction to absurdity) 证明.

---

① Heinrich Eduard Heine (1821.03.16—1881.10.21), 德国人.

若不然, 则存在 $\delta > 0$, 使得当 $x', x'' \in (0, 1)$, $|x' - x''| < \delta$ 时, 有

$$|f(x') - f(x'')| = \left| \frac{1}{x'} - \frac{1}{x''} \right| = \frac{|x' - x''|}{x'x''} < 1$$

令 $n \geqslant 2$, $x' = \dfrac{1}{n}$, $x'' = \dfrac{1}{2n}$, 则

$$|x' - x''| = \frac{1}{2n}$$
$$|f(x') - f(x'')| = n \geqslant 2 > 1$$

故只要取 $n > \dfrac{1}{2\delta}$ 就引出矛盾, 从而 $f(x) = \dfrac{1}{x}$ 在 $(0, 1)$ 上不是一致连续的.

**定义 2.1.2** 设 $f(x)$ 是区间 $I$ 上的函数. 若对任意 $x_1, x_2 \in I$, 有

$$|f(x_1) - f(x_2)| \leqslant L |x_1 - x_2|$$

则称 $f(x)$ 在 $I$ 上是 Lipschitz[1] 的 (Lipschitz), 其中 $L = \text{const}$ 称为 Lipschitz 常数 (Lipschitz constant).

下述结论是一个直接结果.

**定理 2.1.3** Lipschitz 函数是一致连续的.

关于一致连续性的 Cantor 定理是本书经常要用到的, 为此, 先介绍 Dedekind[2] 确界公理、Weierstrass 聚点原理和 Bolzano-Weierstrass 定理. 而其中的 Bolzano-Weierstrass 定理在本书中也将多次用到.

事实上, 确界概念是深入学习数学不可回避的基本概念, 有必要在这里进行补充学习. 在实数集的研究上, 多数作者喜欢以 Dedekind 确界公理作为公理来出发.

先回顾上下界的概念.

设 $A$ 是非空实数集.

(1) 若存在 $u$, 使得对任意 $a \in A$, 有 $a \leqslant u$, 则称其为 $A$ 的上界 (upper bound);

(2) 若存在 $\ell$, 使得对任意 $a \in A$, 有 $a \geqslant \ell$, 则称其为 $A$ 的下界 (lower bound).

非空实数集若有上界则不存在最大的. 例如, 2 是 $[0, 1]$ 的上界, 然而 $3, 4, \cdots$ 都是 $[0, 1]$ 的上界, 不存在最大的.

类似地, 非空实数集若有下界则也不存在最小的.

下面给出上下确界的概念.

---

[1] Rudolf Otto Sigismund Lipschitz (1832.05.14—1903.10.07), 德国人.
[2] Julius Wihelm Richard Dedekind (1831.10.06—1916.02.12), 德国人.

**定义 2.1.3** 设 $A$ 是非空实数集.

(1) 若 $A$ 有上界, 则称其最小上界为上确界 (supremum), 记为 $\sup A$;

(2) 若 $A$ 有下界, 则称其最大下界为下确界 (infimum), 记为 $\inf A$.

从中可看到, 若集 $A$ 有最大值, 则必是其上确界. 例如, $[0,1]$ 的最大值 1 就是其上确界.

类似地, 若 $A$ 有最小值, 则必是其下确界. 例如, $[0,1]$ 的最小值 0 就是其下确界.

然而, 若集无最值, 其确界有没有? 应该怎么来确定? 例如, $(0,1)$ 无最值. 对此, 有 J. Dedekind 的确界公理. 事实上, 大多数人讨论实数理论都是从这个公理来出发的.

**公理 2.1.1 (Dedekind 确界公理, Dedekind completeness axiom)** (1) 有上界的非空实数集有上确界;

(2) 有下界的非空实数集有下确界.

对无上界是实数集 $A$, 约定 $\sup A = +\infty$; 对无下界是实数集 $A$, 约定 $\inf A = -\infty$. 这样就可将 Dedekind 确界公理 (公理 2.1.1) 修改为广义的形式: 非空实数集有确界.

必须强调, Dedekind 确界公理 (公理 2.1.1) 在实数集中才成立, 而在有理数集中不成立.

**例 2.1.3** 考虑由 $\sqrt{2}$ 做成的序列:

$$a_1 = 1, \ a_2 = 1.4, \ a_3 = 1.41, \ a_4 = 1.414, \cdots \tag{2.1}$$

上述序列所构成集

$$A = \{a_1 = 1, a_2 = 1.4, a_3 = 1.41, a_4 = 1.414, \cdots\}$$

的上确界是 $\sqrt{2}$, 然而, 它是无理数, 并不在这个有理数集中.

由确界定义有下述结论: 实数 $\beta$ 是集 $A$ 上确界当且仅当

(1) $\beta$ 是 $A$ 上界, 即对任意 $a \in A$, 都有 $a \leqslant \beta$;

(2) 比 $\beta$ 小的实数不是 $A$ 上界, 即对任意 $\beta' < \beta$, 存在 $a' \in A$, 使得 $a' > \beta'$;

实数 $\alpha$ 是 $A$ 下确界当且仅当

(1) $\alpha$ 是 $A$ 下界, 即对任意 $a \in A$, 都有 $a \geqslant \alpha$;

(2) 比 $\alpha$ 大的实数不是 $A$ 下界, 即对任意 $\alpha' > \alpha$, 存在 $a' \in A$, 使得 $a' < \alpha'$.

可看到 $(0,1)$ 无最值, 但 $\sup(0,1) = 1$, $\inf(0,1) = 0$. 这说明确界可不在集中. 下述定理和推论给出确界和序列之间的密切联系.

**定理 2.1.4** 设实数集 $A$ 有上确界, $\beta = \sup A$.

(1) 则存在序列 $\{a_n\} \subset A$, 使得 $a_n \to \beta$, $n \to \infty$;

(2) 若 $\beta \notin A$, 则上述序列可以是严格单调增加的.

**证** 由上确界定义, 对任意 $n$, 存在 $a_n \in A$, 使得

$$\beta - \frac{1}{n} < a_n \leqslant \beta, \quad n \in \mathbb{Z}^+$$

故 $\{a_n\}$ 收敛于 $\beta$.

若 $\beta \notin A$, 则存在 $a_1 \in A$, 使得

$$\beta - 1 < a_1 < \beta$$

由

$$\max\left\{a_1, \beta - \frac{1}{2}\right\} < \beta$$

故存在 $a_2 \in A$, 使得

$$\beta - \frac{1}{2} < a_2 < \beta$$
$$a_1 < a_2$$

由归纳法, 可得序列 $\{a_n\}$, 使得

$$\beta - \frac{1}{n} < a_n < \beta$$
$$a_{n-1} < a_n$$

故 $\{a_n\}$ 收敛于 $\beta$, 且还是严格单调增加的. 证完.

类似地, 有下述推论.

**推论 2.1.1** 设实数集 $A$ 有下确界, $\alpha = \inf A$.

(1) 则存在序列 $\{a_n\} \subset A$, 使得 $a_n \to \alpha$, $n \to \infty$;

(2) 若 $\alpha \notin A$, 则上述序列可以是严格单调减少的.

下面给出聚点的概念.

**定义 2.1.4** 设 $A$ 是非空实数集, $a \in A$. 若对任意 $\varepsilon > 0$, $(a - \varepsilon, a + \varepsilon)$ 内至少存在不同于 $a$ 的点属于 $A$, 则称 $a$ 为 $A$ 的聚点 (accumulation point).

**例 2.1.4** $(0, 1]$ 的每个点都是聚点. $0 \notin (0, 1]$, 但它也是聚点.

**例 2.1.5** $\left\{\dfrac{1}{n}\right\}$ 的每个点都不是聚点. $0 \notin (0, 1]$, 但它也是聚点.

**例 2.1.6**   设集 $A$ 是 $(0,1)$ 内的所有有理数, 则 $[0,1]$ 的每个点都是 $A$ 的聚点.

下面给出 Weierstrass 聚点原理.

**定理 2.1.5 (Weierstrass 聚点原理, Weierstrass accumulation principle)** 有界无限集有聚点.

**证**   对有界无限集 $A$, 做集 $A^*$: 若 $a \in A^*$, 则 $A$ 中只有有限多个点小于 $a$.

一方面, 由于 $A$ 的有界性, 其下界 $m \in A^*$, 因而 $A^*$ 是非空的; 另一方面, 由于 $A$ 的无限性, 其上界 $M \notin A^*$, 且是 $A^*$ 的上界.

由 Dedekind 确界公理 (公理 2.1.1), 可设 $\sup A^* = a_0$. 对任意 $\varepsilon > 0$, 因为 $a_0 + \varepsilon \notin A^*$, 所以在 $A$ 中有无限多个点小于 $a_0 + \varepsilon$. 而 $a_0 - \varepsilon$ 不再是 $A$ 的上界, 故存在 $b \in A^*$, 使得 $b > a_0 - \varepsilon$. 于是 $A$ 中小于 $b$ 的点只有有限多个, 而小于 $a_0 - \varepsilon$ 的点就更只有有限多个. 故在 $(a_0 - \varepsilon, a_0 + \varepsilon)$ 内有无限多个点属于 $A$, 从而至少存在不同于 $a_0$ 的点属于 $A$, 即 $a_0$ 是 $A$ 的聚点. 证完.

下面先给出重要的子列概念.

**定义 2.1.5**   设 $\{x_n\}$ 是无限序列, 则

$$n_1 < n_2 < \cdots < n_k < \cdots$$

是一串趋于 $+\infty$ 的自然数, 则 $\{x_{n_k}\}$ 称为 $\{x_n\}$ 的子列 (subsequence).

例如, 序列 $2, 4, \cdots, 2n, \cdots$ 就是正整数序列的子列. 一般地, 序列 $\{x_n\}$ 的子列记 $\{x_{n_k}\}$, 等等.

关于子列可证下述结论.

**定理 2.1.6**   (1) 收敛序列的任意子列都是收敛的, 并与原序列有相同极限; (2) 序列的两个子列有不同极限, 则原序列是发散的.

下面给出 Bolzano-Weierstrass 定理.

**定理 2.1.7 (Bolzano-Weierstrass 定理, Bolzano-Weierstrass theorem)** 有界序列有收敛子列.

**证**   若序列 $\{x_n\}$ 实际上只有有限多个互不相同的数在反复出现, 设其中一个是 $x_0$. 将 $\{x_n\}$ 中那些等于 $x_0$ 的 $x_n$ 挑出来, 它是 $\{x_n\}$ 的子列, 极限就是 $x_0$.

若 $\{x_n\}$ 确实有可数多个互不相同的数, 则 $\{x_n\}$ 是有界无限集. 由 Weierstrass 聚点原理 (定理 2.1.5) 可知, 它有聚点 $x_0$.

由聚点定义, 在 $(x_0 - 1, x_0 + 1)$ 中有不同于 $x_0$ 的点, 记为 $x_{n_1}$.

由聚点定义, 在 $\left( x_0 - \dfrac{1}{2}, x_0 + \dfrac{1}{2} \right)$ 中有不同于 $x_0, x_{n_1}$ 的点, 记为 $x_{n_2}$.

由聚点定义, 在 $\left( x_0 - \dfrac{1}{k}, x_0 + \dfrac{1}{k} \right)$ 中有不同于 $x_0, x_{n_1}, \cdots, x_{n_{k-1}}$ 的点, 记为 $x_{n_k}$.

由聚点定义, 在 $\left( x_0 - \dfrac{1}{k+1}, x_0 + \dfrac{1}{k+1} \right)$ 中有不同于 $x_0, x_{n_1}, \cdots, x_{n_k}$ 的点, 记为 $x_{n_{k+1}}$.

最后由归纳法就找到了子列 $\{x_{n_k}\}$, 满足 $|x_{n_k} - x_0| < \dfrac{1}{k}$. 因此 $x_{n_k} \to x_0$, $k \to \infty$. 证完.

现给出关于一致连续性的 Cantor 定理.

**定理 2.1.8 (Cantor 定理, Cantor theorem)**　闭区间上的连续函数是一致连续的.

**证**　设 $f(x)$ 是 $[a, b]$ 上的连续函数. 若其不是一致连续的, 则存在 $\varepsilon_0$, 对任意 $n$, 存在 $x_n, x_n' \in [a, b]$, 满足

$$|x_n - x_n'| < \frac{1}{n} \tag{2.2}$$

使得

$$|f(x_n) - f(x_n')| \geqslant \varepsilon_0 \tag{2.3}$$

由于 $\{x_n\}$ 的有界性, 由 Bolzano-Weierstrass 定理 (定理 2.1.7) 可知, 存在收敛子列 $\{x_{n_k}\}$, 使得 $x_{n_k} \to \xi$, $k \to \infty$. 由式 (2.2), 有

$$x_{n_k} - \frac{1}{n_k} < x_{n_k}' < x_{n_k} + \frac{1}{n_k}, \ n_k \geqslant k$$

因此, $\{x_n'\}$ 的对应子列 $\{x_{n_k}'\}$ 也收敛于 $\xi$, 即 $x_{n_k}' \to \xi$, $k \to \infty$.

由于 $f(x)$ 在点 $\xi$ 的连续性, 存在 $\delta > 0$, 当 $x', x'' \in (\xi - \delta, \xi + \delta)$ 时有 $|f(x') - f(x'')| < \varepsilon_0$.

因为

$$\lim_{k \to \infty} x_{n_k} = \lim_{k \to \infty} x_{n_k}' = \xi$$

所以当 $k$ 充分大时有 $x_{n_k}, x_{n_k}' \in (\xi - \delta, \xi + \delta)$. 故 $|f(x_{n_k}) - f(x_{n_k}')| < \varepsilon_0$, 这与式 (2.3) 矛盾. 证完.

这里顺便指出, 例 1.2.2 还可用闭区间套定理来证. 为此, 先介绍单调收敛准则和闭区间套定理, 它们本身也是很重要的.

**定理 2.1.9 (单调收敛准则, monotone convergence criterion)**　单调有界序列有极限.

**证** 不妨设 $\{a_n\}$ 是单调减少序列, 记集 $A$.

由假设, $A$ 有下界, 当然 $a_1$ 是其上界, 由 Dedekind 确界公理 (公理 2.1.1) 可知, 存在 $a = \inf A$. 对任意 $\varepsilon$, 由下确界定义, 存在 $N \in \mathbb{Z}^+$, 使得 $a + \varepsilon > a_N$. 又 $\{a_n\}$ 是单调减少的, 故当 $n > N$ 时, 有

$$a + \varepsilon > a_N \geqslant a_n \geqslant a$$

或

$$|a_n - a| \leqslant |a_N - a| < \varepsilon$$

故单调减少有界序列有极限, 且极限是集的下确界. 证完.

必须强调, 单调收敛准则 (定理 2.1.9) 在实数集中才成立, 而在有理数集中不成立.

**例 2.1.7** 重新考虑例 2.1.3 中的序列式 (2.1), 即

$$a_1 = 1, \ a_2 = 1.4, \ a_3 = 1.41, \ a_4 = 1.414, \cdots$$

上述序列是单调增加的, 且有上界 $\sqrt{2}$. 然而, 因为 $a_n \to \sqrt{2}(n \to \infty)$, 故其在有理数集中无极限.

下面给出闭区间套定义和闭区间套定理.

**定义 2.1.6** 若闭区间序列 $\{I_n\}$ 满足 $I_n \supset I_{n+1}(n \in \mathbb{Z}^+)$, 则称其为闭区间套 (nested closed interval).

**定理 2.1.10 (闭区间套定理, nested closed interval theorem)** 设 $\{I_n\}$ 是闭区间套, 则

(1) $\bigcap\limits_{n=1}^{\infty} I_n$ 是非空的;

(2) 又若区间 $I_n$ 的长度 $|I_n| \to 0$, 则 $\bigcap\limits_{n=1}^{\infty} I_n$ 是单点集 (singleton set).

下面只对闭区间套定理 (定理 2.1.10) 的另外一种形式进行证明: 设 $\{[a_n, b_n]\}$ 是闭区间套, 满足

$$a_n \leqslant a_{n+1} \leqslant b_{n+1} \leqslant b_n, \ n \in \mathbb{Z}^+$$

则

(1) 存在 $\xi$, 使得 $a_n \leqslant \xi \leqslant b_n (n \in \mathbb{Z}^+)$;

(2) 又若 $b_n - a_n \to 0$, 则上述的 $\xi$ 是唯一的.

**证** 由闭区间套定义, 左右端点分别形成两个序列, 左端点形成的序列 $\{a_n\}$ 是单调增加的, 以 $b_n$ 为上界; 而右端点形成的序列 $\{b_n\}$ 是单调减少的, 以 $a_n$

为下界. 由单调收敛准则 (定理 2.1.9), 可分别设 $a_n \to a$, $n \to \infty$ 和 $b_n \to b$, $n \to \infty$, 故有

$$a_n \leqslant a \leqslant b \leqslant b_n$$

在 $a$ 和 $b$ 之间取 $\xi$ 即可. 若 $b_n - a_n \to 0$, 则 $\xi = a = b$ 显然是唯一的. 证完.

从表面上看, 与单调收敛准则 (定理 2.1.9) 相比较, 闭区间套定理 (定理 2.1.10) 似乎无新鲜的东西. 事实上, 后者可推广到更一般的情形, 而前者只在实数集中才成立.

下面用闭区间套定理 (定理 2.1.10) 重证例 1.2.2 或者说是直接证例 1.2.4: 实数集是不可数集.

**证** 若不然, 则其可与正整数集是一一对应的, 故可将其元一一列出, 设 $\mathbb{R} = \{x_1, x_2, \cdots, x_n, \cdots\}$. 由 $x_1$, 取闭区间 $I_1 \subset \mathbb{R} \setminus \{x_1\}$. 由 $I_1$ 和 $x_2$, 取闭区间 $I_2 \subset I_1 \setminus \{x_2\}$. 由归纳法可取闭区间 $I_n \subset I_{n-1} \setminus \{x_n\}$, 得闭区间套 $\{I_n\}$. 由闭区间套定理 (定理 2.1.10) 可知, 存在 $\xi$, 使得 $\xi \in I_n (n \in \mathbb{Z}^+)$. 但由上述做法, $\xi \neq x_n (n \in \mathbb{Z}^+)$, 故其不在实数集中. 矛盾. 证完.

### 习题

1. 试证 Riemann 函数

$$R(x) = \begin{cases} \dfrac{1}{q}, & x = \dfrac{p}{q}, \ p, q \text{ 是互素整数}, \ q > 0 \\ 0, & x \text{ 是无理数} \end{cases}$$

在每个无理点上是连续的, 而在有理点上不是连续的.

2. 试证定理 2.1.2: (1) 一致连续函数是连续的; (2) 一致连续函数在任意子区间上是一致连续的.

3. 试证定理 2.1.3: Lipschitz 函数是一致连续的.

4. 若实数集有确界, 试证确界是唯一的.

5. 试证推论 2.1.1: 设实数集 $A$ 有下确界, $\alpha = \inf A$. (1) 则存在序列 $\{a_n\} \subset A$, 使得 $a_n \to \beta$, $n \to \infty$; (2) 若 $\alpha \notin A$, 则上述序列可以是严格单调减少的. 提示: 参考定理 2.1.4.

6. 试证定理 2.1.6: (1) 收敛序列的任意子列都是收敛的, 并与原序列有相同极限; (2) 序列的两个子列有不同极限, 则原序列是发散的.

### 2.1.2 一致收敛性

先给出大家在微积分中已经熟悉的收敛性定义: 若对任意 $\varepsilon > 0$, $x \in I$, 存在 $N \in \mathbb{Z}^+$, 使得当 $n > N$ 时, 有 $|f_n(x) - f(x)| < \varepsilon$, 则称序列 $\{f_n(x)\}$ 在区间 $I$ 上是处处收敛的 (everywhere convergent), 记 $f_n(x) \to f(x)$, $n \to \infty$.

注意到 $\{f_n(x)\}$ 在区间 $I$ 上处处收敛于 $f(x)$, 实际上就是 $\{f_n(x)\}$ 在区间 $I$ 上的每个点处收敛于 $f(x)$, 与数项级数是没有区别的. 因此, 它是逐点定义概念. 从本质上来说, 收敛性概念是局部性概念. 这对深入学习和研究是不可回避的, 需有整体性概念.

在这一小节给出一致收敛性概念, 它是比较精细的概念, 是整体性概念.

**定义 2.1.7** 若对任意 $\varepsilon > 0$, 存在 $N \in \mathbb{Z}^+$, 使得当 $n > N$ 时, 对任意 $x \in I$, 有 $|f_n(x) - f(x)| < \varepsilon$, 则称序列 $\{f_n(x)\}$ 在区间 $I$ 上是一致收敛的 (uniformly convergent).

从收敛性和一致收敛性定义看出, 它们最本质的差别在于 $N$. 前者与 $\varepsilon$ 和 $x$ 都有关, 后者只与 $\varepsilon$ 有关, 而与 $x$ 无关.

易证区间 $I$ 上的一致收敛序列是处处收敛的.

**例 2.1.8** 设 $1, x, x^2, \cdots, x^n, \cdots$ 是 $[0,1]$ 上的连续函数序列, 但其极限为

$$f(x) = \begin{cases} 0, & x \in [0, 1) \\ 1, & x = 1 \end{cases}$$

则这个序列在 $[0,1]$ 上是处处收敛的. 但不是一致收敛的.

例 2.1.8 说明连续函数序列的极限不一定是连续的, 即连续函数序列关于极限运算不是封闭的. 为保证连续函数序列关于极限运算的封闭性, 就需一致收敛性的条件, 即有下述结论.

**定理 2.1.11** 设 $\{f_n(x)\}$ 是区间 $I$ 上一致收敛于 $f(x)$ 的连续函数序列, 则 $f(x)$ 是连续的.

下面给出序列 $\{f_n(x)\}$ 的等度连续概念, 并讨论一致收敛性与等度连续性之间的关系.

**定义 2.1.8** 若对任意 $\varepsilon > 0$, 存在 $\delta > 0$, 对任意 $f_n(x)$, 当 $t_1, t_2 \in I$, $|t_1 - t_2| < \delta$ 时有 $|f_n(t_1) - f_n(t_2)| < \varepsilon$, 则称序列 $\{f_n(x)\}$ 在区间 $I$ 上是等度连续的 (equi-continuous).

**定理 2.1.12** 闭区间上一致收敛的连续函数序列是等度连续的.

**证** 因为 $\{f_n(x)\}$ 是闭区间 $I$ 上一致收敛的序列, 所以对任意 $\varepsilon > 0$, 存在 $N \in \mathbb{Z}^+$, 使得当 $n > N$ 时, 对任意 $x \in I$, 有

$$|f_n(x) - f_N(x)| < \frac{\varepsilon}{3} \tag{2.4}$$

由 Cantor 定理 (定理 2.1.8) 可知, $f_N(x)$ 在闭区间 $I$ 上是一致连续的, 故存

在 $\delta > 0$, 当 $x, x' \in I$, $|x - x'| < \delta$ 时, 有

$$|f_N(x) - f_N(x')| < \frac{\varepsilon}{3} \tag{2.5}$$

从而, 由式 (2.4) 和式 (2.5), 有

$$\begin{aligned}
|f_n(x) - f_n(x')| &\leqslant |f_n(x) - f_N(x)| + |f_N(x) - f_N(x')| + |f_N(x') - f_n(x')| \\
&< \frac{\varepsilon}{3} + \frac{\varepsilon}{3} + \frac{\varepsilon}{3} \\
&= \varepsilon
\end{aligned}$$

证完.

**习题**

试证例 2.1.8: $[0, 1]$ 上的连续函数序列 $1, x, x^2, \cdots, x^n, \cdots$ 不是一致收敛的.

## 2.2 度量空间的概念和例子

在一元微积分中, 主要是研究实数集上的函数. 仔细回忆会发现, 在其中其实是默认了两点间的距离是 $\varrho(x, y) = |x - y|$ 的. 而在泛函分析中将提出和研究更一般的空间概念, 其中度量空间是最接近 Euclid 空间的抽象空间. 距离是用公理来定义的. 公理化方法 (axiomatization method) 已被广泛地应用到数学的很多分支, 是建立数学体系的工具. 公理化的思想应该归功于 D. Hilbert 关于几何基础的研究, 是数学发展成熟化的标志.

### 2.2.1 度量空间的概念

**定义 2.2.1** 设 $R$ 是非空集. 若对任意 $x, y \in R$, 存在实数 $\varrho(x, y)$, 满足下述条件:

(1) (正定性, positivity)$\varrho(x, y) \geqslant 0$, $\varrho(x, y) = 0$, 当且仅当 $x = y$;

(2) (对称性, symmetry)$\varrho(x, y) = \varrho(y, x)$;

(3) (三角不等式, triangle inequality):

$$\varrho(x, y) \leqslant \varrho(x, z) + \varrho(y, z), \; z \in R \tag{2.6}$$

则称其为它们之间的度量 (metric), 并称 $R$ 按度量 $\varrho$ 成为度量空间 (metric space), 记 $(R, \varrho)$, 在不至于混淆的情况下简单地记 $R$, $R$ 中的元称为点 (point).

上述定义中的三角不等式 (2.6) 也可改为

$$|\varrho(x, y) - \varrho(y, z)| \leqslant \varrho(x, z), \; x, y, z \in R$$

事实上, 由三角不等式 (2.6), 有

$$\varrho(x,y) - \varrho(y,z) \leqslant \varrho(x,z) \tag{2.7}$$

另一方面, 在三角不等式 (2.6) 中 $x,y,z$ 是任意的, 将 $x$ 换为 $y$, 将 $y$ 换为 $z$, 将 $z$ 换为 $x$, 有 $\varrho(y,z) \leqslant \varrho(y,x) + \varrho(z,x)$ 或 $\varrho(y,z) - \varrho(y,x) \leqslant \varrho(z,x)$.

再注意到对称性又有

$$\varrho(y,z) - \varrho(x,y) \leqslant \varrho(x,z) \tag{2.8}$$

综合式 (2.7) 和式 (2.8), 有

$$|\varrho(x,y) - \varrho(y,z)| \leqslant \varrho(x,z)$$

对度量空间 $R$ 任意非空子集 $M$, 若以 $R$ 中度量 $\varrho(x,y)$ 作为 $M$ 上的度量, $(M,\varrho)$ 是度量空间, 则称 $M$ 为 $R$ 的子空间 (subspace).

为引入更复杂的度量空间的例子, 在下一节中需要做一些数学准备, 给出两个重要不等式.

### 2.2.2　Hölder 不等式和 Minkowski 不等式

在这一小节中, 先给出离散形式的 Hölder[1] 不等式. 为此先给出 Young[2] 不等式 (Young's inequality): 设 $\varphi(x)$, $x \geqslant 0$ 是严格增加的连续函数, $\varphi(0) = 0$, $\psi = \varphi^{-1}$, 则

$$\int_0^a \varphi(x)\mathrm{d}x + \int_0^b \psi(y)\mathrm{d}y \geqslant ab,\ a,b \geqslant 0 \tag{2.9}$$

在 Young 不等式 (2.9) 中, 当且仅当 $b = \varphi(a)$ 时等号成立.

若 $p, q > 1$, $\dfrac{1}{p} + \dfrac{1}{q} = 1$, 则称它们是共轭的 (conjugate). 另外, 规定 $1$, $\infty$ 是共轭的.

取 $\varphi(x) = x^{p-1}$, 则其逆是 $\psi(y) = y^{q-1}$. 记 $a = A^{\frac{1}{p}}, b = B^{\frac{1}{q}}$, $p,q$ 是共轭的, 则 Young 不等式 (2.9) 有下述变形:

$$A^{\frac{1}{p}} B^{\frac{1}{q}} \leqslant \frac{A}{p} + \frac{B}{q} \tag{2.10}$$

若令 $A = \alpha^p, B = \beta^q$, 则 Young 不等式 (2.9) 又有下述变形:

$$\alpha\beta \leqslant \frac{\alpha^p}{p} + \frac{\beta^q}{q} \tag{2.11}$$

---

① Otto Ludwig Hölder (1859.12.22—1937.08.29), 德国人.

② William Henry Young (1863.10.20—1942.07.07), 英国人, 独立发现 Lebesgue 积分, 但比 H. Lebesgue 晚了两年.

下面给出 Hölder 不等式 (Hölder's inequality): 设 $p$ 和 $q$ 是共轭指数. 若 $\sum\limits_{n=1}^{\infty} |x_n|^p$, $\sum\limits_{n=1}^{\infty} |y_n|^q$. 都是收敛的, 则 $\sum\limits_{n=1}^{\infty} |x_n y_n|$ 也是收敛的, 且有

$$\sum_{n=1}^{\infty} |x_n y_n| \leqslant \left( \sum_{n=1}^{\infty} |x_n|^p \right)^{\frac{1}{p}} \left( \sum_{n=1}^{\infty} |y_n|^q \right)^{\frac{1}{q}} \tag{2.12}$$

**证** 不妨设 $\sum\limits_{n=1}^{\infty} |x_n|^p > 0$, $\sum\limits_{n=1}^{\infty} |y_n|^q > 0$. 构造序列

$$\varphi_n = \frac{x_n}{\left( \sum\limits_{n=1}^{\infty} |x_n|^p \right)^{\frac{1}{p}}}$$

$$\psi_n = \frac{y_n}{\left( \sum\limits_{n=1}^{\infty} |y_n|^q \right)^{\frac{1}{q}}}$$

令 $\alpha = |\varphi_n|$, $\beta = |\psi_n|$, 代入 Young 不等式 (2.9) 的变形式 (2.11), 有

$$|\varphi_n \psi_n| \leqslant \frac{|\varphi_n|^p}{p} + \frac{|\psi_n|^q}{q}$$

注意到 $\sum\limits_{n=1}^{\infty} |\varphi_n|^p = 1$, $\sum\limits_{n=1}^{\infty} |\psi_n|^q = 1$, 有

$$\sum_{n=1}^{\infty} |\varphi_n \psi_n| \leqslant \sum_{n=1}^{\infty} \frac{|\varphi_n|^p}{p} + \sum_{n=1}^{\infty} \frac{|\psi_n|^q}{q} = \frac{1}{p} + \frac{1}{q} = 1$$

由 $\varphi_n, \psi_n$ 的定义有 Hölder 不等式 (2.12). 证完.

当 $p = 2$ 时, Hölder 不等式 (2.12) 就是著名的、常用的 Cauchy[1]-Schwarz 不等式 (Cauchy-Schwarz inequality):

$$\sum_{n=1}^{\infty} x_n y_n \leqslant \left( \sum_{n=1}^{\infty} x_n^2 \right)^{\frac{1}{2}} \left( \sum_{n=1}^{\infty} y_n^2 \right)^{\frac{1}{2}} \tag{2.13}$$

下面给出离散形式的 Minkowski[2] 不等式 (Minkowski's inequality): 设 $p \geqslant 1$. 若 $\sum\limits_{n=1}^{\infty} |x_n|^p$, $\sum\limits_{n=1}^{\infty} |y_n|^p$ 都是收敛的, 则 $\sum\limits_{n=1}^{\infty} |x_n + y_n|^p$ 也是收敛的, 且

$$\left( \sum_{n=1}^{\infty} |x_n + y_n|^p \right)^{\frac{1}{p}} \leqslant \left( \sum_{n=1}^{\infty} |x_n|^p \right)^{\frac{1}{p}} + \left( \sum_{n=1}^{\infty} |y_n|^p \right)^{\frac{1}{p}} \tag{2.14}$$

---

[1] Augustin Louis Cauchy (1789.08.21—1857.05.23), 法国人, 被称为 "光辉的分析学家".

[2] Hermann Minkowski (1864.06.22—1909.01.12), 立陶宛人, 提出了 Minkowski 空间概念, 为爱因斯坦狭义相对论提供了合适的数学模型, 并在爱因斯坦广义相对论中又有所发展.

**证** 不妨设 $p > 1$, $\sum\limits_{n=1}^{\infty} |x_n + y_n|^p > 0$. 由于 $\sum\limits_{n=1}^{\infty} |x_n|^p$, $\sum\limits_{n=1}^{\infty} |y_n|^p$ 的收敛性, 取 $q$, 使得 $p, q$ 是共轭的, 则

$$
\begin{aligned}
|x_n + y_n|^p &= |x_n + y_n| \, |x_n + y_n|^{p-1} \\
&\leqslant (|x_n| + |y_n|) \, |x_n + y_n|^{p-1} \\
&= (|x_n| + |y_n|) \, |x_n + y_n|^{\frac{p}{q}}, \ n \in \mathbb{Z}^+
\end{aligned}
$$

由 Hölder 不等式 (2.12), 有

$$
\sum_{i=1}^{n} |x_i| \, |x_i + y_i|^{\frac{p}{q}} \leqslant \left( \sum_{i=1}^{n} |x_i|^p \right)^{\frac{1}{p}} \left( \sum_{i=1}^{n} |x_i + y_i|^p \right)^{\frac{1}{q}} \tag{2.15}
$$

$$
\sum_{i=1}^{n} |y_i| \, |x_i + y_i|^{\frac{p}{q}} \leqslant \left( \sum_{i=1}^{n} |y_i|^p \right)^{\frac{1}{p}} \left( \sum_{i=1}^{n} |x_i + y_i|^p \right)^{\frac{1}{q}} \tag{2.16}
$$

所以, 由式 (2.15) 和式 (2.16), 有

$$
\begin{aligned}
\sum_{i=1}^{n} |x_i + y_i|^p &= \sum_{i=1}^{n} |x_i + y_i|^{1 + \frac{p}{q}} \\
&\leqslant \sum_{i=1}^{n} |x_i + y_i| \, |x_i + y_i|^{\frac{p}{q}} \\
&\leqslant \left( \left( \sum_{i=1}^{n} |x_i|^p \right)^{\frac{1}{p}} + \left( \sum_{i=1}^{n} |y_i|^p \right)^{\frac{1}{p}} \right) \left( \sum_{i=1}^{n} |x_i + y_i|^p \right)^{\frac{1}{q}}
\end{aligned}
$$

上式两端除以

$$
\left( \sum_{i=1}^{n} |x_i + y_i|^p \right)^{\frac{1}{q}}
$$

再令 $n \to \infty$ 即有 Minkowski 不等式 (2.14). 证完.

### 2.2.3 度量空间的例子

**例 2.2.1** 在 $\mathbb{R}^n$ 或 $n$ 维酉空间 (unitary space)$\mathbb{C}^n$ 上定义

$$
\varrho(\boldsymbol{x}, \boldsymbol{y}) = \left( \sum_{i=1}^{n} |x_i - y_i|^2 \right)^{\frac{1}{2}}
$$

则 $\mathbb{R}^n$ 或 $\mathbb{C}^n$ 是度量空间.

事实上: (1) 由上式知度量空间的性质 (1) 成立;

(2) 度量空间性质 (2) 的处理容易验证;

(3) 由 Cauchy-Schwarz 不等式 (2.13), 有

$$
\begin{aligned}
\sum_{i=1}^{n}(a_i+b_i)^2 &= \sum_{i=1}^{n}a_i^2 + 2\sum_{i=1}^{n}a_ib_i + \sum_{i=1}^{n}b_i^2 \\
&\leqslant \sum_{i=1}^{n}a_i^2 + 2\left(\sum_{i=1}^{n}a_i^2\sum_{i=1}^{n}b_i^2\right)^{\frac{1}{2}} + \sum_{i=1}^{n}b_i^2 \\
&= \left(\left(\sum_{i=1}^{n}a_i^2\right)^{\frac{1}{2}} + \left(\sum_{i=1}^{n}b_i^2\right)^{\frac{1}{2}}\right)^2
\end{aligned}
$$

令 $x,y,z\in\mathbb{R}^n$, $a_i=z_i-x_i$, $b_i=y_i-z_i(i=1,2,\cdots,n)$, 则 $y_i-x_i=a_i+b_i$. 将 $a_i$、$b_i$ 的表达式代入上式知度量空间的性质 (3) 也成立.

同样考虑 $\mathbb{C}^n$ 的情形.

**例 2.2.2** 在实直线或复平面上, 定义 $\varrho(x,y)=|x-y|$, 则它们都是度量空间.

事实上: (1) 由绝对值或复数模的非负性质有 $|x-y|\geqslant 0$, 所以度量空间的性质 (1) 成立;

(2) 度量空间性质 (2) 的处理容易验证;

(3) 由绝对值或复数模的三角不等式性质, 有

$$|x-y|\leqslant|x-z|+|z-y|$$

所以度量空间的性质 (3) 也成立.

综上所述, $\varrho(x,y)=|x-y|$ 是实直线或复平面上的度量.

**例 2.2.3** 对 $[a,b]$ 上任意连续函数 $x(t)$, $y(t)$, 定义

$$\varrho(x,y)=\max_{t\in[a,b]}|x(t)-y(t)|$$

则 $C[a,b]$ 是度量空间.

事实上: (1) 由上式知度量空间的性质 (1) 成立;

(2) 度量空间性质 (2) 的处理容易验证;

(3) 由绝对值的三角不等式性质和最大值的性质, 有

$$
\begin{aligned}
\varrho(x,y) &= \max_{t\in[a,b]}|x(t)-y(t)| \\
&\leqslant \max_{t\in[a,b]}\{|x(t)-z(t)|+|z(t)-y(t)|\} \\
&\leqslant \max_{t\in[a,b]}|x(t)-z(t)| + \max_{t\in[a,b]}|z(t)-y(t)| \\
&= \varrho(x,z)+\varrho(z,y)
\end{aligned}
$$

知度量空间的性质 (3) 也成立.

**例 2.2.4**    对任意非空集 $R$, 定义

$$\varrho(x,y) = \begin{cases} 0, & x = y \\ 1, & x \neq y \end{cases}$$

则 $R$ 是度量空间. 称其为离散度量空间 (discrete metric space).

**例 2.2.5**    在所有实序列集 $s$ 上定义

$$\varrho(x,y) = \sum_{n=1}^{\infty} \frac{1}{2^n} \frac{|x_n - y_n|}{1 + |x_n - y_n|} \tag{2.17}$$

则它是度量空间.

事实上: (1) 由式 (2.17) 知度量空间的性质 (1) 成立;

(2) 度量空间性质 (2) 的处理容易验证;

(3) 易证 $\varphi(x) = \dfrac{x}{1+x} (x \geqslant 0)$ 的单调增加性, 故有

$$\varphi(|a+b|) \leqslant \varphi(|a| + |b|)$$

即

$$\begin{aligned} \frac{|a+b|}{1+|a+b|} &\leqslant \frac{|a|+|b|}{1+|a|+|b|} \\ &= \frac{|a|}{1+|a|+|b|} + \frac{|b|}{1+|a|+|b|} \\ &\leqslant \frac{|a|}{1+|a|} + \frac{|b|}{1+|b|} \end{aligned}$$

令 $z \in s, a = z_n - x_n, b = y_n - z_n (n \in \mathbb{Z}^+)$, 则 $y_n - x_n = a + b$. 将 $a, b$ 的表达式代入上式, 有

$$\frac{|y_n - x_n|}{1 + |y_n - x_n|} \leqslant \frac{|z_n - x_n|}{1 + |z_n - x_n|} + \frac{|y_n - z_n|}{1 + |y_n - z_n|}$$

从而又有

$$\sum_{n=1}^{\infty} \frac{1}{2^n} \frac{|y_n - x_n|}{1 + |y_n - x_n|} \leqslant \sum_{n=1}^{\infty} \frac{1}{2^n} \frac{|z_n - x_n|}{1 + |z_n - x_n|} + \sum_{n=1}^{\infty} \frac{1}{2^n} \frac{|y_n - z_n|}{1 + |y_n - z_n|}$$

知度量空间的性质 (3) 也成立.

用 $\ell^p(p \geqslant 1)$ 表示所有 $p$ 方收敛序列集 (set of $p$th power convergent sequences), 即

$$\ell^p = \left\{ x = \{x_1, x_2, \cdots, x_n, \cdots\} \mid \sum_{n=1}^{\infty} |x_n|^p < \infty \right\}$$

特别地, 用 $\ell^1$ 表示所有绝对收敛序列集 (set of absolutely convergent sequences), 即

$$\ell^1 = \left\{ x = \{x_1, x_2, \cdots, x_n, \cdots\} \mid \sum_{n=1}^{\infty} |x_n| < \infty \right\}$$

用 $\ell^\infty$ 表示所有有界序列集 (set of bounded sequences), 即

$$\ell^\infty = \left\{ x = \{x_1, x_2, \cdots, x_n, \cdots\} \mid \sup_{n \in \mathbb{Z}^+} |x_n| < \infty \right\}$$

**例 2.2.6** 在 $\ell^\infty$ 上定义

$$\varrho(x, y) = \sup_{n \in \mathbb{Z}^+} |x_n - y_n|$$

则它是度量空间.

事实上: (1) 由上式知度量空间的性质 (1) 成立;

(2) 度量空间性质 (2) 的处理容易验证;

(3) 由绝对值的三角不等式性质和上确界的性质, 有

$$\begin{aligned}
\varrho(x, y) &= \sup_{n \in \mathbb{Z}^+} |x_n - y_n| \\
&\leqslant \sup_{n \in \mathbb{Z}^+} (|x_n - z_n| + |z_n - y_n|) \\
&\leqslant \sup_{n \in \mathbb{Z}^+} |x_n - z_n| + \sup_{n \in \mathbb{Z}^+} |z_n - y_n| \\
&\leqslant \varrho(x, z) + \varrho(y, z), \ z \in \ell^\infty
\end{aligned}$$

知度量空间的性质 (3) 也成立.

**例 2.2.7** 在 $\ell^p(p \geqslant 1)$ 上定义

$$\varrho(x, y) = \left( \sum_{n=1}^{\infty} |x_n - y_n|^p \right)^{\frac{1}{p}} \tag{2.18}$$

则它是度量空间.

事实上: (1) 由上式知度量空间的性质 (1) 成立;

(2) 度量空间性质 (2) 的处理容易验证;

(3) 事实上, 由 Minkowski 不等式 (2.14) 可知, 对任意 $x, y \in \ell^p$, 即式 (2.18) 中的级数是收敛的. 从而

$$
\begin{aligned}
\varrho(x, y) &= \left( \sum_{n=1}^{\infty} |x_n - y_n|^p \right)^{\frac{1}{p}} \\
&\leqslant \left( \sum_{n=1}^{\infty} (|x_n - z_n| + |z_n - y_n|)^p \right)^{\frac{1}{p}} \\
&\leqslant \left( \sum_{n=1}^{\infty} |x_n - z_n|^p \right)^{\frac{1}{p}} + \left( \sum_{n=1}^{\infty} |z_n - y_n|^p \right)^{\frac{1}{p}} \\
&\leqslant \varrho(x, z) + \varrho(z, y)
\end{aligned}
$$

知度量空间的性质 (3) 也成立.

**习题**

1. 试问 $\varrho(x, y) = (x - y)^2$ 能定义实直线上的度量吗?

2. 试证 (1) $\varrho(x, y) = |x - y|^{\frac{1}{2}}$; (2) $\varrho(x, y) = \dfrac{|x - y|}{1 + |x - y|}$ 在实直线上都定义了度量. 提示: 参考式 (2.17).

3. 若 $A$ 是 $\ell^{\infty}$ 的子空间, 其元是由 0 或 1 构成的序列. 试定义其上的度量.

4. 试证在 $C[a, b]$ 上, $\varrho(x, y) = \int_a^b |x(t) - y(t)| \mathrm{d}t$ 定义了度量.

5. 试证 Young 不等式 (2.9): 设 $\varphi(x)(x \geqslant 0)$ 是严格增加的连续函数, $\varphi(0) = 0, \psi = \varphi^{-1}$, 则

$$
\int_0^a \varphi(x) \mathrm{d}x + \int_0^b \psi(y) \mathrm{d}y \geqslant ab, \ a, b \geqslant 0
$$

6. 试用 Cauchy-Schwarz 不等式 (2.13) 证 $\left( \sum\limits_{i=1}^{n} |x_i| \right)^2 \leqslant n \sum\limits_{i=1}^{n} |x_i|^2$.

7. 设 $R$ 是度量空间, 度量是 $\varrho$. 试证 $\widetilde{\varrho} = \dfrac{\varrho}{1 + \varrho}$ 在 $R$ 上定义了另一个度量.

8. 设 $R_1, R_2$ 都是度量空间, 度量分别是 $\varrho_1, \varrho_2$. 试证下述都在积 $R = R_1 \times R_2$ 上定义为度量: (1) $\varrho = \varrho_1 + \varrho_2$; (2) $\widetilde{\varrho} = (\varrho_1^2 + \varrho_2^2)^{\frac{1}{2}}$; (3) $\widetilde{\widetilde{\varrho}} = \max \{\varrho_1, \varrho_2\}$.

## 2.3 度量空间中的基本概念

### 2.3.1 开集和闭集

先讨论开集. 考虑度量空间 $R = (R, \varrho)$.

**定义 2.3.1** 对任意 $x_0 \in R, r > 0$, 定义开球 (open sphere):

$$
B(x_0; r) = \{x \mid \varrho(x, x_0) < r\}
$$

式中: $x_0$ 称为球心 (center of a sphere); $r$ 称为半径 (radius).

**定义 2.3.2** (1) 开球 $B(x_0;\delta)$ 通常称为 $x_0$ 的 $\delta$–邻域 ($\delta$-neighborhood);

(2) 设 $x_0 \in M$. 若存在 $\delta > 0$, 使得 $B(x_0;\delta) \subset M$, 则称 $x_0$ 为集 $M$ 的内点 (interior point);

(3) 若 $M$ 的所有点都是内点, 则称其为开的 (open);

(4) $x_0$ 的邻域 (neighborhood) 是指 $R$ 的含有点 $x_0$ 的某 $\delta$–邻域的任意开子集.

**例 2.3.1** 开区间是开集.

**定理 2.3.1** (1) 空集和度量空间是开的;
(2) 任意多个开集的并是开的;
(3) 有限多个开集的交是开的.

**证** 只证 (2) 和 (3).
(2) 设 $\{M_\lambda \mid \lambda \in \Lambda\} \subset R$ 是任意一族开集. 若

$$x \in \bigcup_{\lambda \in \Lambda} M_\lambda = M$$

则存在 $\lambda \in \Lambda$, 使得 $x \in M_\lambda$. 由于 $M_\lambda \subset R$ 的开性, $x$ 是 $M_\lambda$ 的内点. 于是存在 $x$ 的 $\delta$–邻域 $N \subset M_\lambda \subset M$, 即 $x$ 是集 $M$ 的内点.

(3) 设 $M_1, M_2, \cdots, M_n$ 都是开集, 且

$$x \in \bigcap_{i=1}^{n} M_i = M$$

于是 $x \in M_i (i = 1, 2, \cdots, n)$. 由于 $x$ 是 $M_i$ 的内点, 故存在 $r_i > 0$, 使得 $B(x;r_i) \subset M_i (i = 1, 2, \cdots, n)$. 取 $r = \min_{1 \leqslant i \leqslant n} r_i$, 则 $r > 0$, 且 $B(x;r) \subset M_i$ $(i = 1, 2, \cdots, n)$, 即 $B(x;r) \subset M$, 所以 $x$ 是 $M$ 的内点, $M$ 是开的. 证完.

无限多个开集的并是开的, 但它们的交可能是闭的, 例如:

$$\bigcap_{n=1}^{\infty} \left( -\frac{1}{n}, 1 + \frac{1}{n} \right) = [0, 1]$$

有了开集概念, 就可给出有趣的开集构造定理了.

**定理 2.3.2 (开集构造定理, open set construction theorem)** 任意非空开集都是至多可数个两两互斥开区间构成的.

**证** 设 $G$ 是非空开集. 对任意 $x_0 \in G$, 设

$$A_{x_0} = \{(\alpha, \beta) \mid x_0 \in (\alpha, \beta) \subset G\}$$

由于 $G$ 的开性, 存在 $(\alpha, \beta)$, 使得 $x_0 \in (\alpha, \beta) \subset G$.

记 $\alpha_0 = \inf\limits_{(\alpha,\beta) \in A_{x_0}} \alpha$, $\beta_0 = \sup\limits_{(\alpha,\beta) \in A_{x_0}} \beta$, 则

$$(\alpha_0, \beta_0) = \bigcup_{(\alpha,\beta) \in A_{x_0}} (\alpha, \beta)$$

显然, $x_0 \in (\alpha_0, \beta_0)$.

先证 $(\alpha_0, \beta_0) \subset G$.

事实上, 对任意 $x' \in (\alpha_0, \beta_0)$, 不妨设 $x' \leqslant x_0$, 则存在 $(\alpha, \beta) \in A_{x_0}$, 使得 $\alpha_0 < \alpha < x'$. 因此

$$x' \in (\alpha, x_0] \subset (\alpha, \beta) \subset G$$

同理, 若 $x' > x_0$, 可有类似结果, 所以 $(\alpha_0, \beta_0) \subset G$.

下证 $\alpha_0, \beta_0 \notin G$.

事实上, 若 $\alpha_0 \in G$, 由于 $G$ 的开性, 存在 $(\alpha', \beta')$, 使得

$$\alpha_0 \in (\alpha', \beta') \subset G$$

所以

$$x_0 \in (\alpha', \beta_0) \subset (\alpha', \beta') \cup (\alpha_0, \beta_0) \subset G$$

因此, $(\alpha', \beta_0) \in A_{x_0}$. 而 $\alpha' < \alpha_0$. 矛盾.

同理, $\beta_0 \notin G$.

设 $A_{x_1}, A_{x_2}$ 是两个上述的集, $(\alpha_1, \beta_1), (\alpha_2, \beta_2)$ 是两个上述的开区间. 由上述证明, 有 $(\alpha_1, \beta_1), (\alpha_2, \beta_2)$ 是互斥的, 或 $(\alpha_1, \beta_1) = (\alpha_2, \beta_2)$. 所以集 $G$ 是由至多可数个两两互斥开区间构成的. 证完.

下面开始讨论闭集.

**定义 2.3.3** 对任意 $x_0 \in R$, $r > 0$, 定义闭球 (closed sphere): $\overline{B(x_0; r)} = \{x \mid \varrho(x, x_0) \leqslant r\}$, 其中, $x_0$ 称为球心, $r$ 称为半径.

**定义 2.3.4** 若集的余是开的, 则称其为闭的 (closed).

**例 2.3.2** 闭区间是闭集.

**例 2.3.3** Cantor 集 $C$ 是闭的.

事实上, 由例 1.2.8 知删除的都是开区间. 由定理 2.3.1 知它们的并是开的. 而 Cantor 集 $C$ 是它们并的余, 故是闭的.

**定义 2.3.5** (1) 若 $x_0 \in R$ 的任意邻域内至少存在不同于 $x_0$ 的点属于集 $M$, 则称 $x_0$ 为 $M$ 的聚点;

(2) $M$ 与其所有聚点构成的集称为其闭包 (closure), 记为 $\overline{M}$.

可证 $x_0$ 是集 $M \subset R$ 聚点当且仅当其任意邻域都含有 $M$ 的无限多个点.

**例 2.3.4** Cantor 集 $C$ 的每个点都是聚点, 从而 $C = \overline{C}$.

事实上, 由例 1.2.8 知在进行第 $n$ 次删除后, 剩下的 $2^n$ 个闭区间的长度都是 $\dfrac{1}{3^n}$. 对任意 $x \in C$, 设 $(\alpha, \beta)$ 是含有 $x$ 的任意区间, 则

$$\delta = \min \{x - \alpha, \beta - x\} > 0$$

故当 $n$ 充分大时有 $\dfrac{1}{3^n} < \delta$, 且这个小区间 (包括端点在内) 将含于 $(\alpha, \beta)$, 即 $x$ 是聚点.

下面不加证明地给出几个有关闭集的结论.

**定理 2.3.3** (1) 空集和度量空间是闭的;

(2) 任意多个闭集的交是闭的;

(3) 有限多个闭集的并是闭的.

无限多个闭集的交是闭的, 但它们的并可能是开的, 例如:

$$\bigcup_{n=3}^{\infty} \left[\frac{1}{n}, 1 - \frac{1}{n}\right] = (0, 1)$$

**定理 2.3.4** (1) 集的闭包是闭的;

(2) 集 $A$ 闭的充要条件是 $A = \overline{A}$.

### 2.3.2 稠密性与可分性

为方便理解度量空间中的稠密性与可分性概念, 先来研究有理数的稠密性与可分性, 而这需给出 Archimedes[①] 公理.

**定理 2.3.5 (Archimedes 公理, Archimedean property)** 对任意一对正实数 $a$ 和 $b$, 存在 $n \in \mathbb{Z}^+$, 使得 $na > b$.

**证** 记 $c = \dfrac{b}{a}$. 若结论不成立, 则 $c$ 是正整数集的上界, 由 Dedekind 确界公理 (公理 2.1.1) 可知, 存在 $c_0 = \sup \mathbb{Z}^+$. 所以 $c_0 - 1$ 不是正整数集的上界, 故可选正整数 $n > c_0 - 1$. 从而 $n + 1 > c_0$, $c_0$ 不是正整数集的上界. 矛盾. 证完.

---

① Archimedes of Syracuse (公元前 287—公元前 212), 古希腊人, 三大数学家之一, 古希腊三大数学巨人之一, 被誉为 "数学之神".

**定义 2.3.6** (1) 若实直线上的任意两点之间都有集 $A$ 的点, 则称 $A$ 在实直线上是稠密的 (dense);

(2) 存在可数稠密子集的集称为可分的 (separable).

**定理 2.3.6** 有理数集在实直线上是稠密的.

**证** 设 $a < b$. 若 $a > 0$, 由 Archimedes 公理 (定理 2.3.5) 可知, 存在 $q \in \mathbb{Z}^+$, 使得 $\frac{1}{q} < b - a$. 再由 Archimedes 公理 (定理 2.3.5) 可知, 自然数集 $S = \left\{ n \in \mathbb{Z}^+ \mid \dfrac{n}{q} \geqslant b \right\}$ 是非空的. 取 $S$ 的最小元 $p$. 注意到

$$\frac{1}{q} < b - a < b$$

有 $p > 1$. 由于 $p$ 的最小性, $\dfrac{p-1}{q} < b$. 又

$$a = b - (b - a) < \frac{p}{q} - \frac{1}{q} = \frac{p-1}{q}$$

所以有理数 $r = \dfrac{p-1}{q}$ 在实数 $a \sim b$ 之间.

若 $a < 0$, 由 Archimedes 公理 (定理 2.3.5) 可知, 存在 $n \in \mathbb{Z}^+$, 使得 $n > -a$. 按前证, 存在有理数 $r$ 在实数 $n+a, n+b$ 之间, 即有理数 $r - n$ 在实数 $a \sim b$ 之间. 证完.

由定理 2.3.6 可知, 实数集是可分的, 也可证复数集是可分的.

下面讨论度量空间中的稠密性与可分性.

**定义 2.3.7** (1) 若 $\overline{M} = R$, 则称 $M$ 在 $R$ 中是稠密的;

(2) 存在可数稠密子集的集称为可分的.

由上述定义看到, 若集 $M$ 在度量空间 $R$ 中是稠密的, 则 $R$ 中的每个开球内都含有 $M$ 的点. 另外, 因为可分空间有在其中稠密的可数子集, 研究起来就比较容易. 事实上, 当讨论有关这类空间的某些问题时, 往往可从其中挑选出合适的可数稠密子集, 先在这个可数稠密子集上进行研究, 然后再用稠密性将其推广到整个空间上去.

**例 2.3.5** 离散度量空间可分当且仅当是可数的.

事实上, 由度量

$$\varrho(x, y) = \begin{cases} 0, & x = y \\ 1, & x \neq y \end{cases}$$

可知, 其任意真子集在其中都不能是稠密的. 因此, 只有其自身在其中是稠密的. 若要其是可分的, 则其为可数的. 反之亦然.

**例 2.3.6** $\ell^\infty$ 不是可分的.

事实上, 令 $x \in \ell^\infty$ 是由 $0, 1$ 构成的序列. 用 $x$ 来构造二进制表示的实数 $\hat{x} = \sum_{n=1}^{\infty} \dfrac{x_n}{2^n}$. 由于 $x$ 与 $\hat{x}$ 的一一对应性, 形如 $x$ 的序列集是 $\ell^\infty$ 中的不可数子集 $S$. 由 $\ell^\infty$ 的度量

$$\varrho(x, y) = \sup_{n \in \mathbb{Z}^+} |x_n - y_n|$$

可知, $S$ 中两元之间度量是 $1$ 当且仅当它们是不同的, 所以, 若以 $S$ 中不同的元为中心, 以 $\dfrac{1}{3}$ 为半径, 可有不可数个两两互斥的小球. 设 $M$ 是 $\ell^\infty$ 中的任意稠密子集, 则前述的小球中都含有 $M$ 的点. 从而, $M$ 是不可数的.

**例 2.3.7** $\ell^p (p \geqslant 1)$ 是可分的.

事实上, 令 $M$ 是形如

$$x = (x_1, x_2, \cdots, x_n, 0, \cdots)$$

的序列集, 其中 $n \in \mathbb{Z}^+$, 而 $x_i (i = 1, 2, \cdots, n)$ 是有理数, 故 $M$ 是可数的.

下面说明 $M$ 在 $\ell^p$ 中的稠密性即可.

取 $y \in \ell^p$, 则对任意 $\varepsilon > 0$, 存在 $n \in \mathbb{Z}^+$, 使得

$$\sum_{i=n+1}^{\infty} |y_i|^p < \frac{\varepsilon^p}{2} \tag{2.19}$$

又由定理 2.3.6 可知, 对每个 $y_i$, 都有与之接近的 $x_i$. 因此, 存在 $x \in M$, 满足

$$\sum_{i=1}^{n} |y_i - x_i|^p < \frac{\varepsilon^p}{2} \tag{2.20}$$

从而, 由式 (2.19) 和式 (2.20), 有

$$(\varrho(x, y))^p = \sum_{i=1}^{n} |y_i - x_i|^p + \sum_{i=n+1}^{\infty} |y_i|^p < \varepsilon^p$$

即 $\varrho(x, y) < \varepsilon$.

记 $[a, b]$ 上的有理系数多项式集 (set of polynomials) 为 $P[a, b]$. 由稠密性定义, 可将微积分中的 Weierstrass 逼近定理进行改写.

**定理 2.3.7 (Weierstrass 逼近定理, Weierstrass approximation theorem)** 有理系数多项式集 $P[a, b]$ 在 $C[a, b]$ 中是稠密的, 从而 $C[a, b]$ 是可分的.

在此提一下, M. Stone[①] 给出了 Weierstrass 逼近定理 (定理 2.3.7) 的推广.

**习题**

1. 试问在 $C[a,b]$ 上的球 $B(x_0;1)$ 是什么?
2. 试在 $C[0,2\pi]$ 上确定使得 $y \in \overline{B(x;r)}$ 最小的 $r$, 其中 $x = \sin t$, $y = \cos t$.
3. 试证在离散度量空间中, 每个子集既是开的又是闭的. 提示: 考虑闭球 $\overline{B\left(x;\dfrac{1}{2}\right)}$, 它只含有 $x$ 一个点, 故集 $\{x\}$ 是开的.
4. 试证定理 2.3.3: (1) 空集和度量空间是闭的; (2) 任意多个闭集的交是闭的; (3) 有限多个闭集的并是闭的.
5. 试证 $x_0$ 是集 $M$ 聚点当且仅当其任意邻域都含有 $M$ 的无限多个点.
6. 试证定理 2.3.4: (1) 集的闭包是闭的; (2) 集 $A$ 闭的充要条件是 $A = \overline{A}$.
7. 试证复平面是可分的.

## 2.4　度量空间中的极限与完备性

### 2.4.1　度量空间中的极限

在微积分中关于数列极限的 Cauchy 收敛准则是非常重要的. 先给出 Cauchy 列的概念.

**定义 2.4.1**　若对任意 $\varepsilon > 0$, 存在 $N \in \mathbb{Z}^+$, 使得当 $m > N$, $n > N$ 时有

$$|x_m - x_n| < \varepsilon$$

则称序列 $\{x_n\}$ 是 Cauchy 的 (Cauchy).

Cauchy 列概念是 B. Bolzano 于 1817 年提出的, 而 A. Cauchy 是 4 年后才给出的.

**定理 2.4.1**　收敛序列是 Cauchy 的.

**证**　设 $\{x_n\}$ 收敛于 $x$, 则对任意 $\varepsilon$, 存在 $N \in \mathbb{Z}^+$, 当 $n > N$ 时有 $|x_n - x| < \dfrac{\varepsilon}{2}$. 从而当 $m > N$, $n > N$ 时, 有

$$|x_m - x_n| \leqslant |x_m - x| + |x - x_n| < \frac{\varepsilon}{2} + \frac{\varepsilon}{2} = \varepsilon$$

即 $\{x_n\}$ 是 Cauchy 的. 证完.

**定理 2.4.2**　Cauchy 列是有界的.

---

① Marshall Harvey Stone (1903.04.08—1989.01.09), 美国人.

**证** 设 $\{x_n\}$ 是 Cauchy 列, 则存在 $N \in \mathbb{Z}^+$, 当 $m > N$, $n > N$ 时, 有

$$|x_m - x_n| < 1$$

取 $m = N + 1$, 则当 $n > N$ 时, 有

$$|x_n| \leqslant |x_n - x_{N+1}| + |x_{N+1}| < |x_{N+1}| + 1$$

因此有

$$|x_n| \leqslant M = \max \{|x_1|, |x_2|, \cdots, |x_N|, |x_{N+1}| + 1\}, \, n \in \mathbb{Z}^+$$

证完.

下面给出 Cauchy 收敛准则.

**定理 2.4.3 (Cauchy 收敛准则, Cauchy convergence criterion)**  序列收敛的充要条件是其为 Cauchy 的.

**证** 只需证充分性.

设 $\{x_n\}$ 是 Cauchy 列, 故是有界的. 由 Bolzano-Weierstrass 定理 (定理 2.1.7) 可知, 存在收敛子列 $\{x_{n_k}\}$, 使得 $x_{n_k} \to x$, $k \to \infty$.

由于 $\{x_n\}$ 的 Cauchy 性, 对任意 $\varepsilon > 0$, 存在 $N \in \mathbb{Z}^+$, 使得当 $m > N$, $n > N$ 时有 $|x_m - x_n| < \dfrac{\varepsilon}{2}$. 因为 $n_k \geqslant k$, 所以当 $k > N$ 时有 $n_k > N$, 当 $n, k > N$ 时有 $|x_n - x_{n_k}| \leqslant \dfrac{\varepsilon}{2}$. 在其中令 $k \to \infty$, 就有 $|x_n - x| \leqslant \dfrac{\varepsilon}{2} < \varepsilon$. 证完.

与序列收敛定义相比较, Cauchy 收敛准则 (定理 2.4.3) 完全从序列本身出发, 不需假定序列极限的存在.

从一般意义上来说, Cauchy 收敛准则 (定理 2.4.3) 是研究序列的最有力工具, 将多次用到.

当把视线从实直线转到一般的度量空间时会提出类似问题. 度量空间也有序列的收敛概念, 那么是否也有相应的 Cauchy 收敛准则呢? 实际上只须看一看有理数集的情况, 其中的 Cauchy 列不一定都收敛到有理数, 例如, 有理数序列

$$\left\{ \sum_{i=1}^{n} (-1)^{n-1} \frac{1}{n} \right\}$$

的极限是无理数 $\ln 2$, 所以 Cauchy 收敛准则对有理数集不成立. 造成这一现象的原因并不是序列的分析性质不好, 而在于空间中的点 "不够多", 以至于存在 "孔洞". 这就引出了完备性概念. 事实上, 并非每个度量空间都是完备的, 完备性概念在整个分析中起着至关重要的作用.

**定义 2.4.2** (1) 若存在 $x \in R$, 使得 $\varrho(x_n, x) \to 0$, $n \to \infty$, 则称度量空间 $R$ 中的序列 $\{x_n\}$ 是收敛的, 此时称 $x$ 为 $\{x_n\}$ 的极限 (limit), 记为 $\lim\limits_{n \to \infty} x_n = x$ 或简记为 $x_n \to x$, $n \to \infty$, 也说 $\{x_n\}$ 收敛到 $x$;

(2) 若序列不是收敛的, 则称其为发散的 (divergent).

**定义 2.4.3** 度量空间 $R$ 中非空子集 $M$ 的直径 (diameter)

$$\delta(M) = \sup_{x, y \in M} \varrho(x, y)$$

是有限的, 则称 $M$ 为有界的 (bounded).

**引理 2.4.1 (度量的连续性, continuity in metric)** 设 $R$ 是度量空间, 度量是 $\varrho$. 若 $x_n \to x$, $n \to \infty$ 和 $y_n \to y$, $n \to \infty$, 则 $\varrho(x_n, y_n) \to \varrho(x, y)$, $n \to \infty$.

**证** 因为

$$\varrho(x_n, y_n) \leqslant \varrho(x_n, x) + \varrho(x, y) + \varrho(y, y_n)$$

所以

$$\varrho(x_n, y_n) - \varrho(x, y) \leqslant \varrho(x_n, x) + \varrho(y, y_n) \tag{2.21}$$

类似地, 有

$$\varrho(x_n, y_n) - \varrho(x, y) \geqslant -(\varrho(x_n, x) + \varrho(y, y_n)) \tag{2.22}$$

由式 (2.21) 和式 (2.22), 有

$$|\varrho(x_n, y_n) - \varrho(x, y)| \leqslant \varrho(x_n, x) + \varrho(y, y_n) \to 0, \ n \to \infty$$

证完.

**定义 2.4.4** 设 $R$ 是度量空间, 度量是 $\varrho$.

(1) 若对任意 $\varepsilon > 0$, 存在 $N \in \mathbb{Z}^+$, 使得当 $m > N$, $n > N$ 时, 有 $\varrho(x_m, x_n) < \varepsilon$, 则称序列 $\{x_n\}$ 是 Cauchy 的;

(2) 若每个 Cauchy 列都是收敛的, 则称 $R$ 为完备的 (complete).

**定理 2.4.4** 度量空间中的收敛序列是 Cauchy 的.

**证** 若 $x_n \to x$, $n \to \infty$, 则对任意 $\varepsilon > 0$, 存在 $N \in \mathbb{Z}^+$, 使得当 $n > N$ 时, 有 $\varrho(x_n, x) < \dfrac{\varepsilon}{2}$. 因此, 当 $m > N$, $n > N$ 时由三角不等式 (2.6), 有

$$\varrho(x_m, x_n) \leqslant \varrho(x_m, x) + \varrho(x, x_n) < \frac{\varepsilon}{2} + \frac{\varepsilon}{2} = \varepsilon$$

证完.

前述已经说明, 定理 2.4.4 反之则不然.

**定理 2.4.5** 度量空间中的 Cauchy 列是有界的.

**证** 设 $\{x_n\}$ 是 Cauchy 列, 则存在 $N \in \mathbb{Z}^+$, 当 $m > N$, $n > N$ 时, 有

$$\varrho(x_m, x_n) < 1$$

取 $m = N + 1$, 则当 $n > N$ 时由三角不等式 (2.6), 有

$$\varrho(x_n, \vartheta) \leqslant \varrho(x_n, x_{N+1}) + \varrho(x_{N+1}, \vartheta) < \varrho(x_{N+1}, \vartheta) + 1$$

因此, 有

$$\varrho(x_n, \vartheta) \leqslant M = \max\{\varrho(x_1, \vartheta), \varrho(x_2, \vartheta), \cdots, \varrho(x_N, \vartheta), \varrho(x_{N+1}, \vartheta) + 1\}$$

$n \in \mathbb{Z}^+$. 证完.

**定理 2.4.6** 度量空间中的收敛序列是有界的, 且极限是唯一的.

**证** 由定理 2.4.4 和上述定理可知, 只需证极限的唯一性.

设 $x_n \to x$, $n \to \infty$ 和 $x_n \to x'$, $n \to \infty$, 则

$$0 \leqslant \varrho(x, x') \leqslant \varrho(x, x_n) + \varrho(x_n, x') \to 0 + 0, \ n \to \infty$$

所以, 序列 $\{x_n\}$ 的极限是唯一的. 证完.

现可给出一般度量空间中的 Cauchy 收敛准则了.

**定理 2.4.7 (Cauchy 收敛准则)** 完备度量空间中序列收敛的充要条件是其为 Cauchy 的.

与 Cauchy 收敛准则 (定理 2.4.3) 是类似的, 证略.

易证实数集或复数集的完备性, 而这是它们最本质的性质, 微积分和复变函数中结论的成立均与此有关.

下述定理给出了闭集与序列收敛之间的关系, 是非常重要的.

**定理 2.4.8** 设 $M$ 是度量空间 $R$ 中的非空子集, 则

(1) $x \in \overline{M}$ 的充要条件是存在序列 $\{x_n\} \subset M$, 它收敛到 $x$;

(2) $M$ 闭的充要条件是若序列 $\{x_n\} \subset M$ 收敛到 $x$, 则 $x \in M$.

**证** (1) 先证必要性.

设 $x \in \overline{M}$. 若 $x \in M$, 则可取序列 $\{x\}$. 显然它以 $x$ 为极限. 若 $x \notin M$, 则 $x$ 是 $M$ 的聚点. 因此, 对每个 $n \in \mathbb{Z}^+$, 球 $B\left(x; \dfrac{1}{n}\right)$ 都含有 $x_n \in M$, 所以, $x_n \to x$, $n \to \infty$.

下证充分性.

若 $\{x_n\} \subset M$, 且 $x_n \to x, n \to \infty$, 则 $x \in M$ 或 $x$ 的每个邻域都含有点 $x_n \neq x$. 所以, $x$ 是 $M$ 的聚点, 故 $x \in \overline{M}$.

(2) 只需注意到集 $M$ 闭的充要条件是 $M = \overline{M}$ 即可. 证完.

定理 2.4.8 表明闭集关于极限运算是封闭的.

**定理 2.4.9** 完备度量空间 $R$ 的子空间完备的充要条件是其在 $R$ 中是闭的.

**证** 先证必要性.

设 $M$ 是完备的子空间. 由定理 2.4.8 可知, 对每个 $x \in \overline{M}$, 都有序列 $\{x_n\} \subset M$, 它收敛到 $x$. 故 $\{x_n\}$ 是 Cauchy 的. 由于 $M$ 的完备性, 由 Cauchy 收敛准则 (定理 2.4.7) 可知, $\{x_n\}$ 在其中是收敛的. 从而, 由收敛序列极限的唯一性, $x \in M$, 故 $M$ 是闭的.

下证充分性.

设 $M$ 是闭集, 且 $\{x_n\} \subset M$ 是 Cauchy 列, 则 $x_n \to x \in R, n \to \infty$. 由定理 2.4.8 可知, $x \in \overline{M}$, 所以 $x \in M$. 因此, $M$ 中的任意 Cauchy 列都是收敛的. 证完.

度量空间是否是完备的, 与空间本身以及所赋予的度量有关. 下面给出几个完备空间的例子.

**例 2.4.1** $\mathbb{R}^n$ 或 $\mathbb{C}^n$ 是完备的.

事实上, 取 Cauchy 列 $\{x_m\} \subset \mathbb{R}^n$, 其中 $x_m = \left(x_1^{(m)}, x_2^{(m)}, \cdots, x_n^{(m)}\right)$. 注意到度量

$$\varrho(x, y) = \left(\sum_{i=1}^n |x_i - y_i|^2\right)^{\frac{1}{2}}$$

对任意 $\varepsilon > 0$, 存在 $N \in \mathbb{Z}^+$, 使得当 $\ell, m > N$ 时, 有

$$\varrho(x_\ell, x_m) = \left(\sum_{i=1}^n \left|x_i^{(\ell)} - x_i^{(m)}\right|^2\right)^{\frac{1}{2}} < \varepsilon \tag{2.23}$$

所以, 当 $\ell, m > N$ 时, 有

$$\left|x_i^{(\ell)} - x_i^{(m)}\right| < \varepsilon, \ i = 1, 2, \cdots, n$$

故 $\left\{x_i^{(m)}\right\} (i = 1, 2, \cdots, n)$ 是实数集上的 $n$ 个 Cauchy 列. 由 Cauchy 收敛准则 (定理 2.4.3) 可知, 它们都是收敛的. 记 $x_i^{(m)} \to x_i, m \to \infty, (i = 1, 2, \cdots, n)$.

定义 $x = (x_1, x_2, \cdots, x_n)$, 则 $x \in \mathbb{R}^n$. 在式 (2.23) 中令 $\ell \to \infty$, 有 $\varrho(x, x_m) \leqslant \varepsilon$, $m > N$, 即 $x$ 是 Cauchy 列 $\{x_m\}$ 的极限. 从而 $\mathbb{R}^n$ 是完备的.

同样考虑 $\mathbb{C}^n$ 的情形.

**例 2.4.2** $\ell^\infty$ 是完备的.

事实上, 取 Cauchy 列 $\{x_n\} \subset \ell^\infty$, 其中

$$x_n = \left( x_1^{(n)}, x_2^{(n)}, \cdots, x_i^{(n)}, \cdots \right)$$

注意到 $\ell^\infty$ 的度量:

$$\varrho(x, y) = \sup_{n \in \mathbb{Z}^+} |x_n - y_n|$$

对任意 $\varepsilon > 0$, 存在 $N \in \mathbb{Z}^+$, 使得当 $m > N$, $n > N$ 时, 有

$$\varrho(x_m, x_n) = \sup_{i \in \mathbb{Z}^+} \left| x_i^{(m)} - x_i^{(n)} \right| < \varepsilon \tag{2.24}$$

故 $\left\{ x_i^{(n)} \right\} (i \in \mathbb{Z}^+)$ 是实直线上的无限多个 Cauchy 列. 从而由 Cauchy 收敛准则 (定理 2.4.3) 可知, 它们都是收敛的. 记 $x_i^{(n)} \to x_i$, $n \to \infty (i \in \mathbb{Z}^+)$.

定义 $x = (x_1, x_2, \cdots, x_i, \cdots)$.

下面说明 $x \in \ell^\infty$.

在式 (2.24) 中令 $m \to \infty$, 有

$$\left| x_i - x_i^{(n)} \right| \leqslant \varepsilon, \ n > N \tag{2.25}$$

由 $x_n = \left\{ x_i^{(n)} \right\} \in \ell^\infty$, 存在 $k_n \geqslant 0$, 使得 $\left| x_i^{(n)} \right| \leqslant k_n (i \in \mathbb{Z}^+)$. 因此

$$|x_i| \leqslant \left| x_i - x_i^{(n)} \right| + \left| x_i^{(n)} \right| \leqslant \varepsilon + k_n, \ n > N, \ i \in \mathbb{Z}^+$$

故 $\{x_i\}$ 是有界的, 即 $x \in \ell^\infty$.

再由式 (2.25), 有

$$\varrho(x, x_n) = \sup_{i \in \mathbb{Z}^+} \left| x_i - x_i^{(n)} \right| \leqslant \varepsilon$$

即 $x$ 是 $\{x_n\}$ 的极限. 从而 $\ell^\infty$ 是完备的.

**例 2.4.3** 用 $c$ 表示所有收敛序列集 (set of convergent sequences), 即

$$c = \{ x = \{x_n\} \mid x_n \to \text{const}, n \to \infty \}$$

则它是完备的.

事实上, 显然 $c \subset \ell^\infty$. 由定理 2.4.9 和例 2.4.2 可知, 只需要证 $c$ 的闭性.

取 $x \in \bar{c}$. 由定理 2.4.8 可知, 存在 $x_n = \left\{ x_i^{(n)} \right\} \in c$, 使得 $x_n \to x$, $n \to \infty$. 因此, 对于任意 $\varepsilon > 0$, 存在 $N \in \mathbb{Z}^+$, 使得当 $n > N$ 时, 有

$$\left| x_i^{(n)} - x_i \right| \leqslant \varrho(x_n, x) < \frac{\varepsilon}{3}, \ i \in \mathbb{Z}^+ \tag{2.26}$$

因为 $x_N \in c$, 所以序列 $\left\{ x_i^{(N)} \right\}$ 是收敛的, 从而是 Cauchy 的. 因此, 存在 $N_1 \in \mathbb{Z}^+$, 使得当 $i, j > N_1$ 时, 有

$$\left| x_i^{(N)} - x_j^{(N)} \right| < \frac{\varepsilon}{3} \tag{2.27}$$

从而由式 (2.26) 和式 (2.27), 有

$$|x_i - x_j| \leqslant \left| x_i - x_i^{(N)} \right| + \left| x_i^{(N)} - x_j^{(N)} \right| + \left| x_j^{(N)} - x_j \right| < \varepsilon$$

故由 Cauchy 收敛准则 (定理 2.4.3) 可知, $x \in c$.

**例 2.4.4** $\ell^p (p \geqslant 1)$ 是完备的.

事实上, 取 Cauchy 列 $\{x_n\} \subset \ell^p$, 其中 $x_n = \left( x_1^{(n)}, x_2^{(n)}, \cdots, x_i^{(n)}, \cdots \right)$. 注意到集 $\ell^p$ 的度量:

$$\varrho(x, y) = \left( \sum_{n=1}^{\infty} |x_n - y_n|^p \right)^{\frac{1}{p}}$$

对任意 $\varepsilon > 0$, 存在 $N \in \mathbb{Z}^+$, 使得当 $m > N, n > N$ 时, 有

$$\varrho\left(x_m, x_n\right) = \left( \sum_{i=1}^{\infty} \left| x_i^{(m)} - x_i^{(n)} \right|^p \right)^{\frac{1}{p}} < \varepsilon \tag{2.28}$$

从而

$$\left| x_i^{(m)} - x_i^{(n)} \right| < \varepsilon, \ m, n > N, \ i \in \mathbb{Z}^+$$

故 $\left\{ x_i^{(n)} \right\} (i \in \mathbb{Z}^+)$ 是实直线上的无限多个 Cauchy 列. 由 Cauchy 收敛准则 (定理 2.4.3) 可知, 它们都是收敛的. 记 $x_i^{(n)} \to x_i, n \to \infty (i \in \mathbb{Z}^+)$.

定义 $x = (x_1, x_2, \cdots, x_i, \cdots)$. 下面说明 $x \in \ell^p$.

由式 (2.28), 有

$$\sum_{i=1}^{k} \left| x_i^{(m)} - x_i^{(n)} \right|^p < \varepsilon^p, \ m, n > N, \ k \in \mathbb{Z}^+$$

令 $m \to \infty$, 有

$$\sum_{i=1}^{k} \left| x_i - x_i^{(n)} \right|^p \leqslant \varepsilon^p, \ n > N, \ k \in \mathbb{Z}^+$$

令 $k \to \infty$, 有

$$\sum_{i=1}^{\infty} \left| x_i - x_i^{(n)} \right|^p \leqslant \varepsilon^p, \ m > N$$

故有 $x - x_n \in \ell^p$. 因为 $x_n \in \ell^p$, 所以, 由 Minkowski 不等式 (2.14), 知

$$x = (x - x_n) + x_n \in \ell^p$$

由上式有 $x_n \to x, n \to \infty$. 从而 $\ell^p$ 是完备的.

**例 2.4.5** 有理数集不是完备的.

事实上, 若取 $x_n = \left(1 + \dfrac{1}{n}\right)^n$, 则它们都是有理数. 但 $x_n \to \mathrm{e}, n \to \infty$, 而 e 是无理数.

**例 2.4.6** $C[a,b]$ 按度量

$$\varrho(x, y) = \max_{t \in [a,b]} |x(t) - y(t)|$$

是完备的.

事实上, 取 Cauchy 列 $\{x_n\} \subset C[a,b]$. 由上式, 对任意 $\varepsilon > 0$, 存在 $N \in \mathbb{Z}^+$, 使得当 $m > N, n > N$ 时, 有

$$\varrho(x_m, x_n) = \max_{t \in [a,b]} |x_m(t) - x_n(t)| < \varepsilon \tag{2.29}$$

因此, 对任意 $t_0 \in [a,b]$, 有

$$|x_m(t_0) - x_n(t_0)| < \varepsilon, \ m, n > N$$

故序列 $\{x_n(t_0)\}$ 在实数集上是 Cauchy 的. 由 Cauchy 收敛准则 (定理 2.4.3) 可知, 它是收敛的. 记 $x_n(t_0) \to x(t_0), n \to \infty$. 这样就定义了 $x(t)$.

下面说明 $x(t)$ 在 $[a,b]$ 上是连续的.

在式 (2.29) 中, 令 $m \to \infty$, 有

$$\max_{t \in [a,b]} |x(t) - x_n(t)| \leqslant \varepsilon, \ n > N$$

因此, $|x(t) - x_n(t)| \leqslant \varepsilon, n > N$ 对每个 $t \in [a,b]$ 成立, 即 $x_n(t)$ 一致收敛于 $x(t)$, $t \in [a,b]$, 所以 $x(t)$ 在 $[a,b]$ 上是连续的. 从而 $C[a,b]$ 是完备的.

**例 2.4.7** $C[a,b]$ 按度量

$$\varrho(x, y) = \int_a^b |x(t) - y(t)| \mathrm{d}t$$

不是完备的.

事实上, 取 $c \in (a, b)$. 做函数

$$x_n = \begin{cases} 0, & t \in [a, c) \\ nt - nc, & t \in \left[c, c + \dfrac{1}{n}\right] \\ 1, & t \in \left(c + \dfrac{1}{n}, b\right] \end{cases}$$

则 $x_n(t)$ 在 $[a, b]$ 上是连续的. 易证 $x_n \to x$, $n \to \infty$, 其中

$$x(t) = \begin{cases} 0, & t \in [a, c] \\ 1, & t \in (c, b] \end{cases}$$

而 $x(t)$ 在 $[a, b]$ 上不是连续的.

通过直接计算并令 $m, n \to \infty$, 则

$$\varrho\,(x_m, x_n) \leqslant \frac{1}{m} + \frac{1}{n} \to 0$$

即序列 $\{x_n\}$ 是 Cauchy 的. 矛盾.

上面两例说明对同一个空间, 若定义不同度量可能是完全不一样的.

### 2.4.2    度量空间中的连续性

将区间上的连续性定义改写成度量空间的形式.

**定义 2.4.5**    设 $R_1$, $R_2$ 都是度量空间, 度量分别是 $\varrho_1$, $\varrho_2$, $\mathcal{T} : R_1 \mapsto R_2$.

(1) 若对任意 $\varepsilon > 0$, 存在 $\delta > 0$, 使得对任意满足 $\varrho_1\,(x, x_0) < \delta$ 的 $x$, 有 $\varrho_2\,(\mathcal{T}x, \mathcal{T}x_0) < \varepsilon$, 则称 $\mathcal{T}$ 在 $x_0 \in R_1$ 是连续的;

(2) 若 $\mathcal{T}$ 在 $R_1$ 的每点都是连续的, 则称其在 $R_1$ 上是连续的, 记为 $\mathcal{T} \in C\,(R_1, R_2)$.

**定理 2.4.10**    设 $R_1$, $R_2$ 都是度量空间. $\mathcal{T} : R_1 \mapsto R_2$ 连续的充要条件是 $R_2$ 的任意开子集的逆映像是 $R_1$ 的开子集.

**证**    先证必要性.

设 $\mathcal{T}$ 是连续映射, $S$ 是 $R_2$ 的开子集, 取 $x_0 \in S_0$, 记 $y_0 = \mathcal{T}x_0$. 由于 $S$ 的开性, 其含有 $y_0$ 的 $\varepsilon$-邻域 $N$. 由于 $\mathcal{T}$ 的连续性, $x_0$ 有 $\delta$-邻域 $N_0$ 被映入 $N$. 因为 $N \subset S$, 所以 $N_0 \subset S_0$. 由于 $x_0 \in S_0$ 的任意性, $S_0$ 是开的.

下证充分性.

设 $R_2$ 中每个开集的逆映像都是 $R_1$ 中的开集, 则对任意 $x_0 \in R_1$ 和 $\mathcal{T}x_0$ 的任意 $\delta$-邻域 $N$, 其逆映像 $N_0$ 是开的, 这是由于 $N$ 的开性, 且 $x_0 \in N_0$. 因此,

$N_0$ 也含有 $x_0$ 的 $\delta$-邻域, 且因为 $N_0$ 被映入 $N$ 而 $x_0$ 也被映入 $N$. 由连续性定义, $\mathcal{T}$ 在点 $x_0$ 处是连续的. 又由于 $x_0 \in R_1$ 的任意性, $\mathcal{T}$ 是连续的. 证完.

将 Heine 归结定理 (定理 2.1.1) 改写成度量空间的形式, 它表明序列的收敛性在研究映射的连续性时是非常重要的, 会经常用到.

**定理 2.4.11 (Heine 归结定理)** 设 $R_1$, $R_2$ 都是度量空间, 度量分别是 $\varrho_1$, $\varrho_2$, $\mathcal{T}: R_1 \mapsto R_2$, 则 $\mathcal{T}$ 在 $x_0 \in R_1$ 连续的充要条件是 $\rho_1(x_n, x_0) \to 0$, $n \to \infty$ 蕴涵着 $\rho_2(\mathcal{T}x_n, \mathcal{T}x_0) \to 0$, $n \to \infty$.

与 Heine 归结定理 (定理 2.1.1) 类似, 证略.
将区间上的一致连续性定义改写成度量空间的形式.

**定义 2.4.6** 设 $R_1$, $R_2$ 都是度量空间, 度量分别是 $\varrho_1$, $\varrho_2$, $\mathcal{T}: R_1 \mapsto R_2$. 若对任意 $\varepsilon > 0$, 存在 $\delta > 0$, 使得当 $x_1, x_2 \in R_1$, $\varrho_1(x_1, x_2) < \delta$ 时有 $\varrho_2(\mathcal{T}x_1, \mathcal{T}x_2) < \varepsilon$, 则称 $\mathcal{T}$ 在 $R_1$ 上是一致连续的.

**定理 2.4.12** 设 $R_1$, $R_2$ 都是度量空间. 则
(1) 一致连续映射 $\mathcal{T}: R_1 \mapsto R_2$ 在 $R_1$ 上是连续的;
(2) 一致连续映射 $\mathcal{T}: R_1 \mapsto R_2$ 在 $R_1$ 的任意子集 $D$ 上是一致连续的.

**定义 2.4.7** 设 $\mathcal{T}: D \subset R_1 \mapsto R_2$. 若对任意 $x_1$, $x_2$, 有

$$\varrho_2(\mathcal{T}x_1, \mathcal{T}x_2) \leqslant L\varrho_1(x_1, x_2)$$

则称 $\mathcal{T}$ 为 Lipschitz 的, 其中 $L = \text{const}$ 称为 Lipschitz 常数.

**定理 2.4.13** Lipschitz 映射是一致连续的.

**习题**

1. 试证在实直线上去掉一点后的集不是完备的.
2. (1) 若度量空间 $R$ 中的序列 $\{x_n\}$ 是收敛的, 且有极限 $x$, 试证 $\{x_n\}$ 的每个子列 $\{x_{n_k}\}$ 都是收敛的, 且有同一极限; (2) 若 $\{x_n\}$ 是 Cauchy 的, 且存在收敛子列 $\{x_{n_k}\}$, $x_{n_k} \to x$, $k \to \infty$, 试证 $\{x_n\}$ 是收敛的, 且有同一极限.
3. 试证 $x_n \to x$, $n \to \infty$ 当且仅当对 $x$ 的每个邻域 $N$, 都有 $n_0 \in \mathbb{Z}^+$, 使得对任意 $n > n_0$, 都有 $x_n \in N$.
4. 若序列 $\{x_n\}$, $\{y_n\}$ 在度量空间 $R$ 中都是 Cauchy 的, 试证序列 $\varrho_n = \varrho(x_n, y_n)$ 是收敛的.
5. 若 $\varrho_1$, $\varrho_2$ 是度量空间 $R$ 中的两个度量, 且存在正数 $\alpha$, $\beta$, 使得对任意 $x, y \in R$, 有 $\alpha\varrho_1 \leqslant \varrho_2 \leqslant \beta\varrho_1$, 试证 $(R, \varrho_1)$ 中的 Cauchy 列是 $(R, \varrho_2)$ 中的 Cauchy 列, 反之亦然.
6. 试证 Cauchy 收敛准则 (定理 2.4.7): 完备度量空间中序列收敛的充要条件是其为 Cauchy 的.

7. 试证开区间是实直线上的不完备子空间, 而闭区间是完备子空间.

8. 在整数集 $\mathbb{Z}$ 中定义度量 $\varrho(m,n) = |m-n|$. (1) 试证它是完备的; (2) 若定义 $\varrho(m,n) = \left| \dfrac{1}{m} - \dfrac{1}{n} \right|$ 呢? 提示: 考虑序列 $\{n\}$, 它是 Cauchy 的, 但不是收敛的.

9. 试证度量空间由有限多个点组成的子空间是完备的.

10. 试证 Heine 归结定理 (定理 2.4.11): 设 $R_1$, $R_2$ 都是度量空间, 度量分别是 $\varrho_1$, $\varrho_2$, $\mathcal{T}: R_1 \mapsto R_2$, 则 $\mathcal{T}$ 在 $x_0 \in R_1$ 连续的充要条件是 $\rho_1(x_n, x_0) \to 0$, $n \to \infty$ 蕴涵着 $\rho_2(\mathcal{T}x_n, \mathcal{T}x_0) \to 0$, $n \to \infty$. 提示: 参考 Heine 归结定理 (定理 2.1.1).

11. 试证定理 2.4.12: 设 $R_1$, $R_2$ 都是度量空间, 则 (1) 一致连续映射 $\mathcal{T}: R_1 \mapsto R_2$ 在 $R_1$ 上是连续的; (2) 一致连续映射 $\mathcal{T}: R_1 \mapsto R_2$ 在 $R_1$ 的任意子集 $D$ 上是一致连续的.

12. 试证定理 2.4.13: Lipschitz 映射是一致连续的.

## 2.5 紧性

前述已经给出过微积分中的 Bolzano-Weierstrass 定理 (定理 2.1.7). 然而, 在一般度量空间中, 它却不一定成立.

**例 2.5.1** 取 $[0,1]$ 上的连续函数 $x_n(t)(n \in \mathbb{Z}^+)$, 使得

$$x_n(t) = \begin{cases} 0, & t > \dfrac{1}{n} \\ 1-nt, & t \leqslant \dfrac{1}{n} \end{cases}$$

因为 $|x_n| \leqslant 1 (n \in \mathbb{Z}^+)$, 所以序列 $\{x_n\}$ 是有界的. 但其在 $C[0,1]$ 中不存在收敛子列.

事实上, 因为当 $n \to \infty$ 时, 有

$$x_n(t) \to x(t) = \begin{cases} 1, & t = 0 \\ 0, & t \neq 0 \end{cases}$$

所以 $x(t)$ 在 $[0,1]$ 上不是连续的.

因为在一般度量空间中, Bolzano-Weierstrass 定理 (定理 2.1.7) 不一定成立, 这就引出了紧性的概念.

**定义 2.5.1** 设 $M$ 是度量空间 $X$ 的子集.

(1) 若对任意 $\{x_n\} \subset M$, 存在子列 $\{x_{n_k}\}$, 且 $x_{n_k} \to x^* \in X$, $k \to \infty$, 则称 $M$ 在 $X$ 中是相对紧的 (relatively compact);

(2) 若对任意 $\{x_n\} \subset M$, 存在子列 $\{x_{n_k}\}$, 且 $x_{n_k} \to x^* \in M$, $k \to \infty$, 则称 $M$ 在 $X$ 中是紧的 (compact).

**定义 2.5.2** 设 $M$ 是度量空间 $X$ 的子集.

(1) 若对任意 $\varepsilon > 0$ 和 $z \in M$, 存在 $y \in M_\varepsilon$, 使得 $\varrho(y,z) < \varepsilon$, 则称 $M_\varepsilon$ 是 $M$ 的 $\varepsilon$-网 ($\varepsilon$-net);

(2) 若 $M_\varepsilon$ 是有限的, 则称其为 $M$ 的有限 $\varepsilon$-网 (finite $\varepsilon$-net);

(3) 若对任意 $\varepsilon > 0$, $M$ 都有有限 $\varepsilon$-网, 则称其为完全有界的 (totally bounded).

D. Hilbert 和 E. Hellinger 开创了 "Hilbert 序列空间 $\ell^2$" 的研究, 这应该是史上第一个具体的无限维空间, 它是 $\ell^p$ 的特殊情形, 称为平方收敛序列集 (set of quadratically convergent sequences). 考虑其中的序列 $\{e_i\}$, 其中

$$\begin{cases} e_1 = (1,0,\cdots,0,\cdots) \\ e_2 = (0,1,\cdots,0,\cdots) \\ \quad\vdots \\ e_i = (0,0,\cdots,1,\cdots) \\ \quad\vdots \end{cases}$$

因为 $\varrho\{\vartheta, e_i\} = 1 (i \in \mathbb{Z}^+)$, 所以这个序列是有界的. 但对 $\varepsilon = \frac{1}{2}$, 这个序列不存在有限 $\varepsilon$-网, 故不是完全有界的.

由上述定义可看出, 完全有界集是有界的. 但反之不然.

**例 2.5.2** 实直线上的有界集是完全有界的.

事实上, 由于集 $M$ 的有界性, 存在 $a$ 和 $b$, 使得 $M \subset [a,b]$. 对任意 $\varepsilon > 0$, 对 $[a,b]$ 进行分划

$$P: a = x_0 < x_1 < x_2 < \cdots < x_{n-1} < x_n = b$$

使得

$$\lambda(P) \leqslant \frac{1}{n} \leqslant \varepsilon$$

式中: $\Delta x_i = x_i - x_{i-1}(i = 1,2,\cdots,n)$; $\lambda(P) = \max\limits_{i=1,2,\cdots,n} \Delta x_i$.

以所有分点为中心, $\varepsilon$ 为半径做区间. 则这有限多个区间覆盖了 $[a,b]$, 从而覆盖了 $M$. 故 $M$ 是完全有界的.

**引理 2.5.1** 度量空间的紧子集是有界闭的.

**证** 对每个 $x \in \overline{M}$, 由定理 2.4.8 可知, 存在序列 $\{x_n\} \subset M$, 它收敛到 $x$. 由于 $M$ 的紧性, $x \in M$, 即 $M$ 是闭的. 若 $M$ 是无界的, 则存在无界的序列 $\{y_n\} \subset M$, 满足 $\varrho(y_n,x) > n$, 其中 $x \in M$. 由引理 2.4.1 可知, $\{y_n\}$ 不存在收敛子列, 与 $M$ 的紧性矛盾. 证完.

下面的 Hausdorff[①] 定理是关于紧性的重垂定理.

**定理 2.5.1 (Hausdorff 定理, Hausdorff theorem)**    (1) 相对紧集是完全有界的;

(2) 完备度量空间中的完全有界集是相对紧的;

(3) 若 $M$ 是完全有界的, 则对任意 $\varepsilon > 0$, 它都有有限 $\varepsilon$-网 $M_\varepsilon \subset M$;

(4) 完全有界集是可分的.

**证**   (1) 不妨设 $M$ 是非空相对紧集.

取 $x_1 \in M$. 若对任意 $z \in M$, 都有 $\varrho(x_1, z) < \varepsilon$, 则 $\{x_1\}$ 就是 $M$ 的 $\varepsilon$-网.

若不然, 设 $x_2 \in M$ 满足 $\varrho(x_1, x_2) \geqslant \varepsilon$. 若对任意 $z \in M$, 都有 $\varrho(x_i, z) < \varepsilon(i = 1, 2)$, 则 $\{x_1, x_2\}$ 就是 $M$ 的 $\varepsilon$-网.

若不然, 设 $x_3 \in M$ 满足 $\varrho(x_i, x_3) \geqslant \varepsilon(i = 1, 2)$. 若对任意 $z \in M$, 都有 $\varrho(x_i, z) < \varepsilon(i = 1, 2, 3)$, 则 $\{x_1, x_2, x_3\}$ 就是 $M$ 的 $\varepsilon$-网.

依此类推, 存在 $n \in \mathbb{Z}^+$, 使得 $\{x_1, x_2, \cdots, x_n\}$ 就是 $M$ 的 $\varepsilon$-网.

若不然, 则对任意 $n \in \mathbb{Z}^+$, $\{x_n\}$, 存在子列 $\{x_{n_k}\}$, 满足 $\varrho(x_{n_i}, x_{n_j}) \geqslant \varepsilon$. 故 $\{x_{n_k}\}$ 不存在收敛子列, 与 $M$ 的相对紧性矛盾.

(2) 设 $M$ 是完全有界集, 考虑任意序列 $\{x_n\} \subset M$, 则存在有限多个半径为 1 的开球含有集 $M$. 选取开球中的一个, 记 $M_1$, 它含有 $\{x_n\}$ 的无限多项, 设 $\{x_{n,1}\}$.

同理, 由于 $M$ 的完全有界性, 存在有限多个半径为 $\frac{1}{2}$ 的开球含有 $M$. 选取开球中的一个, 记 $M_2$, 它含有 $\{x_{n,1}\}$ 的无限多项, 设 $\{x_{n,2}\}$.

依此类推, 由于 $M$ 的完全有界性, 存在有限多个半径为 $\dfrac{1}{n}$ 的开球含有 $M$. 选取开球中的一个, 记 $M_n$, 它含有 $\{x_{n,n-1}\}$ 的无限多项, 设 $\{x_{n,n}\}$.

设 $\{y_n\} = \{x_{n,n}\}$, 则对任意 $\varepsilon > 0$, 存在 $N \in \mathbb{Z}^+$, 使得当 $n > N$ 时, $\{y_n\}$ 含在半径为 $\varepsilon$ 的球内, 所以 $\{y_n\}$ 是 Cauchy 的. 由于 $X$ 的完备性, 由 Cauchy 收敛准则 (定理 2.4.7) 可知, $\{y_n\}$ 在其中是收敛的, 设 $y_n \to y$, $n \to \infty$, 则 $y \in \overline{M}$. 故对任意序列 $\{z_n\} \subset \overline{M}$, 存在序列 $\{x_n\} \subset M$, 对任意 $n \in \mathbb{Z}^+$, 都有 $\varrho(x_n, z_n) < \dfrac{1}{n}$. 从前证知 $\{x_n\}$ 在集 $\overline{M}$ 中存在收敛子列, 所以 $\{z_n\}$ 在 $\overline{M}$ 中也存在收敛子列. 从而 $\overline{M}$ 是紧的, 而 $M$ 是相对紧的.

(3) 不妨设 $M$ 是非空集.

由假设可知, 对任意 $\varepsilon > 0$, 存在 $M$ 的有限 $\dfrac{\varepsilon}{2}$-网 $M_{\frac{\varepsilon}{2}} \subset X$. 因此 $M$ 含在有限多个半径是 $\dfrac{\varepsilon}{2}$ 的开球的并中, 且这些开球的球心属于 $M_{\frac{\varepsilon}{2}}$. 特别地, 选

---

① Felix Hausdorff (1868.11.08—1942.01.26), 德国人, 1914 年提出拓扑空间的公理体系, 为一般拓扑学建立了基础; 提出连续统假设: 是否 $2^{\aleph_0} = \aleph$?

取与 $M$ 相交的那些开球 $M^{(i)}$, 并设它们的球心是 $x_i(i = 1, 2, \cdots, n)$. 选取 $z_i \in MM^{(i)}(i = 1, 2, \cdots, n)$, 则 $\{z_1, z_2, \cdots, z_n\} \subset M$ 就是 $M$ 的有限 $\varepsilon$-网.

事实上, 对任意 $z \in M$, 存在含 $z$ 的 $M^{(i)}$, 满足

$$\varrho(z, z_i) \leqslant \varrho(z, x_i) + \varrho(x_i, z_i) < \frac{\varepsilon}{2} + \frac{\varepsilon}{2} = \varepsilon$$

(4) 设 $M$ 是完全有界集. 由 (3) 可知, $M$ 有含于自己的有限 $\varepsilon$-网 $M_{\frac{1}{n}}$, 其中 $\varepsilon = \frac{1}{n}(n \in \mathbb{Z}^+)$. 所有这些网的并 $M$ 是可数的, 且在 $M$ 中是稠密的.

事实上, 对任意 $\varepsilon > 0$, 存在 $n \in \mathbb{Z}^+$, 使得 $\frac{1}{n} < \varepsilon$. 因此对任意 $z \in M$, 存在 $a \in M_{\frac{1}{n}} \subset M$, 使得 $\varrho(z, a) < \varepsilon$, 所以 $M$ 是可分的. 证完.

**定理 2.5.2 (Cantor 定理)** 设 $R_1$ 是紧的度量空间, $R_2$ 是度量空间. 若 $\mathcal{T} : R_1 \mapsto R_2$ 在 $R_1$ 上是连续的, 则其在 $R_1$ 上是一致连续的.

与 Cantor 定理 (定理 2.1.8) 类似, 证略.

在微积分中有下面非常熟悉的 Weierstrass 第一定理和第二定理:

(1) (Weierstrass 第一定理, Weierstrass first theorem) 闭区间上的连续函数是有界的;

(2) (Weierstrass 第二定理, Weierstrass second theorem) 闭区间上的连续函数可取到最大值和最小值.

**证** 设 $f(x)$ 是 $[a, b]$ 上的连续函数. 由于值域 $f([a, b])$ 的非空性, 由 Dedekind 确界公理 (公理 2.1.1), 可取

$$M = \sup f([a, b])$$
$$m = \inf f([a, b])$$

由定理 2.1.4 可知, 存在序列 $\{x_n\} \subset [a, b]$, 使得 $f(x_n) \to M$, $n \to \infty$. 由于 $\{x_n\}$ 的有界性, 由 Bolzano-Weierstrass 定理 (定理 2.1.7) 可知, 存在收敛子列 $\{x_{n_k}\}$, 记 $x_{n_k} \to \xi$, $k \to \infty$. 由于 $f(x)$ 在点 $\xi$ 的连续性, 有

$$f(\xi) = \lim_{k \to \infty} f(x_{n_k}) = M$$

故 $M \in f([a, b])$, 且是有限的.

同理, 有 $m \in f([a, b])$, 且是有限的. 证完.

下面将两个度量空间中的定理分别与 Weierstrass 第一定理和第二定理进行比较.

**定理 2.5.3 (Weierstrass 第一定理)** 设 $X, Y$ 都是度量空间, $\mathcal{T} : X \mapsto Y$ 是连续映射, 则 $X$ 的紧子集 $M$ 在 $\mathcal{T}$ 之下是紧的.

**证** 取序列 $\{y_n\} \subset \mathcal{T}(M)$, 则存在序列 $\{x_n\} \subset M$, 使得 $\mathcal{T}x_n = y_n$. 由于 $M$ 的紧性, $\{x_n\}$ 存在在 $M$ 中收敛子列 $\{x_{n_k}\}$. 由于 $\mathcal{T}$ 的连续性, 由 Heine 归结定理 (定理 2.4.11) 可知, $\{x_{n_k}\}$ 的像是在集 $\mathcal{T}(M)$ 中的收敛子列. 证完.

**定理 2.5.4 (Weierstrass 第二定理)** 若 $\mathcal{T}$ 是度量空间 $X$ 的紧子集 $M$ 到实数集上的连续映射, 则 $\mathcal{T}$ 在 $M$ 的某点可取到最大值和最小值.

**证** 由引理 2.4.1 和定理 2.5.3 可知, 集 $\mathcal{T}(M) \subset \mathbb{R}$ 是有界的. 再由微积分知, $\supset \mathcal{T}(M), \inf \mathcal{T}(M) \in \mathcal{T}(M)$. 这些上下确界的逆像属于 $M$, 且 $\mathcal{T}(M)$ 在其上分别达到最大值和最小值. 证完.

下面介绍重要的 Arzelà[①]-Ascoli[②] 定理.

为方便理解相关定义的联系与区别, 分层次将相关定义罗列在一起.

**定义 2.5.3** 设 $F$ 是定义于 $[a,b]$ 上的函数族.

(1) 若对任意 $f(t) \in F$, 存在 $M > 0$, 使得 $|f(t)| \leqslant M$, $t \in [a,b]$, 则称函数 $f(t)$ 在 $[a,b]$ 上是有界的;

(2) 若存在 $M > 0$, 对任意 $f(t) \in F$, 有 $|f(t)| \leqslant M$, $t \in [a,b]$, 则称 $F$ 在 $[a,b]$ 上是一致有界的 (uniformly bounded).

**定义 2.5.4** 设 $F$ 是定义于 $[a,b]$ 上的函数族.

(1) 若对任意 $\varepsilon > 0$, $f(t) \in F$, $t_0 \in [a,b]$, 存在 $\delta > 0$, 当 $t \in [a,b]$, $|t - t_0| < \delta$ 时, 有 $|f(t) - f(t_0)| < \varepsilon$, 则称 $f(t)$ 在 $t_0$ 处是连续的;

(2) 若 $f(t)$ 在每个点 $t \in [a,b]$ 都是连续的, 则称其在 $[a,b]$ 上是连续的;

(3) 若对任意 $\varepsilon > 0$, $f(t) \in F$, 存在 $\delta > 0$, 当 $t_1, t_2 \in [a,b]$, $|t_1 - t_2| < \delta$ 时, 有 $|f(t_1) - f(t_2)| < \varepsilon$, 则称 $f(t)$ 在 $[a,b]$ 上是一致连续的;

(4) 若对任意 $\varepsilon > 0$, 存在 $\delta > 0$, 对任意 $f(t) \in F$, 当 $t_1, t_2 \in [a,b]$, $|t_1 - t_2| < \delta$ 时, 有 $|f(t_1) - f(t_2)| < \varepsilon$, 则称 $F$ 在 $[a,b]$ 上是等度连续的 (equi-continuous).

为下面需要给出 Heine-Borel 有限覆盖定理.

**定理 2.5.5 (Heine-Borel 有限覆盖定理, Heine-Borel finite covering theorem)** 若闭区间被一族开区间覆盖, 则必为其中有限多个所覆盖.

**证** 设 $[a,b]$ 被一族开区间覆盖. 定义集

$$A = \{x \geqslant a \mid \text{区间 } [a,x] \text{ 为这族开区间中有限多个所覆盖}\}$$

从 $[a,x]$ 左端点 $x = a$ 开始, 在这族开区间中有开区间覆盖了点 $a$, 因此点 $a$ 及

---

① Cesare Arzelà (1847.03.06—1912.03.15), 意大利人.

② Giulio Ascoli (1887.12.12—1957.05.10), 意大利人.

其右侧附近的点均在 $A$ 中, 即 $A$ 是非空的.

若 $A$ 无上界, 则 $b \in A$, 从而 $[a, b]$ 为这族开区间中有限多个所覆盖.

若 $A$ 有上界, 则由 Dedekind 确界公理 (公理 2.1.1) 可知, 有 $\xi = \sup A$. 若 $b < \xi$, 由 $A$ 的定义, 就有 $b \in A$, 即 $[a, b]$ 为这族开区间中有限多个所覆盖.

若 $b \geqslant \xi$, 则 $\xi \in [a, b]$, 因此这族开区间中有开区间覆盖了点 $\xi$. 故可在其中找到两个点 $a_0, b_0$, 满足 $a_0 < \xi < b_0$. 设 $c$ 满足 $\xi < c < b_0$. 由 $A$ 的定义可知, $a_0 \in A$, 即 $[a, a_0]$ 为这族开区间中有限多个所覆盖. 故再加上覆盖了点 $\xi$ 的开区间, 有限多个开区间就覆盖了 $[a, c]$. 从而 $c \in A$, 与 $\xi = \sup A$ 矛盾. 证完.

下面就给出 Arzelà-Ascoli 定理.

**定理 2.5.6 (Arzelà-Ascoli 定理, Arzelà-Ascoli theorem)** 设 $F$ 是 $[a, b]$ 上的一致有界和等度连续函数族, 则存在序列 $\{f_n(t)\} \subset F$ 在 $[a, b]$ 上是一致收敛的.

**证** 考虑 $[a, b]$ 上的全体有理数, 记 $\{r_1, r_2, \cdots, r_n, \cdots\}$. 由于 $\{f(r_1)\}$ 的有界性, 由 Bolzano-Weierstrass 定理 (定理 2.1.7) 可知, 存在收敛子列 $\{f_{n1}(r_1)\}$.

同理, 由于 $\{f_{n1}(r_2)\}$ 的有界性, 由 Bolzano-Weierstrass 定理 (定理 2.1.7) 可知, 又存在收敛子列 $\{f_{n2}(r_2)\}$.

依此类推, 有可数个收敛子列

$$\left\{ \begin{array}{l} f_{11}(r_1), f_{21}(r_1), \cdots, f_{n1}(r_1), \cdots \\ f_{12}(r_2), f_{22}(r_2), \cdots, f_{n2}(r_2), \cdots \\ \qquad\qquad\qquad \vdots \\ f_{1n}(r_n), f_{2n}(r_n), \cdots, f_{nn}(r_n), \cdots \\ \qquad\qquad\qquad \vdots \end{array} \right.$$

设 $f_n(t) = f_{nn}(t) (n \in \mathbb{Z}^+)$, 则序列 $\{f_n(t)\}$ 在 $[a, b]$ 上是一致收敛的.

事实上, 由于其取法, 它在有理数集 $\{r_1, r_2, \cdots, r_n, \cdots\}$ 上是收敛的. 因此, 对任意 $\varepsilon > 0$, $r_k$, 存在 $N_k \in \mathbb{Z}^+$, 当 $\ell, m > N_k$ 时, 有

$$|f_\ell(r_k) - f_m(r_k)| < \frac{\varepsilon}{3} \tag{2.30}$$

又由于 $F$ 在 $[a, b]$ 上的等度连续性, 存在 $\delta > 0$, 当 $t, t' \in [a, b]$, $|t - t'| < \delta$ 时, 有

$$|f_n(t) - f_n(t')| < \frac{\varepsilon}{3} \tag{2.31}$$

因为 $\bigcup\limits_{i=1}^{\infty} B(r_i; \delta) \supset [a, b]$, 由 Heine-Borel 有限覆盖定理 (定理 2.5.5) 可知,

所以不妨设

$$\bigcup_{i=1}^{n} B\left(r_i; \delta\right) \supset [a, b]$$

令 $N = \max \{N_1, N_2, \cdots, N_n\}$, 则当 $\ell, m > N, t \in [a, b]$ 时 (不妨设 $t \in B\left(r_j; \delta\right)$), 由式 (2.30) 和式 (2.31), 有

$$|f_\ell(t) - f_m(t)| \leqslant |f_\ell(t) - f_\ell\left(r_j\right)| + |f_\ell\left(r_j\right) - f_m\left(r_j\right)| + |f_m\left(r_j\right) - f_m(t)| < \varepsilon$$

即 $\{f_n(t)\}$ 在 $[a, b]$ 上是一致收敛的. 证完.

在后面还会给出 Arzelà-Ascoli 定理的更一般的形式.

现可将前述 7 个微积分中的重要定理简单地进行归纳了. 事实上, Dedekind 确界公理 (公理 2.1.1)、Weierstrass 聚点原理 (定理 2.1.5)、Bolzano-Weierstrass 定理 (定理 2.1.7)、单调收敛准则 (定理 2.1.9)、闭区间套定理 (定理 2.1.10)、Cauchy 收敛准则 (定理 2.4.3) 和上述 Heine-Borel 有限覆盖定理 (定理 2.5.5) 等是微积分中的 7 个重要定理, 虽然看起来形式上差异很大, 有的看起来是整体性的, 有的看起来是局部性的, 但是它们之间却是相互等价的, 即它们之间在本质上是相同的, 从任意一个出发作为公理或定义, 都可推出另外的 6 个. 有兴趣的读者可试着在它们之间进行相互推证或循环进行推证, 是一件很有意思的事情, 对深入理解数学是有帮助的. 事实上, 它们都从不同侧面反映出实数集的最本质特性, 是微积分最重要的基础. 将会看到它们中的绝大部分定理都将在一般度量空间中失效, 都将因此而引出泛函分析中的一系列重要概念, 从而使得泛函分析表现出丰富多采的风貌, 需很好地、细心地体会和理解. 即使这些重要定理本身也会在泛函分析中得到应用, 对此不惜笔墨是对未受过数学分析严格训练读者的补充.

## 习题

试证 Cantor 定理 2.5.2: 设 $R_1$ 是紧的度量空间, $R_2$ 是度量空间. 若 $\mathcal{T}: R_1 \mapsto R_2$ 在 $R_1$ 上是连续的, 则其在 $R_1$ 上是一致连续的. 提示: 参考 Cantor 定理 2.1.8.

# 第 3 章   赋范线性空间

在矩阵分析中, 已经介绍过线性空间概念, 以及向量范数和矩阵范数概念. 但只是在有限维空间中进行的. 本章将要介绍无限维空间中的线性空间和赋范线性空间, 讨论它们之间的相互关系, 然后给出某些经典赋范线性空间的例子.

## 3.1  线性空间

以数域 $\Phi$ 代表 $\mathbb{R}$ 或 $\mathbb{C}$.

**定义 3.1.1**  设 $X$ 是非空集, 其中规定了两种运算 (operation): "加法" (addition) 和 "数乘" (multiplication by scalar).

(I) 加法: 对任意 $x, y \in X$, 存在 $u \in X$, 称为 $x, y$ 的和 (sum), 记为 $x+y = u$, 满足:

(1) (交换律) $x + y = y + x$;

(2) (结合律) $x + (y + z) = (x + y) + z$;

(3) 存在零元 (zero element) $\vartheta \in X$, 使得对任意 $x \in X$, 有 $x + \vartheta = x$;

(4) 存在负元 (negative element) $-x$, 使得 $x + (-x) = \vartheta$;

(II) 数乘: 对任意 $x \in X$, $\alpha \in \Phi$, 存在 $v \in X$, 使得 $\alpha x = v$, 对任意 $y \in X$, $\beta \in \Phi$, 满足:

(1) (结合律) $\alpha(\beta x) = (\alpha\beta)x$;

(2) 存在单位元 (unit element) $1 \in \Phi$, 使得对任意 $x \in X$, 有 $1x = x$;

(3) (分配律) $\alpha(x + y) = \alpha x + \alpha y$;

(4) (分配律) $(\alpha + \beta)x = \alpha x + \beta x$.

则称 $X$ 为 $\Phi$ 上的线性空间 (linear space), 其中的元称为向量 (vector). 当 $\Phi = \mathbb{R}$ 时, 称其为实线性空间 (real linear space). 当 $\Phi = \mathbb{C}$ 时, 称其为复线性空间 (complex linear space).

若线性空间 $X$ 的子集 $Y$ 也构成线性空间, 则称其为 $X$ 的线性子空间 (linear subspace). 显然 $Y$ 是 $X$ 线性子空间当且仅当对任意 $x, y \in Y$, $\alpha, \beta \in \Phi$, 有 $\alpha x + \beta y \in Y$.

**定义 3.1.2** 设 $X$ 是线性空间.

(1) 对于 $x_1, x_2, \cdots, x_n \in X$, 若存在不全为零的 $\alpha_1, \alpha_2, \cdots, \alpha_n \in \Phi$, 使得 $\sum\limits_{i=1}^{n} \alpha_i x_i = \vartheta$, 则称它们是线性相关的 (linearly dependent);

(2) 若 $x_1, x_2, \cdots, x_n \in X$ 不是线性相关的, 则称它们是线性无关的 (linearly independent);

(3) 若 $Y$ 是 $X$ 的无限子集, 且其中任意有限多个元都是线性无关的, 则称其为线性无关集 (linearly independent set);

(4) 若 $Y$ 不是线性无关集, 则称其为是线性相关集 (linearly dependent set).

**定义 3.1.3** 设 $X$ 是线性空间.

(1) 若对任意 $x \in X$ 都可用 $\{h_\alpha\}$ 中有限多个元的线性组合来唯一地表示, 则称其为 $X$ 的 Hamel[①] 基 (Hamel base), 于是, 任意 $x \in X$ 都可表示为 $x = \sum\limits_{\alpha} t_\alpha h_\alpha$, 其中和式是有限项且表示法是唯一的;

(2) card $\{h_\alpha\}$ 称为 $X$ 的 Hamel 维数 (Hamel dimension), 记为 $\dim X$;

(3) 若 $\{h_\alpha\}$ 仅由有限多个元 $h_1, h_2, \cdots, h_n$ 组成, 则称 $X$ 是 $n$ 维线性空间 ($n$ dimensional linear space), 记为 $\dim X = n$;

(4) 若 $\{h_\alpha\}$ 由无限多个元构成, 则称 $X$ 为无限维线性空间 (infinite dimensional linear space), 记为 $\dim X = \infty$;

(5) 当 $X = \{\vartheta\}$ 时, 记为 $\dim X = 0$.

这里的线性空间定义是公理化定义, 其特点是不限定集 $X$ 及其元的具体形式, 而只要求它们满足给定的 8 个运算法则. 下面, 给出几例, 它们给出了向量的解释, 也给出了 "加法" 和 "数乘" 两种运算的解释.

**例 3.1.1** 对任意 $\boldsymbol{x}, \boldsymbol{y} \in \mathbb{R}^n$, 任意实数 $\alpha$, 把向量解释成 $n$ 维数组, 定义 "加法" 和 "数乘" 两种运算:

$$\boldsymbol{x} + \boldsymbol{y} = (x_1 + y_1, x_2 + y_2, \cdots, x_n + y_n)$$

---

① Georg Karl Wilhelm Hamel (1877.09.12—1954.10.04), 德国人.

$$\alpha \boldsymbol{x} = (\alpha x_1, \alpha x_2, \cdots, \alpha x_n)$$

这些 $n$ 元数组构成线性空间, 其维数是 $n$.

**例 3.1.2**　对任意 $x, y \in C[a,b]$, $\alpha \in \Phi$, 把函数解释成向量, 定义 "加法" 和 "数乘" 两种运算:

$$(x+y)(t) = x(t) + y(t)$$
$$(\alpha x)(t) = \alpha x(t)$$

这些连续函数构成线性空间, 其维数是 $\infty$.

**例 3.1.3**　对任意 $x, y \in s$, $\alpha \in \Phi$, 把序列解释成无限维数组, 定义 "加法" 和 "数乘" 两种运算:

$$x+y = (x_1+y_1, x_2+y_2, \cdots, x_n+y_n, \cdots)$$
$$\alpha x = (\alpha x_1, \alpha x_2, \cdots, \alpha x_n, \cdots)$$

这些序列构成线性空间, 其维数是 $\infty$.

今后对有限维线性空间, 序列空间和函数空间将采用以上规定的线性运算. 许多在微积分, 代数学, 函数论和微分方程中遇到的空间都是线性空间.

易证下述结论.

**定理 3.1.1**　设 $X$ 是 $n$ 维线性空间, 则其任意真子空间 $Y$ 的维数都小于 $n$.

## 习题

1. 试描述出在 $\mathbb{R}^3$ 中由 $M = \{(1,1,1), (0,0,2)\}$ 张成的子空间.

2. 试判断下述 $\ell^2$ 的子集中的哪些构成子空间: (1) $x_1 = x_2$, $x_3 = 0$; (2) $x_1 = x_2 + 1$; (3) $x_1 > 0$, $x_2 > 0$, $x_3 > 0$; (4) $x_1 - x_2 + x_3 = \text{const}$.

3. 试证 $\{t, t^2, \cdots, t^n\}$ 是 $C[a,b]$ 中的线性无关组.

4. 试证对任意 $\boldsymbol{x} \in \mathbb{R}^n$, 作为给定基 $\{e_1, e_2, \cdots, e_n\}$ 的线性组合, 其表达式是唯一的.

5. 若 $Y$, $Z$ 都是线性空间 $X$ 的子空间, 试证 $Y \cap Z$ 是 $X$ 的子空间. $Y \cup Z$ 呢? 提示: 考虑 $[0,1]$ 上的实函数集 (set of real functions) $R[0,1]$, 使得 $Y = \left\{ y \mid y\left(\frac{1}{2}\right) = 0 \right\}$, $Z = \left\{ z \mid z\left(\frac{1}{3}\right) = 0 \right\}$.

6. 若 $M$ 是线性空间 $X$ 的任意子集, 试证 $\text{span} M$ 是 $X$ 的子空间.

7. 线性空间 $R_1$, $R_2$ 的积 $R = R_1 \times R_2$ 按下述方式定义代数运算: (1) $(x_1, x_2) + (y_1, y_2) = (x_1 + y_1, x_2 + y_2)$; (2) $\alpha (x_1, x_2) = (\alpha x_1, \alpha x_2)$, 试证它成为线性空间.

8. 试证定理 3.1.1: 设 $X$ 是 $n$ 维线性空间, 则其任意真子空间 $Y$ 的维数都小于 $n$.

## 3.2 Zorn 引理

Zorn[①] 引理在很多方面有重要应用, 在这一节做简单介绍. 为此先给出半序的概念.

**定义 3.2.1** 若对任意 $\alpha, \beta, \gamma \in M$, 它们满足下述条件, 则称在集 $M$ 上定义了半序 $\leqslant$(partial ordering):

(1) 对每个 $\alpha \in M$, 有 $\alpha \leqslant \alpha$;

(2) 若 $\alpha \leqslant \beta$, $\beta \leqslant \alpha$, 则 $\alpha = \beta$;

(3) 若 $\alpha \leqslant \beta$, $\beta \leqslant \gamma$, 则 $\alpha \leqslant \gamma$.

**定义 3.2.2** 若对任意 $\alpha, \beta \in M$, 都满足 $\alpha \leqslant \beta$ 或 $\beta \leqslant \alpha$, 则称 $M$ 为全序集 (totally ordered set).

**定义 3.2.3** 设 $W$ 是半序集 $M$ 的子集.

(1) 若存在 $u \in M$, 使得对任意 $\alpha \in W$, 有 $\alpha \leqslant u$, 则称其为 $W$ 的上界;

(2) 若存在 $m \in M$, 使得对任意 $\alpha \in M$, 若 $\alpha \geqslant m$, 则 $m = \alpha$, 则称其为 $M$ 的极大元 (maximal element).

(3) 若存在 $\ell \in M$, 使得对任意 $\alpha \in W$, 有 $\ell \leqslant \alpha$, 则称其为 $W$ 的下界;

(4) 若存在 $m \in M$, 使得对任意 $\alpha \in M$, 若 $\alpha \leqslant m$, 则 $m = \alpha$, 则称其为 $M$ 的极小元 (minimal element).

**例 3.2.1** 若在实数域上, $\leqslant$ 取通常的含义, 则其是全序集, 但不存在极大元.

**例 3.2.2** 设 $\mathfrak{x}$ 是集 $X$ 的幂集. 若 $A \leqslant B$ 表示 $A \subset B$, 则 $\mathfrak{x}$ 是半序集, 其唯一极大元是 $X$.

**例 3.2.3** 设 $\boldsymbol{x}, \boldsymbol{y} \in \mathbb{R}^n$, $\boldsymbol{x} \leqslant \boldsymbol{y}$ 当且仅当 $x_i \leqslant y_i (i = 1, 2, \cdots, n)$, 则 $\mathbb{R}^n$ 是半序集.

**例 3.2.4** 设 $m, n \in \mathbb{Z}^+$, $m \leqslant n$ 当且仅当 $m|n$, 则正整数集是半序集.

**公理 3.2.1 (Zorn 引理, Zorn's lemma)**[②] 设 $M$ 是非空半序集. 若每个全序集 $C \subset M$ 都有上界, 则 $M$ 有极大元.

**定理 3.2.1** 每个线性空间 $X \neq \{\vartheta\}$ 都有 Hamel 基.

---

[①] Max August Zorn (1906.06.06—1993.03.09), 德国人.

[②] Zorn 引理是当做公理来用的, 之所以称为引理是史上由 J. Tukey 造成的错误, 它与 E. Zermelo 的选择公理是等价的.

**证** 设 $M$ 是 $X$ 所有线性无关子集构成的集. 因为 $X \neq \{\vartheta\}$, 所以存在 $x \in X$, $x \neq \vartheta$. 从而 $\{x\} \in M$, 即 $M$ 是非空的. 定义半序 $A \leqslant B$ 表示 $A \subset B$. 由假设, 每个全序集 $C \subset M$ 都有上界, 即包含在 $C$ 中的 $X$ 的所有子集的并. 由 Zorn 引理 (公理 3.2.1) 可知, $M$ 有极大元 $B$.

下证 $B$ 就是 $X$ 的 Hamel 基.

设 $Y = \mathrm{span}\{B\}$, 即 $B$ 张成的空间 (spanning space), 则 $Y$ 是 $X$ 的子空间. 特别地, 有 $Y = X$. 若不然, 则存在 $z \in X$, 但 $z \notin Y$. 从而 $B \cup \{z\}$ 就是以 $B$ 为真子集的线性无关集, 即 $B \cup \{z\} \in M$. 这与 $B$ 的极大性矛盾. 证完.

**习题**

1. 考虑 $[0,1]$ 上的实函数集 $R[0,1]$, $x \leqslant y$ 当且仅当 $x(t) \leqslant y(t)$, $t \in [0,1]$. (1) 试证这样可定义半序; (2) 它是全序吗? (3) 它有极大元吗?

2. 在复数域上, 定义 $z \leqslant w$ 当且仅当 $x \leqslant u$, $y \leqslant v$, 其中 $z = x + \mathrm{i}y$, $w = u + \mathrm{i}v$. 试证这样可定义半序.

3. 在例 3.2.4 中, $M = \{2,3,4,8\}$. 试求 $M$ 的所有极大元.

4. 试定义下界和极小元, 并求上题中的所有极小元.

5. 试证有限半序集有极大元.

6. 设 $M$ 是半序集. 若存在 $\alpha \in M$, 使得对任意 $x \in M$, 有 $\alpha \leqslant x$, 则称其为 $M$ 的最小元. 类似地可定义最大元, 试证半序集至多有一个最大元和一个最小元.

7. 在例 3.2.4 中, $M = \{4,6\}$. 试求 $M$ 的上下界.

## 3.3 赋范线性空间

一方面, 希望在线性空间中引入度量概念, 这样就可在线性空间中研究极限和连续性等问题; 另一方面, 也可将线性空间作为实平面 $\mathbb{R}^2$ 或 $\mathbb{R}^3$ 的推广, 也希望把向量的长度概念推广到一般的线性空间中去. 这就引出了范数概念.

### 3.3.1 赋范线性空间的概念

**定义 3.3.1** 设 $X$ 是线性空间. 若 $p : X \mapsto \mathbb{R}$, 使得对任意 $x, y \in X$, $\alpha \in \Phi$, 有

(1) (正定性) $p(x) \geqslant 0$, $p(x) = 0$, 当且仅当 $x = \vartheta$;

(2) (正齐次性, positive homogeneity) $p(\alpha x) = |\alpha| p(x)$;

(3) (三角不等式):

$$p(x + y) \leqslant p(x) + p(y) \tag{3.1}$$

则称其为 $X$ 上的范数 (norm). 记为 $p(x) = \|x\|$, 并称 $(X, \|\cdot\|)$ 是赋范线性空间 (normed linear space). 在不至于混淆时记为 $X$.

若 $\|x\| = 1$, 则称其为单位向量 (unit vector).

在一般的赋范线性空间中引入度量 $\varrho(x, y) = \|x - y\|$, 则赋范线性空间是度量空间. 设 $(X, \|\cdot\|)$ 是赋范线性空间, $\varrho(x, y) = \|x - y\|$ 定义的度量称为是由范数 $\|\cdot\|$ 诱导的度量. 今后当说到赋范空间的度量时, 总是指由其范数诱导的度量. 易知赋范线性空间是具有线性运算的度量空间.

### 3.3.2   赋范线性空间中的极限

**定义 3.3.2**   设 $X$ 是赋范线性空间.

(1) 若对任意 $\varepsilon > 0$, 存在 $N \in \mathbb{Z}^+$, 当 $n > N$ 时, 有 $\|x_n - x\| < \varepsilon$, 则称序列 $\{x_n\}$ 是收敛的, 此时也称 $x$ 为其极限, 记为 $\lim\limits_{n \to \infty} x_n = x$, 或简单地记为 $x_n \to x$, $n \to \infty$, 有时也说 $\{x_n\}$ 收敛到 $x$;

(2) 若序列不是收敛的, 则称其为发散的.

**定理 3.3.1**   (1) (**范数的连续性, continuity in norm**) 若 $x_n \to x$, $n \to \infty$, 则 $\|x_n\| \to \|x\|$, $n \to \infty$;

(2) 若 $x, y, x_n, y_n \in X$, $\lambda, \lambda_n \in \Phi$, 且 $x_n \to x$, $n \to \infty$, $y_n \to y$, $n \to \infty$ 和 $\lambda_n \to \lambda$, $n \to \infty$, 则 $x_n + y_n \to x + y$, $n \to \infty$ 和 $\lambda_n x_n \to \lambda x$, $n \to \infty$.

**证**   (1) 令 $\alpha = -1$. 由正齐次性有 $\|-x\| = \|x\|$, 再由三角不等式 (3.1), 有

$$\|x_n\| \leqslant \|x\| + \|x_n - x\|$$

或

$$\|x_n\| - \|x\| \leqslant \|x_n - x\| \tag{3.2}$$

同理, 还有

$$\|x\| - \|x_n\| \leqslant \|x - x_n\| \tag{3.3}$$

从而, 由式 (3.2) 和式 (3.3), 有 $\big|\|x_n\| - \|x\|\big| \leqslant \|x_n - x\|$. 若 $x_n \to x$, $n \to \infty$, 则有 $\|x_n\| \to \|x\|$, $n \to \infty$.

(2) 若 $x_n \to x$, $n \to \infty$ 和 $y_n \to y$, $n \to \infty$, 则

$$\|(x_n + y_n) - (x + y)\| \leqslant \|x_n - x\| + \|y_n - y\| \to 0, \ n \to \infty$$

即 $x_n + y_n \to x + y$, $n \to \infty$. 不妨设 $\lambda_n \leqslant M$, 则

$$\|\lambda_n x_n - \lambda x\| \leqslant \|\lambda_n x_n - \lambda_n x\| + \|\lambda_n x - \lambda x\|$$
$$\leqslant |\lambda_n| \|x_n - x\| + |\lambda_n - \lambda| \|x\|$$
$$\leqslant M \|x_n - x\| + |\lambda_n - \lambda| \|x\|$$

而当 $n \to \infty$ 时, 上式后两项都趋于 0, 故结论成立. 证完.

**定义 3.3.3**  设 $X$ 是赋范线性空间. 若对任意 $\varepsilon > 0$, 存在 $N \in \mathbb{Z}^+$, 使得当 $m > N$, $n > N$ 时, 有 $\|x_m - x_n\| < \varepsilon$, 则称序列 $\{x_n\}$ 是 Cauchy 的.

**定理 3.3.2**  赋范线性空间中的收敛序列是 Cauchy 的.

**证**  若 $x_n \to x$, $n \to \infty$, 则对任意 $\varepsilon > 0$, 存在 $N \in \mathbb{Z}^+$, 使得当 $n > N$ 时有 $\|x_n - x\| < \dfrac{\varepsilon}{2}$. 因此, 当 $m > N$, $n > N$ 时, 由三角不等式 (3.1), 有

$$\|x_m - x_n\| \leqslant \|x_m - x\| + \|x - x_n\| < \frac{\varepsilon}{2} + \frac{\varepsilon}{2} = \varepsilon$$

证完.

**定理 3.3.3**  赋范线性空间中的 Cauchy 列是有界的.

**证**  设 $\{x_n\}$ 是 Cauchy 列, 则存在 $N \in \mathbb{Z}^+$, 当 $m > N$, $n > N$ 时, 有

$$\|x_m - x_n\| < 1$$

取 $m = N + 1$, 则当 $n > N$ 时由三角不等式 (3.1), 有

$$\|x_n\| = \|x_n - \vartheta\| \leqslant \|x_n - x_{N+1}\| + \|x_{N+1} - \vartheta\| < \|x_{N+1}\| + 1$$

因此有

$$\|x_n\| \leqslant M = \max\left\{\|x_1\|, \|x_2\|, \cdots, \|x_N\|, \|x_{N+1}\| + 1\right\}, n \in \mathbb{Z}^+$$

证完.

**定理 3.3.4**  赋范线性空间中的收敛序列是有界的, 且极限是唯一的.

**证**  由定理 3.3.2 和上述定理可知, 只需证极限的唯一性.
设 $x_n \to x$, $n \to \infty$ 和 $x_n \to x'$, $n \to \infty$, 则

$$0 \leqslant |x - x'| \leqslant |x - x_n| + |x_n - x'| \to 0 + 0, \; n \to \infty$$

所以, 序列 $\{x_n\}$ 的极限是唯一的. 证完.

**定义 3.3.4**  (1) 若赋范线性空间中的每个 Cauchy 列都是收敛的, 则称其为完备的;
(2) 完备的赋范线性空间称为 Banach 空间 (Banach space).

S. Banach 奠定了现代泛函分析基础, 遍及泛函分析的各个方面, 提出了所谓的 Banach 空间概念, 一般认为这标志着泛函分析的诞生.
现不加证明地给出赋范线性空间中的 Cauchy 收敛准则.

**定理 3.3.5 (Cauchy 收敛准则)**  Banach 空间中序列是收敛的充要条件是其为 Cauchy 的.

### 3.3.3  赋范线性空间的例子

**例 3.3.1**  对任意

$$\boldsymbol{x} = (x_1, x_2, \cdots, x_n) \in \mathbb{R}^n$$
$$\boldsymbol{y} = (y_1, y_2, \cdots, y_n) \in \mathbb{R}^n$$

任意实数 $\lambda$, 在 $\mathbb{R}^n$ 中分别定义加法和数乘:

$$\boldsymbol{x} + \boldsymbol{y} = (x_1 + y_1, x_2 + y_2, \cdots, x_n + y_n)$$
$$\lambda \boldsymbol{x} = (\lambda x_1, \lambda x_2, \cdots, \lambda x_n)$$

取范数为向量 $\boldsymbol{x}$ 的 2-范数 $\|\boldsymbol{x}\|_2$:

$$\|\boldsymbol{x}\| = \left( \sum_{i=1}^{n} |x_i|^2 \right)^{\frac{1}{2}}$$

则它是 Banach 空间, 且上式给出了度量:

$$\varrho(\boldsymbol{x}, \boldsymbol{y}) = \left( \sum_{i=1}^{n} |x_i - y_i|^2 \right)^{\frac{1}{2}}$$

**例 3.3.2**  对任意

$$x = (x_1, x_2, \cdots, x_n, \cdots) \in \ell^p, \ p \geqslant 1$$
$$y = (y_1, y_2, \cdots, y_n, \cdots) \in \ell^p, \ p \geqslant 1$$

任意实数 $\lambda$, 在 $\ell^p$ 中分别定义加法和数乘:

$$x + y = (x_1 + y_1, x_2 + y_2, \cdots, x_n + y_n, \cdots)$$
$$\lambda x = (\lambda x_1, \lambda x_2, \cdots, \lambda x_n, \cdots)$$

取范数

$$\|x\| = \left( \sum_{n=1}^{\infty} |x_n|^p \right)^{\frac{1}{p}}$$

则它是 Banach 空间, 且上式给出了度量:

$$\varrho(x, y) = \left( \sum_{n=1}^{\infty} |x_n - y_n|^p \right)^{\frac{1}{p}}$$

**例 3.3.3**  与例 3.3.2 类似地定义加法和数乘, 在 $\ell^\infty$ 中取范数

$$\|x\| = \sup_{n \in \mathbb{Z}^+} |x_n|$$

则它是 Banach 空间, 且上式给出了度量:

$$\varrho(x, y) = \sup_{n \in \mathbb{Z}^+} |x_n - y_n|$$

**例 3.3.4**  对任意 $x, y \in C[a, b]$, 任意实数 $\lambda$, 在 $C[a, b]$ 中定义加法 $x + y$ 为

$$(x + y)(t) = x(t) + y(t)$$

数乘 $\lambda x$ 为

$$(\lambda x)(t) = \lambda x(t)$$

取范数

$$\|x\| = \max_{t \in [a,b]} |x(t)|$$

则它是 Banach 空间, 且上式给出了度量:

$$\varrho(x, y) = \max_{t \in [a,b]} |x(t) - y(t)|$$

**例 3.3.5**  在 $C[a, b]$ 中取范数

$$\|x\| = \int_a^b |x(t)| \mathrm{d}t$$

则它不是 Banach 空间, 而上式给出了度量

$$\varrho(x, y) = \int_a^b |x(t) - y(t)| \mathrm{d}t$$

下面再给出不是 Banach 空间的赋范线性空间的例子.

**例 3.3.6**  用 $\ell_0$ 表示所有只有有限非零项序列集 (set of sequences with only finite terms of nonzero elements), 即

$$\ell_0 = \big\{ x = \{x_n\} \mid 存在 N \in \mathbb{Z}^+, 使得 x_n = 0, n > N \big\}$$

在其中取范数 $\|x\| = \sum\limits_{n=1}^{\infty} |x_n|$, 则它不是 Banach 空间.

事实上, 取序列 $x^{(n)} = \left( 1, \dfrac{1}{2^2}, \cdots, \dfrac{1}{n^2}, 0, \cdots \right)$. 因为当 $m, n \to \infty$ 时, 有

$$\left\| x^{(m)} - x^{(n)} \right\| = \sum_{i=n+1}^{m} \frac{1}{i^2} \to 0$$

所以 $\{x^{(n)}\}$ 是 Cauchy 的. 设 $x^{(n)} \to x_0, n \to \infty$, 则

$$x_0 = \left(1, \frac{1}{2^2}, \cdots, \frac{1}{n^2}, \cdots\right) \notin \ell_0$$

若 $M$ 是赋范线性空间 $X$ 的线性子空间, 把 $X$ 上的范数限制在 $M$ 上, $M$ 是赋范线性空间, 则称 $M$ 为 $X$ 的赋范线性子空间 (normed linear subspace); 若 $M$ 在 $X$ 中是闭的, 则称 $M$ 为 $X$ 的闭子空间 (closed subspace).

由定理 2.4.9, 立即有下述定理.

**定理 3.3.6** Banach 空间 $X$ 的子空间是 Banach 空间的充要条件是其在 $X$ 中是闭的.

### 3.3.4   赋范线性空间中的级数

除了研究序列的收敛问题, 由于赋范线性空间有加法运算, 也可研究级数问题.

**定义 3.3.5** 若 $\{x_n\}$ 是赋范线性空间 $X$ 中的序列, 作部分和序列 $\{s_n\}$, 使得 $s_n = \sum\limits_{i=1}^{n} x_i (n \in \mathbb{Z}^+)$.

(1) 若 $\{s_n\}$ 是收敛的, 记 $s_n \to s, n \to \infty$, 则称级数 (series)

$$\sum_{n=1}^{\infty} x_n = x_1 + x_2 + \cdots + x_n + \cdots$$

为收敛的, $s$ 称为级数的和, 记 $s = \sum\limits_{n=1}^{\infty} x_n$;

(2) 若 $\sum\limits_{n=1}^{\infty} \|x_n\|$ 是收敛的, 则称原级数为绝对收敛的 (absolutely convergent);

(3) 若原级数不是收敛的, 则称其为发散的.

可证在 Banach 空间中级数的绝对收敛性蕴涵着级数的收敛性, 但若不是 Banach 空间则不然.

对级数的绝对收敛性概念, 有必要给大家指出在微积分中级数的绝对收敛性和条件收敛性 (conditionally convergent) 的本质差别. 对条件收敛级数 $\sum\limits_{n=1}^{\infty} x_n$, 对任意数 $C$ (可是正负无穷大), 总是可对级数中的项进行重排, 使得重排后级数 $\sum\limits_{n=1}^{\infty} x_n'$ 的和是 $C$. 这就是 Riemann 重排定理 (Riemann rearrangement theorem). 然而, 对绝对收敛级数, 无论如何重排, 级数的和都是不会改变的.

**定义 3.3.6**　若赋范线性空间 $X$ 含有序列 $\{e_n\}$, 对每个 $x \in X$ 都存在唯一的序列 $\{\alpha_n\}$, 使得

$$\left\| x - \sum_{i=1}^{n} \alpha_i e_i \right\| \to 0, \ n \to \infty$$

则称其为 $X$ 的 Schauder[①] 基 (Schauder base), 而和是 $x$ 的级数 $\sum\limits_{n=1}^{\infty} \alpha_n e_n$, 称为 $x$ 关于基 $\{e_n\}$ 的表达式 (expression), 记 $x = \sum\limits_{n=1}^{\infty} \alpha_n e_n$.

在 $\ell^p \ (p \geqslant 1)$ 上, 其一个 Schauder 基为

$$\begin{cases} e_1 = (1, 0, \cdots, 0, \cdots) \\ e_2 = (0, 1, \cdots, 0, \cdots) \\ \quad \vdots \\ e_n = (0, 0, \cdots, 1, \cdots) \\ \quad \vdots \end{cases}$$

### 3.3.5　有限维赋范线性空间

在这一节中讨论有限维赋范线性空间的性质, 而下述引理是非常重要的, 可视为用范数刻画线性无关向量组的一个重要性质.

**引理 3.3.1 (重要引理, an important lemma)**　设 $\{x_1, x_2, \cdots, x_n\}$ 是赋范线性空间 $X$ 中的线性无关组, 则对任意实数 $\alpha_1, \alpha_2, \cdots, \alpha_n$, 存在 $c > 0$, 使得

$$\left\| \sum_{i=1}^{n} \alpha_i x_i \right\| \geqslant c \sum_{i=1}^{n} |\alpha_i|$$

**证**　不妨设

$$s = \sum_{i=1}^{n} |\alpha_i| > 0.$$

用 $s$ 除以上式两端, 并记 $\beta_i = \dfrac{\alpha_i}{s} (i = 1, 2, \cdots, n)$, 则其等价于

$$\left\| \sum_{i=1}^{n} \beta_i x_i \right\| \geqslant c, \ \sum_{i=1}^{n} |\beta_i| = 1$$

若上式不成立, 则存在 $\beta_1^{(m)}, \beta_2^{(m)}, \cdots, \beta_n^{(m)}$, 满足 $\sum\limits_{i=1}^{n} \left| \beta_i^{(m)} \right| = 1$, 且使得

$$\|y_m\| = \left\| \sum_{i=1}^{n} \beta_i^{(m)} x_i \right\| \to 0, \ m \to \infty$$

---

① Juliusz Pawel Schauder (1899.09.21—1943.09), 波兰人.

因为 $\sum\limits_{i=1}^{n}\left|\beta_i^{(m)}\right|=1$, 所以 $\left|\beta_i^{(m)}\right|\leqslant 1$. 因此, 对固定的 $i$, $\left\{\beta_i^{(m)}\right\}$ 是有界的, 故由 Bolzano-Weierstrass 定理 (定理 2.1.7) 可知, $\left\{\beta_1^{(m)}\right\}$ 存在收敛子列, 设 $\beta_1$ 是其极限. 记 $\left\{y_m^{(1)}\right\}$ 是 $\{y_m\}$ 相应于上述子列的子列. 显然有 $\left\|y_m^{(1)}\right\|\to 0(m\to\infty)$.

类似地, $\left\{\beta_2^{(m)}\right\}$ 存在收敛子列, 设 $\beta_2$ 是其极限. 记 $\left\{y_m^{(2)}\right\}$ 是 $\left\{y_m^{(1)}\right\}$ 相应于上述子列的子列. 显然有 $\left\|y_m^{(2)}\right\|\to 0(m\to\infty)$.

依此类推, 有 $\{y_m\}$ 的子列 $\left\{y_m^{(n)}\right\}$, 且

$$y_m^{(n)}=\sum_{i=1}^{n}\gamma_i^{(m)}x_i,\ \sum_{i=1}^{n}\left|\gamma_i^{(m)}\right|=1,\ \gamma_i^{(m)}\to\beta_i,\ m\to\infty$$

因此有

$$y_m^{(n)}\to y=\sum_{i=1}^{n}\beta_i x_i,\ m\to\infty,\ \sum_{i=1}^{n}|\beta_i|=1$$

所以, $\beta_1,\beta_2,\cdots,\beta_n$ 不全为 0. 由于 $x_1,x_2,\cdots,x_n$ 的线性无关性, $y\neq\vartheta$. 此外, 由范数的连续性 (定理 3.3.1(1)) 可知, $y_m^{(n)}\to y$, $m\to\infty$, 蕴涵着 $\left\|y_m^{(n)}\right\|\to\|y\|$, $m\to\infty$. 但由 $\|y_m\|\to 0$, $m\to\infty$, 有 $\left\|y_m^{(n)}\right\|\to 0$, $m\to\infty$, 从而

$$\|y\|=\lim_{m\to\infty}\left\|y_m^{(n)}\right\|=0$$

矛盾. 证完.

**定理 3.3.7** 有限维赋范线性空间是 Banach 空间.

**证** 设 $X$ 是 $n$ 维赋范线性空间. 取 $X$ 的基 $\{e_1,e_2,\cdots,e_n\}$ 和其中的 Cauchy 列 $\{x_m\}$, 则每个 $x_m$ 都有唯一的表示 $x_m=\sum\limits_{i=1}^{n}\alpha_i^{(m)}e_i$. 由于序列 $\{x_m\}$ 的 Cauchy 性, 对任意 $\varepsilon>0$, 存在 $N\in\mathbb{Z}^+$, 使得当 $m>N$, $\ell>N$ 时有 $\|x_m-x_\ell\|<\varepsilon$. 由重要引理 (引理 3.3.1) 可知, 存在 $c>0$, 使得

$$\varepsilon>\|x_m-x_\ell\|=\left\|\sum_{i=1}^{n}\left(\alpha_i^{(m)}-\alpha_i^{(\ell)}\right)e_i\right\|\geqslant c\sum_{i=1}^{n}\left|\alpha_i^{(m)}-\alpha_i^{(\ell)}\right|$$

用 $c$ 除上式两端, 有

$$\left|\alpha_i^{(m)}-\alpha_i^{(\ell)}\right|\leqslant\sum_{i=1}^{n}\left|\alpha_i^{(m)}-\alpha_i^{(\ell)}\right|<\frac{\varepsilon}{c}$$

所以序列 $\left\{\alpha_i^{(m)}\right\} \subset \varPhi(i = 1, 2, \cdots, n)$ 是 Cauchy 的. 由 Cauchy 收敛准则 (定理 2.4.3), 可记 $\alpha_i$ 为 $\left\{\alpha_i^{(m)}\right\}$ 的极限. 定义 $x = \sum\limits_{i=1}^{n} \alpha_i e_i$. 显然 $x \in X$. 此外, 还有

$$\|x_m - x\| = \left\|\sum_{i=1}^{n} \left(\alpha_i^{(m)} - \alpha_i\right) e_i\right\| \leqslant \sum_{i=1}^{n} \left|\alpha_i^{(m)} - \alpha_i\right| \|e_i\|$$

因为 $\alpha_i^{(m)} \to \alpha_i$, $m \to \infty$, 所以 $x_m \to x$, $m \to \infty$. 证完.

**定义 3.3.7** 对线性空间 $X$ 上的两个范数 $\|\cdot\|, \|\cdot\|_0$, 若存在 $\alpha, \beta > 0$, 使得对任意 $x \in X$, 有

$$\alpha\|x\|_0 \leqslant \|x\| \leqslant \beta\|x\|_0 \tag{3.4}$$

则称它们是等价的 (equivalent).

**定理 3.3.8** 有限维线性空间上任意两个范数是等价的.

**证** 设 $X$ 是 $n$ 维赋范线性空间. 取 $X$ 的基 $\{e_1, e_2, \cdots, e_n\}$, 而 $\|\cdot\|, \|\cdot\|_0$ 是其中的任意两个范数, 则每个 $x \in X$ 都有唯一的表示 $x = \sum\limits_{i=1}^{n} \alpha_i e_i$. 由重要引理 (引理 3.3.1) 可知, 存在 $c > 0$, 使得 $\|x\| \geqslant c \sum\limits_{i=1}^{n} |\alpha_i|$.

此外, 由三角不等式 (3.1), 又有

$$\|x\|_0 \leqslant \sum_{i=1}^{n} |\alpha_i| \|e_i\|_0 \leqslant k \sum_{i=1}^{n} |\alpha_i|, \quad k = \max_{i=1,2,\cdots,n} \|e_i\|_0$$

从而

$$\|x\| \geqslant c \sum_{i=1}^{n} |\alpha_i| \geqslant \frac{c}{k} \|x\|_0$$

取 $\alpha = \dfrac{c}{k}$, 有式 (3.4) 的左半部.

类似地可有右半部. 证完.

**定理 3.3.9** 有限维赋范线性空间任意子集紧的充要条件是其为有界闭的.

**证** 由引理 2.5.1 可知, 紧集是闭的, 故只需证充分性.

设 $X$ 是 $n$ 维赋范线性空间, $M \subset X$ 是有界闭集. 取 $X$ 的基 $\{e_1, e_2, \cdots, e_n\}$. 考虑序列 $\{x_m\} \subset M$, 则每个 $x_m$ 都有唯一的表示 $x_m = \sum\limits_{i=1}^{n} \alpha_i^{(m)} e_i$. 由于 $M$ 的有界性, $\{x_m\}$ 是有界的, 记为 $\|x_m\| \leqslant k$, $m \in \mathbb{Z}^+$. 由重要引理 (引理 3.3.1) 可知, 存在 $c > 0$, 使得

$$k \geqslant \|x_m\| = \left\|\sum_{i=1}^{n} \alpha_i^{(m)} e_i\right\| \geqslant c \sum_{i=1}^{n} \left|\alpha_i^{(m)}\right|$$

故对每个固定的 $i$, 序列 $\left\{\alpha_i^{(m)}\right\}$ 是有界的. 由 Weierstrass 聚点原理 (定理 2.1.5) 可知, 它有聚点 $\alpha_i(i = 1, 2, \cdots, n)$. 像在重要引理 (引理 3.3.1) 中的证明一样, 由 Bolzano-Weierstrass 定理 (定理 2.1.7) 可知, $\{x_m\}$ 存在收敛子列 $\{x_{m_j}\}$, 它 收敛到 $x = \sum_{i=1}^{n} \alpha_i e_i$. 由于 $M$ 的闭性, $x \in M$. 证完.

下面给出重要的 Riesz[①] 引理.

**引理 3.3.2 (Riesz 引理, Riesz's lemma)**　设 $Y, Z$ 都是赋范线性空间 $X$ 的子空间, $Y$ 是闭的且是 $Z$ 的真子集, 则对任意 $\xi \in (0, 1)$, 存在单位向量 $z \in Z$, 使得对任意 $y \in Y$, 有 $\|z - y\| \geqslant \xi$.

**证**　考虑任意 $v \in Z \setminus Y$, 并记 $\alpha = \inf\limits_{y \in Y} \|v - y\|$. 由于 $Y$ 的闭性, $\alpha > 0$. 取 $\xi \in (0, 1)$, 则存在 $y_0 \in Y$, 使得

$$\alpha \leqslant \|v - y_0\| \leqslant \frac{\alpha}{\xi} \tag{3.5}$$

令 $z = c(v - y_0)$, 其中 $c = \dfrac{1}{\|v - y_0\|}$, 则 $z$ 是单位向量.

下证对任意 $y \in Y$, 有 $\|z - y\| \geqslant \xi$.

首先有

$$\|z - y\| = \|c(v - y_0) - y\| = c\left\|v - y_0 - \frac{y}{c}\right\| = c\|v - y_1\| \tag{3.6}$$

式中: $y_1 = y_0 + \dfrac{y}{c}$.

由于 $y_0, y \in Y$, 而 $Y$ 是子空间, 所以 $y_1 \in Y$. 由 $\alpha$ 的定义知 $\|v - y_1\| \geqslant \alpha$. 由式 (3.5) 和式 (3.6) 即有结论. 证完.

在有限维赋范线性空间中, 闭单位球 $\overline{B(\vartheta; 1)}$ 是紧的. 而 Riesz 引理 (引理 3.3.2) 却给出下述结果, 它是有限维赋范线性空间的一个重要特征.

**定理 3.3.10 (Riesz 定理, Riesz's theorem)**　赋范线性空间中闭单位球紧 的充要条件是其为有限维的.

**证**　只需证必要性.

设 $X$ 是无穷维赋范线性空间, 而其中的闭单位球 $\overline{B(\vartheta; 1)}$ 是紧集.

取单位向量 $x_1 \in X$. 设 $X_1 = \text{span}\{x_1\}$, 则 $X_1$ 是 $X$ 的一维闭子空间, 且是真子空间. 由 Riesz 引理 (引理 3.3.2) 可知, 存在单位向量 $x_2 \in X$, 使得

---

① Frigyes Frédéric Riesz (1880.01.22—1956.02.28), 匈牙利人, 1910 年开创了算子理论; 1918 年近乎建立了 Banach 空间的公理体系.

$$\|x_2 - x_1\| \geqslant \frac{1}{2}.$$

注意到 $X_2 = \text{span}\{x_1, x_2\}$ 是 $X$ 的二维闭子空间, 且是真子空间. 由 Riesz 引理 (引理 3.3.2) 可知, 存在单位向量 $x_3 \in X$, 使得对任意 $x \in X_2$, 有 $\|x_3 - x\| \geqslant \frac{1}{2}$. 特别地, 有 $\|x_3 - x_i\| \geqslant \frac{1}{2}(i = 1, 2)$.

由归纳法, $\{x_n\} \subset \partial B(\vartheta; 1)$, 满足 $\|x_m - x_n\| \geqslant \frac{1}{2}(m \neq n)$. 显然, $\{x_n\}$ 不存在收敛子列. 矛盾. 证完.

## 习题

1. 试证: (1) 向量的 1-范数, 2-范数和 $\infty$-范数都是 $\mathbb{R}^n$ 上的范数, 即 $\|x\|_1 = \sum\limits_{i=1}^{n} |x_i|$, $\|x\|_2 = \left(\sum\limits_{i=1}^{n} x_i^2\right)^{\frac{1}{2}}$ 和 $\|x\|_\infty = \max\limits_{i=1,2,\cdots,n} |x_i|$; (2) $\left(\sum\limits_{i=1}^{n} |x_i|^{\frac{1}{2}}\right)^2$ 是范数吗?

2. 试证 Cauchy 收敛准则 (定理 3.3.5): Banach 空间中序列收敛的充要条件是其为 Cauchy 的.

3. 试证定理 3.3.6: Banach 空间 $X$ 的子空间是 Banach 空间的充要条件是其在 $X$ 中是闭的. 提示: 参考定理 2.4.9.

4. 试证 $c, c_0, \ell_0$ 都是 $\ell^\infty$ 的线性子空间, 其中 $c_0$ 是所有收敛到 0 的序列集 (set of sequences converging to 0). $c_0$ 还是 $\ell^\infty$ 的闭子空间, 从而 $c_0$ 是完备的, 而 $\ell_0$ 不是 $\ell^\infty$ 的闭子空间. 提示: $x = \left(1, \frac{1}{2}, \cdots, \frac{1}{n}, \cdots\right) \in \overline{\ell_0}, x \notin \ell_0$.

5. 设 $X$ 是赋范线性空间. (1) 试证级数的绝对收敛性并不蕴涵着收敛性; (2) 若级数的绝对收敛性蕴涵着收敛性, 试证 $X$ 是 Banach 空间. 提示: 考虑上题中的 $\ell_0$ 和 $\{y_n\}$, 其中
$$y_n = \left\{y_i^{(n)}\right\}, \ y_i^{(n)} = \left(0, \cdots, 0, \frac{1}{n^2}, 0, \cdots\right)$$

6. 设 $X_1, X_2$ 都是赋范线性空间, 范数分别是 $\|\cdot\|_1, \|\cdot\|_2$, 试证其 Descartes 积 $X = X_1 \times X_2$ 在定义范数 $\|x\| = \max\left\{\|x_1\|_1, \|x_2\|_2\right\}$ 后也成为赋范线性空间.

7. 若赋范线性空间有一个 Schauder 基, 试证其为可分的.

8. (1) 若 $X$ 是实平面, $x_1 = (1, 0)$, $x_2 = (0, 1)$, 试问 $\left\|\sum\limits_{i=1}^{2} \alpha_i x_i\right\| \geqslant c \sum\limits_{i=1}^{2} |\alpha_i|$ 中 $c$ 的最大值是多少? (2) 若 $X = \mathbb{R}^3$, $x_1 = (1, 0, 0)$, $x_2 = (0, 1, 0)$, $x_3 = (0, 0, 1)$, 试问 $\left\|\sum\limits_{i=1}^{3} \alpha_i x_i\right\| \geqslant c \sum\limits_{i=1}^{3} |\alpha_i|$ 中 $c$ 的最大值是多少?

9. 若 $\|\cdot\|, \|\cdot\|_0$ 是赋范线性空间 $X$ 上的任意两个等价范数, 试证 (1) $(X, \|\cdot\|)$ 中的 Cauchy 列是 $(X, \|\cdot\|_0)$ 中的 Cauchy 列; (2) 若 $\|x_n - x\| \to 0$, $n \to \infty$, 则 $\|x_n - x\|_0 \to 0$, $n \to \infty$.

## 3.4 线性算子

在一元微积分中, 研究的是实数域或其上的实函数. 显然, 这样的函数都是从其定义域到实数域的映射. 在矩阵分析中, 研究的是从有限维线性空间到其自身上的线性变换. 然而, 在泛函分析中将研究的是诸如赋范线性空间这样更一般的空间, 以及这些空间之间的映射 (不一定到其自身上), 这样的映射称为算子 (operator). 算子概念实际上就是函数和变换等概念的推广.

### 3.4.1 线性算子的概念

在矩阵分析中, 已经学习过有限维线性空间概念以及在其上定义的线性变换, 先来简要回顾线性变换的概念.

**定义 3.4.1** 设 $V$ 是有限维线性空间, $T: V \mapsto V$.

(1) 若对任意向量 $\alpha \in V$, 有唯一的向量 $\beta \in V$ 与之对应, 则称 $T$ 为 $V$ 上的变换, 记 $T(\alpha) = \beta$ 或 $T\alpha = \beta$, 称 $\beta$ 是 $\alpha$ 在 $T$ 下的像, 而 $\alpha$ 是 $\beta$ 的原像;

(2) 若对任意 $\alpha, \beta \in V, k \in \Phi$, 都有

$$T(\alpha + \beta) = T(\alpha) + T(\beta)$$
$$T(k\alpha) = kT(\alpha)$$

则称 $T$ 为 $V$ 上线性变换 (linear transformation).

由线性变换定义可见, 线性变换是有限维线性空间到其自身保持向量加法及数量乘法的变换. 易证上式等价于

$$T(k\alpha + \ell\beta) = kT(\alpha) + \ell T(\beta)$$

由上述定义, 有限维线性空间 $V$ 上的两个线性变换 $T, S$ 是相等的, 当且仅当对任意 $\alpha \in V$, 均有 $T(\alpha) = S(\alpha)$.

**例 3.4.1** 给定 $\mathbb{R}^{n \times n}$ 中的两个矩阵 $A, B$, 对任意 $X \in \mathbb{R}^{n \times n}$ 定义 $T(X) = AXB$, 则 $T$ 是 $\mathbb{R}^{n \times n}$ 中的线性变换.

把有限维线性空间中的每个向量都映射成零向量的变换叫做零变换 (null transformation), 记 $\mathcal{O}$; 把每个向量都映射成其自身的变换叫做恒等变换 (identity transformation), 记 $\mathcal{I}$. 这两个变换都是线性变换.

若 $T$ 是有限维线性空间 $V$ 上的线性变换, 则有下述性质:

(1) $T(\vartheta) = \vartheta$, $T(-\alpha) = -T(\alpha)$;

(2) $T\left(\sum_{i=1}^{m} k_i \alpha_i\right) = \sum_{i=1}^{m} k_i T(\alpha_i)$.

可证有限维线性空间上的线性变换保持线性相关性, 即若 $\mathcal{T}$ 是线性变换, $x_1, x_2, \cdots, x_n$ 是线性相关的, 则 $\mathcal{T}x_1, \mathcal{T}x_2, \cdots, \mathcal{T}x_n$ 也是线性相关的.

接下来讨论有限维线性空间上的线性变换的运算问题. 设 $V$ 是有限维线性空间, $\mathcal{T}, \mathcal{T}_1, \mathcal{T}_2, \mathcal{T}_3$ 都是 $V$ 上的线性变换. 则 $\mathcal{T}_1, \mathcal{T}_2$ 的加法定义为

$$(\mathcal{T}_1 + \mathcal{T}_2)(\alpha) = \mathcal{T}_1(\alpha) + \mathcal{T}_2(\alpha), \; \alpha \in V$$

则有限维线性空间上的线性变换的加法是其上的线性变换, 且满足下述性质:

(1) $\mathcal{T}_1 + \mathcal{T}_2 = \mathcal{T}_2 + \mathcal{T}_1$;

(2) $\mathcal{T}_1 + \mathcal{T}_2 + \mathcal{T}_3 = \mathcal{T}_1 + (\mathcal{T}_2 + \mathcal{T}_3)$;

(3) $\mathcal{T} + \mathcal{O} = \mathcal{T}$.

有限维线性空间 $V$ 上的线性变换的数乘定义为

$$(k\mathcal{T})(\alpha) = k(\mathcal{T}(\alpha)), \; \alpha \in V, k \in \Phi$$

则有限维线性空间上的线性变换的数乘是线性变换, 且具有下述性质:

(1) $k(\mathcal{T}_1 + \mathcal{T}_2) = k\mathcal{T}_1 + k\mathcal{T}_2$;

(2) $(k + \ell)\mathcal{T} = k\mathcal{T} + \ell\mathcal{T}$;

(3) $(k\ell)\mathcal{T} = k(\ell\mathcal{T})$;

(4) $1\mathcal{T} = \mathcal{T}, \mathcal{T} + (-\mathcal{T}) = \mathcal{O}$.

特别是, $(-1)\mathcal{T}$(简记为 $-\mathcal{T}$) 称为负变换 (negative transformation).

由有限维线性空间 $V$ 上的线性变换的加法和数乘及其性质可看出, 在给定的线性运算下, 形成新的线性空间, 记为 $L(V)$.

有限维线性空间 $V$ 上的线性变换的乘法定义为

$$\mathcal{T}_1\mathcal{T}_2(\alpha) = \mathcal{T}_1(\mathcal{T}_2(\alpha)), \; \alpha \in V$$

则有限维线性空间上的线性变换的乘法是线性变换, 且还具有下述性质:

(1) $\mathcal{T}_1(\mathcal{T}_2\mathcal{T}_3) = (\mathcal{T}_1\mathcal{T}_2)\mathcal{T}_3$;

(2) $\mathcal{T}_1(\mathcal{T}_2 + \mathcal{T}_3) = \mathcal{T}_1\mathcal{T}_2 + \mathcal{T}_1\mathcal{T}_3$;

(3) $(\mathcal{T}_1 + \mathcal{T}_2)\mathcal{T}_3 = \mathcal{T}_1\mathcal{T}_3 + \mathcal{T}_2\mathcal{T}_3$.

设 $\mathcal{T}$ 是有限维线性空间 $V$ 上的线性变换, 且存在 $V$ 上的变换 $\mathcal{S}$, 使得 $\mathcal{T}\mathcal{S} = \mathcal{S}\mathcal{T} = \mathcal{I}$, 则称 $\mathcal{S}$ 为其逆变换 (inverse transformation), 记 $\mathcal{T}^{-1}$. 则有限维线性空间上线性变换的逆变换是线性变换.

**定义 3.4.2**　(1) 设 $\mathcal{T}$ 是有限维线性空间 $V$ 上的线性变换, 则 $V$ 中所有向量的象组成的集

$$\Re(\mathcal{T}) = \mathcal{T}(V) = \{\mathcal{T}\alpha \mid \alpha \in V\}$$

称为它的值域;

(2) 有限维线性空间 $V$ 中所有被变换 $\mathcal{T}$ 变为零向量的向量组成的集

$$\mathfrak{N}(\mathcal{T}) = \{\alpha \mid \mathcal{T}\alpha = \vartheta, \alpha \in V\}$$

称为它的核 (kernel).

可证有限维线性空间 $V$ 上线性变换的值域和核都是 $V$ 的线性子空间.

对有限维线性空间来说, 给定基后, 任一个向量都可由基向量唯一地线性表示. 因此, 只要能够确定出基向量在某线性变换下的象, 这个线性变换就完全地确定下来. 下面来分析线性变换在基上的作用情况, 引出线性变换在基下矩阵的概念.

设 $\mathcal{T}$ 是 $n$ 维线性空间 $V$ 上的线性变换. 现取定 $V$ 的一组基 $\alpha_1, \alpha_2, \cdots, \alpha_n$, 由于 $\mathcal{T}(\alpha_i)(i = 1, 2, \cdots, n)$ 仍然属于 $V$, 故可令

$$\begin{cases} \mathcal{T}\alpha_1 = a_{11}\alpha_1 + a_{21}\alpha_2 + \cdots + a_{n1}\alpha_n \\ \mathcal{T}\alpha_2 = a_{12}\alpha_1 + a_{22}\alpha_2 + \cdots + a_{n2}\alpha_n \\ \qquad\vdots \\ \mathcal{T}\alpha_n = a_{1n}\alpha_1 + a_{2n}\alpha_2 + \cdots + a_{nn}\alpha_n \end{cases} \tag{3.7}$$

称矩阵

$$A = \begin{pmatrix} a_{11} & a_{12} & \cdots & a_{1n} \\ a_{21} & a_{22} & \cdots & a_{2n} \\ & & \vdots & \\ a_{n1} & a_{n2} & \cdots & a_{nn} \end{pmatrix}$$

为其在基 $\alpha_1, \alpha_2, \cdots, \alpha_n$ 下的矩阵. 而式 (3.7) 也可写为矩阵形式:

$$\mathcal{T}(\alpha_1, \alpha_2, \cdots, \alpha_n) = (\mathcal{T}\alpha_1, \mathcal{T}\alpha_2, \cdots, \mathcal{T}\alpha_n) = (\alpha_1, \alpha_2, \cdots, \alpha_n)\,A \tag{3.8}$$

由此可见, 在 $n$ 维线性空间 $V$ 中取定一组基 $\alpha_1, \alpha_2, \cdots, \alpha_n$ 后, 其上的每个线性变换 $\mathcal{T}(\in L(V))$ 可确定 $n$ 阶矩阵 $A\ (\in \Phi^{n \times n})$.

另外, 对 $n$ 阶矩阵 $A$, 由式 (3.7) 或式 (3.8) 可知, 能有 $n$ 个向量. 可证以这 $n$ 个向量为基向量的象的线性变换 $\mathcal{T}$ 只有唯一一个. 故线性变换就可用矩阵表示了.

G. Peano 第一个定义了线性空间上线性算子概念 —— 线性算子的和与积. 下面就来研究这个问题.

**定义 3.4.3** 设 $V, W$ 都是线性空间, $\mathcal{T} : \mathfrak{D}(\mathcal{T}) \subset V \mapsto \mathfrak{R}(\mathcal{T}) \subset W$, 对任意 $x, y \in \mathfrak{D}(\mathcal{T})$, $\alpha \in \Phi$, 满足

$$\begin{cases} \mathcal{T}(x + y) = \mathcal{T}x + \mathcal{T}y \\ \mathcal{T}(\alpha x) = \alpha \mathcal{T}x \end{cases} \tag{3.9}$$

则称 $\mathcal{T}$ 为线性算子 (linear operator).

按定义, 若线性算子 $\mathcal{T}_1$ 和 $\mathcal{T}_2$ 有相同定义域 $\mathfrak{D}(\mathcal{T}_1) = \mathfrak{D}(\mathcal{T}_2)$, 且对任意 $x \in \mathfrak{D}(\mathcal{T}_1) = \mathfrak{D}(\mathcal{T}_2)$, 都有 $\mathcal{T}_1 x = \mathcal{T}_2 x$, 则称它们是相等的, 记为 $\mathcal{T}_1 = \mathcal{T}_2$.

线性算子 $\mathcal{T}$ 的核定义为

$$\mathfrak{N}(\mathcal{T}) = \{x \in \mathfrak{D}(\mathcal{T}) \mid \mathcal{T}x = \vartheta\}$$

对任意 $x, y \in \mathfrak{D}(\mathcal{T})$ 和 $\alpha, \beta \in \Phi$, 式 (3.9) 等价于

$$\mathcal{T}(\alpha x + \beta y) = \alpha \mathcal{T}x + \beta \mathcal{T}y$$

在式 (3.9) 中取 $\alpha = 0$, 有 $\mathcal{T}\vartheta = \vartheta$.

设 $X$ 是线性空间, 定义恒等算子 (identity operator)$\mathcal{I} : X \mapsto X$, 使得 $\mathcal{I}x = x$, $x \in X$; 定义零算子 (zero operator)$\mathcal{O} : X \mapsto Y$, 使得 $\mathcal{O}x = \vartheta$, $x \in X$.

**例 3.4.2** 设 $P[a, b]$ 是 $[a, b]$ 上实系数多项式全体, 它们形成线性空间. 定义线性算子 $\mathcal{T} : P[a, b] \mapsto P[a, b]$, 使得

$$\mathcal{T}x(t) = x'(t), \ x \in P[a, b]$$

则算子称为微分算子 (differential operator).

**例 3.4.3** 定义线性算子 $\mathcal{T} : C[a, b] \mapsto C[a, b]$, 使得

$$\mathcal{T}x(t) = \int_a^t x(\tau)\mathrm{d}\tau, \ x \in C[a, b]$$

则算子称为积分算子 (integral operator).

**例 3.4.4** 定义线性算子 $\mathcal{T} : C[a, b] \mapsto C[a, b]$, 使得

$$\mathcal{T}x(t) = tx(t), \ x \in C[a, b]$$

则算子在量子物理中有重要应用.

**例 3.4.5** 对 $\boldsymbol{A} = (a_{ij}) \in \mathbb{R}^{m \times n}$ 或 $\mathbb{C}^{m \times n}$, 用 $\boldsymbol{y} = \boldsymbol{A}\boldsymbol{x}$ 定义线性算子 $\mathcal{T} : \mathbb{R}^n \mapsto \mathbb{R}^m$ 或 $\mathbb{C}^n \mapsto \mathbb{C}^m$, 其中 $\boldsymbol{x} \in \mathbb{R}^n$ 或 $\mathbb{C}^n$, $\boldsymbol{y} \in \mathbb{R}^m$ 或 $\mathbb{C}^m$.

具体写出来为

$$
\begin{pmatrix} y_1 \\ y_2 \\ \vdots \\ y_m \end{pmatrix} = \begin{pmatrix} a_{11} & a_{12} & \cdots & a_{1n} \\ a_{21} & a_{22} & \cdots & a_{2n} \\ \vdots & \vdots & \vdots & \vdots \\ a_{m1} & a_{m2} & \cdots & a_{mn} \end{pmatrix} \begin{pmatrix} x_1 \\ x_2 \\ \vdots \\ x_n \end{pmatrix}
$$

**定理 3.4.1** 线性算子的像集和核都是线性空间.

**证** 设 $T$ 是线性算子.

先证像集 $\mathfrak{R}(T)$ 是线性空间.

取 $y_1, y_2 \in \mathfrak{R}(T)$, 则存在 $x_1, x_2 \in \mathfrak{D}(T)$, 使得 $y_1 = Tx_1$, $y_2 = Tx_2$. 因为 $\mathfrak{D}(T)$ 是线性空间, 所以对任意 $\alpha, \beta \in \Phi$, 有 $\alpha x_1 + \beta x_2 \in \mathfrak{D}(T)$. 由于 $T$ 的线性性, 有

$$
T(\alpha x_1 + \beta x_2) = \alpha T x_1 + \beta T x_2 = \alpha y_1 + \beta y_2
$$

因此, $\alpha y_1 + \beta y_2 \in \mathfrak{R}(T)$.

下面证核 $\mathfrak{N}(T)$ 是线性空间.

取 $x_1, x_2 \in \mathfrak{N}(T)$, 则 $Tx_1 = Tx_2 = \vartheta$. 由于其线性性, 对任意 $\alpha, \beta \in \Phi$, 有

$$
T(\alpha x_1 + \beta x_2) = \alpha T x_1 + \beta T x_2 = \vartheta
$$

因此, $\alpha x_1 + \beta x_2 \in \mathfrak{N}(T)$. 证完.

**定理 3.4.2** 若线性算子的定义域是有限维的, 则它的值域的维数不超过定义域的维数.

**证** 设 $T$ 是线性算子, 它的定义域是 $n$ 维的. 取 $y_1, y_2, \cdots, y_{n+1} \in \mathfrak{R}(T)$, 则存在 $x_1, x_2, \cdots, x_{n+1} \in \mathfrak{D}(T)$, 使得 $y_i = Tx_i (i = 1, 2, \cdots, n+1)$. 因为 $\mathfrak{D}(T)$ 是 $n$ 维的, 所以 $x_1, x_2, \cdots, x_{n+1}$ 是线性相关的, 即存在不全为 0 的 $\alpha_1, \alpha_2, \cdots, \alpha_{n+1} \in \Phi$, 使得 $\sum\limits_{i=1}^{n+1} \alpha_i x_i = \vartheta$. 由于 $T$ 的线性性, $T\vartheta = \vartheta$, 故有

$$
T\left(\sum_{i=1}^{n+1} \alpha_i x_i\right) = \sum_{i=1}^{n+1} \alpha_i y_i = \vartheta
$$

从而, $y_1, y_2, \cdots, y_{n+1}$ 是线性相关的, 故 $\mathfrak{R}(T)$ 的维数不超过 $\mathfrak{D}(T)$ 的维数. 证完.

定理 3.4.2 的证明中有下述值得注意的直接结果: 线性算子保持线性相关性, 即若 $T$ 是线性算子, $x_1, x_2, \cdots, x_n$ 是线性相关的, 则 $Tx_1, Tx_2, \cdots, Tx_n$ 是线性相关的.

**定义 3.4.4** 若线性算子 $\mathcal{T} : \mathfrak{D}(\mathcal{T}) \mapsto \mathfrak{R}(\mathcal{T})$ 是一一对应的, 定义

$$\mathcal{T}^{-1} : \mathfrak{R}(\mathcal{T}) \mapsto \mathfrak{D}(\mathcal{T})$$

对每个 $y \in \mathfrak{R}(\mathcal{T})$ 规定 $\mathcal{T}^{-1}(y) = x$, 其中 $\mathcal{T}x = y$. 称 $\mathcal{T}^{-1}$ 为其逆算子 (inverse operator).

由上述定义, 有 $\mathcal{T}^{-1}\mathcal{T}x = x, x \in \mathfrak{D}(\mathcal{T})$ 和 $\mathcal{T}\mathcal{T}^{-1}y = y, y \in \mathfrak{R}(\mathcal{T})$.

**定理 3.4.3** 设 $X, Y$ 都是线性空间, $\mathcal{T} : \mathfrak{D}(\mathcal{T}) \subset X \mapsto \mathfrak{R}(\mathcal{T}) \subset Y$ 是线性算子, 则

(1) 逆算子 $\mathcal{T}^{-1} : \mathfrak{R}(\mathcal{T}) \mapsto \mathfrak{D}(\mathcal{T})$ 存在的充要条件是 $\mathcal{T}x = \vartheta$ 蕴涵着 $x = \vartheta$;

(2) 若逆算子 $\mathcal{T}^{-1}$ 存在, 则它是线性的.

**证** (1) 先证充分性.

设 $\mathcal{T}x = \vartheta$ 蕴涵着 $x = \vartheta$. 令 $\mathcal{T}x_1 = \mathcal{T}x_2$. 由于其线性性, 有 $\mathcal{T}(x_1 - x_2) = \mathcal{T}x_1 - \mathcal{T}x_2 = \vartheta$, 故 $x_1 - x_2 = \vartheta$, 所以逆算子 $\mathcal{T}^{-1}$ 存在.

下证必要性.

若逆算子 $\mathcal{T}^{-1}$ 存在, 则 $\mathcal{T}x_1 = \mathcal{T}x_2$ 蕴涵着 $x_1 = x_2$. 令 $x_2 = \vartheta, x_1 = x$, 则 $\mathcal{T}x = \vartheta$ 蕴涵着 $x = \vartheta$.

(2) 设逆算子 $\mathcal{T}^{-1}$ 存在. 取 $x_1, x_2 \in \mathfrak{D}(\mathcal{T})$, 则存在 $y_1, y_2 \in \mathfrak{R}(\mathcal{T})$, 使得 $y_1 = \mathcal{T}x_1, y_2 = \mathcal{T}x_2$ 或 $x_1 = \mathcal{T}^{-1}y_1, x_2 = \mathcal{T}^{-1}y_2$. 由定理 3.4.1 可知, 像集 $\mathfrak{R}(\mathcal{T})$ 是线性空间. 而 $\mathcal{T}$ 是线性算子, 所以, 对任意 $\alpha, \beta \in \Phi$, 有

$$\mathcal{T}(\alpha x_1 + \beta x_2) = \alpha \mathcal{T}x_1 + \beta \mathcal{T}x_2 = \alpha y_1 + \beta y_2$$

所以, 又有

$$\mathcal{T}^{-1}(\alpha y_1 + \beta y_2) = \alpha x_1 + \beta x_2 = \alpha \mathcal{T}^{-1}y_1 + \beta \mathcal{T}^{-1}y_2$$

从而, 逆算子 $\mathcal{T}^{-1}$ 是线性的. 证完.

**例 3.4.6** 设 $\mathcal{T} : X \mapsto Y, \mathcal{S} : Y \mapsto Z$ 是一一对应的线性算子, 则算子乘积或复合算子 (composition operator)$\mathcal{S}\mathcal{T} : X \mapsto Z$ 的逆算子 $(\mathcal{S}\mathcal{T})^{-1} : Z \mapsto X$ 存在, 且 $(\mathcal{S}\mathcal{T})^{-1} = \mathcal{T}^{-1}\mathcal{S}^{-1}$.

事实上, 因为 $\mathcal{S}\mathcal{T} : X \mapsto Z$ 是一一对应的, 所以逆算子 $(\mathcal{S}\mathcal{T})^{-1}$ 存在. 因而有

$$\mathcal{S}\mathcal{T}(\mathcal{S}\mathcal{T})^{-1} = \mathcal{I}$$

用 $\mathcal{S}^{-1}$ 左乘, 有

$$\mathcal{S}^{-1}\mathcal{S}\mathcal{T}(\mathcal{S}\mathcal{T})^{-1} = \mathcal{T}(\mathcal{S}\mathcal{T})^{-1} = \mathcal{S}^{-1}\mathcal{I} = \mathcal{S}^{-1}$$

再用 $T^{-1}$ 左乘就有

$$T^{-1}T(ST)^{-1} = T^{-1}S^{-1}$$

### 3.4.2 有界线性算子

**定义 3.4.5** 设 $X, Y$ 都是赋范线性空间, $T : \mathfrak{D}(T) \subset X \mapsto Y$ 是线性算子. 若存在 $c > 0$, 使得对任意 $x \in \mathfrak{D}(T)$, 有 $\|Tx\| \leqslant c\|x\|$, 则称 $T$ 为有界线性算子 (bounded linear operator).

由定义看出, 有界线性算子 $T$ 将 $\mathfrak{D}(T)$ 中的有界集映为 $Y$ 中的有界集. 这正是 "有界线性算子" 名称的来源. 需注意的是, 在微积分中 "有界函数" 是指其值域是有界的.

**定义 3.4.6** 定义有界线性算子 $T$ 的范数为

$$\|T\| = \sup_{x \neq \vartheta, x \in X} \frac{\|Tx\|}{\|x\|}. \tag{3.10}$$

若 $\mathfrak{D}(T) = \varnothing$, 规定 $\|T\| = 0$. 由定义有以后常用的公式 $\|Tx\| \leqslant \|T\|\|x\|$. 下述定理说明算子范数定义是合理的.

**定理 3.4.4** 式 (3.10) 定义的算子 $T$ 的范数等价于

$$\|T\| = \sup_{\|x\|=1, x \in X} \|Tx\| \tag{3.11}$$

并满足范数定义 3.3.1.

**证** 记 $\|x\| = \alpha$, $y = \dfrac{x}{\alpha}$, $x \neq \vartheta$, 则

$$\|y\| = \frac{\|x\|}{\alpha} = 1$$

由于 $T$ 的线性性, 式 (3.10) 就变成

$$\begin{aligned}
\|T\| &= \sup_{x \neq \vartheta, x \in X} \frac{\|Tx\|}{\alpha} \\
&= \sup_{x \neq \vartheta, x \in X} \left\| T\left(\frac{x}{\alpha}\right) \right\| \\
&= \sup_{\|y\|=1, y \in X} \|Ty\| \\
&= \sup_{\|x\|=1, x \in X} \|Tx\|
\end{aligned}$$

即式 (3.11) 成立.

显然, 由 $\mathcal{T}$ 的范数定义有 $\|\mathcal{T}\| \geqslant 0$. 若 $\|\mathcal{T}\| = 0$, 则对任意 $x \in \mathfrak{D}(\mathcal{T})$, 都有 $\|\mathcal{T}x\| = 0$, 或 $\mathcal{T}x = \vartheta$, 所以 $\mathcal{T} = \mathcal{O}$. 又

$$\sup_{\|x\|=1, x \in X} \|\alpha \mathcal{T}x\| = \sup_{\|x\|=1, x \in X} |\alpha| \|\mathcal{T}x\| = |\alpha| \sup_{\|x\|=1, x \in X} \|\mathcal{T}x\|$$

则最后还有

$$\sup_{\|x\|=1, x \in X} \|(\mathcal{T}_1 + \mathcal{T}_2)x\| = \sup_{\|x\|=1, x \in X} \|\mathcal{T}_1 x + \mathcal{T}_2 x\|$$
$$\leqslant \sup_{\|x\|=1, x \in X} \|\mathcal{T}_1 x\| + \sup_{\|x\|=1, x \in X} \|\mathcal{T}_2 x\|$$

故式 (3.10) 定义的算子 $\mathcal{T}$ 的范数满足范数定义 3.3.1. 证完.

易验证, 恒等算子 $\mathcal{I} : X \mapsto X$ 是有界的, 且 $\|\mathcal{I}\| = 1$; 零算子 $\mathcal{O} : X \mapsto Y$ 是有界的, 且 $\|\mathcal{O}\| = 0$.

**例 3.4.7** 定义积分算子 $\mathcal{T} : C[0,1] \mapsto C[0,1]$, 使得

$$\mathcal{T}x(t) = \int_0^1 k(t,\tau)x(\tau)\mathrm{d}\tau, \ x \in C[0,1], \ t \in [0,1]$$

式中: $k(t,\tau)$ 是平面区域 $[0,1] \times [0,1]$ 上的二元连续函数, 称为它的核, 则其为有界的.

事实上, $k(t,\tau)$ 是有界的, 记 $|k(t,\tau)| \leqslant k_0$, $k_0 \geqslant 0$, 则

$$\|y\| = \|\mathcal{T}x\| = \max_{t \in [0,1]} \left| \int_0^1 k(t,\tau)x(\tau)\mathrm{d}\tau \right| \leqslant \max_{t \in [0,1]} \int_0^1 |k(t,\tau)||x(\tau)|\mathrm{d}\tau \leqslant k_0\|x\|$$

故 $\mathcal{T}$ 是有界的.

**例 3.4.8** 对矩阵 $\boldsymbol{A} \in \mathbb{R}^{m \times n}$, 用 $\boldsymbol{y} = \boldsymbol{A}\boldsymbol{x}$ 定义线性算子 $\mathcal{T} : \mathbb{R}^n \mapsto \mathbb{R}^m$, 其中, $\boldsymbol{x} \in \mathbb{R}^n$, $\boldsymbol{y} \in \mathbb{R}^m$, 具体写出来就是

$$y_i = \sum_{j=1}^n a_{ij}x_j, \ i = 1, 2, \cdots, m$$

$\mathcal{T}$ 是有界的.

事实上, 由 Cauchy-Schwarz 不等式 (2.13) 和上式, 有

$$\|\mathcal{T}\boldsymbol{x}\|^2 = \sum_{i=1}^m y_i^2$$

$$= \sum_{i=1}^m \left( \sum_{j=1}^n a_{ij}x_j \right)^2$$

$$\leqslant \sum_{i=1}^{m} \left( \left( \sum_{j=1}^{n} a_{ij}^2 \right)^{\frac{1}{2}} \left( \sum_{j=1}^{n} x_j^2 \right)^{\frac{1}{2}} \right)^2$$

$$= \|\boldsymbol{x}\|^2 \sum_{i=1}^{m} \sum_{j=1}^{n} a_{ij}^2$$

$$= a^2 \|\boldsymbol{x}\|^2$$

式中

$$a^2 = \sum_{i=1}^{m} \sum_{j=1}^{n} a_{ij}^2 = \operatorname{tr} \boldsymbol{A}^{\mathrm{T}} \boldsymbol{A}$$

$a$ 为矩阵 $\boldsymbol{A}$ 的 Frobenius[①] 范数 $\|\boldsymbol{A}\|_F$, 所以, $\mathcal{T}$ 是有界的.

还可以给出一个无界线性算子的例子.

**例 3.4.9** 在 $P[0,1]$ 上, 定义范数

$$\|x\| = \max_{t \in [0,1]} |x(t)|$$

则微分算子 $\mathcal{T}$ 是线性的, 但它是无界的.

事实上, 令 $x_n(t) = t^n (n \in \mathbb{Z}^+)$, 则 $x_n (n \in \mathbb{Z}^+)$ 是单位向量, 且

$$\mathcal{T} x_n(t) = x_n'(t) = n t^{n-1}$$

所以, $\|\mathcal{T} x_n\| = n$, 且 $\dfrac{\|\mathcal{T} x_n\|}{\|x_n\|} = n$. 这样有

$$\|\mathcal{T}\| = \sup_{x \neq \vartheta, x \in P[0,1]} \frac{\|\mathcal{T} x\|}{\|x\|} \geqslant \sup_{n \in \mathbb{Z}^+} \frac{\|\mathcal{T} x_n\|}{\|x_n\|} = \infty$$

上述算子的有界性是有一般意义的. 事实上, 对有限维赋范线性空间上的线性算子有下述结论.

**定理 3.4.5** 有限维赋范线性空间上的线性算子是有界的.

**证** 设 $X$ 是 $n$ 维赋范线性空间, $\{e_1, e_2, \cdots, e_n\}$ 是它的基. 取 $x = \sum\limits_{i=1}^{n} x_i e_i \in X$. 考虑 $X$ 上的任意线性算子 $\mathcal{T}$. 有

$$\|\mathcal{T} x\| = \left\| \sum_{i=1}^{n} x_i \mathcal{T} e_i \right\| \leqslant \sum_{i=1}^{n} |x_i| \, \|\mathcal{T} e_i\| \leqslant \max_{i=1,2,\cdots,n} \|\mathcal{T} e_i\| \sum_{i=1}^{n} |x_i| \tag{3.12}$$

---

① Ferdinand Georg Frobenius (1849.10.26—1917.08.03), 德国人.

由重要引理 (引理 3.3.1), 有

$$\sum_{i=1}^{n} |x_i| \leqslant \frac{1}{c} \left\| \sum_{i=1}^{n} x_i e_i \right\| = \frac{1}{c} \|x\| \tag{3.13}$$

故由式 (3.12) 和式 (3.13), 有 $\|Tx\| \leqslant \gamma \|x\|$, 其中 $\gamma = \dfrac{1}{c} \max\limits_{i=1,2,\cdots,n} \|Te_i\|$. 所以, $T$ 是有界的. 证完.

**定义 3.4.7** 设 $X, Y$ 都是赋范线性空间, $T: \mathfrak{D}(T) \subset X \mapsto Y$.

(1) 若对任意 $\varepsilon > 0$, 存在 $\delta > 0$, 当 $x \in \mathfrak{D}(T), \|x - x_0\| < \delta$ 时, 有

$$\|Tx - Tx_0\| < \varepsilon$$

则称 $T$ 在点 $x_0$ 处是连续的;

(2) 若 $T$ 在每个点 $x \in \mathfrak{D}(T)$ 处都是连续的, 则称其在 $\mathfrak{D}(T)$ 上是连续的, 记为 $T \in C(\mathfrak{D}(T) \subset X, Y)$.

将 Heine 归结定理 (定理 2.4.11) 改写成赋范线性空间的形式, 它表明序列的收敛性在研究算子的连续性时是非常重要的, 会经常用到.

**定理 3.4.6 (Heine 归结定理)** 设 $X, Y$ 都是赋范线性空间, $T: \mathfrak{D}(T) \subset X \mapsto Y$, 则 $T$ 在 $x_0 \in X$ 连续的充要条件是 $\|x_n - x_0\| \to 0, n \to \infty$ 蕴涵着 $\|Tx_n - Tx_0\| \to 0$, $n \to \infty$.

与 Heine 归结定理 (定理 2.1.1) 类似, 证略.

**定理 3.4.7** 设 $X, Y$ 都是赋范线性空间, $T: \mathfrak{D}(T) \subset X \mapsto Y$ 是线性算子, 则

(1) $T$ 连续的充要条件是其为有界的;

(2) 若 $T$ 在某点处是连续的, 则它在 $\mathfrak{D}(T)$ 上是连续的.

**证** (1) 不妨设 $T \neq \mathcal{O}$, 从而 $\|Tx\| \neq 0$.

先证充分性.

设 $T$ 是有界线性算子. 考虑任意 $x_0 \in \mathfrak{D}(T)$. 给定任意 $\varepsilon > 0$. 由于 $T$ 的线性性, 对任意满足 $\|x - x_0\| < \delta, \delta = \dfrac{\varepsilon}{\|T\|}$ 的 $x \in \mathfrak{D}(T)$, 有

$$\|Tx - Tx_0\| = \|T(x - x_0)\| \leqslant \|T\| \|x - x_0\| < \|T\| \delta = \varepsilon \tag{3.14}$$

故 $T$ 是连续的.

下证必要性.

设 $\mathcal{T}$ 是连续线性算子, 则对任意 $\varepsilon > 0$, 存在 $\delta > 0$, 当 $x \in \mathfrak{D}(\mathcal{T})$, $\|x - x_0\| \leqslant \delta$ 时有 $\|\mathcal{T}x - \mathcal{T}x_0\| \leqslant \varepsilon$. 现取 $\mathfrak{D}(\mathcal{T})$ 中的一点 $y \neq \vartheta$. 令 $x = x_0 + \dfrac{\delta}{\|y\|}y$, 则 $x - x_0 = \dfrac{\delta}{\|y\|}y$. 因此, $\|x - x_0\| = \delta$. 由于 $\mathcal{T}$ 的线性性, 有

$$\|\mathcal{T}x - \mathcal{T}x_0\| = \|\mathcal{T}(x - x_0)\| = \left\|\mathcal{T}\left(\frac{\delta}{\|y\|}y\right)\right\| = \frac{\delta}{\|y\|}\|\mathcal{T}y\| \tag{3.15}$$

由式 (3.14) 和式 (3.15) 有 $\dfrac{\delta}{\|y\|}\|\mathcal{T}y\| \leqslant \varepsilon$ 或 $\|\mathcal{T}y\| \leqslant c\|y\|$, $c = \dfrac{\varepsilon}{\delta}$, 即 $\mathcal{T}$ 是有界的.

(2) 由 (1) 后半部分的证明知 $\mathcal{T}$ 在一点的连续性蕴涵着它的有界性. 而其有界性又蕴涵着它的连续性. 证完.

**推论 3.4.1** 设 $\mathcal{T}$ 是有界线性算子, $x_n, x \in \mathfrak{D}(\mathcal{T})$, 则

(1) $x_n \to x$, $n \to \infty$ 蕴涵着 $\mathcal{T}x_n \to \mathcal{T}x$, $n \to \infty$;

(2) 核 $\mathfrak{N}(\mathcal{T})$ 是闭的.

**证** (1) 由定理 3.4.7 (1) 和 Heine 归结定理 (定理 3.4.6) 即有结论.

(2) 由定理 2.4.8 可知, 对每个 $x \in \overline{\mathfrak{N}(\mathcal{T})}$, 存在 $x_n \in \mathfrak{N}(\mathcal{T})$, 使得 $x_n \to x$, $n \to \infty$. 因此, 由 (1) 可知, $\mathcal{T}x_n \to \mathcal{T}x$, $n \to \infty$. 因为 $\mathcal{T}x_n = \vartheta$, 所以 $\mathcal{T}x = \vartheta$, 故 $x \in \mathfrak{N}(\mathcal{T})$. 从而, $\mathfrak{N}(\mathcal{T})$ 是闭的. 证完.

易证下面有用的公式.

**定理 3.4.8** 设 $X, Y, Z$ 都是赋范线性空间, $\mathcal{T}_2 : X \mapsto Y$, $\mathcal{T}_1 : Y \mapsto Z$ 和 $\mathcal{T} : X \mapsto X$ 都是有界线性算子, 则

$$\|\mathcal{T}_1\mathcal{T}_2\| \leqslant \|\mathcal{T}_1\|\|\mathcal{T}_2\|$$

$$\|\mathcal{T}^n\| \leqslant \|\mathcal{T}\|^n$$

**定理 3.4.9** 设 $X, Y$ 都是赋范线性空间, 记 $\mathcal{B}(X, Y)$ 为从 $X$ 到 $Y$ 的有界线性算子集, 则其构成线性空间. 若在其上定义范数为

$$\|\mathcal{T}\| = \sup_{x \neq \vartheta, x \in X} \frac{\|\mathcal{T}x\|}{\|x\|} = \sup_{\|x\| = 1, x \in X} \|\mathcal{T}x\|$$

则它是赋范线性空间.

证略.

**定理 3.4.10** 若 $Y$ 是 Banach 空间, 则 $\mathcal{B}(X, Y)$ 是 Banach 空间.

**证** 取 Cauchy 列 $\{\mathcal{T}_n\} \subset \mathcal{B}(X, Y)$, 则对任意 $\varepsilon > 0$, 存在 $N \in \mathbb{Z}^+$, 使得

$$\|\mathcal{T}_m - \mathcal{T}_n\| < \varepsilon, \ m, n > N$$

因此, 对任意 $x \in X$, 当 $m > N, n > N$ 时, 有

$$\|\mathcal{T}_m x - \mathcal{T}_n x\| = \|(\mathcal{T}_m - \mathcal{T}_n) x\| \leqslant \|\mathcal{T}_m - \mathcal{T}_n\| \|x\| < \varepsilon \|x\| \tag{3.16}$$

对任意 $x$ 和给定的 $\bar{\varepsilon}$, 取 $\varepsilon \|x\| = \bar{\varepsilon}$, 则由式 (3.16) 有 $\|\mathcal{T}_m x - \mathcal{T}_n x\| < \bar{\varepsilon}$. 从而, 序列 $\{\mathcal{T}_n x\} \subset Y$ 是 Cauchy 的. 而 $Y$ 是 Banach 空间, 故由 Cauchy 收敛准则 (定理 3.3.5) 可知, 存在 $b \in Y$, 使得 $\mathcal{T}_n x \to b, n \to \infty$, 故有 $\mathcal{T} : X \mapsto Y$, 使得 $b = \mathcal{T}x$. 易见, $\mathcal{T}$ 是线性的.

下证 $\mathcal{T}$ 的有界性, 且 $\|\mathcal{T}_n - \mathcal{T}\| \to 0, n \to \infty$.

由于式 (3.16) 对每个 $m > N$ 都成立, 且 $\mathcal{T}_m x \to \mathcal{T}x, m \to \infty$, 故可令 $m \to \infty$, 再由范数的连续性 (定理 3.3.1(1)) 可知, 对任意 $x \in X$, 当 $n > N$ 时, 有

$$\|\mathcal{T}x - \mathcal{T}_n x\| \leqslant \varepsilon \|x\|$$

所以 $\mathcal{T} - \mathcal{T}_n$ 是有界的. 由于 $\mathcal{T}_n$ 的有界性, $\mathcal{T} = (\mathcal{T} - \mathcal{T}_n) + \mathcal{T}_n$ 是有界的, 即 $\mathcal{T} \in \mathcal{B}(X, Y)$. 由上式有 $\|\mathcal{T} - \mathcal{T}_n\| \leqslant \varepsilon$. 因此, $\|\mathcal{T}_n - \mathcal{T}\| \to 0, n \to \infty$. 证完.

### 3.4.3 线性泛函

**定义 3.4.8** 设 $X$ 是赋范线性空间.

(1) 称 $f : \mathfrak{D}(f) \subset X \mapsto \Phi$ 为线性泛函 (linear functional);

(2) 若存在 $c \geqslant 0$, 使得对任意 $x \in \mathfrak{D}(f)$, 有 $|f(x)| \leqslant c\|x\|$, 则称其为有界线性泛函 (bounded linear functional).

定义线性泛函 $f$ 的范数为

$$\|f\| = \sup_{x \neq \vartheta, x \in X} \frac{|f(x)|}{\|x\|}$$

或

$$\|f\| = \sup_{\|x\|=1, x \in X} |f(x)|$$

若 $\mathfrak{D}(f) = \varnothing$, 规定 $\|f\| = 0$.

由线性泛函的范数定义有有用的公式:

$$|f(x)| \leqslant \|f\| \|x\| \tag{3.17}$$

下述推论是定理 3.4.7 的直接结果.

**推论 3.4.2** 设 $X$ 是赋范线性空间, $f : \mathfrak{D}(f) \subset X \mapsto \Phi$ 是线性泛函, 则

(1) $f$ 连续的充要条件是其为有界的;

(2) 若 $f$ 在某点处是连续的, 则它在 $\mathfrak{D}(f)$ 上是连续的.

**例 3.4.10**　定义 $f : \mathbb{R}^n \mapsto \mathbb{R}$, 使得 $f(\boldsymbol{x}) = \boldsymbol{x} \cdot \alpha$, 其中 $\alpha \in \mathbb{R}^n$ 是固定的, 则 $f$ 是有界线性泛函, 且 $\|f\| = \|\alpha\|$.

事实上, 因为

$$|f(\boldsymbol{x})| = |\boldsymbol{x} \cdot \alpha| \leqslant \|\boldsymbol{x}\| \|\alpha\|$$

所以 $\dfrac{|f(\boldsymbol{x})|}{\|\boldsymbol{x}\|} \leqslant \|\alpha\|$, 故由范数定义, 有 $\|f\| \leqslant \|\alpha\|$.

此外, 在式 (3.17) 中取 $\boldsymbol{x} = \alpha$, 有

$$\|f\| \geqslant \frac{|f(\alpha)|}{\|\alpha\|} = \frac{\|\alpha\|^2}{\|\alpha\|} = \|\alpha\|$$

因此, $\|f\| = \|\alpha\|$.

与例 3.4.10 类似地有例 3.4.11.

**例 3.4.11**　定义 $f : \ell^2 \mapsto \mathbb{R}$, 使得 $f(x) = \sum\limits_{n=1}^{\infty} x_n \alpha_n$, 其中 $\alpha \in \ell^2$ 是固定的, 则 $f$ 是有界线性泛函, 且 $\|f\| = \|\alpha\|$.

事实上, 由 Cauchy-Schwarz 不等式 (2.13), 有

$$|f(x)| = \left| \sum_{n=1}^{\infty} x_n \alpha_n \right| \leqslant \sum_{n=1}^{\infty} |x_n| |\alpha_n| \leqslant \left( \sum_{n=1}^{\infty} |x_n|^2 \right)^{\frac{1}{2}} \left( \sum_{n=1}^{\infty} |\alpha_n|^2 \right)^{\frac{1}{2}} = \|x\| \|\alpha\|$$

所以 $\dfrac{|f(x)|}{\|x\|} \leqslant \|\alpha\|$, 故由范数定义, 有 $\|f\| \leqslant \|\alpha\|$.

此外, 在式 (3.17) 中取 $x = \alpha$, 有

$$\|f\| \geqslant \frac{|f(\alpha)|}{\|\alpha\|} = \frac{\sum\limits_{n=1}^{\infty} |\alpha_n|^2}{\left( \sum\limits_{n=1}^{\infty} |\alpha_n|^2 \right)^{\frac{1}{2}}} = \left( \sum_{n=1}^{\infty} |\alpha_n|^2 \right)^{\frac{1}{2}} = \|\alpha\|$$

因此, $\|f\| = \|\alpha\|$.

**例 3.4.12**　由定积分

$$f(x) = \int_a^b x(t) \mathrm{d}t$$

定义的 $f : C[a,b] \mapsto \mathbb{R}$ 是有界线性泛函, 且 $\|f\| = b - a$.

事实上, 因为

$$|f(x)| = \left| \int_a^b x(t) \mathrm{d}t \right| \leqslant (b-a) \max_{t \in [a,b]} |x(t)| = (b-a) \|x\|$$

所以 $\dfrac{|f(x)|}{\|x\|} \leqslant b-a$, 故由范数定义, 有 $\|f\| \leqslant b-a$.

此外, 在式 (3.17) 中取 $x=1$, 有

$$\|f\| \geqslant \frac{|f(1)|}{|1|} = |f(1)| = \left| \int_a^b \mathrm{d}t \right| = b-a$$

因此, $\|f\| = b-a$.

**例 3.4.13** 由 $f(x) = x(t_0)$ 定义的 $f: C[a,b] \mapsto \mathbb{R}$ 是有界线性泛函, 其中 $t_0 \in [a,b]$ 是固定的, 且 $\|f\| = 1$.

事实上, 因为

$$|f(x)| = |x(t_0)| \leqslant \|x\|$$

所以 $\dfrac{|f(x)|}{\|x\|} \leqslant 1$, 故由范数定义, 有 $\|f\| \leqslant 1$.

此外, 在式 (3.17) 中取 $x_0 = 1$, 有

$$\|f\| \geqslant |f(x_0)| = 1$$

因此, $\|f\| = 1$.

### 3.4.4 有限维线性空间中的线性算子和线性泛函

设 $X, Y$ 分别是 $n$ 维和 $m$ 维线性空间, $\mathcal{T}: X \mapsto Y$ 是线性算子. 取 $X$ 的基 $E = \{e_1, e_2, \cdots, e_n\}$ 和 $Y$ 的基 $B = \{b_1, b_2, \cdots, b_m\}$, 则每个 $x \in X$ 都有唯一的表示 $x = \sum\limits_{i=1}^{n} x_i e_i$. 由于 $\mathcal{T}$ 的线性性, $x$ 的像是

$$y = \mathcal{T}x = \mathcal{T}\left( \sum_{i=1}^{n} x_i e_i \right) = \sum_{i=1}^{n} x_i \mathcal{T}e_i$$

**定理 3.4.11** 设 $X, Y$ 分别是 $n$ 维和 $m$ 维线性空间, $\mathcal{T}: X \mapsto Y$ 是线性算子. 若基 $\{e_1, e_2, \cdots, e_n\}$ 的像 $y_i = \mathcal{T}e_i (i = 1, 2, \cdots, n)$ 确定后, 则 $\mathcal{T}$ 就唯一地被确定.

**证** 因为 $y = \mathcal{T}x$, $y_i = \mathcal{T}e_i$, $i = 1, 2, \cdots, n$ 都属于 $Y$, 所以它们也都有唯一的表示

$$y = \sum_{j=1}^{m} y_j b_j, \quad \mathcal{T}e_i = \sum_{j=1}^{m} \tau_{ji} b_j, \quad i = 1, 2, \cdots, n$$

或

$$y = \sum_{j=1}^{m} y_j b_j = \sum_{i=1}^{n} x_i \mathcal{T}e_i = \sum_{i=1}^{n} x_i \sum_{j=1}^{m} \tau_{ji} b_j = \sum_{j=1}^{m} \left( \sum_{i=1}^{n} \tau_{ji} x_i \right) b_j$$

故有

$$y_j = \sum_{i=1}^{n} \tau_{ji} x_i, \ j = 1, 2, \cdots, m$$

式中: 系数 $\tau_{ji}$ 构成矩阵 $\boldsymbol{T} = (\tau_{ji}) \in \mathbb{R}^{m \times n}$, 它由 $\mathcal{T}$ 唯一确定, 即给定基 $E, B$, $\mathcal{T}$ 有唯一的表示 $\mathcal{T}E = \boldsymbol{T}^{\mathrm{T}} B$. 反之, 对任意矩阵 $\boldsymbol{T} \in \mathbb{R}^{m \times n}$, 由基 $E, B$ 唯一地确定线性算子 $\mathcal{T}$. 证完.

G. Peano 第一个将线性空间上的线性算子表示成了矩阵.

考虑 $n$ 维线性空间 $X$ 上的线性泛函. 取 $X$ 的基 $E = \{e_1, e_2, \cdots, e_n\}$. 对 $X$ 上的每个线性泛函 $f$ 和每个 $x = \sum_{i=1}^{n} x_i e_i \in X$, 有

$$f(x) = f\left(\sum_{i=1}^{n} x_i e_i\right) = \sum_{i=1}^{n} x_i f(e_i) = \sum_{i=1}^{n} x_i \alpha_i \tag{3.18}$$

$$\alpha_i = f(e_i), \ i = 1, 2, \cdots, n$$

反之, 由任意 $\alpha_1, \alpha_2, \cdots, \alpha_n \in \Phi$ 和式 (3.18) 可唯一确定 $X$ 上的线性泛函 $f$. 特别地, 依次取 $\alpha_1, \alpha_2, \cdots, \alpha_n$ 为 $1, 0, \cdots, 0; \ 0, 1, \cdots, 0; \ \cdots; \ 0, 0, \cdots, 1$, 则存在 $n$ 个线性泛函 $f_1, f_2, \cdots, f_n$, 满足 $f_i(e_j) = \delta_{ji}$, 其中 $\delta_{ij}$ 是 Kronecker $\delta$ 符号 (Kronecker $\delta$ symbol), 即

$$\delta_{ij} = \begin{cases} 1, & i = j \\ 0, & i \neq j, \ i, j = 1, 2, \cdots, k \end{cases}$$

关于这 $n$ 个线性泛函 $f_1, f_2, \cdots, f_n$, 有下述结论.

**定理 3.4.12**　设 $X$ 是 $n$ 维线性空间, 基为 $E = \{e_1, e_2, \cdots, e_n\}$, 则 $X$ 上所有线性泛函集也是 $n$ 维线性空间, 基为 $\{f_1, f_2, \cdots, f_n\}$.

**证**　先证 $f_1, f_2, \cdots, f_n$ 的线性无关性.
设 $\sum_{i=1}^{n} \beta_i f_i(x) = 0, x \in X$. 将 $x = e_j$ 代入, 则

$$\sum_{i=1}^{n} \beta_i f_i(e_j) = \sum_{i=1}^{n} \beta_i \delta_{ji} = \beta_j = 0, \ j = 1, 2, \cdots, n$$

下证对 $X$ 上的每个线性泛函 $f$ 都可由 $f_1, f_2, \cdots, f_n$ 唯一地线性表示.
记 $f(e_j) = \alpha_j$. 由式 (3.18) 可知, 对每个 $x \in X$, 有

$$f(x) = \sum_{i=1}^{n} x_i \alpha_i \tag{3.19}$$

此外, 由 $f_1, f_2, \cdots, f_n$ 的定义, 有

$$f_i\left(\sum_{i=1}^n x_i e_i\right) = x_i \tag{3.20}$$

综合式 (3.19) 和式 (3.20), 有

$$f(x) = \sum_{i=1}^n \alpha_i f_i(x)$$

因此, $X$ 上的每个线性泛函 $f$ 都可由 $f_1, f_2, \cdots, f_n$ 唯一地表示为 $f = \sum_{i=1}^n \alpha_i f_i$. 证完.

称 $\{f_1, f_2, \cdots, f_n\}$ 为 $\{e_1, e_2, \cdots, e_n\}$ 的对偶基 (dual base).

在第 4 章将讨论定理 3.4.12 的应用, 这里先给出一个引理.

**引理 3.4.1** 设 $X$ 是有限维线性空间, $x_0 \in X$. 若对 $X$ 上的任意线性泛函 $f$, 都有 $f(x_0) = 0$, 则 $x_0 = \vartheta$.

**证** 设 $\{e_1, e_2, \cdots, e_n\}$ 是 $X$ 的基, 且 $x_0 = \sum_{i=1}^n x_i^{(0)} e_i$, 则由 $f(x) = \sum_{i=1}^n x_i \alpha_i$, 有 $f(x_0) = \sum_{i=1}^n x_i^{(0)} \alpha_i$. 由假设知, 对 $X$ 上的任意线性泛函 $f$, 都有

$$f(x_0) = \sum_{i=1}^n x_i^{(0)} \alpha_i = 0$$

即对任意 $\alpha_1, \alpha_2, \cdots, \alpha_n \in \Phi$, 都有 $\sum_{i=1}^n x_i^{(0)} \alpha_i = 0$. 由线性方程组理论, 有

$$x_1^{(0)} = x_2^{(0)} = \cdots = x_n^{(0)} = 0$$

从而 $x_0 = \vartheta$. 证完.

**习题**

1. 试证分别由下述定义的算子 $T_i : \mathbb{R}^2 \mapsto \mathbb{R}^2 (i = 1, 2, 3, 4)$ 都是线性的, 并给出几何解释: (1) $T_1 x = (x_1, 0)$; (2) $T_2 x = (0, x_2)$; (3) $T_3 x = (x_2, x_1)$; (4) $T_4 x = (\alpha x_1, \alpha x_2)$.
2. (1) 试指出在上题中各个算子的定义域、值域和核是什么; (2) 试用矩阵表示出上题中的各个算子; (3) 设 $X$ 是线性空间, $S, T : X \mapsto X$ 是线性算子. 若 $ST = TS$, 则称它们是可交换的 (exchangeable). 试问上题中的算子 $T_1, T_3$ 是可交换的吗?
3. 试指出在例 3.4.2 中算子的核是什么, 其逆存在吗?
4. 试证线性算子保持线性相关性, 即若 $T$ 是线性算子, $x_1, x_2, \cdots, x_n$ 是线性相关的, 则 $Tx_1, Tx_2, \cdots, Tx_n$ 是线性相关的.

5. 若 $T$ 是可逆线性算子, $x_1, x_2, \cdots, x_n$ 是线性无关的, 试证 $Tx_1, Tx_2, \cdots, Tx_n$ 是线性无关的.

6. 定义线性算子 $T : C^\infty(-\infty, \infty) \mapsto C^\infty(-\infty, \infty)$, 其中 $C^\infty(-\infty, \infty)$ 是 $(-\infty, \infty)$ 上无穷次连续可微函数集 (set of infinitely differentiable functions), 使得 $Tx(t) = x'(t)$, 试证 $\mathfrak{R}(T) = C^\infty(-\infty, \infty)$, 但逆算子 $T^{-1}$ 不存在. 提示: 常数的导数是 0.

7. 若 $T \neq \vartheta$ 是有界线性算子, 试证对满足 $\|x\| < 1$ 的任意 $x \in \mathfrak{D}(T)$, 都有 $\|Tx\| < \|T\|$.

8. 试证 Heine 归结定理 (定理 3.4.6): 设 $X, Y$ 都是赋范线性空间, $T : \mathfrak{D}(T) \subset X \mapsto Y$, 则 $T$ 在 $x_0 \in X$ 连续的充要条件是 $\|x_n - x_0\| \to 0, n \to \infty$ 蕴涵着 $\|Tx_n - Tx_0\| \to 0, n \to \infty$. 提示: 参考 Heine 归结定理 (定理 2.1.1).

9. 设 $T : \ell^\infty \mapsto \ell^\infty$, 使得 $Tx = \left(x_1, \dfrac{x_2}{2}, \cdots, \dfrac{x_n}{n}, \cdots\right)$, 试证 $T \in \mathcal{B}\left(\ell^\infty, \ell^\infty\right)$.

10. 试证算子 $T \in \mathcal{B}(X, Y)$ 的像集 $\mathfrak{R}(T)$ 不一定是闭的. 提示: 参考上题.

11. 在 $C[0, 1]$ 上分别定义 $\mathcal{S}x(t) = t\int_0^1 x(s)\mathrm{d}s$ 和 $Tx(t) = tx(t)$. (1) 试问它们是可交换的吗? (2) 试求 $\|\mathcal{S}\|$, $\|T\|$, $\|\mathcal{S}T\|$, $\|T\mathcal{S}\|$.

12. 设 $B(-\infty, \infty)$ 是 $(-\infty, \infty)$ 上的有界函数集 (set of bounded functions), 定义范数为 $\|x\| = \sup\limits_{t \in (-\infty, \infty)} |x(t)|$, 并设 $T : X \mapsto X$, 使得 $Tx = x(t - \tau)$, 其中 $\tau > 0$, 试证 $T \in \mathcal{B}(X, X)$.

13. 设 $X, Y, Z$ 都是赋范线性空间, $T_2 : X \mapsto Y$, $T_1 : Y \mapsto Z$ 和 $T : X \mapsto X$ 都是有界线性算子. 试证 $\|T_1 T_2\| \leqslant \|T_1\| \|T_2\|$, $\|T^n\| \leqslant \|T\|^n$.

14. 试证推论 3.4.2: 设 $X$ 是赋范线性空间, $f : \mathfrak{D}(f) \subset X \mapsto \Phi$ 是线性泛函, 则 (1) $f$ 连续的充要条件是其为有界的; (2) 若 $f$ 在某点处是连续的, 则它在 $\mathfrak{D}(f)$ 上是连续的.

15. 试证下述在 $C[a, b]$ 上定义的泛函是有界线性泛函: (1) $f_1(x) = \int_a^b x(t)y_0(t)\mathrm{d}t$, $y_0 \in C[a, b]$ 是固定的; (2) $f_2(x) = \alpha x(a) + \beta x(b)$, $\alpha, \beta \in (-\infty, \infty)$ 是固定的.

16. 设 $C[-1, 1]$ 上的线性泛函 $f$ 定义为 $f(x) = \int_{-1}^0 x(t)\mathrm{d}t - \int_0^1 x(t)\mathrm{d}t$. 试求 $\|f\|$.

17. 若 $Y$ 是线性空间 $X$ 的子空间, 且 $f$ 是 $X$ 上的线性泛函, 但 $f(Y)$ 是非空的, 试证对任意 $y \in Y$, 有 $f(y) = 0$.

18. 若 $f$ 是 $n$ 维线性空间 $X$ 上的线性泛函, 试问它的核 $\mathfrak{N}(f)$ 的维数是多少?

19. 设 $f \in \ell^2$, 定义 $f(x) = x_1 + x_2 - x_3$. 试证 $f$ 是 $\ell^2$ 上的有界线性泛函, 并求核 $\mathfrak{N}(f)$ 的基.

20. 将上题中的线性泛函 $f$ 换成 $f(x) = \alpha_1 x_1 + \alpha_2 x_2 + \alpha_3 x_3$, 其中 $\alpha_1 \neq 0$. 试求核 $\mathfrak{N}(f)$ 的基.

21. 试问线性空间 $\mathcal{B}(X, Y)$ 的零元是什么?

22. 试确定由矩阵

$$\begin{pmatrix} 1 & 3 & 2 \\ -2 & 1 & 0 \end{pmatrix}$$

所表示的线性算子 $T : \mathbb{R}^3 \mapsto \mathbb{R}^2$ 的核.

23. 设线性算子 $T : \mathbb{R}^3 \mapsto \mathbb{R}^3$, 使得 $Tx = (x_1, x_2, -x_1 - x_2)$. 试求像集 $\mathfrak{R}(T)$, 核 $\mathfrak{N}(T)$ 和表示 $T$ 的矩阵.

24. 设 $f_1, f_2, f_3$ 是 $e_1, e_2, e_3$ 的对偶基. 试求 $f_1(\boldsymbol{x}), f_2(\boldsymbol{x}), f_3(\boldsymbol{x})$, 其中 $\boldsymbol{x} = (1, 0, 0)$.

25. 若 $Z$ 是 $n$ 维线性空间 $X$ 的 $n-1$ 维子空间, 试证它是 $X$ 上某线性泛函 $f$ 的核, 且在允许相差倍数的情况下, $f$ 被唯一确定.

26. 设 $X$ 是所有次数不超过 $n$ 的实多项式和多项式 $x = 0$ 构成的线性空间, 且 $f(x) = x^{(k)}(a)$, 试证 $f$ 是 $X$ 上的线性泛函.

27. 设 $Z$ 是有限维线性空间 $X$ 的真子空间, 且 $x_0 \in X \setminus Z$, 试证在 $X$ 上存在线性泛函 $f$, 它满足 $f(x_0) = 1$, 且对任意 $x \in X$, 有 $f(x) = 0$.

28. 设 $x, y$ 是有限维线性空间 $X$ 上不同向量, 试证在 $X$ 上有线性泛函 $f$, 使得 $f(x) \neq f(y)$.

29. (1) 设 $f_1, f_2, \cdots, f_p$ 是 $n$ 维线性空间 $X$ 上的线性泛函, 其中 $p < n$, 试证在 $X$ 中有向量 $x \neq \vartheta$, 使得 $f_1(x) = f_2(x) = \cdots = f_p(x) = 0$; (2) 这个结果与线性方程组的哪个结论对应?

## 3.5 对偶空间

**定义 3.5.1** 在赋范线性空间 $X$ 上所有有界线性泛函构成的线性空间 $X^*$ 上定义范数为

$$\|f\| = \sup_{x \neq \vartheta, x \in X} \frac{|f(x)|}{\|x\|} = \sup_{\|x\| = 1, x \in X} |f(x)|$$

则它是赋范线性空间, 称其为 $X$ 的对偶空间 (dual space).

在 $X^*$ 上, 定义 $f_1, f_2$ 的加法为 $f_1 + f_2$, 使得

$$(f_1 + f_2)(x) = f_1(x) + f_2(x), \ x \in X$$

$\alpha$ 和 $f$ 的数乘为 $\alpha f$, 使得

$$(\alpha f)(x) = \alpha f(x), \ \alpha \in \Phi, \ x \in X$$

还可考虑 $X^*$ 的对偶空间 $(X^*)^*$, 记为 $X^{**}$, 称为 $X$ 的二次对偶空间 (quadratic dual space).

选定 $x \in X$, 可以定义 $X^*$ 上的线性泛函 $g$, 对任意 $f \in X^*$, 定义 $g(f) = f(x)$. 则 $x$ 可确定 $X^*$ 上的 $g \in X^{**}$, 且还有 $\|g\| = \|x\|$. 故对每个 $x \in X$, 存在 $g \in X^{**}$ 与之对应, 就定义了 $\mathcal{C} : X \mapsto X^{**}$, 称为 $X$ 到 $X^{**}$ 的规范嵌入映射 (normal embedding mapping).

为解释这个概念, 下面给出几个定义, 从中可初步体会到同构概念的含义.

有理数域不是完备的, 但它却能够扩充为完备的实数域, 且在其中是稠密的. 事实上, 这是具有一般性的典型方法.

**定义 3.5.2 (度量空间的同构, isomorphism of metric spaces)**　设 $X, Y$ 都是度量空间, 度量分别是 $\varrho_1, \varrho_2, \mathcal{T} : X \mapsto Y$.

(1) 若

$$\varrho_2(\mathcal{T}x, \mathcal{T}y) = \varrho_1(x, y)$$

则称 $\mathcal{T}$ 为保距的 (distance-preserving);

(2) 若存在从 $X$ 到 $Y$ 上一一对应的保距映射, 则称它们是同构的 (isomorphic).

下面可给出度量空间的完备化定理.

**定理 3.5.1 (度量空间的完备化定理, completion theorem of a metric space)**　对度量空间 $X$, 在对保距空间不加区别的意义下存在唯一的完备度量空间 $Y$, 且存在子空间 $W \subset Y$ 与 $X$ 是保距的并在 $Y$ 中是稠密的.

证略.

**定义 3.5.3 (线性空间的同构, isomorphism of linear spaces)**　设 $X, Y$ 都是线性空间, $\mathcal{T} : X \mapsto Y$.

(1) 若

$$\begin{cases} \mathcal{T}(x + y) = \mathcal{T}(x) + \mathcal{T}(y) \\ \mathcal{T}(\alpha x) = \alpha \mathcal{T}(x) \end{cases}$$

则称 $\mathcal{T}$ 为保线的 (linearity-preserving);

(2) 若存在从 $X$ 到 $Y$ 上一一对应的保线映射, 则称它们是同构的.

类似于度量空间的完备化定理 (定理 3.5.1), 可给出赋范线性空间的完备化定理.

**定义 3.5.4 (赋范线性空间的同构, isomorphism of normed linear spaces)**　设 $X, Y$ 都是赋范线性空间, $\mathcal{T} : X \mapsto Y$.

(1) 若

$$\begin{cases} \mathcal{T}(x + y) = \mathcal{T}(x) + \mathcal{T}(y) \\ \mathcal{T}(\alpha x) = \alpha \mathcal{T}(x) \\ \|\mathcal{T}x\| = \|x\| \end{cases}$$

则称 $\mathcal{T}$ 为保范的 (norm-preserving);

(2) 若存在从 $X$ 到 $Y$ 上一一对应的保范映射, 则称它们是同构的.

**定理 3.5.2 (赋范线性空间的完备化定理, completion theorem of a normed linear space)**　对赋范线性空间 $X$, 在对保范空间不加区别的意义下存在唯一的 Banach 空间 $Y$, 且存在子空间 $W \subset Y$ 与 $X$ 是保范的并在 $Y$ 中是稠密的.

证略.

现回到规范嵌入映射 $\mathcal{C}$ 上来. 可证下述引理.

**引理 3.5.1**　规范嵌入映射 $\mathcal{C}$ 是赋范线性空间 $X$ 到赋范线性空间 $\mathfrak{R}(\mathcal{C})$ 上的同构.

**定义 3.5.5**　若线性空间 $X$ 和线性空间 $Y$ 的子空间是同构的, 则称 $X$ 是可嵌入 (embeddable) 到 $Y$ 中的.

由上述定义可知, $X$ 是可嵌入到 $X^{**}$ 中的.

下述推论是定理 3.4.10 的直接结果.

**推论 3.5.1**　赋范线性空间的对偶空间是 Banach 空间.

**例 3.5.1**　$\mathbb{R}^{n*} = \mathbb{R}^n$, 即 $\mathbb{R}^n$ 的对偶空间与其自身是同构的.

事实上, 注意到式 (3.18), 对每个 $f \in \mathbb{R}^{n*}$, 有

$$f(\boldsymbol{x}) = \sum_{i=1}^{n} x_i \alpha_i, \; \alpha_i = f(\boldsymbol{e}_i)$$

由 Cauchy-Schwarz 不等式 (2.13), 有

$$|f(\boldsymbol{x})| \leqslant \sum_{i=1}^{n} |x_i \alpha_i| \leqslant \left(\sum_{i=1}^{n} x_i^2\right)^{\frac{1}{2}} \left(\sum_{i=1}^{n} \alpha_i^2\right)^{\frac{1}{2}} = \|\boldsymbol{x}\| \left(\sum_{i=1}^{n} \alpha_i^2\right)^{\frac{1}{2}}$$

故得

$$\|f\| \leqslant \left(\sum_{i=1}^{n} \alpha_i^2\right)^{\frac{1}{2}}$$

由于取 $\boldsymbol{x} = \{\alpha_1, \alpha_2, \cdots, \alpha_n\} \in \mathbb{R}^n$ 时, Cauchy-Schwarz 不等式 (2.13) 成为等式, 故有

$$\|f\| = \left(\sum_{i=1}^{n} \alpha_i^2\right)^{\frac{1}{2}} = \|\boldsymbol{x}\|$$

因此

$$f \mapsto \boldsymbol{x} = \{\alpha_1, \alpha_2, \cdots, \alpha_n\}, \; \alpha_i = f(\boldsymbol{e}_i)$$

定义了从 $\mathbb{R}^{n*}$ 到 $\mathbb{R}^n$ 上的保范映射. 又由于它的线性性和一一对应性, $\mathbb{R}^{n*} = \mathbb{R}^n$.

**例 3.5.2** $\ell^{1*} = \ell^\infty$, 即 $\ell^1$ 的对偶空间与 $\ell^\infty$ 是同构的.

事实上, 取 $\ell^1$ 的 Schauder 基 $\{e_i\}$, 其中

$$\begin{cases} e_1 = (1, 0, \cdots, 0, \cdots) \\ e_2 = (0, 1, \cdots, 0, \cdots) \\ \quad\vdots \\ e_i = (0, 0, \cdots, 1, \cdots) \\ \quad\vdots \end{cases}$$

则每个 $x \in \ell^1$ 都有唯一的表示 $x = \sum_{n=1}^\infty x_n e_n$.

考虑任意 $f \in \ell^{1*}$, 故有

$$f(x) = \sum_{n=1}^\infty x_n \gamma_n, \ \gamma_n = f(e_n) \tag{3.21}$$

式中: $\gamma_n = f(e_n)$ 由 $f$ 是唯一确定的. 因为 $e_n$ 是单位向量, 则

$$|\gamma_n| = |f(e_n)| \leqslant \|f\| \|e_n\| = \|f\|, \ n \in \mathbb{Z}^+ \tag{3.22}$$

所以 $\sup_{n \in \mathbb{Z}^+} |\gamma_n| \leqslant \|f\|$. 因此, $\{\gamma_1, \gamma_2, \cdots, \gamma_n, \cdots\} \in \ell^\infty$.

此外, 对每个 $b = \{\beta_1, \beta_2, \cdots, \beta_n, \cdots\} \in \ell^\infty$, 可相应有 $g \in \ell^{1*}$.

事实上, 可在 $\ell^1$ 上定义泛函 $g$, 使得 $g(x) = \sum_{n=1}^\infty x_n \beta_n$, $x \in \ell^1$, 则 $g$ 是线性的. 由

$$|g(x)| \leqslant \sum_{n=1}^\infty |x_n| |\beta_n| \leqslant \sup_{n \in \mathbb{Z}^+} |\beta_n| \sum_{n=1}^\infty |x_n| = \|x\| \sup_{n \in \mathbb{Z}^+} |\beta_n|$$

知 $g \in \ell^{1*}$.

下面说明 $f$ 的范数就是 $\ell^\infty$ 上的范数.

由式 (3.21), 有

$$|f(x)| \leqslant \sum_{n=1}^\infty |x_n| |\gamma_n| \leqslant \sup_{n \in \mathbb{Z}^+} |\gamma_n| \sum_{n=1}^\infty |x_n| = \|x\| \sup_{n \in \mathbb{Z}^+} |\gamma_n|$$

故有 $\|f\| \leqslant \sup_{n \in \mathbb{Z}^+} |\gamma_n|$. 再由式 (3.22), 有

$$\|f\| = \sup_{n \in \mathbb{Z}^+} |\gamma_n| = \|c\|$$

式中: $c = \{\gamma_1, \gamma_2, \cdots, \gamma_n, \cdots\} \in \ell^\infty$, 即 $f \mapsto c$ 定义了从 $\ell^{1*}$ 到 $\ell^\infty$ 上的保范映射. 注意到它的线性性和一一对应性, 所以 $\ell^{1*} = \ell^\infty$.

## 3.6 线性空间概念发展简史

由于线性空间概念在泛函分析中的重要作用, 有必要将线性空间概念发展的简史在这里做简要介绍.

P. Fermat[①] 和 R. Descartes 在 1636 年左右发明的解析几何将代数方法引入几何给数学带来了巨大影响. 然而, 在 19 世纪中叶, 人们对这些坐标方法并不是很满意, 开始寻找直接的方法, 即不依赖于坐标的合成几何方法.

最早的向量概念大概可追溯到 1804 年 B. Bolzano 发表的关于初等几何基础的著作, 其中点、线、面是无定义的元, 而只定义它们的运算. 这是向几何公理化的重要一步, 是线性空间概念抽象化的早期推动.

对于不用坐标几何的推动主要是 J. Poncelet[②] 和 M. Chasles[③] 的工作, 他们被公认为合成几何的奠基者. 同时发展的还有将序列作为具体对象的空间向抽象线性空间的发展.

1827 年, A. Möbius[④] 发表了研究直线和圆锥曲线变换的几何著作, 其主要特点是引进了重心坐标概念. 给定一个三角形 $ABC$, 在三个顶点 $A$, $B$, $C$ 分别放置重为 $a$, $b$, $c$ 的物体, 则可确定点 $P$, 它是重心. A. Möbius 指出平面上的每个点 $P$ 可由齐次坐标 $[a, b, c]$ 来表示, 在三个顶点 $A$, $B$, $C$ 分别放置重物, 使得重心在点 $P$. 这里的重要性在于考虑了直接的量, 是早期向量的形态.

1837 年, A. Möbius 发表了关于静力学的著作, 清晰叙述了求解沿两个特殊轴向量的方法.

在 A. Möbius 出版上述两本著作之间, 1832 年, G. Bellavitis[⑤] 出版了一本几何著作, 也包含了类似向量的量, 其基本对象是线段 $AB$, 将 $AB$, $BA$ 视为不同量. 他定义若两条线段是等长的、平行的, 则称它们是相等的, 用现代语言来说就是, 若两条线段表示相同向量, 则称它们是相等的. 然后, G. Bellavitis 定义两条线段的运算, 本质上就是向量空间了.

1814 年, J. Argand[⑥] 将复数表示成平面上的点, 一对有序的实数组. 1833 年,

---

① Pierre de Fermat (1601.08.17—1665.01.12), 法国人, 被称为 "业余数学家之王", 给后世留下了 Fermat 大定理, 直到 1995 年才被 A. Wiles 严格证明, 被誉为 "近代数论之父", 微积分的杰出先驱者.

② Jean Victor Poncelet (1788.07.01—1867.12.22), 法国人, 近代射影几何奠基人之一.

③ Michel Chasles (1793.11.15—1880.12.18), 法国人.

④ August Ferdinand Möbius (1790.11.17—1868.09.26), 法国人, J. Listing 命名的 Möbius 带是只有一个面的曲面.

⑤ Giusto Bellavitis (1803.11.22—1880.11.06), 意大利人.

⑥ Jean Robert Argand (1768.07.18—1822.08.13), 瑞士人.

W. Hamilton[1] 的论文中, 将复数表示成二维实向量空间, 当然他未使用抽象术语. 他又用了 10 年时间试图表示三实向量空间的乘法. 1843 年, W. Hamilton 提出了 Hamilton 四元数概念, 这是四维实向量空间的重要例子. Hamilton 四元数推动了近世代数和算子代数的发展. J. Maxwell[2] 利用 Hamilton 四元数理论建立了著称于世的电磁理论.

1857 年, A. Cayley 引入了矩阵代数, 向一般的抽象系统更进了一步. 1858 年, A. Cayley 注意到四元数可由矩阵表示.

1867 年, E. Laguerre[3] 给 C. Hermite 写了一封信, 其中他的线性系统是用一个大写字母表示的线性方程组的系数表, 定义了线性系统的加法、减法和乘法. E. Laguerre 的目的是统一代数系统, 如复数、Hamilton 四元数, 以及 E. Galois 和 A. Cauchy 引进的记号.

1891 年, Carvallo[4] 在 E. Laguerre 关于线性系统的工作基础上, 定义了向量函数, 并清晰地区分了算子和矩阵.

另一个推动无坐标几何的是 H. Grassmann[5]. 他的工作是高度原创的, 但 A. Möbius 引进的重心坐标是他的主要动力. H. Grassmann 的著作再版了很多次. 第一版是 1844 出版的, 非常难读, 未引起数学家们的反响, 所以 H. Grassmann 在 1862 年出了更可读的版次. R. Clebsch[6] 给予 H. Grassmann 很多鼓励.

H. Grassmann 研究的代数, 其元不是具体的量, 而是抽象的量. 他在元中定义了形式上的加法、数乘、乘法, 称元为 "简单量", 通过特定法则产生更复杂的量. 他的工作包含了向量空间中熟悉的规则, 也包含了乘法, 实际上是今天所说的代数, 称为 Grassmann 代数. H. Grassmann 清晰给出了线性无关和线性相关概念. 数乘概念出现在 H. Grassmann 1844 年的工作中.

H. Grassmann 的 1862 年版著作中给了一个长长的引言, 概括了他的理论. 他的工作已经非常接近公理化, 远远领先于他所在的时代.

A. Cauchy 和 A. Saint-Venant[7] 宣称发明了类似于 H. Grassmann 的系统. A. Saint-Venant 的宣称是公正的, 由于其 1845 年所做的工作中就有与 H. Grassmann 类似的工作. 事实上, 当 H. Grassmann 阅读 A. Saint-Venant 的文章时, 他

---

[1] Sir William Rowan Hamilton (1805.08.04—1865.09.02), 爱尔兰人, 为几何光学奠定了基础, Hamilton 原理是近代物理的基石.

[2] James Clerk Maxwell (1831.06.13—1879.11.05), 英国人.

[3] Edmond Nicolas Laguerre (1834.04.09—1886.08.14), 法国人.

[4] 法国人.

[5] Hermann Günter Grassmann (1809.04.15—1877.09.26), 波兰人.

[6] Rudolf Friedrich Alfred Clebsch (1833.01.19—1872.11.07), 德国人.

[7] Adhémar Jean Claude Barré de Saint-Venant (1797.08.23—1886.01.06), 德国人.

认识到 A. Saint-Venant 并未阅读过他在 1844 年的工作, 并将相关论文的备份寄给 A. Cauchy, 要求转给 A. Saint-Venant.

然而, 1853 年, A. Cauchy 发表的论文中叙述了形式符号方法, 恰与 H. Grassmann 的方法相同, 但未引用 H. Grassmann 的工作. H. Grassmann 向法兰西科学院申诉优先权.

第一个认识到 H. Grassmann 工作重要性的是 H. Hankel[1]. 1867 年, 他的论文讨论了形式系统, 其中符号的组合是抽象定义的. 他承认 H. Grassmann 的著作是他工作的基础.

1889 年, G. Peano 出版的书有非常重要的意义, 书中第一个给出了实线性空间的公理化定义, 几乎包含了线性空间和线性代数的现代引入. 他还给出了维数概念, 证明有限维线性空间有基, 给出了无限维线性空间的例子, 定义了线性算子, 以及线性算子的和、积. 他承认 G. Leibniz[2] 和 A. Möbius 在 1827 年的工作, H. Grassmann 在 1844 年的工作, 以及 W. Hamilton 关于四元数的工作使得他给出了形式运算.

1890 年, S. Pincherle[3] 研究了无限维向量空间上线性算子的形式理论. 但他未使用 G. Peano 的工作作为基础, 而是以 G. Leibniz 和 J. d'Alembert[4] 的抽象算子理论为基础. 很长的时间里, 他的工作未产生影响和再被研究, 直到 1920 年代, S. Banach 和他的助手们才又研究这个问题.

虽未达到 G. Peano 的抽象化水平, 然而从 1904 年开始, D. Hilbert 和 E. Schmidt 研究了无限维函数空间. 1908 年, E. Schmidt 在 Hilbert 空间理论中引入了几何语言进一步推动了抽象化.

完全的公理化工作出现在 1920 年 S. Banach 的博士论文中.

---

[1] Hermann Hankel (1839.02.14—1873.08.29), 德国人.

[2] Gottfried Wilhelm von Leibniz (1646.07.01—1716.11.14), 德国人, 微积分创立者.

[3] Salvatore Pincherle (1853.03.11—1936.07.10), 奥地利人.

[4] Jean Le Rond d'Alembert (1717.11.17—1783.10.29), 法国人, 第一个明确把导数定义为增量比的极限, d'Alembert 原理是力学的基本原理之一.

# 第 4 章　Banach 空间理论基础

这一章主要介绍 Banach 空间理论中的四个重要定理: Hahn[1]-Banach 定理、共鸣定理 (即 Banach-Steinhaus[2] 的一致有界性定理)、开映射定理 (即有界逆定理) 和闭图像定理. 重点介绍前两个, 后两个只做简单介绍.

## 4.1　有界变差函数

先研究 M. Jordan[3] 引进的有界变差函数概念和 Stieltjes[4] 积分, 其本身也是非常重要的内容. 同时, T. Stieltjes 的工作被认为是迈向 Hilbert 空间理论的重要的一步.

**定义 4.1.1**　设 $\mu(x)$ 是 $[a,b]$ 上的函数. 对 $[a,b]$ 进行分划

$$P : a = x_0 < x_1 < \cdots < x_n = b$$

则称

$$\mathrm{Var}_a^b(\mu) = \sup_P \sum_{i=1}^n |\mu(x_i) - \mu(x_{i-1})|$$

---

[1] Hans Hahn (1879.09.27—1934.07.24), 奥地利人, 集论和泛函分析的开拓者.

[2] Hugo Dyonizy Steinhaus (1887.01.14—1972.02.25), 波兰人.

[3] Marie Ennemond Camille Jordan (1838.01.05—1922.01.22), 法国人, 提出了 Jordan 标准型概念, 他还给出了简单闭曲线将平面分成两个部分的 Jordan 引理.

[4] Thomas Jan Stieltjes (1856.12.29—1894.12.31), 荷兰人, 被称为连分数解析理论之父.

为 $\mu(x)$ 在 $[a,b]$ 上的全变差 (total variation). 当全变差为有限时, 则称其为 $\mu$ 在 $[a,b]$ 上的有界变差 (bounded variation), 而称 $\mu(x)$ 在 $[a,b]$ 上是有界变差的 (of bounded variation).

显然, $[a,b]$ 上的有界变差函数集是线性空间. 定义范数

$$\|\mu\| = |\mu(a)| + \text{Var}_a^b(\mu)$$

则它成为赋范线性空间, 记为 $V[a,b]$.

显然, 若记 $V(x) = \text{Var}_a^x(\mu)$, 则它是单调增加的. 进一步, 若 $\mu(x)$ 在 $[a,b]$ 上是连续的, 则 $V(x)$ 在 $[a,b]$ 上也是连续的.

下面讨论有界变差函数的一些性质.

**定理 4.1.1** (1) 有界变差函数是有界的;
(2) $[a,b]$ 上的单调函数是有界变差的, 且 $\text{Var}_a^b(\mu) = |\mu(b) - \mu(a)|$.

**推论 4.1.1** 分段 (有限段) 单调函数是有界变差的.

连续函数不一定是有界变差的. 例如, 考虑 $[0,1]$ 上的函数:

$$\mu(x) = \begin{cases} x\cos\dfrac{\pi}{2x}, & x \in (0,1] \\ 0, & x = 0 \end{cases}$$

易证 $\mu(x)$ 在 $[0,1]$ 上是连续的.

另外, 取分点:

$$0 < \frac{1}{2n} < \frac{1}{2n-1} < \cdots < \frac{1}{2} < 1$$

则

$$\sum_{i=1}^{2n-1} \left| \mu\left(\frac{1}{i}\right) - \mu\left(\frac{1}{i+1}\right) \right| > 1 + \frac{1}{2} + \cdots + \frac{1}{n}$$

注意, 上式右端是调和级数的前 $n$ 项和, 所以 $\text{Var}_0^1(\mu) = \infty$, 即 $\mu(x)$ 不是 $[0,1]$ 上的有界变差函数.

**定义 4.1.2** 若对任意 $\varepsilon > 0$, 存在 $\delta > 0$, 使得对 $[a,b]$ 的任意一组分点

$$a_1 < b_1 < a_2 < b_2 < \cdots < a_n < b_n$$

当 $\sum\limits_{i=1}^{n} (b_i - a_i) < \delta$ 时, 有 $\sum\limits_{i=1}^{n} |\mu(b_i) - \mu(a_i)| < \varepsilon$, 则称 $\mu(x)$ 在 $[a,b]$ 上是绝对连续的 (absolutely continuous).

由绝对连续性定义, 易证绝对连续函数是一致连续的.

**定理 4.1.2**　$[a,b]$ 上的绝对连续函数是有界变差的.

**证**　由绝对连续性定义, 存在 $\delta > 0$, 使得对 $[a,b]$ 的任意一组分点

$$a_1 < b_1 < a_2 < b_2 < \cdots < a_n < b_n$$

当 $\sum\limits_{i=1}^{n} (b_i - a_i) < \delta$ 时, 有 $\sum\limits_{i=1}^{n} |\mu(b_i) - \mu(a_i)| < 1$. 取 $N = \left[\dfrac{b-a}{\delta}\right] + 1$. 将 $[a,b]$ 等分成 $N$ 个长度小于 $\delta$ 的小区间有分划:

$$P' : a = z_0 < z_1 < \cdots < z_N = b$$

现对 $[a,b]$ 的任意分划 $P$, 将 $P'$ 加入有新的分划

$$P'' : a = \xi_0 < \xi_1 < \cdots < \xi_\ell = b$$

则

$$\sum_{i=1}^{n} |\mu(x_i) - \mu(x_{i-1})| \leqslant \sum_{i=1}^{\ell} |\mu(\xi_i) - \mu(\xi_{i-1})|$$
$$= \sum_{j=1}^{N} \sum_{z_{j-1} \leqslant \xi_{i-1} < \xi_i \leqslant z_i} |\mu(\xi_i) - \mu(\xi_{i-1})|$$
$$\leqslant N$$

所以, $\mathrm{Var}_a^b(\mu) \leqslant N$. 证完.

**定理 4.1.3**　若 $\mu(x)$ 在 $[a,b]$ 上是 Lipschitz 的, $L$ 是 Lipschitz 常数, 则 $\mu(x)$ 在 $[a,b]$ 上是有界变差的, 且 $\mathrm{Var}_a^b(\mu) \leqslant L|b-a|$.

**证**　因为

$$\sum_{i=1}^{n} |\mu(x_i) - \mu(x_{i-1})| \leqslant L \sum_{i=1}^{n} (x_i - x_{i-1}) = L|b-a|$$

所以 $\mathrm{Var}_a^b(\mu) \leqslant L|b-a|$. 证完.

用上述定理和 Lagrange 中值定理, 显然有下述推论.

**推论 4.1.2**　若 $|\mu'(x)| \leqslant L = \mathrm{const}$, 则 $\mu(x)$ 在 $[a,b]$ 上是有界变差的, 且 $\mathrm{Var}_a^b(\mu) \leqslant L|b-a|$.

**定理 4.1.4**　若 $a < c < b$, 则 $\mathrm{Var}_a^c(\mu) + \mathrm{Var}_c^b(\mu) = \mathrm{Var}_a^b(\mu)$.

证 设

$$P_1 : a = x_0 < x_1 < \cdots < x_n = c$$
$$P_2 : c = x_n < x_{n+1} < \cdots < x_{n+m} = b$$

分别是 $[a, c]$, $[c, b]$ 的分划, 则

$$P : a = x_0 < x_1 < \cdots < x_n = c < x_{n+1} < \cdots < x_{n+m} = b$$

是 $[a, b]$ 的分划, 故有

$$\sum_{i=1}^{n} |\mu(x_i) - \mu(x_{i-1})| + \sum_{i=1}^{m} |\mu(x_{n+i}) - \mu(x_{n+i-1})| \leqslant \mathrm{Var}_a^b(\mu)$$

因此有

$$\mathrm{Var}_a^c(\mu) + \mathrm{Var}_c^b(\mu) \leqslant \mathrm{Var}_a^b(\mu)$$

此外, 设

$$P : a = x_0 < x_1 < \cdots < x_n = b$$

是 $[a, b]$ 的分划. 若 $c$ 是某分点 $x_k$, 则 $P$ 可分成 $[a, c]$, $[c, b]$ 的分划

$$P_1 : a = x_0 < x_1 < \cdots < x_k = c$$
$$P_2 : c = x_k < x_{k+1} < \cdots < x_n = b$$

故有

$$\sum_{i=1}^{n} |\mu(x_i) - \mu(x_{i-1})| = \sum_{i=1}^{k} |\mu(x_i) - \mu(x_{i-1})| + \sum_{i=k}^{n} |\mu(x_i) - \mu(x_{i-1})|$$
$$\leqslant \mathrm{Var}_a^c(\mu) + \mathrm{Var}_c^b(\mu)$$

从而

$$\mathrm{Var}_a^b(\mu) \leqslant \mathrm{Var}_a^c(\mu) + \mathrm{Var}_c^b(\mu)$$

若 $c$ 不是某分点, 则将 $c$ 加入构成新的分划:

$$P' : a = x_0 < x_1 < \cdots < x_k < c < x_{k+1} < \cdots < x_n = b$$

为方便, 将其表示为

$$P' : a = \xi_0 < \xi_1 < \cdots < \xi_{n+1} = b$$

则

$$\sum_{i=1}^{n} |\mu(x_i) - \mu(x_{i-1})| \leqslant \sum_{i=1}^{n+1} |\mu(\xi_i) - \mu(\xi_{i-1})|$$

$$= \sum_{i=1}^{k+1} |\mu(\xi_i) - \mu(\xi_{i-1})| + \sum_{i=k+1}^{n+1} |\mu(\xi_i) - \mu(\xi_{i-1})|$$

$$\leqslant \mathrm{Var}_a^c(\mu) + \mathrm{Var}_c^b(\mu)$$

从而, 也有

$$\mathrm{Var}_a^b(\mu) \leqslant \mathrm{Var}_a^c(\mu) + \mathrm{Var}_c^b(\mu)$$

证完.

**定理 4.1.5**　(1) 有界变差函数的和、差、积是有界变差的;

(2) 设 $\mu_1(x)$, $\mu_2(x)$ 都是 $[a,b]$ 上的有界变差函数, 且 $|\mu_2(t)| \geqslant \lambda > 0$. 则商 $\dfrac{\mu_1(t)}{\mu_2(t)}$ 在 $[a,b]$ 上是有界变差的.

上述定理的证明很简单.

**定理 4.1.6 (Jordan 分解定理, Jordan decomposition theorem)**　$\mu(x)$ 在 $[a,b]$ 上有界变差的充要条件是其为两个增加函数的差.

**证**　只需证必要性.

因为

$$|\mu(x) - \mu(a)| \leqslant \mathrm{Var}_a^x(\mu) = V(x)$$

所以 $\mu(x) - \mu(a) \leqslant V(x)$.

令 $\nu(x) = V(x) - \mu(x) + \mu(a)$, 则 $\mu(x) = V(x) + \mu(a) - \nu(x)$, $\nu(x) \geqslant 0$. 若 $x_1 < x_2$, 则

$$\nu(x_2) - \nu(x_1) = V(x_2) - V(x_1) - (\mu(x_2) - \mu(x_1))$$

$$= \mathrm{Var}_{x_1}^{x_2}(\mu) - (\mu(x_2) - \mu(x_1))$$

$$\geqslant \mathrm{Var}_{x_1}^{x_2}(\mu) - |\mu(x_2) - \mu(x_1)|$$

$$\geqslant 0$$

所以, $\nu(x)$ 是单调增加的. 令

$$\mu_1(x) = V(x) + \mu(a) + |\mu(a)|$$

$$\mu_2(x) = \nu(x) + |\mu(a)|$$

则 $\mu(x) = \mu_1(x) - \mu_2(x)$. 证完.

由 Jordan 分解定理即知, 有界变差函数的不连续点至多是可数的.

**习题**

1. 试证定理 4.1.1: (1) 有界变差函数是有界的; (2) $[a, b]$ 上的单调函数是有界变差的, 且 $\mathrm{Var}_a^b(\mu) = |\mu(b) - \mu(a)|$.

2. 试证绝对连续函数是一致连续的.

3. 试证定理 4.1.5: (1) 有界变差函数的和、差、积是有界变差的; (2) 设 $\mu_1(x), \mu_2(x)$ 都是 $[a, b]$ 上的有界变差函数, 且 $|\mu_2(t)| \geqslant \lambda > 0$. 则商 $\dfrac{\mu_1(t)}{\mu_2(t)}$ 在 $[a, b]$ 上是有界变差的.

4. 试证有界变差函数的不连续点至多是可数的.

## 4.2  Stieltjes 积分

为了类比地学习 Stieltjes 积分的概念, 先来回顾微积分中的 Riemann 积分的概念: 设 $f(x)$ 是 $[a, b]$ 上的有界函数. 对 $[a, b]$ 进行分划:

$$P : a = x_0 < x_1 < x_2 < \cdots < x_{n-1} < x_n = b$$

记 $\Delta x_i = x_i - x_{i-1}$, 同时规定 $\Delta x_i$ 也表示区间 $[x_{i-1}, x_i]\,(i = 1, 2, \cdots, n)$. 还记为 $\lambda(P) = \max\limits_{i=1,2,\cdots,n} \Delta x_i$.

**定义 4.2.1**  若

$$P : a = x_0 < x_1 < x_2 < \cdots < x_{n-1} < x_n = b$$
$$P' : a = x_0' < x_1' < x_2' < \cdots < x_{m-1}' < x_m' = b$$

是 $[a, b]$ 的两个分划, 其中 $m > n$, 且

$$\{x_0, x_1, x_2, \cdots, x_{n-1}, x_n\} \subset \{x_0', x_1', x_2', \cdots, x_{m-1}', x_m'\}$$

则称 $P'$ 是比 $P$ 更细的分划 (refiner partition).

若分划 $P''$ 是由 $P', P$ 合并的, 显然, 分划 $P''$ 是比 $P', P$ 更细的分划.

**定义 4.2.2**  若 $m_i = \inf\limits_{x \in \Delta x_i} f(x)$, $M_i = \sup\limits_{x \in \Delta x_i} f(x)(i = 1, 2, \cdots, n)$

$$P : a = x_0 < x_1 < x_2 < \cdots < x_{n-1} < x_n = b$$

是 $[a, b]$ 的分划, 则分别称

$$s = \sum_{i=1}^n m_i \Delta x_i$$
$$S = \sum_{i=1}^n M_i \Delta x_i$$

是 $f(x)$ 关于 $P$ 的下 Darboux[①] 和 (lower Darboux sum) 与上 Darboux 和 (upper Darboux sum).

若

$$m = \inf_{x \in [a,b]} f(x)$$
$$M = \sup_{x \in [a,b]} f(x)$$

则显然有

$$m \leqslant f(x) \leqslant M$$
$$m(b-a) \leqslant s \leqslant S \leqslant M(b-a)$$

**引理 4.2.1**　若 $P'$ 是比 $P$ 更细的分划, 则

$$s \leqslant s' \leqslant S' \leqslant S$$

**证**　设 $P : a = x_0 < x_1 < x_2 < \cdots < x_{n-1} < x_n = b$ 是分划. 因为 $P'$ 是比 $P$ 更细的分划, 所以分划 $P'$ 是将 $P$ 中的区间 $[x_{i-1}, x_i]$ 再进行分划而得的 $(i = 1, 2, \cdots, n)$. 从而可设 $[x_{i-1}, x_i]$ 的分划为

$$P_i' : x_{i-1} = x_1^{(i)} < x_2^{(i)} < \cdots < x_{k_i-1}^{(i)} < \cdots < x_{k_i}^{(i)} = x_i,\ i = 1, 2, \cdots, n$$

令

$$m_i = \inf_{x \in \Delta x_i} f(x),\ M_i = \sup_{x \in \Delta x_i} f(x),\ i = 1, 2, \cdots, n$$

$$m_{ij} = \inf_{x \in \Delta x_j^{(i)}} f(x),\ M_{ij} = \sup_{x \in \Delta x_j^{(i)}} f(x),\ i = 1, 2, \cdots, n,\ j = 1, 2, \cdots, k_i$$

则

$$m \leqslant m_i \leqslant m_{ij} \leqslant M_{ij} \leqslant M_i \leqslant M,\ i = 1, 2, \cdots, n,\ j = 1, 2, \cdots, k_i$$

于是

$$s' = \sum_{i=1}^{n} \sum_{j=1}^{k_i} m_{ij} \Delta x_j^{(i)} \geqslant \sum_{i=1}^{n} m_i \left( \sum_{j=1}^{k_i} \Delta x_j^{(i)} \right) = \sum_{i=1}^{n} m_i \Delta x_i = s$$

类似地有 $S^* \leqslant S$. 证完.

---

[①] Jean Gaston Darboux (1842.08.14—1917.02.23), 法国人.

令

$$\underline{\int_a^b} f(x)\mathrm{d}x = \sup_P \{s\}$$

$$\overline{\int_a^b} f(x)\mathrm{d}x = \inf_P \{S\}$$

并分别称为 $f(x)$ 在 $[a,b]$ 上的下 Riemann 积分 (lower Riemann integral) 和上 Riemann 积分 (upper Riemann integral).

**引理 4.2.2**

$$\underline{\int_a^b} f(x)\mathrm{d}x \leqslant \overline{\int_a^b} f(x)\mathrm{d}x$$

**证** 设有分划 $P_1$, $P_2$, 而 $P'$ 是由它们合并而成的分划. 由引理 4.2.1 可知, 有

$$s_1 \leqslant s' \leqslant S' \leqslant S_1$$

$$s_2 \leqslant s' \leqslant S' \leqslant S_2$$

于是 $s_1 \leqslant S_2$. 证完.

**定义 4.2.3** (1) 若 $f(x)$ 在 $[a,b]$ 上的下上 Riemann 积分相等, 则称其在 $[a,b]$ 上是 Riemann 可积的 (Riemann integrable), 记为 $f \in R[a,b]$;

(2) 这个相等的积分值称为 $f(x)$ 在 $[a,b]$ 上的 Riemann 积分 (Riemann integral), 记为

$$\int_a^b f(x)\mathrm{d}x$$

或

$$(\mathfrak{R}) \int_a^b f(x)\mathrm{d}x$$

**定理 4.2.1** $f(x)$ 在 $[a,b]$ 上 Riemann 可积的充要条件是对任意 $\varepsilon > 0$, 存在分划 $P$, 使得 $S - s < \varepsilon$.

**证** 先证充分性.

若对任意 $\varepsilon > 0$, 存在分划 $P$, 使得 $S - s < \varepsilon$, 则

$$\overline{\int_a^b} f(x)\mathrm{d}x \leqslant S < s + \varepsilon \leqslant \underline{\int_a^b} f(x)\mathrm{d}x + \varepsilon$$

所以

$$\overline{\int_a^b} f(x)\mathrm{d}x \leqslant \underline{\int_a^b} f(x)\mathrm{d}x$$

由引理 4.2.2, 有

$$\overline{\int_a^b} f(x)\mathrm{d}x = \underline{\int_a^b} f(x)\mathrm{d}x$$

从而 $f(x)$ 在 $[a,b]$ 上是 Riemann 可积的.

下证必要性.

对任意 $\varepsilon > 0$, 存在分划 $P_1$, $P_2$, 使得

$$s_1 > \underline{\int_a^b} f(x)\mathrm{d}x - \frac{\varepsilon}{2} = \int_a^b f(x)\mathrm{d}x - \frac{\varepsilon}{2} \tag{4.1}$$

$$S_2 < \overline{\int_a^b} f(x)\mathrm{d}x + \frac{\varepsilon}{2} = \int_a^b f(x)\mathrm{d}x + \frac{\varepsilon}{2} \tag{4.2}$$

设 $P$ 是由 $P_1$, $P_2$ 合并而成的分划, 则由引理 4.2.1, 有

$$s_1 \leqslant s \leqslant S \leqslant S_1$$
$$s_2 \leqslant s \leqslant S \leqslant S_2$$

从而

$$s_1 \leqslant s \leqslant S \leqslant S_2$$

由式 (4.1) 和式 (4.2), 有 $S - s < \varepsilon$. 证完.

**例 4.2.1** Riemann 函数

$$R(x) = \begin{cases} \dfrac{1}{q}, & x = \dfrac{p}{q}, \ p, q \text{ 是互素整数}, \ q > 0 \\ 0, & x \text{ 是无理数} \end{cases}$$

在 $[a,b]$ 上是 Riemann 可积的.

**例 4.2.2** Dirichlet 函数 (Dirichlet function)

$$D(x) = \begin{cases} 1, & x \text{ 是无理数}, \ x \in [0,1] \\ 0, & x \text{ 是有理数}, \ x \in [0,1] \end{cases}$$

在 $[0,1]$ 上不是 Riemann 可积的.

事实上, 对 $[0,1]$ 的任意分划都有 $m_i = 0$, $M_i = 1(i = 1, 2, \cdots, n)$, 所以总有 $s = 0$, $S = 1$. 由定理 4.2.1 可知, 它在 $[0,1]$ 上不是 Riemann 可积的.

这里顺便指出, 它有解析表达式

$$D(x) = \lim_{m\to\infty}\left(\lim_{n\to\infty}(\cos(\pi m!x))^{2n}\right)$$

**定理 4.2.2**　*闭区间上的连续函数是 Riemann 可积的.*

**证**　设 $f(x)$ 是 $[a,b]$ 上的连续函数, 故由 Cantor 定理 (定理 2.1.8) 可知, 它在 $[a,b]$ 上是一致连续的. 因此对任意 $\varepsilon > 0$, 存在 $\delta > 0$, 当 $x,x' \in [a,b]$, $|x-x'| < \delta$ 时, 有

$$|f(x)-f(x')| < \frac{\varepsilon}{b-a}$$

设分划 $P$, 使得 $\lambda(P) < \delta$, 则 $M_i - m_i < \dfrac{\varepsilon}{b-a}$, 所以

$$S - s = \sum_{i=1}^{n}(M_i - m_i)\Delta x_i < \varepsilon$$

再由定理 4.2.1 可知, 它在 $[a,b]$ 上是 Riemann 可积的. 证完.

下面讨论 Stieltjes 积分概念. 设 $f(x)$ 定义于 $[a,b]$ 上, $\mu(x)$ 是 $[a,b]$ 上的有界变差函数.

记 $\Delta x_i = x_i - x_{i-1}$, 同时规定 $\Delta x_i$ 也表示区间 $[x_{i-1},x_i]\,(i=1,2,\cdots,n)$. 还记 $\lambda(P) = \max\limits_{i=1,2,\cdots,n}\Delta x_i$.

对应于区间的每个分划, 记 $\Delta\mu_i = \mu(x_i)-\mu(x_{i-1})\,(i=1,2,\cdots,n)$.

**定义 4.2.4**　若 $m_i = \inf\limits_{x\in\Delta x_i}f(x)$, $M_i = \sup\limits_{x\in\Delta x_i}f(x)(i=1,2,\cdots,n)$

$$P: a = x_0 < x_1 < x_2 < \cdots < x_{n-1} < x_n = b$$

是 $[a,b]$ 的分划, 则分别称

$$s = \sum_{i=1}^{n} m_i\Delta\mu_i$$

$$S = \sum_{i=1}^{n} M_i\Delta\mu_i$$

是 $f(x)$ 关于 $P$ 和有界变差函数 $\mu(x)$ 的下 Darboux 和与上 Darboux 和.

若

$$m = \inf_{x\in[a,b]}f(x)$$
$$M = \sup_{x\in[a,b]}f(x)$$

则显然有

$$m \leqslant f(x) \leqslant M$$

$$m(\mu(b) - \mu(a)) \leqslant s \leqslant S \leqslant M(\mu(b) - \mu(a))$$

仍然可给出更细的分划概念, 并同理若 $P'$ 是比 $P$ 更细的分划, 则 $s \leqslant s' \leqslant S' \leqslant S$.

令

$$\underline{\int_a^b} f(x)\mathrm{d}\mu(x) = \sup_P \{s\}$$

$$\overline{\int_a^b} f(x)\mathrm{d}\mu(x) = \inf_P \{S\}$$

并分别称为 $f(x)$ 在 $[a,b]$ 上关于有界变差函数 $\mu(x)$ 的下 Stieltjes 积分 (lower Stieltjes integral) 和上 Stieltjes 积分 (upper Stieltjes integral).

**引理 4.2.3**

$$\underline{\int_a^b} f(x)\mathrm{d}\mu(x) \leqslant \overline{\int_a^b} f(x)\mathrm{d}\mu(x)$$

与引理 4.2.2 类似, 证略.

**定义 4.2.5** (1) 若 $f(x)$ 在 $[a,b]$ 上关于有界变差函数 $\mu(x)$ 的下上 Stieltjes 积分相等, 则称其在 $[a,b]$ 上关于 $\mu(x)$ 是 Stieltjes 可积的 (Stieltjes integrable), 记 $f \in S[a,b;\mu]$;

(2) 这个相等的积分值称为 $f(x)$ 在 $[a,b]$ 上关于 $\mu(x)$ 的 Stieltjes 积分 (Stieltjes integral), 记为

$$\int_a^b f(x)\mathrm{d}\mu(x)$$

或

$$(\mathfrak{S})\int_a^b f(x)\mathrm{d}\mu(x)$$

**定理 4.2.3** $f(x)$ 在 $[a,b]$ 上关于有界变差函数 $\mu(x)$ 是 Stieltjes 可积的充要条件是对任意 $\varepsilon > 0$, 存在分划 $P$, 使得 $S - s < \varepsilon$.

与定理 4.2.1 类似, 证略.

**定理 4.2.4** $[a,b]$ 上的连续函数关于有界变差函数 $\mu(x)$ 是 Stieltjes 可积的.

证 因为 $\mu(x)$ 是有界变差的, 所以对任意 $\varepsilon > 0$, 可取 $\eta > 0$, 使得 $\eta(\mu(b) - \mu(a)) < \varepsilon$. 设 $f(x)$ 是 $[a,b]$ 上的连续函数, 故由 Cantor 定理 (定理 2.1.8) 可知, 它在 $[a,b]$ 上是一致连续的. 因此存在 $\delta > 0$, 当 $x, x' \in [a,b]$, $|x - x'| < \delta$ 时有 $|f(x) - f(x')| < \eta$.

设分划 $P$, 使得 $\lambda(P) < \delta$, 则 $M_i - m_i < \eta$. 所以

$$S - s = \sum_{i=1}^{n} (M_i - m_i) \Delta \mu_i < \eta(\mu(b) - \mu(a)) < \varepsilon$$

故由上述定理, 它在 $[a,b]$ 上关于 $\mu(x)$ 是 Stieltjes 可积的. 证完.

若 $\mu(x) = x$, 则 Stieltjes 积分就是通常的 Riemann 积分.

若 $\mu'(x)$ 和 $\int_a^b f(x)\mu'(x)\mathrm{d}x$ 都存在, 则

$$\int_a^b f(x)\mathrm{d}\mu(x) = \int_a^b f(x)\mu'(x)\mathrm{d}x$$

**定理 4.2.5** (1) Stieltjes 积分 $\int_a^b f(x)\mathrm{d}\mu(x)$ 关于 $f(x)$ 是线性的, 即对定义于 $[a,b]$ 的 $f_1(x), f_2(x)$, 以及 $\alpha, \beta \in \Phi$, 若 $\int_a^b f_1(x)\mathrm{d}\mu(x)$ 和 $\int_a^b f_2(x)\mathrm{d}\mu(x)$ 存在, 则

$$\int_a^b (\alpha f_1(x) + \beta f_2(x))\,\mathrm{d}\mu(x) = \alpha \int_a^b f_1(x)\mathrm{d}\mu(x) + \beta \int_a^b f_2(x)\mathrm{d}\mu(x)$$

(2) Stieltjes 积分 $\int_a^b f(x)\mathrm{d}\mu(x)$ 关于 $\mu(x)$ 是线性的, 即对 $[a,b]$ 上任意有界变差函数 $\mu_1(x), \mu_2(x)$, 以及 $\gamma, \delta \in \Phi$, 若 $\int_a^b f(x)\mathrm{d}\mu_1(x)$ 和 $\int_a^b f(x)\mathrm{d}\mu_2(x)$ 存在, 则

$$\int_a^b f(x)\mathrm{d}\,(\gamma\mu_1(x) + \delta\mu_2(x)) = \gamma \int_a^b f(x)\mathrm{d}\mu_1(x) + \delta \int_a^b f(x)\mathrm{d}\mu_2(x)$$

(3) Stieltjes 积分有下述不等式:

$$\left| \int_a^b f(x)\mathrm{d}\mu(x) \right| \leqslant \max_{x \in [a,b]} |f(x)| \mathrm{Var}(\mu)$$

若 $\mu(x) = x$, 则 $\mathrm{Var}(\mu) = b - a$. 此时上式就给出了熟知的结果:

$$\left| \int_a^b f(x)\mathrm{d}x \right| \leqslant \max_{x \in [a,b]} |f(x)|(b - a)$$

## 4.3 Hahn-Banach 定理

在抽象的赋范线性空间中直接定义线性泛函是困难的, 特别是具有某些特殊性质泛函的存在性问题. 这一节要介绍的 Hahn-Banach 定理就是为解决这个问题, 它是关于线性空间上线性泛函的扩张定理.

不加证明地给出下述定理.

**定理 4.3.1 (线性空间中的 Hahn-Banach 定理, Hahn-Banach theorem in linear space)** 设 $X$ 是实线性空间, $p$ 是 $X$ 上的次线性泛函 (sublinear functional), 即 $p$ 满足

(1) (次可加性, sub-additivity) 对任意 $x, y \in X$, 有 $p(x+y) \leqslant p(x) + p(y)$;

(2) (正齐次性, positive homogeneity) 对任意 $\alpha \geqslant 0$, $x \in X$, 有 $p(\alpha x) = \alpha p(x)$.

设 $G \subset X$ 是线性子空间, 则对任意 $f \in G^*$, 满足 $f(x) \leqslant p(x)$, $x \in G$, 存在 $\widehat{f} \in X^*$, 满足 $\widehat{f}(x) \leqslant p(x)$, $x \in X$.

**定理 4.3.2 (赋范线性空间中的 Hahn-Banach 定理, Hahn-Banach theorem in normed linear space)** 设 $G$ 是赋范线性空间 $X$ 的线性子空间, 则对任意 $f \in G^*$, 存在 $\widehat{f} \in X^*$, 满足

(1) $\widehat{f}(x) = f(x)$, $x \in G$;

(2) $\|f\|_G = \|\widehat{f}\|$.

**证** 不妨设 $G \neq \{\vartheta\}$.

因为对任意 $x \in G$, 有 $f(x) \leqslant \|f\|_G \|x\|$, 所以可取 $p(x) = \|f\|_G \|x\|$, 而它是整个 $X$ 上的函数. 此外, 由三角不等式 (3.1), 有

$$p(x+y) = \|f\|_G \|x+y\| \leqslant \|f\|_G \|x\| + \|f\|_G \|y\| = p(x) + p(y)$$

$$p(\alpha x) = \|f\|_G \|\alpha x\| = |\alpha| \|f\|_G \|x\| = |\alpha| p(x)$$

所以, $p$ 是线性空间中 Hahn-Banach 定理 (定理 4.3.1) 中的次线性泛函, 故存在 $\widehat{f} \in X^*$, 它是 $f$ 的扩张, 且满足

$$|\widehat{f}(x)| \leqslant p(x) = \|f\|_G \|x\|, \ x \in X$$

从而又有

$$\|\widehat{f}\| = \sup_{\|x\|=1, x \in X} |\widehat{f}(x)| \leqslant \|f\|_G$$

因为在扩张之下, 这个范数不会减少, 所以又有 $\|\widehat{f}\| \geqslant \|f\|_G$. 证完.

例 4.3.1 说明子空间 $G$ 上的有界线性泛函扩张成赋范线性空间 $X$ 上的有界线性泛函时, 可有不止一种方式, 即扩张不是唯一的.

**例 4.3.1** 对平面上任意 $\boldsymbol{x} = (x_1, x_2)$, 定义范数为

$$\|\boldsymbol{x}\| = |x_1| + |x_2|$$

设 $G = \{(x_1, 0) \mid x_1 \in \mathbb{R}\}$, $f \in G^*$, 使得 $f(x_1, 0) = x_1$, 则 $|f(x_1, 0)| = |x_1|$, 即 $\|f\|_G = 1$. 然而, 对任意实数 $\alpha$, 平面上的有界线性泛函 $\widehat{f}(\boldsymbol{x}) = x_1 + \alpha x_2$ 都是 $f$ 的扩张. 用三角不等式 (3.1), 因为

$$
\begin{aligned}
|\widehat{f}(\boldsymbol{x})| &= |x_1 + \alpha x_2| \\
&\leqslant \begin{cases} |x_1| + |x_2| = \|\boldsymbol{x}\|, & |\alpha| \leqslant 1 \\ |\alpha||x_1| + |\alpha||x_2| = |\alpha|\|\boldsymbol{x}\|, & |\alpha| > 1 \end{cases} \\
&= \max\{1, |\alpha|\}\|\boldsymbol{x}\|
\end{aligned}
$$

所以只要 $|\alpha| \leqslant 1$, $\widehat{f}$ 都是 $f$ 保持范数不变的扩张, 即满足定理要求的扩张方式有无限多个.

下面的特殊形式的 Hahn-Banach 定理, 是经常被引用的.

**定理 4.3.3 (Hahn-Banach 定理, Hahn-Banach theorem)** 设 $X$ 是赋范线性空间, 则对任意 $x_0 \in X$, $x_0 \neq \vartheta$, 存在 $f \in X^*$, 满足

(1) $f(x_0) = \|x_0\|$;

(2) $\|f\| = 1$.

**证** 考虑 $X$ 的子空间 $G = \operatorname{span}\{x_0\}$, 则对任意 $x \in G$, 有 $x = \alpha x_0$, 其中 $\alpha \in \Phi$. 定义 $f \in G^*$, 使得

$$
f(x) = f(\alpha x_0) = \alpha \|x_0\|, x \in G \tag{4.3}
$$

因为

$$
|f(x)| = |f(\alpha x_0)| = |\alpha| \|x_0\| = \|\alpha x_0\| = \|x\|
$$

所以线性泛函 $f$ 是有界的, 且 $\|f\| = 1$. 由赋范线性空间中的 Hahn-Banach 定理 (定理 4.3.2) 可知, $f$ 有从子空间 $G$ 到 $X$ 的扩张 $\widehat{f}$, 且

$$
\|\widehat{f}\| = \|f\| = 1
$$

而由式 (4.3) 可看出

$$
\widehat{f}(x_0) = f(x_0) = \|x_0\|
$$

证完.

**推论 4.3.1** 设 $X$ 是赋范线性空间, 则对任意 $x \in X$, 有

$$
\|x\| = \sup_{f \neq \vartheta, f \in X^*} \frac{|f(x)|}{\|f\|}
$$

因此, 若 $x_0$ 对任意 $f \in X^*$, 都有 $f(x_0) = 0$, 则 $x_0 = \vartheta$.

**证**    由 Hahn-Banach 定理 (定理 4.3.3) 可知, 对给定的 $x$, 存在有界线性泛函 $\widehat{f}$, 使得 $\widehat{f} = \|x\|$, 且 $\|\widehat{f}\| = 1$. 所以,

$$\sup_{f \neq \vartheta, f \in X^*} \frac{|f(x)|}{\|f\|} \geqslant \frac{|\widehat{f}(x)|}{\|\widehat{f}\|} = \frac{\|x\|}{1} = \|x\|$$

此外, 由 $|f(x)| \leqslant \|f\|\|x\|$, 又有

$$\sup_{f \neq \vartheta, f \in X^*} \frac{|f(x)|}{\|f\|} \leqslant \|x\|$$

证完.

推论 4.3.1 表明: 赋范线性空间 $X$ 的对偶空间 $X^*$ 由充分多的有界线性泛函组成, 这些泛函多到可用来分辨 $X$ 的点, 即对不同两点, 存在线性泛函, 在两点处的泛函值也不同. 关于伴随算子和弱收敛性的研究, Hahn-Banach 定理是不可缺少的工具.

最后不加证明地给出 $C[a, b]$ 上有界线性泛函的一般表示公式, 即 Riesz 定理, 其证明实际上是 Hahn-Banach 定理的应用问题, 它在分析学史上是极其重要的, 是发展算子谱论的重要工具.

**定理 4.3.4 (Riesz 定理, Riesz's theorem)**    $C[a, b]$ 上每个有界线性泛函都可表示为 Stieltjes 积分的形式, 即

$$f(x) = \int_a^b x(t) \mathrm{d}\mu(t)$$

式中: $\mu(t)$ 在 $[a, b]$ 上是有界变差的, 且 $\mathrm{Var}_a^b(\mu) = \|f\|$.

Riesz 定理中的 $\mu(t)$ 不是唯一的, 然而可通过规范化使之唯一. 所谓规范化条件就是要求 $\mu(a) = 0$, $\mu(t + 0) = \mu(t)$, $t \in (a, b)$. 此时记 $V[a, b]$ 为 $V_0[a, b]$. 定义范数 $\|\mu\| = \mathrm{Var}_a^b(\mu)$, 则它成为赋范线性空间. 另外, Riesz 定理作为现代积分理论的出发点是很有意义的.

**习题**

1. 试证赋范线性空间上的范数是其上的次线性泛函.
2. 试证次线性泛函 $p$ 满足 $p(\vartheta) = 0$ 和 $p(-x) \geqslant -p(x)$.
3. 若赋范线性空间 $X$ 上的泛函 $p$ 满足 $p(x + y) \leqslant p(x) + p(y)$, 且 $p$ 在 $\vartheta$ 处是连续的, $p(\vartheta) = 0$, 试证 $p(x)$ 在 $X$ 上是连续的.
4. 若 $p_1$, $p_2$ 都是线性空间 $X$ 上的次线性泛函, $\alpha_1$, $\alpha_2$ 都是正数, 试证 $\alpha_1 p_1 + \alpha_2 p_2$ 是 $X$ 上的次线性泛函.

5. 设 $p$ 是实线性空间 $X$ 中的次线性泛函, 而 $f \in G^*$, 使得 $f(x) = \alpha p(x_0)$, 其中 $G = \{x = \alpha x_0 \mid \alpha \in \mathbb{R}\}$, $x_0 \in X$ 是固定的, 试证 $f$ 是 $G$ 上满足 $f(x) \leqslant p(x)$ 的线性泛函.

6. 设 $X$ 是赋范线性空间. 若 $X \neq \{\vartheta\}$, 试证 $X^* \neq \{\vartheta\}$.

7. 若对每个 $f \in X^*$, 都有 $f(x) = f(y)$, 试证 $x = y$.

8. 在 Hahn-Banach 定理 (定理 4.3.2) 的假设下, 试证存在 $\widetilde{f} \in X^*$, 满足 $\|\widetilde{f}\| = \dfrac{1}{\|x_0\|}$ 及 $\widetilde{f}(x_0) = 1$.

9. 若赋范线性空间 $X$ 一点 $x_0$, 对所有范数是 1 的 $f \in X^*$, 都有 $|f(x_0)| \leqslant c$, 试证 $\|x_0\| \leqslant c$.

10. 设 $Y$ 是赋范线性空间 $X$ 的闭子空间, 它使得在子空间 $Y$ 上处处为零的 $f \in X^*$ 在整个 $X$ 上也处处为零, 试证 $Y = X$.

11. 设 $M$ 是赋范线性空间 $X$ 中的任意子集, 试证 $x_0 \in X$ 为集 $A = \overline{\operatorname{span} M}$ 的元当且仅当对满足 $f|_M = \vartheta$ 的每个 $f \in X^*$, 都有 $f(x_0) = 0$.

## 4.4 共鸣定理

前述研究单个算子的有界性, 现研究一族算子的有界性. 关于这一问题的结论就是共鸣定理, 这一由 S. Banach 和 H. Steinhaus 建立的定理, 给出了一族有界线性算子, 其范数有共同上界的充分条件. 它在分析中有各种简单而深刻的应用. 例如, 研究 Fourier[①] 级数, 弱收敛性, 序列的可和性和数值积分等.

**定理 4.4.1 (共鸣定理, resonance theorem)** 设 $X$ 是 Banach 空间, $Y$ 是赋范线性空间, 算子列 $T_1, T_2, \cdots, T_n, \cdots \in \mathfrak{B}(X, Y)$, 且对每个 $x \in X$, 存在实数 $C_1$, 使得 $\|T_n x\| \leqslant C_1 (n \in \mathbb{Z}^+)$. 则存在实数 $C$, 使得 $\|T_n\| \leqslant C (n \in \mathbb{Z}^+)$.

证略.

下面给出两例.

**例 4.4.1** 在 $\ell^2$ 上定义算子 $T_n$, 使得对任意 $x = (x_1, x_2, \cdots, x_n, \cdots) \in \ell^2$, 有

$$T_n x = \sum_{i=1}^{n} \frac{1}{2^i} x_i, \ x \in \ell^2$$

在任意 $x \in \ell^2$ 处, 由 Cauchy-Schwarz 不等式 (2.13), 有

$$\|T_n x\| \leqslant \left[\sum_{i=1}^{n} \left(\frac{1}{2^i}\right)^2\right]^{\frac{1}{2}} \left(\sum_{i=1}^{n} x_i^2\right)^{\frac{1}{2}} \leqslant 2\|x\|, \ x \in \ell^2$$

---

① Jean Baptiste Joseph Fourier (1768.03.21—1830.05.16), 法国人.

所以集 $\{\|\mathcal{T}_n x\| \mid n \in \mathbb{Z}^+\}$ 是有界的, 而 $\ell^2$ 是 Banach 空间. 故由共鸣定理 (定理 4.4.1) 可知, 集 $\{\|\mathcal{T}_n\| \mid n \in \mathbb{Z}^+\}$ 是有界的.

**例 4.4.2**　在 $\ell^2$ 上定义算子 $\mathcal{T}_n$, 使得 $\mathcal{T}_n x = \sum\limits_{i=1}^{n} x_i$, $x \in \ell^2$.

考虑 $x^* = \left(1, \dfrac{1}{2}, \cdots, \dfrac{1}{n}, \cdots\right) \in \ell^2$.

因为 $\mathcal{T}_n x^* = \sum\limits_{i=1}^{n} \dfrac{1}{i}$, 所以 $\{\|\mathcal{T}_n x^*\| \mid n \in \mathbb{Z}^+\}$ 是无界的. 故共鸣定理 (定理 4.4.1) 的条件不满足, 无法保证集 $\{\|\mathcal{T}_n\| \mid n \in \mathbb{Z}^+\}$ 的有界性.

事实上, 一方面, 有

$$\frac{\|\mathcal{T}_n x\|}{\|x\|} \leqslant \frac{\sum\limits_{i=1}^{n} x_i}{\sqrt{\sum\limits_{i=1}^{\infty} x_i^2}} \leqslant \frac{\sum\limits_{i=1}^{n} x_i}{\sqrt{\sum\limits_{i=1}^{n} x_i^2}} \leqslant \frac{\sqrt{n}\sqrt{\sum\limits_{i=1}^{n} x_i^2}}{\sqrt{\sum\limits_{i=1}^{n} x_i^2}} = \sqrt{n}$$

所以 $\|\mathcal{T}_n\| \leqslant \sqrt{n}$.

另一方面, 取 $x_0 = (1, 1, \cdots, 1, 0, \cdots) \in \ell^2$, 其中前 $n$ 个位置是 1, 其余的位置是 0, 则 $\dfrac{\|\mathcal{T}_n x_0\|}{\|x_0\|} = \sqrt{n}$, 故 $\|\mathcal{T}_n\| = \sqrt{n}$. 从而 $\|\mathcal{T}_n\|$ 都是有界的.

例 4.4.3 说明, 在非 Banach 空间上共鸣定理不成立.

**例 4.4.3**　在 $C[0,1]$ 上, 定义范数

$$\|x\| = \int_0^1 |x(t)| \mathrm{d}t$$

则它不是 Banach 空间.

事实上, 定义 $C[0,1]$ 上的线性泛函 $f_n$, 使得

$$f_n(x) = \int_0^1 (n+1) t^n x(t) \mathrm{d}t$$

取定 $x \in C[0,1]$, 则

$$|f_n(x)| \leqslant \max_{t \in [0,1]} |x(t)| \int_0^1 (n+1) t^n \mathrm{d}t \leqslant \max_{t \in [0,1]} |x(t)|$$

所以 $f_n$ 是有界的. 但在 $C[0,1]$ 上取定 $x_n(t) = (n+1) t^n$, 有 $\|x_n\| = 1$, 则

$$|f_n(x_n)| = \int_0^1 (n+1)^2 t^{2n} \mathrm{d}t = \frac{(n+1)^2}{2n+1} \|x_n\|$$

所以序列 $\{\|f_n\|\}$ 是无界的.

## 4.5 弱收敛

### 4.5.1 赋范线性空间中的序列

下面引进赋范线性空间 $X$ 中序列弱收敛概念.

**定义 4.5.1** 设 $X$ 是赋范线性空间. 若对每个 $f \in X^*$, 都有 $f(x_n) \to f(x)$, $n \to \infty$, 则称序列 $\{x_n\}$ 是弱收敛的 (weakly convergent), 记为 $x_n \xrightarrow{w} x$, $n \to \infty$.

这样, 原来在定义 3.3.2 中定义的赋范线性空间 $X$ 中序列 $\{x_n\}$ 收敛就相应地称为强收敛的 (strongly convergent).

**定理 4.5.1** (1) 赋范线性空间中的强收敛序列是弱收敛的;

(2) 有限维赋范线性空间弱收敛序列是强收敛的.

**证** (1) 设 $x_n \to x$, $n \to \infty$, 则对于每个 $f \in X^*$, 有

$$|f(x_n) - f(x)| = |f(x_n - x)| \leqslant \|f\| \|x_n - x\| \to 0, \ n \to \infty$$

即 $x_n \xrightarrow{w} x$, $n \to \infty$.

(2) 设 $X$ 是 $k$ 维赋范线性空间, $x_n \xrightarrow{w} x$, $n \to \infty$, $\{e_1, e_2, \cdots, e_k\}$ 是 $X$ 中的任意基, 则

$$x_n = \sum_{i=1}^{k} \alpha_i^{(n)} e_i$$

$$x = \sum_{i=1}^{k} \alpha_i e_i$$

由假设, 对每个 $f \in X^*$, 有 $f(x_n) \to f(x)$, $n \to \infty$. 取 $\{e_1, e_2, \cdots, e_k\}$ 的对偶基 $\{f_1, f_2, \cdots, f_k\}$, $f_i(e_j) = \delta_{ij}$, 则

$$f_i(x_n) = \alpha_i^{(n)}$$

$$f_i(x) = \alpha_i$$

从而由 $f_i(x_n) \to f_i(x)$, $n \to \infty$, 有 $\alpha_i^{(n)} \to \alpha_i$, $n \to \infty$, 故有

$$\|x_n - x\| = \left\| \sum_{i=1}^{k} \left( \alpha_i^{(n)} - \alpha_i \right) e_i \right\| \leqslant \sum_{i=1}^{k} \left| \alpha_i^{(n)} - \alpha_i \right| \|e_i\| \to 0, \ n \to \infty$$

证完.

一般来讲, 强弱收敛在无限维空间不是等价的. 有趣的是 I. Schur[①] 证明了在 $\ell^1$ 中, 强弱收敛是等价的. 将序列的强弱收敛等价的 Banach 空间称为 Schur 空间 (Schur space). 因此, $\ell^1$ 是 Schur 空间.

**引理 4.5.1**　设 $X$ 是赋范线性空间. 若 $\{x_n\}$ 弱收敛到 $x$, 则

(1) 其弱极限 $x$ 是唯一的;

(2) 其每个子列都弱收敛到 $x$;

(3) $\{\|x_n\|\}$ 是有界的.

**证**　(1) 设 $x_n \xrightarrow{w} x, n \to \infty$ 和 $x_n \xrightarrow{w} y, n \to \infty$, 则对任意 $X$ 上的线性泛函 $f$, $f(x_n) \to f(x), n \to \infty$ 和 $f(x_n) \to f(y), n \to \infty$. 因为 $\{f(x_n)\}$ 是数列, 所以极限是唯一的, 故 $f(x) = f(y)$, 即对每个 $f \in X^*$, 都有

$$f(x) - f(y) = f(x - y) = 0$$

即所有线性泛函在 $x - y$ 处的函数值都是零. 故由推论 4.3.1, 有 $x = y$.

(2) 由于 $\{f(x_n)\}$ 的收敛性, 其每个子列都是收敛的, 且与其本身有相同极限.

(3) 对任意 $f \in X^*$, 由于 $\{f(x_n)\}$ 的收敛性, 它是有界的, 故存在 $c \geqslant 0$, 对任意 $n \in \mathbb{Z}^+$, 有 $|f(x_n)| \leqslant c$. 证完.

定义 $X^*$ 上的线性泛函 $g_n : X^* \mapsto \Phi$, 使得

$$g_n(f) = f(x_n)$$

式中: $f \in X^*$, 则对任意 $n \in \mathbb{Z}^+$, 有

$$|g_n(f)| = |f(x_n)| \leqslant c$$

即序列 $\{|g_n(f)|\}$ 对每个 $f \in X^*$ 都是有界的. 由推论 3.5.1 可知, $X^*$ 是 Banach 空间, 故由共鸣定理 (定理 4.4.1) 可知, $\{\|g_n\|\}$ 是有界的. 又由第 3.5 节可知, $\|g_n\| = \|x_n\|$.

**定义 4.5.2**　若 span$\{M\}$ 在赋范线性空间 $X$ 中是稠密的, 则称 $M$ 为 $X$ 的完全子集 (complete subset).

**引理 4.5.2**　设 $X$ 是赋范线性空间, 则 $\{x_n\}$ 弱收敛到 $x$ 的充要条件如下:

(1) 序列 $\{\|x_n\|\}$ 是有界的;

(2) 对每个泛函 $f \in M$, $M$ 是 $X^*$ 的完全子集, 都有 $f(x_n) \to f(x), n \to \infty$.

---

① Issai Schur (1875.01.10—1941.01.10), 白俄罗斯人.

**证** 只需证充分性.

由 (1), 存在 $c > 0$, 对任意 $n \in \mathbb{Z}^+$, 有 $\|x_n\| \leqslant c$, 并不妨设 $c \geqslant \|x\|$.

由于 $M$ 在 $X^*$ 中的完全性, 对每个 $f \in X^*$, 存在序列 $\{f_i\} \subset \operatorname{span}\{M\}$, 使得 $f_i \to f$, $i \to \infty$. 因此对任意 $\varepsilon > 0$, 存在 $N_1 \in \mathbb{Z}^+$, 使得当 $i > N_1$ 时, 有

$$\|f_i - f\| < \frac{\varepsilon}{3c} \tag{4.4}$$

由 (2), 存在 $N_2 \in \mathbb{Z}^+$, 使得当 $n > N_2$ 时, 有

$$|f_i(x_n) - f_i(x)| < \frac{\varepsilon}{3} \tag{4.5}$$

由式 (4.4), 式 (4.5) 和三角不等式 (3.1), 当 $n, i > \max\{N_1, N_2\}$ 时, 有

$$
\begin{aligned}
|f(x_n) - f(x)| &\leqslant |f(x_n) - f_i(x_n)| + |f_i(x_n) - f_i(x)| + |f_i(x) - f(x)| \\
&< \|f_i - f\| \|x_n\| + \frac{\varepsilon}{3} + |f - f_i| \|x\| \\
&< \varepsilon
\end{aligned}
$$

证完.

**例 4.5.1** 在 $\ell^p (1 < p < \infty)$ 中, $\{x_n\}$ 弱收敛到 $x$ 当且仅当

(1) 序列 $\{\|x_n\|\}$ 是有界的;

(2) 对每个 $i \in \mathbb{Z}^+$, 都有 $x_i^{(n)} \to x_i$, $n \to \infty$, 其中

$$x_n = \left( x_1^{(n)}, x_2^{(n)}, \cdots, x_i^{(n)}, \cdots \right), \ n \in \mathbb{Z}^+.$$

事实上, "仅当" 部分是显然的, 故只需证 "当" 部分.

因为 $\ell^{p*} = \ell^q$, 取

$$
\begin{cases}
e_1 = (1, 0, \cdots, 0, \cdots) \\
e_2 = (0, 1, \cdots, 0, \cdots) \\
\quad\vdots \\
e_n = (0, 0, \cdots, 1, \cdots) \\
\quad\vdots
\end{cases}
$$

则它们在 $\ell^q$ 中是稠密的, 即为 $\ell^q$ 中的完全子集, 所以由上述引理可知, $\{x_n\}$ 弱收敛到 $x$.

### 4.5.2 有界线性算子列

设 $X, Y$ 都是赋范线性空间. 因为 $\mathcal{B}(X, Y)$ 按算子范数也形成赋范线性空间, 所以可研究其中算子列的收敛问题.

**定义 4.5.3**    设 $X, Y$ 都是赋范线性空间, 算子列 $\{T_n\} \subset \mathcal{B}(X, Y)$.

(1) 若 $\|T_n - T\| \to 0, n \to \infty$, 则称其为一致收敛的, 记为 $T_n \to T, n \to \infty$;

(2) 若对每个 $x \in X$, $\|T_n x - T x\| \to 0, n \to \infty$, 则称其为强收敛的, 记为 $T_n \xrightarrow{s} T, n \to \infty$;

(3) 若对每个 $x \in X$, $f \in Y^*$, $|f(T_n x) - f(T x)| \to 0, n \to \infty$, 则称其为弱收敛的, 记为 $T_n \xrightarrow{w} T, n \to \infty$.

可证一致收敛的算子列是强收敛的; 强收敛的算子列是弱收敛的. 但反之不然.

**例 4.5.2 (强收敛而不一致收敛的算子列)**    定义 $T_n : \ell^2 \mapsto \ell^2$, 使得

$$T_n x = (0, 0, \cdots, 0, x_{n+1}, x_{n+2}, \cdots), \ n \in \mathbb{Z}^+$$

式中: 前 $n$ 个位置是 0, 后面位置上的数与原来位置上的数是相同的, 则它们都是有界线性算子. 因为

$$\|T_n x - \mathcal{O} x\| = \|T_n x\| = \|(0, 0, \cdots, 0, x_{n+1}, x_{n+2}, \cdots)\| \to 0, \ n \to \infty$$

所以 $\{T_n\}$ 强收敛到零算子 $\mathcal{O}$. 然而, 因为 $\|T_n - \mathcal{O}\| = \|T_n\| = 1$, 所以 $\{T_n\}$ 不是一致收敛的.

**例 4.5.3 (弱收敛而不强收敛的算子列)**    考虑 $T_n : \ell^2 \mapsto \ell^2$, 使得

$$\begin{cases} T_1 x = (x_1, 0, \cdots, 0, \cdots) \\ T_2 x = (0, x_1, 0, \cdots, 0, \cdots) \\ \qquad \vdots \\ T_n x = (0, 0, \cdots, 0, x_1, 0, \cdots) \\ \qquad \vdots \end{cases}$$

则它们都是有界线性算子. 因为

$$\|T_m x - T_n x\| = \|x_1 e_m - x_1 e_n\| = 2^{\frac{1}{2}} |x_1|$$

所以当 $x_1 \neq 0$ 时, $\{T_n\}$ 不是强收敛的.

另外, 对任意 $y \in \ell^{2*} = \ell^2$, 有 $y(x) = \sum\limits_{n=1}^{\infty} x_n y_n$. 因为 $y_n \to 0, n \to \infty$, 所以

$$y(T_n x) = y(x_1 e_n) = x_1 y_n \to 0, \ n \to \infty$$

故 $\{T_n\}$ 是弱收敛的.

**定理 4.5.2** 设 $X$ 是 Banach 空间, $Y$ 是赋范线性空间, 算子列

$$\mathcal{T}_1, \mathcal{T}_2, \cdots, \mathcal{T}_n, \cdots \in \mathcal{B}(X, Y)$$

若 $\{\mathcal{T}_n\}$ 强收敛到 $\mathcal{T}$, 则 $\mathcal{T}$ 是有界线性算子.

**证** 易见由 $\mathcal{T}_n$ 的线性性可推出 $\mathcal{T}$ 的线性性. 因为对每个 $x \in X$, 有 $\mathcal{T}_n x \to \mathcal{T}x$, $n \to \infty$, 所以由引理 2.4.1 可知, 对每个 $x \in X$, $\{\mathcal{T}_n x\}$ 是有界的. 因为 $X$ 是 Banach 空间, 所以由共鸣定理 (定理 4.4.1) 可知, $\|\mathcal{T}_n\|$ 是有界的, 设 $\|\mathcal{T}_n\| \leqslant c$. 因此有

$$\|\mathcal{T}_n x\| \leqslant \|\mathcal{T}_n\| \, \|x\| \leqslant c\|x\|$$

即 $\|\mathcal{T}x\| \leqslant c\|x\|$. 所以 $\|\mathcal{T}\| \leqslant c$. 证完.

**定理 4.5.3** 设 $X, Y$ 都是 Banach 空间, 则算子列 $\{\mathcal{T}_n\} \subset \mathcal{B}(X, Y)$ 强收敛的充要条件如下:

(1) $\{\|\mathcal{T}_n\|\}$ 是有界的;

(2) 对每个 $x \in M$, $M$ 是 Banach 空间 $X$ 中的完全子集, $\{\mathcal{T}_n x\} \subset Y$ 是 Cauchy 的.

**证** 先证必要性.

若对每个 $x \in X$, 都有 $\mathcal{T}_n x \to \mathcal{T}x$, $n \to \infty$, 则 $\{\|\mathcal{T}_n x\|\}$ 是有界的. 又 $X$ 是 Banach 空间, 则由共鸣定理 (定理 4.4.1) 即有 (1) 注意收敛序列是 Cauchy 的, 所以 (2) 是显然的.

下证充分性.

由 (1), 存在 $c > 0$, 对任意 $n \in \mathbb{Z}^+$, 有 $\|\mathcal{T}_n\| \leqslant c$. 对任意 $x \in X$, $\varepsilon > 0$, 由于 $\mathrm{span}\{M\}$ 在 $X$ 中的稠密性, 存在 $y \in \mathrm{span}\{M\}$, 则

$$\|x - y\| < \frac{\varepsilon}{3c} \tag{4.6}$$

因为 $y \in \mathrm{span}\{M\}$, 由 (2), 序列 $\{\mathcal{T}_n y\} \subset Y$ 是 Cauchy 的. 因此, 存在 $N \in \mathbb{Z}^+$, 使得当 $m > N$, $n > N$ 时有

$$\|\mathcal{T}_m y - \mathcal{T}_n y\| < \frac{\varepsilon}{3} \tag{4.7}$$

由式 (4.6), 式 (4.7) 和三角不等式 (3.1), 有

$$\begin{aligned}
\|\mathcal{T}_m x - \mathcal{T}_n x\| &\leqslant \|\mathcal{T}_m x - \mathcal{T}_m y\| + \|\mathcal{T}_m y - \mathcal{T}_n y\| + \|\mathcal{T}_n y - \mathcal{T}_n x\| \\
&< \|\mathcal{T}_m\| \, \|x - y\| + \frac{\varepsilon}{3} + \|\mathcal{T}_n\| \, \|x - y\| \\
&< \varepsilon
\end{aligned}$$

故 $\{\mathcal{T}_n x\} \subset Y$ 是 Cauchy 的. 因为 $Y$ 是 Banach 空间, 所以由 Cauchy 收敛准则 (定理 3.3.5) 可知, $\{\mathcal{T}_n x\}$ 在 $Y$ 中是收敛的. 证完.

### 4.5.3 有界线性泛函列

下面给出有界线性泛函列收敛定义.

**定义 4.5.4** 设 $X$ 是赋范线性空间, 泛函列 $\{f_n\} \subset X^*$.

(1) 若存在 $f \in X^*$, 使得 $\|f_n - f\| \to 0$, $n \to \infty$, 则称其为强收敛的, 记为 $f_n \to f$, $n \to \infty$;

(2) 若存在 $f \in X^*$, 使得对任意 $x \in X$, 有 $|f_n(x) - f(x)| \to 0$, $n \to \infty$, 则称其为弱 * 收敛的 (weakly * convergent), 记为 $f_n \xrightarrow{\text{w}^*} f$, $n \to \infty$.

可证强收敛的泛函列是弱 * 收敛的. 但反之不然.

**例 4.5.4 (弱 * 收敛而不强收敛的泛函列)** 定义 $\ell^2$ 上的有界线性泛函 $f_n$, 使得 $f_n(x) = x_n$, $x \in \ell^2$. 所以 $f_n(x) = x_n \to 0 = \vartheta x$, $n \to \infty$, 则 $f_n$ 弱 * 收敛到 $\vartheta$.

一方面, 因为

$$\frac{|f_n(x)|}{\|x\|} = \frac{|x_n|}{\|x\|} \leqslant 1$$

所以 $\|f_n\| \leqslant 1$.

另一方面, 取 $x_0 = (0, 0, \cdots, 0, x_n, 0, \cdots)$, 则

$$\frac{|f_n(x_0)|}{\|x_0\|} = \frac{|x_n|}{|x_n|} = 1$$

所以 $\|f_n\| = 1$. 故它不强收敛到 $\vartheta$.

下述推论是定理 4.5.3 的直接结果.

**推论 4.5.1** 设 $X$ 是 Banach 空间, 则序列 $\{f_n\} \subset X^*$ 弱 * 收敛的充要条件如下:

(1) $\{\|f_n\|\}$ 是有界的;

(2) 对每个 $x \in M$, $M$ 是 $X$ 中的完全子集, $\{f_n(x)\}$ 是 Cauchy 的.

### 4.5.4 应用: 定积分近似计算

在定积分的近似计算中, 通常要用机械求积公式 (mechanical quadrature formula), 即以泛函

$$f_n(x) = \sum_{k=0}^{k_n} A_k^{(n)} x\left(t_k^{(n)}\right), \ a \leqslant t_0^{(n)} < t_1^{(n)} < \cdots < t_{k_n}^{(n)} \leqslant b \tag{4.8}$$

作为 $\int_a^b x(t)\mathrm{d}t$ 的近似值. 例如, 梯形法和 Simpson[1] 方法等都是这种类型的近

---

[1] Thomas Simpson (1710.08.20—1761.05.14), 英国人.

似方法.

给定一列分点 $a \leqslant t_0^{(n)} < t_1^{(n)} < \cdots < t_{k_n}^{(n)} \leqslant b$ 和常数 $A_0^{(n)}, A_1^{(n)}, \cdots, A_{k_n}^{(n)}$, 则机械求积公式 (4.8) 定义了序列 $\{f_n\} \subset C[a,b]^*$.

**定理 4.5.4 (机械求积公式)** 泛函列式 (4.8) 对 $[a,b]$ 上的任意连续函数 $x(t)$ 收敛到积分 $\int_a^b x(t)\mathrm{d}t$ 的充要条件如下:

(1) 存在 $M \geqslant 0$, 使得 $\sum\limits_{k=0}^{k_n} \left| A_k^{(n)} \right| \leqslant M$;

(2) 对任意 $x \in P[a,b]$, $f_n(x) \to \int_a^b x(t)\mathrm{d}t$, $n \to \infty$.

**证** 先证必要性.

为此, 证

$$\|f_n\| = \sum_{k=0}^{k_n} \left| A_k^{(n)} \right| \tag{4.9}$$

成立.

事实上,

$$|f_n(x)| \leqslant \sum_{k=0}^{k_n} \left| A_k^{(n)} \right| \|x\|, \ x \in C[a,b]$$

显然成立.

此外, 对每个 $n$, 取单位向量 $x_n \in C[a,b]$, 满足 $x\left(t_k^{(n)}\right) = \mathrm{sign} A_k^{(n)}$, $k = 0, 1, \cdots, k_n$, 所以 $|f_n(x)| = \sum\limits_{k=0}^{k_n} \left| A_k^{(n)} \right|$, 故式 (4.9) 成立. 再由共鸣定理 (定理 4.4.1) 可知, (1) 是必要的, 而 (2) 的必要性是显然的.

下证充分性.

由 Weierstrass 逼近定理 (定理 2.3.7) 可知, 多项式集 $P[a,b]$ 在 $C[a,b]$ 中是稠密的, 故存在 $C[a,b]$ 上的有界线性泛函 $f$, 即 $f \in C[a,b]^*$, 使得对 $[a,b]$ 上的每个连续函数 $x(t)$, $f_n(x) \to f(x)$, $n \to \infty$. 但由 (2), 对 $x \in P[a,b]$, 有

$$\lim_{n \to \infty} f_n(x) = \int_a^b x(t)\mathrm{d}t = f(x)$$

由于 $f$ 的连续性, 对 $[a,b]$ 上的任意连续函数 $x(t)$, 上式成立. 证完.

## 习题

1. 设 $X$, $Y$ 都是赋范线性空间, $T, T_n \in \mathcal{B}(X,Y)(n \in \mathbb{Z}^+)$, 试证 $T_n \to T$, $n \to \infty$ 蕴涵着对任意 $\varepsilon > 0$, 存在 $N \in \mathbb{Z}^+$, 使得对任意 $n > N$ 和任意给定闭球中的所有 $x$, 都有 $\|T_n x - T x\| < \varepsilon$.

2. 设 $\{x_n\}$ 是 Banach 空间 $X$ 中的序列. 若对每个 $f \in X^*$, 序列 $\{f(x_n)\}$ 都是有界的, 试证 $\{\|x_n\|\}$ 是有界的.

3. 设 $X, Y$ 都是 Banach 空间, $\mathcal{T}_n \in \mathcal{B}(X,Y)(n \in \mathbb{Z}^+)$, 试证下述是等价的: (1) 序列 $\{\|\mathcal{T}_n\|\}$ 是有界的; (2) 序列 $\{\|\mathcal{T}_n x\|\}$ 对任意 $x \in X$ 都是有界的; (3) 序列 $\{|g(\mathcal{T}_n x)|\}$ 对任意 $x \in X$ 和所有 $g \in Y^*$ 都是有界的.

4. 在 $C[a,b]$ 中定义 $\|x\| = \max\limits_{t \in [a,b]} |x(t)|$. 设 $x_n \in C[a,b]$ 且 $x_n \xrightarrow{\mathrm{w}} x \in C[a,b]$, $n \to \infty$, 试证序列 $\{x_n\}$ 在 $[a,b]$ 上是处处收敛的.

5. 设 $X, Y$ 都是赋范线性空间, $\mathcal{T}: X \mapsto Y$ 是有界线性算子, $\{x_n\}$ 是 $X$ 中的序列, $x_n \xrightarrow{\mathrm{w}} x_0, n \to \infty$, 试证 $\mathcal{T}x_n \xrightarrow{\mathrm{w}} \mathcal{T}x_0, n \to \infty$.

6. 设 $\{x_n\}, \{y_n\}$ 是赋范线性空间 $X$ 中的两个序列, 试证 $x_n \xrightarrow{\mathrm{w}} x, n \to \infty$ 和 $y_n \xrightarrow{\mathrm{w}} y$, $n \to \infty$ 蕴涵着 $x_n + y_n \xrightarrow{\mathrm{w}} x + y, n \to \infty$ 和 $\alpha x_n \xrightarrow{\mathrm{w}} \alpha x, n \to \infty, \alpha \in \Phi$.

7. 设 $X$ 是赋范线性空间, $\{x_n\}$ 弱收敛到 $x_0$, 试证存在强收敛到 $x_0$ 的序列 $\{y_m\}$, 其中每个 $y_m$ 都是序列 $\{x_n\}$ 中元的线性组合.

8. 若序列 $\{\mathcal{T}_n\}, \{\mathcal{S}_n\}$ 分别强收敛到 $\mathcal{T}, \mathcal{S}$, 试证序列 $\{\mathcal{T}_n + \mathcal{S}_n\}$ 强收敛到 $\mathcal{T} + \mathcal{S}$.

9. 考虑算子 $\mathcal{T}_n: \ell^2 \mapsto \mathbb{R}$, 使得 $\mathcal{T}_n x = x_n$, 试说明序列 $\{\mathcal{T}_n\}$ 是强收敛的, 但不一定是一致收敛的.

10. 试证 $\mathcal{T}_n \to \mathcal{T}, n \to \infty$ 一致收敛当且仅当对任意 $\varepsilon > 0$, 存在 $N \in \mathbb{Z}^+$, 使得当 $n > N$ 时, 对所有单位向量 $x \in X$, 有 $\|\mathcal{T}_n x - \mathcal{T} x\| < \varepsilon$.

11. 设 $X$ 是 Banach 空间, $\mathcal{T}_n \in \mathcal{B}(X,Y)$. 若序列 $\{\mathcal{T}_n\}$ 是强收敛的, 试证序列 $\{\|\mathcal{T}_n\|\}$ 是有界的.

12. 试证推论 4.5.1: 设 $X$ 是 Banach 空间, 则序列 $\{f_n\} \subset X^*$ 弱 * 收敛的充要条件是 (1) $\{\|f_n\|\}$ 是有界的; (2) 对每个 $x \in M$, $M$ 是 $X$ 中的完全子集, $\{f_n(x)\}$ 是 Cauchy 的. 提示: 参考定理 4.5.3.

## 4.6 伴随算子

为求解算子方程, 需引进所谓算子 $\mathcal{T}$ 的伴随算子 $\mathcal{T}^*$ 概念.

设 $X, Y$ 都是赋范线性空间. 考虑 $\mathcal{T} \in \mathcal{B}(X,Y)$. 取定 $g \in Y^*$. 可按下述方式定义 $X$ 上的有界线性泛函: $f(x) = g(\mathcal{T}x), x \in X$. 因为 $g$ 和 $\mathcal{T}$ 都是线性的, 所以 $f$ 是线性的. 又因为

$$|f(x)| = |g(\mathcal{T}x)| \leqslant \|g\| \|\mathcal{T}x\| \leqslant \|g\| \|\mathcal{T}\| \|x\|$$

所以 $f$ 是有界的. 由上式可有不等式 $\|f\| \leqslant \|g\| \|\mathcal{T}\|$. 这表明 $f \in X^*$.

对任意 $g \in Y^*$, 都可以选取 $f \in X^*$, 使得 $f(x) = g(\mathcal{T}x)$, $x \in X$ 定义了从 $Y^*$ 到 $X^*$ 的映射, 称其为 $\mathcal{T}$ 的伴随算子, 记为 $\mathcal{T}^*$.

把上述归纳为定义.

**定义 4.6.1** 设 $X, Y$ 都是赋范线性空间, 则 $\mathcal{T} \in \mathcal{B}(X,Y)$ 可诱导出算子 $\mathcal{T}^*: Y^* \mapsto X^*$, 对任意 $g \in Y^*$, $\mathcal{T}^* g$ 的像 $f$ 是按

$$f(x) = (\mathcal{T}^* g)(x) = g(\mathcal{T}x), \ g \in Y^*$$

来定义的, $T^*$ 称为其伴随算子 (adjoint operator).

**定理 4.6.1** 伴随算子定义中从 $X$ 到 $Y$ 的算子诱导出的从 $Y^*$ 到 $X^*$ 上的算子 $T^* \in \mathcal{B}(Y^*, X^*)$, 且 $\|T^*\| = \|T\|$.

**证** 因为 $\mathfrak{D}(T^*) = Y^*$ 是线性空间, 且

$$
\begin{aligned}
(T^*(\alpha g_1 + \beta g_2))(x) &= (\alpha g_1 + \beta g_2)(Tx) \\
&= \alpha g_1(Tx) + \beta g_2(Tx) \\
&= \alpha(T^*g_1)(x) + \beta(T^*g_2)(x)
\end{aligned}
$$

所以 $T^*$ 是线性的.

下证 $\|T^*\| = \|T\|$.

由

$$
f(x) = (T^*g)(x) = g(Tx), \ g \in Y^*
$$

有 $f = T^*g$. 而由 $\|f\| \leqslant \|g\|\|T\|$, 又有

$$
\|T^*g\| = \|f\| \leqslant \|g\|\|T\|
$$

故由上式, 可有 $\|T^*\| \leqslant \|T\|$.

此外, 由 Hahn-Banach 定理 (定理 4.3.3) 可知, 对每个非零的 $x_0 \in X$, 存在 $g_0 \in Y^*$, 使得 $\|g_0\| = 1$ 和 $g_0(Tx_0) = \|Tx_0\|$. 再由伴随算子定义, 有 $g_0(Tx_0) = (T^*g_0)(x_0)$.

记 $f_0 = T^*g_0$, 则

$$
\|Tx_0\| = g_0(Tx_0) = f_0(x_0) \leqslant \|f_0\|\|x_0\| = \|T^*g_0\|\|x_0\| \leqslant \|T^*\|\|g_0\|\|x_0\|
$$

因为 $\|g_0\| = 1$, 所以对每个 $x_0 \in X$, 有 $\|Tx_0\| \leqslant \|T^*\|\|x_0\|$, 故有 $\|T^*\| \geqslant \|T\|$, 即 $\|T^*\| = \|T\|$. 证完.

**例 4.6.1** 考虑线性算子 $T : \mathbb{R}^n \mapsto \mathbb{R}^n$, 用矩阵来表示, 即 $Tx = T_E(t_{ij})x$, 其中矩阵 $T_E(t_{ij})$ 依赖于 $\mathbb{R}^n$ 的基 $E = \{e_1, e_2, \cdots, e_n\}$ 的选取.

令 $F = \{f_1, f_2, \cdots, f_n\}$ 是基 $E$ 的对偶基, 它是 $\mathbb{R}^{n*}$ 的基. 已知 $\mathbb{R}^{n*} = \mathbb{R}^n$, 则对每个 $g \in \mathbb{R}^{n*}$, 都有表示 $g = \sum_{i=1}^{n} \alpha_i f_i$. 由对偶基定义, 有

$$
g(y) = g(T_E x) = \sum_{i=1}^{n} \alpha_i y_i = \sum_{i=1}^{n} \sum_{j=1}^{n} \alpha_i t_{ij} x_j = \sum_{j=1}^{n} \beta_j x_j, \ \beta_j = \sum_{i=1}^{n} t_{ij} \alpha_i
$$

将其中第一个式子看成是用 $g$ 在 $\mathbb{R}^n$ 上定义的泛函, 即

$$
f(x) = g(T_E x) = \sum_{j=1}^{n} \beta_j x_j
$$

由伴随算子定义, 又有 $f = \boldsymbol{T}_E^* g$ 或 $\beta_j = \sum\limits_{i=1}^n t_{ij}\alpha_i$.

可有结论: 若 $\mathcal{T}$ 是用 $\boldsymbol{T}_E$ 表示的, 则 $\mathcal{T}^*$ 是用 $\boldsymbol{T}_E$ 的转置来表示的.

## 4.7    自反空间

H. Hahn 引进了自反概念, 他是在研究赋范线性空间中由积分方程而导出的线性方程时, 也包括对 Hahn-Banach 定理以及对偶空间的最早研究时认识到自反的重要性的.

**定义 4.7.1**    设 $X$ 是赋范线性空间. 若规范嵌入映射 $\mathcal{C}$ 是映上的, 即 $\mathfrak{R}(\mathcal{C}) = X^{**}$, 则称其是自反的 (reflexive).

若赋范线性空间 $X$ 是自反的, 则由引理 3.5.1 可知, $X$ 与 $X^{**}$ 是同构的.

**定理 4.7.1**    若赋范线性空间 $X$ 是自反的, 则 $X^*$ 是自反的.

事实上, 此时有 $(X^*)^{**} = (X^{**})^* = X^*$.

**定理 4.7.2**    设 $X$ 是 Banach 空间. 若 $X^*$ 是自反的, 则 $X$ 是自反的.

**证**    设 $\mathcal{C} : X \mapsto X^{**}$ 是规范嵌入映射. 因为 $X$ 是 Banach 空间, 且由引理 3.5.1 可知, $\mathcal{C} : X \mapsto \mathcal{C}(X)$ 是同构的, 所以 $\mathcal{C}(X)$ 是 $X^{**}$ 的闭子空间. 若 $X$ 不是自反的, 即 $\mathcal{C}(X) \neq X^{**}$, 则存在 $x^{***} \in X^{***}$ 及 $x^{**} \in X^{**}$, 使得当 $x \in X$ 时, $x^{***}(\mathcal{C}(X)) = 0$, $x^{***}(x^{**}) \neq 0$. 由于 $X^*$ 的自反性, 存在 $x^* \in X^*$, 使得 $\mathcal{C}(x^*) = x^{***}$, 以及

$$0 = x^{***}(\mathcal{C}(X)) = \mathcal{C}(x)(x^*) = x^*(x)$$

因此, $x^* = \vartheta$. 但 $0 \neq x^{***}(x^{**}) = x^{**}(x^*)$. 矛盾. 证完.

**定理 4.7.3**    自反的赋范线性空间是 Banach 空间.

**证**    因为 $X^{**}$ 是 $X^*$ 的对偶空间, 由推论 3.5.1 可知, $X^{**}$ 是完备的. 而赋范线性空间 $X$ 的自反性蕴涵着 $\mathfrak{R}(\mathcal{C}) = X^{**}$, 故由引理 3.5.1 可知, $X, X^{**}$ 是同构的, 所以 $X$ 是 Banach 空间. 证完.

直接由例 3.5.1 可知, $\mathbb{R}^n$ 是自反的. 这样, $\mathbb{R}^n$ 是任意有限维赋范线性空间的模型. 事实上, 若 $X$ 是有限维赋范线性空间, 则由定理 3.4.5 可知, $X$ 上的每个线性泛函都是有界的, 所以 $X^*$ 的意义就是确定的了. 故由于 $X$ 的自反性 (也可作为定理 3.4.12 的应用), 有下述定理.

**定理 4.7.4**    有限维线性空间是自反的.

**证** 设 $X$ 是 $n$ 维赋范线性空间. 因为规范嵌入映射 $\mathcal{C}: X \mapsto X^{**}$ 是线性的, 若 $\mathcal{C}x_0 = \vartheta$, 由 $\mathcal{C}$ 的定义, 对每个 $f \in X^*$, 都有

$$(\mathcal{C}x_0)(f) = g(f) = f(x_0) = 0$$

再由引理 3.4.1, 有 $x_0 = \vartheta$. 因此, 由定理 3.4.3 可知, 逆映射 $\mathcal{C}^{-1}: \mathfrak{R}(\mathcal{C}) \mapsto X$ 存在, 且 $\dim \mathfrak{R}(\mathcal{C}) = \dim X$. 又由定理 3.4.12, 有

$$\dim X^{**} = \dim X^* = \dim X.$$

综合上述, 有 $\dim \mathfrak{R}(\mathcal{C}) = \dim X^{**}$. 由定理 3.1.1, 有 $\mathfrak{R}(\mathcal{C}) = X^{**}$. 证完.

可证 $\ell^{p*} = \ell^q$, 其中 $p, q$ 是共轭的. 故 $\ell^p$ 是自反的, $1 < p < \infty$.

**定理 4.7.5** 设 $X$ 是赋范线性空间. 若 $X^*$ 是可分的, 则 $X$ 是可分的.

**证** 因为 $X^*$ 是可分的, 所以 $X^*$ 中 $S^*(\vartheta^*; 1)$ 也有可数稠密子集 $\{f_n\}$. 因为 $f_n \in S^*(\vartheta^*; 1)$, 所以 $\|f_n\| = \sup\limits_{\|x\|=1} |f_n(x)|$. 由上确界定义可知, 存在单位向量 $x_n \in X$, 使得 $|f_n(x_n)| \geqslant \dfrac{1}{2}$. 令 $Y = \overline{\operatorname{span}\{x_n\}}$, 则 $Y$ 是可分的.

下证 $Y = X$.

若不然, 设 $Y \neq X$. 由于 $Y$ 的闭性, 由 Hahn-Banach 定理 (定理 4.3.2) 可知, 存在 $\tilde{f} \in X^*$, 满足 $\tilde{f}(y) = 0, y \in Y, \|\tilde{f}\| = 1$. 因为 $x_n \in Y$, 所以 $\tilde{f}(x_n) = 0$, 且

$$\frac{1}{2} \leqslant |f_n(x_n)| = \left| f_n(x_n) - \tilde{f}(x_n) \right| = \left| \left( f_n - \tilde{f} \right)(x_n) \right| \leqslant \left\| f_n - \tilde{f} \right\| \|x_n\|$$

从而 $\left\| f_n - \tilde{f} \right\| \geqslant \dfrac{1}{2}$. 而这与泛函列 $\{f_n\}$ 在 $X^*$ 中的稠密性矛盾. 证完.

**定理 4.7.6** 自反 Banach 空间的闭子空间是自反的.

证略.

## 4.8 开映射定理

实数域上的线性函数会把开区间仍然映射成开区间, Banach 空间上的有界线性算子仍然保持这一性质, 它把开集映射成开集. 这是 Banach 空间有界线性算子的重要性质. 下面就来研究这一性质.

**定义 4.8.1** 设 $X, Y$ 都是赋范线性空间, $\mathcal{T}: \mathfrak{D}(\mathcal{T}) \subset X \mapsto Y$. 若定义域 $\mathfrak{D}(\mathcal{T})$ 中的每个开集在 $\mathcal{T}$ 下的像都是 $Y$ 中的开集, 则称 $\mathcal{T}$ 为开映射 (open mapping).

**定理 4.8.1 (开映射定理, open mapping theorem)**    若 $X$, $Y$ 都是 Banach 空间, 则有界线性算子 $T : X \mapsto Y$ 是开映射; 进一步, 若它是一一对应的, 则 $T^{-1}$ 是连续的.

证略.

若 $f$ 是 Banach 空间 $X$ 上的有界线性泛函, 则 $f$ 把 $X$ 上的开集映射成实数域上的开集. 例如 $C[0,1]$ 上的有界线性泛函 $f(x) = x(1)$ 把 $C[0,1]$ 中的开集 $A = \{x \mid |x(t) - \sin t| < 1\}$ 映射成开区间 $(1 - \sin 1, 1 + \sin 1)$.

## 4.9    闭图像定理

闭图像定理给出了线性算子有界性几何条件, 它是研究线性算子有界性的重要工具.

设 $X, Y$ 都是赋范线性空间, $X \times Y$ 定义为

$$X \times Y = \{(x, y) \mid x \in X, y \in Y\}$$

代数运算定义为

$$(x_1, y_1) + (x_2, y_2) = (x_1 + x_2, y_1 + y_2)$$

$$\alpha(x, y) = (\alpha x, \alpha y), \ \alpha \in \Phi$$

$X \times Y$ 在这样的代数运算下成为线性空间.

在 $X \times Y$ 上定义范数

$$\|(x, y)\| = \|x\|_X + \|y\|_Y$$

则 $X \times Y$ 也构成赋范线性空间, 称为它们的 (Descartes) 积空间 ((cartesian) product space).

**定义 4.9.1**    设 $X, Y$ 都是赋范线性空间, $T : \mathfrak{D}(T) \subset X \mapsto Y$ 是线性算子. 称

$$\mathfrak{G}(T) = \{(x, y) \mid x \in \mathfrak{D}(T), y = Tx\}$$

为 $T$ 的图像 (graph). 若其图像在 $X \times Y$ 中是闭的, 则称其为闭线性算子 (closed linear operator).

**定理 4.9.1 (闭图像定理, closed graph theorem)**    设 $X, Y$ 都是 Banach 空间, $T : \mathfrak{D}(T) \subset X \mapsto Y$ 是闭线性算子. 若其定义域 $\mathfrak{D}(T)$ 在 $X$ 中是闭的, 则其为有界的.

**证** 先证积空间 $X \times Y$ 是 Banach 空间.

设 $\{z_n\} \subset X \times Y$ 是 Cauchy 列, 其中 $z_n = (x_n, y_n)$, 则对任意 $\varepsilon > 0$, 存在 $N \in \mathbb{Z}^+$, 使得当 $m > N$, $n > N$ 时, 有

$$\|z_m - z_n\| = \|x_m - x_n\| + \|y_m - y_n\| < \varepsilon \tag{4.10}$$

因此有

$$\|x_m - x_n\| < \varepsilon$$
$$\|y_m - y_n\| < \varepsilon$$

即序列 $\{x_n\}$, $\{y_n\}$ 分别在 $X$, $Y$ 中是 Cauchy 的, 故由 Cauchy 收敛准则 (定理 3.3.5) 可知, 它们都是收敛的, 分别记 $x_n \to x$, $n \to \infty$ 和 $y_n \to y$, $n \to \infty$. 在式 (4.10) 中令 $m \to \infty$, 则对 $n > N$ 时有 $\|z - z_n\| \leqslant \varepsilon$, 即 $z_n \to z = (x, y)$, $n \to \infty$, 所以积空间 $X \times Y$ 是 Banach 空间.

由于 $\mathcal{T}$ 的图像 $\mathfrak{G}(\mathcal{T})$ 在积空间 $X \times Y$ 中的闭性, 定义域 $\mathfrak{D}(\mathcal{T})$ 在 $X$ 中的闭性, 由定理 2.4.9 可知, 它们都是 Banach 空间.

定义算子

$$\mathcal{P} : \mathfrak{G}(\mathcal{T}) \mapsto \mathfrak{D}(\mathcal{T})$$

使得

$$\mathcal{P}(x, \mathcal{T}x) = x$$

则它是线性的. 又因为

$$\|\mathcal{P}(x, \mathcal{T}x)\| = \|x\| \leqslant \|x\| + \|\mathcal{T}x\| = \|(x, \mathcal{T}x)\|$$

所以 $\mathcal{P}$ 是有界的. 由定义, $\mathcal{P}$ 是一一对应的, 故由开映射定理 (定理 4.8.1) 可知, $\mathcal{P}^{-1}$ 是有界的, 即存在 $\beta > 0$, 对任意 $x \in \mathfrak{D}(\mathcal{T})$, 有 $\|(x, \mathcal{T}x)\| \leqslant \beta\|x\|$. 从而

$$\|\mathcal{T}x\| \leqslant \|\mathcal{T}x\| + \|x\| = |(x, \mathcal{T}x)| \leqslant \beta\|x\|$$

$x \in \mathfrak{D}(\mathcal{T})$, 故 $\mathcal{T}$ 是有界的. 证完.

下面给出闭算子的判定定理.

**定理 4.9.2** 设 $X$, $Y$ 都是赋范线性空间, $\mathcal{T} : \mathfrak{D}(\mathcal{T}) \subset X \mapsto Y$ 是线性算子, 则其闭的充要条件是对 $\mathfrak{D}(\mathcal{T})$ 中任意序列 $\{x_n\}$, 若 $x_n \to x$, $\mathcal{T}x_n \to y$ 同时成立, 则 $x \in \mathfrak{D}(\mathcal{T})$ 且 $y = \mathcal{T}x$.

**证**    由定理 2.4.8(1) 和定义 4.9.1, $z \in \overline{\mathfrak{G}(\mathcal{T})}$ 的充要条件是存在序列

$$z_n = (x_n, \mathcal{T}x_n) \in \mathfrak{G}(\mathcal{T})$$

使得 $z_n \to z$, $n \to \infty$. 因此有 $x_n \to x$, $n \to \infty$ 和 $\mathcal{T}x_n \to y$, $n \to \infty$, 且 $z = (x,y) \in \mathfrak{G}(\mathcal{T})$ 的充要条件是 $x \in \mathfrak{D}(\mathcal{T})$ 和 $y = \mathcal{T}x$. 证完.

**例 4.9.1**    考虑 $C[0,1]$ 和算子 $\mathcal{T}: \mathfrak{D}(\mathcal{T}) \mapsto C[0,1]$, 使得 $\mathcal{T}x(t) = \dfrac{\mathrm{d}x(t)}{\mathrm{d}t}$, 其中定义域 $\mathfrak{D}(\mathcal{T})$ 是 $C[0,1]$ 中可微函数构成的子空间, 则 $\mathcal{T}$ 是闭的.

事实上, 由例 3.4.9 可知, $\mathcal{T}$ 是无界的. 下面说明它是闭的.

设序列 $\{x_n\} \subset \mathfrak{D}(\mathcal{T})$, 且 $\{x_n\}$ 和 $\{\mathcal{T}x_n\}$ 都是收敛序列, 设 $x_n \to x$, $n \to \infty$ 和 $\mathcal{T}x_n = x_n' \to y$, $n \to \infty$. 因为依范数收敛是一致收敛的, 所以由 $x_n' \to y$, $n \to \infty$, 有

$$\int_0^t y(s)\mathrm{d}s = \int_0^t \lim_{n\to\infty} x_n'(s)\mathrm{d}s = \lim_{n\to\infty} \int_0^t x_n'(s)\mathrm{d}s = x(t) - x(0)$$

即

$$x(t) = x(0) + \int_0^t y(s)\mathrm{d}s$$

所以 $x \in \mathfrak{D}(\mathcal{T})$ 且 $x' = y$. 由定理 4.9.2 可知, $\mathcal{T}$ 是闭的.

例 4.9.1 说明, 虽然 $\mathcal{T}$ 是闭算子, 但由例 3.4.9 可知, 其为无界的. 闭图像定理 (定理 4.9.1) 失效的原因是其定义域 $\mathfrak{D}(\mathcal{T})$ 在 $C[0,1]$ 中不是闭的.

**定理 4.9.3**    设 $X, Y$ 都是赋范线性空间, $\mathcal{T}: \mathfrak{D}(\mathcal{T}) \subset X \mapsto Y$ 是有界线性算子, 则

(1) 若 $\mathfrak{D}(\mathcal{T})$ 是闭的, 则 $\mathcal{T}$ 是闭的;

(2) 若 $\mathcal{T}$ 是闭的, $Y$ 是 Banach 空间, 则 $\mathfrak{D}(\mathcal{T})$ 是闭的.

**证**    (1) 若序列 $\{x_n\} \subset \mathfrak{D}(\mathcal{T})$ 收敛到 $x$, 且使得序列 $\{\mathcal{T}x_n\}$ 是收敛的, 则由于 $\mathfrak{D}(\mathcal{T})$ 的闭性, $x \in \mathfrak{D}(\mathcal{T})$. 又由于 $\mathcal{T}$ 的连续性, $\mathcal{T}x_n \to \mathcal{T}x$, $n \to \infty$. 因此, 由定理 4.9.2 可知, $\mathcal{T}$ 是闭的.

(2) 对 $x \in \overline{\mathfrak{D}(\mathcal{T})}$, 由定理 2.4.8(1) 可知, 存在序列 $\{x_n\} \subset \mathfrak{D}(\mathcal{T})$, 使得 $x_n \to x$, $n \to \infty$. 由于 $\mathcal{T}$ 的有界性, 有

$$\|\mathcal{T}x_n - \mathcal{T}x\| = \|\mathcal{T}(x_n - x)\| \leqslant \|\mathcal{T}\|\,\|x_n - x\|$$

所以序列 $\{\mathcal{T}x_n\}$ 是 Cauchy 的. 因为 $Y$ 是 Banach 空间, 所以由 Cauchy 收敛准则 (定理 3.3.5) 可知, $\{\mathcal{T}x_n\}$ 是收敛的, 记 $\mathcal{T}x_n \to y \in Y$, $n \to \infty$. 由于它的闭性, 由定理 4.9.2, 有 $x \in \mathfrak{D}(\mathcal{T})$ 且 $\mathcal{T}x = y$, 所以 $\mathfrak{D}(\mathcal{T})$ 是闭的. 证完.

## 4.10 紧算子

无限维赋范线性空间上的线性算子有与有限维赋范线性空间不同的性质, 前述已经很多. 但有一类无限维赋范线性空间上的线性算子具有有限维赋范线性空间上的线性算子特性, 这类算子就是全连续算子.

**定义 4.10.1** 设 $X, Y$ 都是赋范线性空间. 若 $T$ 将 $X$ 中任意有界集映成 $Y$ 中的相对紧集, 则称其为紧的 (compact), 记为 $T \in K(X, Y)$.

**定理 4.10.1** 紧算子是有界的.

**证** 设 $T$ 是紧算子, 因为单位球面 $\partial B(\vartheta; 1)$ 是有界的, 所以 $\overline{T(\partial B(\vartheta; 1))}$ 是紧的. 由引理 2.5.1 可知, $\overline{T(\partial B(\vartheta; 1))}$ 是有界的, 故 $\sup\limits_{\|x\|=1} \|Tx\|$ 是有界的. 因此 $T$ 是有界的. 证完.

下面给出更一般形式的 Arzelà-Ascoli 定理.

**定理 4.10.2 (Arzelà-Ascoli 定理)** 设 $X, Y$ 都是赋范线性空间, 则 $T: D \subset X \mapsto Y$ 紧的充要条件是对任意有界序列 $\{x_n\} \subset D$, 存在子列 $\{x_{n_k}\}$, 使得 $\{Tx_{n_k}\}$ 在 $Y$ 中是收敛的.

**证** 先证必要性.

设 $\{x_n\}$ 是有界序列, 则 $\overline{\{Tx_n\}} \subset Y$ 是紧的, 故由紧性定义, $\{Tx_n\}$ 在 $Y$ 中存在收敛子列.

下证充分性.

设每个有界序列 $\{x_n\}$ 都有子列 $\{x_{n_k}\}$, 使得 $\{Tx_{n_k}\}$ 在 $Y$ 中是收敛序列. 设 $M \subset D$ 是任意有界子集, $\{y_n\} \subset TM$ 是任意序列, 则存在序列 $\{x_n\}$, 使得 $y_n = Tx_n (n \in \mathbb{Z}^+)$. 因为 $M$ 是有界的, 所以 $\{x_n\}$ 是有界的. 由假设, $\{Tx_n\}$ 在 $Y$ 中存在收敛子列, 故由紧性定义, $\overline{TM}$ 是紧的, 所以 $T$ 是紧的. 证完.

**定理 4.10.3** 设 $X, Y$ 都是赋范线性空间, $T: X \mapsto Y$. 则

(1) 若 $T$ 是有界的, 且像集 $T(X)$ 是有限维的, 则 $T$ 是紧的;

(2) 若 $X$ 是有限维的, 则 $T$ 是紧的.

**证** (1) 设 $\{x_n\} \subset X$ 是有界序列, 则序列 $\{Tx_n\}$ 是有界的. 由于像集 $T(X)$ 的有限维性和定理 3.3.9 可知, $\{Tx_n\}$ 是相对紧的, 故 $T$ 是紧的.

(2) 因为 $X$ 是有限维的, 由定理 3.4.5 可知, $T$ 是有界的. 由定理 3.4.2 可知, $T$ 值域的维数不超过定义域的维数. 再由 (1), 即有 $T$ 是紧的. 证完.

紧算子的有趣性质是可将弱收敛序列变为强收敛的.

**定理 4.10.4** 设 $X, Y$ 都是赋范线性空间, $T$ 是紧算子. 若 $x_n \xrightarrow{w} x_0$, $n \to \infty$, 则 $T x_n \xrightarrow{s} T x_0$, $n \to \infty$.

**证** 取 $g \in Y^*$. 定义 $f \in X^*$, 使得 $f(z) = g(Tz)$. 因此有

$$|f(z)| = |g(Tz)| \leqslant \|g\| \|Tz\| \leqslant \|g\| \|T\| \|z\|$$

因为 $x_n \xrightarrow{w} x_0$, $n \to \infty$, 所以序列 $f(x_n) \to f(x_0)$, $n \to \infty$. 从而序列 $g(Tx_n) \to g(Tx_0)$, $n \to \infty$, 即序列

$$T x_n \xrightarrow{w} T x_0, \quad n \to \infty \tag{4.11}$$

若 $T x_n \xrightarrow{s}\!\!\!\!\!/\ \ T x_0$, $n \to \infty$, 则对某 $\eta > 0$, $\{T x_n\}$ 存在子列 $\{T x_{n_k}\}$, 满足

$$\|T x_{n_k} - T x_0\| \geqslant \eta \tag{4.12}$$

因为 $x_n \xrightarrow{w} x_0$, $n \to \infty$, 所以由引理 4.5.1 可知, $\{x_n\}$ 是有界的. 而由 Arzelà-Ascoli 定理 (定理 4.10.2) 可知, $\{T x_{n_k}\}$ 存在收敛子列, 为避免符号麻烦, 仍以 $\{T x_{n_k}\}$ 记之. 由式 (4.11) 和引理 4.5.1 可知, 也有 $T x_{n_k} \to T x_0$, $n \to \infty$. 这与式 (4.12) 矛盾. 证完.

**定理 4.10.5** 设 $X, Y$ 都是赋范线性空间, $T$ 是紧算子, 则其像集 $\mathfrak{R}(T)$ 是可分的.

**证** 考虑序列 $B_n = B(\vartheta; n) \subset X$. 由于 $T$ 的紧性, 序列 $C_n = T(B_n)$ 是相对紧的, 故由 Hausdorff 定理 (定理 2.5.1) 可知, 集 $C_n$ 是可分的, 所以它有可数稠密子集 $D_n$. 因为

$$X = \bigcup_{n=1}^{\infty} B_n$$

$$T(X) = \bigcup_{n=1}^{\infty} T(B_n) = \bigcup_{n=1}^{\infty} C_n$$

所以 $D = \bigcup_{n=1}^{\infty} D_n$ 是像集 $\mathfrak{R}(T)$ 的可数稠密子集. 证完.

**定理 4.10.6** 设 $X, Y$ 都是赋范线性空间, $T$ 是紧算子, 则 $T^*$ 是紧的.

**证** 考虑任意有界的 $B \subset Y^*$, 并不妨设对任意 $g \in B$, 有 $\|g\| \leqslant c$.

由于 $T$ 的紧性, 单位闭球 $U = \overline{B(\vartheta; 1)}$ 的像集 $T(U)$ 是相对紧的, 故由 Hausdorff 定理 (定理 2.5.1) 可知, $T(U)$ 是完全有界的, 并对任意 $\varepsilon > 0$, 它有含于自己的有限 $\varepsilon_1$-网, 其中 $\varepsilon_1 = \dfrac{\varepsilon}{4c}$, 即存在 $x_1, x_2, \cdots, x_n \in U$, 对每个 $x \in U$, 都有 $i(1 \leqslant i \leqslant n)$, 使得 $\|Tx - Tx_i\| < \dfrac{\varepsilon}{4c}$. 定义线性算子 $\mathcal{S}: Y^* \mapsto \mathbb{R}^n$, 使得

$$\mathcal{S}g = (g(Tx_1), g(Tx_2), \cdots, g(Tx_n))$$

则由定理 4.10.3 和 $\mathcal{T}$ 的紧性, 集 $\mathcal{S}(B)$ 是相对紧的, 故由 Hausdorff 定理 (定理 2.5.1) 可知, $\mathcal{S}(B)$ 是完全有界的, 并存在含于自己的有限的 $\varepsilon_2$-网:

$$\{\mathcal{S}g_1, \mathcal{S}g_2, \cdots, \mathcal{S}g_m\} \tag{4.13}$$

其中 $\varepsilon_2 = \dfrac{\varepsilon}{4}$, 所以对每个 $g \in B$, 都有 $j \in \mathbb{Z}^+ (1 \leqslant j \leqslant m)$, 使得

$$\|\mathcal{S}g - \mathcal{S}g_j\| < \frac{\varepsilon}{4} \tag{4.14}$$

由式 (4.13) 和式 (4.14), 对每个 $i(1 \leqslant i \leqslant n)$ 和每个 $g \in B$, 都有 $j(1 \leqslant j \leqslant m)$, 使得

$$|g(\mathcal{T}x_i) - g_j(\mathcal{T}x_i)|^2 \leqslant \sum_{i=1}^n |g(\mathcal{T}x_i) - g_j(\mathcal{T}x_i)|^2 = \|\mathcal{S}(g - g_j)\|^2 < \left(\frac{\varepsilon}{4}\right)^2 \tag{4.15}$$

从而, 由式 (4.14) 和式 (4.15), 又有

$$\begin{aligned}
&|g(\mathcal{T}x) - g(\mathcal{T}x_i)| \\
&\leqslant |g(\mathcal{T}x) - g_j(\mathcal{T}x)| + |g(\mathcal{T}x_i) - g_j(\mathcal{T}x_i)| + |g_j(\mathcal{T}x_i) - g_j(\mathcal{T}x)| \\
&< \|g\|\|\mathcal{T}x - \mathcal{T}x_i\| + \frac{\varepsilon}{4} + \|g_j\|\|\mathcal{T}x_i - \mathcal{T}x\| \\
&\leqslant c\frac{\varepsilon}{4c} + \frac{\varepsilon}{4} + c\frac{\varepsilon}{4c} \\
&< \varepsilon
\end{aligned}$$

由于上式对每个 $x \in U$ 都成立, 并由 $\mathcal{T}^*$ 的定义 $g(\mathcal{T}x) = (\mathcal{T}^*g)(x)$, 故最后有

$$\|\mathcal{T}^*g - \mathcal{T}^*g_j\| = \sup_{\|x\|=1} |(\mathcal{T}^*(g - g_j))(x)| = \sup_{\|x\|=1} |g(\mathcal{T}x) - g_j(\mathcal{T}x)| < \varepsilon$$

即 $\{\mathcal{T}^*g_1, \mathcal{T}^*g_2, \cdots, \mathcal{T}^*g_m\}$ 是 $\mathcal{T}^*(B)$ 的 $\varepsilon$-网. 证完.

## 习题

1. 设 $X$ 是赋范线性空间, $z \in X$, $f \in X^*$, 试证集 $\mathcal{T}x = f(x)z$ 是紧的.

2. 试证下述算子是全连续的: (1) $\mathcal{T}: \ell^2 \mapsto \ell^2$, 使得 $\mathcal{T}x = \left(x_1, \dfrac{x_2}{2}, \cdots, \dfrac{x_n}{2^{n-1}}, \cdots\right)$; (2) $\mathcal{T}: \ell^p \mapsto \ell^p (1 \leqslant p < \infty)$, 使得 $\mathcal{T}x = \left(x_1, \dfrac{x_2}{2}, \cdots, \dfrac{x_n}{n}, \cdots\right)$; (3) $\mathcal{T}: \ell^\infty \mapsto \ell^\infty$, 使得 $\mathcal{T}x = \left(x_1, \dfrac{x_2}{2}, \cdots, \dfrac{x_n}{n}, \cdots\right)$.

3. 定义 $\mathcal{T}: \ell^2 \mapsto \ell^2$, 使得 $\mathcal{T}x = y$, 并满足 $y_i = \sum_{j=1}^\infty \alpha_{ij}x_j (i \in \mathbb{Z}^+)$, $\sum_{i,j=1}^\infty |\alpha_{ij}|^2 < \infty$, 试证 $\mathcal{T}$ 是紧的.

4. 设序列 $\{\lambda_n\} \subset \varPhi$, 且 $\lambda_n \to 0$, $n \to \infty$. 定义 $\mathcal{T}: \ell^2 \mapsto \ell^2$, 使得

$$\mathcal{T}x = (\lambda_1 x_1, \lambda_2 x_2, \cdots, \lambda_n x_n, \cdots)$$

试证 $\mathcal{T}$ 是紧的.

## 4.11 线性算子的谱理论基础

线性算子的谱理论有丰富的内容和广泛的应用. 这一节介绍有界线性算子谱的基本理论, 包括谱概念和一般性质, 紧算子谱的 Riesz-Schauder 理论.

有界线性算子的谱理论可看作是线性代数中矩阵特征值理论的推广.

设 $A \in \mathbb{R}^{n \times n}$, $x \in \mathbb{R}^n$. 若复数 $\lambda$ 使得方程 $Ax = \lambda x$ 或 $(\lambda I - A)x = \vartheta$ 有非零解 $x$, 则称 $\lambda$ 为矩阵 $A$ 的特征值, 非零解 $x$ 为矩阵 $A$ 对应于特征值 $\lambda$ 的特征向量. 矩阵的特征值理论与线性代数方程组解的存在唯一性有着密切的关系, 例如, 若 $\lambda$ 是矩阵 $A$ 的特征值, 则齐次方程组 $(\lambda I - A)x = \vartheta$ 有非零解; 否则, 相应的非齐次方程组 $(\lambda I - A)x = y(y \in \mathbb{R}^n)$ 有唯一解. 矩阵的特征值理论在线性代数中得到了圆满的解决, 矩阵的特征值理论就是矩阵的谱理论.

关于微分方程和积分方程解的研究推动了无限维空间中线性算子谱理论的研究和发展. 人们发现, 无限维空间中线性算子的谱远比有限维空间中矩阵的谱复杂得多. D. Hilbert 发现有界线性算子不但可能有特征值, 还可能有其他类型的谱, 谱不但可以是有限多个离散的点, 并可连成一片.

通过算子谱的研究, 不但可在理论上了解算子更深入的性质, 且能延伸泛函分析的应用范围, 判定系统的稳定性都与相应算子的谱 (特征值) 是密切相关的.

### 4.11.1 特征值和特征向量

先来研究算子的特征值和特征向量概念.

**定义 4.11.1** 设 $X$ 是线性空间, 线性算子 $T : \mathfrak{D}(T) \subset X \mapsto X$. 若存在 $\lambda \in \Phi$ 和非零的 $x \in \mathfrak{D}(T)$, 使得 $Tx = \lambda x$, 则称 $\lambda$ 为 $T$ 的特征值 (characteristic value or eigenvalue), $x$ 为 $T$ 的对应于特征值 $\lambda$ 的特征向量 (characteristic vector or eigenvector).

对应于特征值 $\lambda$ 的特征向量集, 再加上 $\vartheta$ 构成的集 $E_\lambda$ 是线性空间 $X$ 的子空间, 称为 $T$ 的对应于 $\lambda$ 的特征子空间 (characteristic subspace). 进一步, 若 $X$ 是赋范线性空间, $T$ 是有界线性算子, 则 $E_\lambda$ 是闭子空间. 事实上, $E_\lambda$ 就是有界线性算子 $\lambda I - T$ 的核 $\mathfrak{N}(\lambda I - T)$.

**例 4.11.1** 考虑线性算子 $T : \mathbb{C}^n \mapsto \mathbb{C}^n$. 若存在 $\lambda \in \mathbb{C}$ 和非零向量 $x \in \mathbb{C}^n$, 使得 $Tx = \lambda x$, 由线性代数知, $\lambda$ 是线性变换 $T$ 的特征值. 若其表示矩阵为 $A$, 则可通过特征方程 $\det(\lambda I - T) = 0$ 来求解 $T$ 的特征值. 故有限维线性空间的线性算子只有有限多个特征值.

**例 4.11.2** 设 $\mathfrak{D}(\mathcal{T})$ 是 $[0,1]$ 上具有二阶连续导数且满足边界条件 $x(0) = x(1)$, $x'(0) = x'(1)$ 的实函数集. 定义线性算子 $\mathcal{T} : \mathfrak{D}(\mathcal{T}) \subset C[0,1] \mapsto C[0,1]$, 使得 $\mathcal{T}x(t) = -x''(t)$. 对任意实数 $\lambda$, 考虑方程 $\mathcal{T}x = -x'' = \lambda x$ 在集 $\mathfrak{D}(\mathcal{T})$ 中是否具有非零解 $x$.

由微分方程理论可知, 其解是 $x(t) = \alpha \cos \sqrt{\lambda} t + \beta \sin \sqrt{\lambda} t$, 其中 $\alpha$ 和 $\beta$ 是任意实数. 当 $\lambda \neq (2n\pi)^2 (n \in \mathbb{Z})$ 时, 除 $\alpha = \beta = 0$ 外, $x(t)$ 不满足边界条件, 故不存在非零的 $x \in \mathfrak{D}(\mathcal{T})$, 使得 $\mathcal{T}x = \lambda x$. 所以当 $\lambda \neq (2n\pi)^2 (n \in \mathbb{Z})$ 时, $\lambda$ 不是 $\mathcal{T}$ 的特征值. 当 $\lambda = (2n\pi)^2$ 时, 解 $x(t)$ 满足边界条件, 即存在非零的 $x \in \mathfrak{D}(\mathcal{T})$, 使得 $\mathcal{T}x = \lambda x$ 成立. 所以 $\lambda = (2n\pi)^2 (n \in \mathbb{Z})$, 都是 $\mathcal{T}$ 的特征值, 对应于 $\lambda = (2n\pi)^2$ 的特征向量都可写成 $\alpha \sin 2n\pi t + \beta \cos 2n\pi t$ 的形式, 这是二维线性空间. $\mathcal{T}$ 有无限多个特征值, 但每个特征值对应的特征子空间是有限维的.

**例 4.11.3** 在 $C[0,1]$ 上定义线性算子, 使得 $\mathcal{T}x(t) = tx(t)$. 对任意实数 $\lambda$, 若 $\mathcal{T}x(t) = \lambda x(t)$, 即 $(t - \lambda)x(t) \equiv \vartheta$, 则 $x = \vartheta$. 方程 $\mathcal{T}x(t) = \lambda x(t)$ 对任意实数 $\lambda$ 都不存在非零解 $x(t)$, 所以 $\mathcal{T}$ 不存在特征值.

**例 4.11.4** 在 $\ell^2$ 上定义线性算子 $\mathcal{T}$, 使得 $\mathcal{T}x = (0, x_2, 0, x_4, \cdots, 0, x_{2n}, \cdots)$. 形如 $(x_1, 0, x_3, 0, \cdots, x_{2n-1}, 0, \cdots)$ 的向量都满足 $\mathcal{T}x = 0x = \vartheta$, 所以 $\mathcal{T}$ 存在特征值 0, 对应的特征子空间是无限维的.

从这几例可看出, 虽然这里的特征值概念从定义形式上与矩阵特征值定义是一样的, 但在无限维空间的背景下, 这一概念包含更多的内容, 有更复杂的表现.

### 4.11.2 有界线性算子的谱

特征值和特征向量问题与方程 $(\lambda \mathcal{I} - \mathcal{T})x = \vartheta$ 的可解性问题密切相关, 这可提升为一般的 $(\lambda \mathcal{I} - \mathcal{T})x = f$ 的可解性问题. 而这与 $\lambda \mathcal{I} - \mathcal{T}$ 的可逆性是等价的.

**定义 4.11.2** 设 $X$ 是赋范线性空间, $\mathcal{T} : X \mapsto X$ 是有界线性算子. 若逆算子 $\mathcal{T}^{-1}$ 存在且是在整个 $X$ 上有定义的有界线性算子, 则称 $\mathcal{T}$ 是正则的 (regular).

若 $X$ 是 Banach 空间, $\mathcal{T} : X \mapsto X$ 是有界线性算子, 且其为一一对应的, $\mathfrak{R}(\mathcal{T}) = X$, 则由开映射定理 (定理 4.8.1) 可知, 逆算子 $\mathcal{T}^{-1}$ 是有界的, 所以 $\mathcal{T}$ 是正则的.

**定义 4.11.3** 设 $X$ 是赋范线性空间, $\mathcal{T} : X \mapsto X$ 是有界线性算子, $\lambda \in \mathbb{C}$. 若算子 $\lambda \mathcal{I} - \mathcal{T}$ 是正则的, 则称 $\lambda$ 为 $\mathcal{T}$ 的正则点 (regular point), 并称 $R(\lambda, \mathcal{T}) =$

$(\lambda \mathcal{I} - \mathcal{T})^{-1}$ 为 $\mathcal{T}$ 的预解算子 (resolvent operator).

**定义 4.11.4** 算子 $\mathcal{T}$ 正则点全体称为正则集 (regular set), 记为 $\varrho(\mathcal{T})$, 不是正则的点称为谱点 (spectrum point), 谱点全体称为谱 (spectrum), 记为 $\sigma(\mathcal{T})$.

预解算子的含义在于可用其求解算子方程 $(\lambda \mathcal{I} - \mathcal{T})x = f$. 事实上, 若预解算子 $R(\lambda, \mathcal{T})$ 存在, 则 $x = R(\lambda, \mathcal{T})f$.

对给定的算子 $\mathcal{T} \in \mathcal{B}(X, X)$, 可通过研究算子 $\lambda \mathcal{I} - \mathcal{T}$ 是否是可逆的, 及可逆时用逆算子 $(\lambda \mathcal{I} - \mathcal{T})^{-1}$ 的有界性来判定 $\lambda$ 是 $\mathcal{T}$ 的正则点还是谱点. 由定义可知, 若 $\lambda$ 使得 $\lambda \mathcal{I} - \mathcal{T}$ 是可逆的, 且 $(\lambda \mathcal{I} - \mathcal{T})^{-1}$ 是有界的, 则 $\lambda$ 就是正则点, 否则就是谱点. 显然 $\varrho(\mathcal{T}) \cup \sigma(\mathcal{T}) = \mathbb{C}$.

在有限维线性空间中, 若 $\lambda \in \mathbb{C}$ 是 $\mathcal{T}$ 的谱点, 即 $\lambda \mathcal{I} - \mathcal{T}$ 不是可逆的, 则 $\lambda$ 就是其特征值, 此时方程 $(\lambda \mathcal{I} - \mathcal{T})x = \vartheta$ 除了零解以外还有非零解. 但对无限维线性空间, 情况则要复杂得多, 一个算子的特征值一定是谱点. 此外还有非特征值的谱点.

下面深入讨论有界线性算子正则点及谱点的性质.

**定理 4.11.1** 设 $X$ 是 Banach 空间, $\mathcal{T} : X \mapsto X$ 是有界线性算子. 若 $\|\mathcal{T}\| < 1$, 则逆算子 $(\mathcal{I} - \mathcal{T})^{-1}$ 存在且是 $X$ 上的有界线性算子, $(\mathcal{I} - \mathcal{T})^{-1}$ 可表示为

$$(\mathcal{I} - \mathcal{T})^{-1} = \sum_{n=0}^{\infty} \mathcal{T}^n, \ \mathcal{T}^0 = \mathcal{I}$$

式中: 右端的级数按 Banach 空间 $\mathcal{B}(X, X)$ 中的范数是收敛的, 且

$$\left\| (\mathcal{I} - \mathcal{T})^{-1} \right\| \leqslant \frac{1}{1 - \|\mathcal{T}\|}$$

**证** 考虑有界线性算子列 $\mathcal{S}_n = \sum_{i=0}^{n} \mathcal{T}^i$. 因为 $\|\mathcal{T}\| < 1$, 所以当 $m, n \to \infty$ 时, 有 $(n > m)$

$$\|\mathcal{S}_n - \mathcal{S}_m\| = \left\| \sum_{i=m+1}^{n} \mathcal{T}^i \right\|$$

$$\leqslant \sum_{i=m+1}^{n} \left\| \mathcal{T}^i \right\|$$

$$\leqslant \sum_{i=m+1}^{n} \|\mathcal{T}\|^i$$

$$= \frac{\|\mathcal{T}\|^{m+1} - \|\mathcal{T}\|^{n+1}}{1 - \|\mathcal{T}\|}$$

$$\to 0$$

所以 $\{\mathcal{S}_n\}$ 是 $\mathcal{B}(X,X)$ 中的 Cauchy 列. 因为 $\mathcal{B}(X,X)$ 是 Banach 空间, 所以 $\mathcal{S}_n$ 是收敛的, 且极限 $\lim\limits_{n\to\infty}\mathcal{S}_n$ 仍然是有界线性算子. 因为

$$\mathcal{S}_n(\mathcal{I}-\mathcal{T})=\mathcal{I}-\mathcal{T}^{n+1}$$
$$(\mathcal{I}-\mathcal{T})\mathcal{S}_n=\mathcal{I}-\mathcal{T}^{n+1}$$

所以从 $\|\mathcal{T}\|<1$ 可知 $\mathcal{T}^n\to\vartheta,\,n\to\infty$, 故在上式两端取极限, 便有

$$\lim_{n\to\infty}\mathcal{S}_n(\mathcal{I}-\mathcal{T})=\mathcal{I} \tag{4.16}$$

同理

$$(\mathcal{I}-\mathcal{T})\lim_{n\to\infty}\mathcal{S}_n=\mathcal{I} \tag{4.17}$$

由式 (4.16) 和式 (4.17), $\mathcal{I}-\mathcal{T}$ 是可逆的, 且

$$(\mathcal{I}-\mathcal{T})^{-1}=\lim_{n\to\infty}\mathcal{S}_n=\sum_{n=0}^{\infty}\mathcal{T}^n,\ \mathcal{T}^0=\mathcal{I}$$

所以 $(\mathcal{I}-\mathcal{T})^{-1}$ 是有界的.

显然有

$$\left\|(\mathcal{I}-\mathcal{T})^{-1}\right\|\leqslant\sum_{n=0}^{\infty}\|\mathcal{T}^n\|\leqslant\sum_{n=0}^{\infty}\|\mathcal{T}\|^n=\frac{1}{1-\|\mathcal{T}\|}$$

证完.

定理 4.11.1 表明: 若 $\|\mathcal{T}\|<1$, 则 $\lambda=1$ 是 $\mathcal{T}$ 的正则点. 一般地可证, 模大于算子范数的数 $\lambda$ 都是算子的正则点.

**推论 4.11.1** 设 $X$ 是复 Banach 空间, $\mathcal{T}\in\mathcal{B}(X,X)$. 若 $|\lambda|>\|\mathcal{T}\|$, 则 $\lambda$ 是 $\mathcal{T}$ 的正则点, 即 $\lambda\in\varrho(\mathcal{T})$, 预解算子 $R(\lambda,\mathcal{T})$ 可表示为

$$R(\lambda,\mathcal{T})=\sum_{n=0}^{\infty}\frac{\mathcal{T}^n}{\lambda^{n+1}}$$
$$\|R(\lambda,\mathcal{T})\|\leqslant\frac{1}{|\lambda|-\|\mathcal{T}\|}$$

**证** 若 $|\lambda|>r$, 则 $\left\|\dfrac{\mathcal{T}}{\lambda}\right\|<1$. 对 $\dfrac{\mathcal{T}}{\lambda}$ 用定理 4.11.1 的结论, 则逆算子 $\left(\mathcal{I}-\dfrac{\mathcal{T}}{\lambda}\right)^{-1}$ 存在, 且 $\left(\mathcal{I}-\dfrac{\mathcal{T}}{\lambda}\right)^{-1}\in\mathcal{B}(X,X)$, 所以

$$(\lambda\mathcal{I}-\mathcal{T})^{-1}=\lambda^{-1}\left(\mathcal{I}-\frac{\mathcal{T}}{\lambda}\right)^{-1}\in\mathcal{B}(X,X)$$

即 $\lambda$ 是 $\mathcal{T}$ 的正则点.

再用定理 4.11.1 的结论, 有

$$\left(\mathcal{I} - \frac{\mathcal{T}}{\lambda}\right)^{-1} = \sum_{n=0}^{\infty} \frac{\mathcal{T}^n}{\lambda^n}$$

所以

$$\|R(\lambda, \mathcal{T})\| \leqslant \sum_{n=0}^{\infty} \left\|\frac{\mathcal{T}^n}{\lambda^{n+1}}\right\| = \frac{1}{|\lambda| - \|\mathcal{T}\|}$$

证完.

上述结论表明, 对有界线性算子, 满足 $|\lambda| > \|\mathcal{T}\|$ 的 $\lambda$ 都是 $\mathcal{T}$ 的正则点.

**定理 4.11.2** 设 $X$ 是复 Banach 空间, $\mathcal{T} \in \mathcal{B}(X, X)$, 则对每个正则点 $\lambda_0 \in \varrho(\mathcal{T})$, 开圆盘

$$|\lambda - \lambda_0| < \frac{1}{\|R(\lambda_0, \mathcal{T})\|} \tag{4.18}$$

中对每个 $\lambda$ 都是 $\mathcal{T}$ 的正则点, 对应的预解算子 $R(\lambda, \mathcal{T})$ 都可表示为

$$R(\lambda, \mathcal{T}) = \sum_{n=0}^{\infty} (-1)^n (\lambda - \lambda_0)^n (R(\lambda_0, \mathcal{T}))^{n+1}$$

**证** 利用关系式

$$\begin{aligned}
\lambda \mathcal{I} - \mathcal{T} &= (\lambda - \lambda_0)\mathcal{I} + (\lambda_0 \mathcal{I} - \mathcal{T}) \\
&= (\lambda_0 \mathcal{I} - \mathcal{T})\left[\mathcal{I} + (\lambda - \lambda_0)(\lambda_0 \mathcal{I} - \mathcal{T})^{-1}\right] \\
&= (\lambda_0 \mathcal{I} - \mathcal{T})\left[\mathcal{I} - (-1)(\lambda - \lambda_0)R(\lambda_0, \mathcal{T})\right]
\end{aligned}$$

当 $\lambda$ 满足条件式 (4.18) 时有 $\|(-1)(\lambda - \lambda_0)R(\lambda_0, \mathcal{T})\| < 1$.

由定理 4.11.1 可知, $\mathcal{I} + (\lambda - \lambda_0)R(\lambda_0, \mathcal{T})$ 是可逆的, 且逆在 $X$ 上是有界的. 又 $\lambda_0$ 是 $\mathcal{T}$ 的正则点, 所以 $\lambda_0 \mathcal{I} - \mathcal{T}$ 是可逆的, 且逆是有界的. 所以算子

$$(\lambda \mathcal{I} - \mathcal{T})^{-1} = [\mathcal{I} + (\lambda - \lambda_0)R(\lambda_0, \mathcal{T})]^{-1}(\lambda_0 \mathcal{I} - \mathcal{T})^{-1}$$

在 $X$ 上是有界的. 所以, $\lambda$ 是 $\mathcal{T}$ 的正则点.

又对 $\mathcal{I} - (-1)(\lambda - \lambda_0)R(\lambda_0, \mathcal{T})$ 应用定理 4.11.1, 有

$$\begin{aligned}
(\lambda \mathcal{I} - \mathcal{T})^{-1} &= [\mathcal{I} + (\lambda - \lambda_0)R(\lambda_0, \mathcal{T})]^{-1}(\lambda_0 \mathcal{I} - \mathcal{T})^{-1} \\
&= [\mathcal{I} + (\lambda - \lambda_0)R(\lambda_0, \mathcal{T})]^{-1}R(\lambda_0, \mathcal{T}) \\
&= \sum_{n=0}^{\infty} (-1)^n (\lambda - \lambda_0)^n (R(\lambda_0, \mathcal{T}))^{n+1}
\end{aligned}$$

证完.

定理 4.11.2 表明: 对任意 $\lambda_0 \in \varrho(T)$, 都存在 $\lambda_0$ 的邻域

$$N\left(\lambda_0, \frac{1}{\|R(\lambda_0, T)\|}\right) \subset \varrho(T)$$

这表明每个正则点都是正则集的内点, 故有界线性算子的正则集是开的. 故作为补集, 谱集 $\sigma(T)$ 是闭的.

**推论 4.11.2**  设 $X$ 是复 Banach 空间, $T \in \mathcal{B}(X, X)$, 则其正则集 $\varrho(T)$ 是开的, 谱 $\sigma(T)$ 是闭的.

如同每个矩阵都有特征值一样, Banach 空间上的任意有界线性算子也有谱点. 这一结论的证明需复变函数的知识. 为此, 不证明地列出下述 Liouville 定理, 它是复变函数中的重要定理, 其中的所谓整函数 (entire function) 就是在复数域上解析的函数.

**定理 4.11.3 (Liouville 定理, Liouville's theorem)**  复数域上有界整函数是常数.

**引理 4.11.1**  设 $X$ 是复 Banach 空间, $T \in \mathcal{B}(X, X)$, $f$ 是 $\mathcal{B}(X, X)$ 上的有界线性泛函, 则 $f(R(\lambda, T))$ 关于 $\lambda$ 在开集 $\varrho(T)$ 内是解析的.

**证**  任取 $\lambda_0 \in \varrho(T)$. 由定理 4.11.2 可知, 在 $\lambda_0$ 的邻域

$$N = B\left(\lambda_0; \frac{1}{\|R(\lambda_0, T)\|}\right)$$

内, $R(\lambda, T)$ 可表示为

$$R(\lambda, T) = \sum_{n=0}^{\infty} (-1)^n (\lambda - \lambda_0)^n (R(\lambda_0, T))^{n+1}$$

由于 $f$ 的线性性和连续性, 有

$$f(R(\lambda, T)) = \sum_{n=0}^{\infty} (-1)^n f\left((R(\lambda_0, T))^{n+1}\right) (\lambda - \lambda_0)^n$$

即在 $\lambda_0$ 的邻域 $N$ 内, $f(R(\lambda, T))$ 在点 $\lambda_0$ 是解析的. 由于 $\lambda_0$ 的任意性, $f(R(\lambda, T))$ 在开集 $\varrho(T)$ 内是解析的. 证完.

下面给出重要的 Gelfand[①] 定理.

---

[①] Israil Moiseevič Gelfand (1913.09.02—2009.10.05), 乌克兰人, 奠定了 Banach 代数的理论基础.

**定理 4.11.4 (Gelfand 定理, Gelfand theorem)**    复 Banach 空间中的任意有界线性算子有谱点.

**证**    若 $\mathcal{T}$ 的谱集是空的, 则 $\varrho(\mathcal{T}) = \mathbb{C}$. 由 Hahn-Banach 定理 (定理 4.3.2), 可取定 $\mathcal{B}(X, X)$ 上的有界线性泛函 $f$, 满足 $f(\mathcal{I}) \neq 0$. 由上述引理可知, 有 $h(\lambda) = f(R(\lambda, \mathcal{T}))$ 在复数域上是解析的.

下证 $h(\lambda)$ 在复数域上的有界性.

首先由解析函数的性质可知, $h(\lambda)$ 在紧圆盘 $\{\lambda \mid |\lambda| \leqslant \|\mathcal{T}\| + 1\}$ 上是有界的. 当 $|\lambda| > \|\mathcal{T}\| + 1$ 时, 由推论 4.11.1 可知, $\lambda$ 是 $\mathcal{T}$ 的正则点, 且预解算子可写成

$$R(\lambda, \mathcal{T}) = \frac{1}{\lambda}\left(\mathcal{I} - \frac{\mathcal{T}}{\lambda}\right)^{-1} = \frac{1}{\lambda}\sum_{n=0}^{\infty}\left(\frac{\mathcal{T}}{\lambda}\right)^{n}$$

同时

$$\|R(\lambda, \mathcal{T})\| \leqslant \frac{1}{|\lambda| - \|\mathcal{T}\|} < 1$$

由推论 4.11.1 可知, $\|R(\lambda, \mathcal{T})\| \leqslant 1$, 所以

$$|h(\lambda)| = f(R(\lambda, \mathcal{T})) \leqslant \|f\|\|R(\lambda, \mathcal{T})\| \leqslant \|f\|$$

故 $h(\lambda)$ 对 $|\lambda| \geqslant \|\mathcal{T}\| + 1$ 是有界的. 从而 $h(\lambda)$ 在复数域上是有界的.

由 Liouville 定理 (定理 4.11.3) 可知, $h(\lambda)$ 是常数. 但当 $|\lambda| > \|\mathcal{T}\| + 1$ 时, 有

$$f(R(\lambda, \mathcal{T})) = f\left(\frac{1}{\lambda}\sum_{n=0}^{\infty}\left(\frac{\mathcal{T}}{\lambda}\right)^{n}\right) = \sum_{n=0}^{\infty}\frac{f(\mathcal{T}^{n})}{\lambda^{n+1}}$$

式中: $\frac{1}{\lambda}$ 项的系数 $f(\mathcal{I}) \neq 0$, 所以 $h(\lambda)$ 不是常数. 这一矛盾表明 $\sigma(\mathcal{T})$ 是非空的, 即 $\mathcal{T}$ 存在谱点. 证完.

**定义 4.11.5**    设复 Banach 空间 $X$ 中的算子 $\mathcal{T} \in \mathcal{B}(X, X)$, 称 $r_{\sigma}(\mathcal{T}) = \sup\{|\lambda| \mid \lambda \in \sigma(\mathcal{T})\}$ 为其谱半径 (spectral radius).

由推论 4.11.1 可给出谱半径的估计, $0 \leqslant r_{\sigma}(\mathcal{T}) \leqslant \|\mathcal{T}\|$, 即有界线性算子的谱半径是有界的, 且小于等于算子本身的范数 (矩阵分析中也有类似的结论).

进一步, 不加证明地给出一个结论, 它给出谱半径的估计.

**定理 4.11.5**    设复 Banach 空间 $X$ 中的算子 $\mathcal{T} \in \mathcal{B}(X, X)$, 则

$$r_{\sigma}(\mathcal{T}) = \lim_{n \to \infty} \sqrt[n]{\|\mathcal{T}^{n}\|}$$

**例 4.11.5** 考虑 Volterra 积分算子 $\mathcal{T}: C[a,b] \mapsto C[a,b]$, 使得

$$(\mathcal{T}x)(t) = \int_a^t K(t,s)x(s)\mathrm{d}s$$

其中 $K(t,s)$ 在 $[a,b] \times [a,b]$ 上是连续的, 则 $\mathcal{T}$ 是 $C[a,b]$ 上的有界线性算子, 其谱半径是 0.

事实上, 设 $K(t,s)$ 在闭区域 $[a,b] \times [a,b]$ 上的界是 $M$, 首先证对任意 $n \in \mathbb{Z}^+$, 都有

$$|(\mathcal{T}^n x)(t)| \leqslant \frac{M^n(t-a)^n}{n!}\|x\|$$

当 $n=1$ 时, 上述不等式显然成立. 设 $n=k$ 时, 上述不等式成立, 则

$$\begin{aligned}
\left|(\mathcal{T}^{k+1}x)(t)\right| &= \left|\int_a^t K(t,s)(\mathcal{T}^k x)(s)\mathrm{d}s\right| \\
&\leqslant \int_a^t |K(t,s)|\left|(\mathcal{T}^k x)(s)\right|\mathrm{d}s \\
&\leqslant \frac{M^{k+1}}{k!}\int_a^t (s-a)^k\|x\|\mathrm{d}s \\
&= \frac{M^{k+1}(t-a)^{k+1}}{(k+1)!}\|x\|
\end{aligned}$$

因此不等式

$$|(\mathcal{T}^n x)(t)| \leqslant \frac{M^n(t-a)^n}{n!}\|x\|$$

对任意 $n \in \mathbb{Z}^+$ 成立, 故有

$$\|\mathcal{T}^n\| = \sup_{\|x\|=1}\|\mathcal{T}^n x\| \leqslant \sup_{\|x\|=1}\max_{t\in[a,b]}|(\mathcal{T}^n x)(t)| \leqslant \frac{M^n(b-a)^n}{n!}$$

故

$$r_\sigma(\mathcal{T}) = \lim_{n\to\infty}\sqrt[n]{\|\mathcal{T}^n\|} = \lim_{n\to\infty}\frac{M(b-a)}{(n!)^{\frac{1}{n}}} = 0$$

由于其谱的非空性, $\sigma(\mathcal{T}) = \{0\}$, 正则集 $\varrho(\mathcal{T}) = \mathbb{C} \setminus \{0\}$. 因此当 $\lambda \neq 0$ 时, 非齐次方程 $(\lambda\mathcal{I} - \mathcal{T})x = f(f \in C[a,b])$ 有唯一解 $x \in C[a,b]$, 即 Volterra 积分方程

$$\lambda x(t) - \int_a^t K(t,s)x(s)\mathrm{d}s = f(t)$$

有唯一连续解.

**例 4.11.6** 定义 $\mathcal{T}: \ell^2 \mapsto \ell^2$, 使得

$$\mathcal{T}x = (0, -x_1, -x_2, \cdots, -x_n, \cdots)$$

则 $\varrho(\mathcal{T}) = \{\lambda \mid |\lambda| > 1\}$, $\sigma(\mathcal{T}) = \{\lambda \mid |\lambda| \leqslant 1\}$, 且 $\mathcal{T}$ 不存在特征值.

事实上, 它是线性算子, 且可计算 $\|\mathcal{T}\| = 1$. 由上述定理可知, 所有模大于算子范数 $\|\mathcal{T}\|$ 的数都是正则点, 所以当 $|\lambda| > \|\mathcal{T}\| = 1$ 时, $\lambda \in \varrho(\mathcal{T})$.

由方程 $(\lambda\mathcal{I} - \mathcal{T})x = \vartheta$, 有

$$(\lambda x_1, \lambda x_2 + x_1, \lambda x_3 + x_2, \cdots, \lambda x_{n+1} + x_n, \cdots) = \vartheta$$

从而 $\lambda x_1 = 0$. 若 $\lambda = 0$, 则由 $\lambda x_2 + x_1 = 0$ 推出 $x_1 = 0$, 且依次有

$$x_2 = x_3 = \cdots = x_n = \cdots = 0 \tag{4.19}$$

若 $\lambda \neq 0$, 则 $x_1 = 0$. 由 $\lambda x_2 + x_1 = 0$ 推出 $x_2 = 0$, 也依次有式 (4.19) 成立. 因此, 无论 $\lambda$ 为何值, 方程 $(\lambda\mathcal{I} - \mathcal{T})x = \vartheta$ 都仅有零解 $x = \vartheta$. 这表明 $\mathcal{T}$ 不存在特征值.

考虑 $|\lambda| \leqslant 1$ 时的情况.

当 $\lambda = 0$ 时, 有

$$\mathfrak{R}(\lambda\mathcal{I} - \mathcal{T}) = \mathfrak{R}(\mathcal{T}) = \left\{(0, x_1, x_2, \cdots, x_n, \cdots) \mid x_n \in \mathbb{C}, n \in \mathbb{Z}^+\right\} \neq \ell^1$$

所以算子 $\lambda\mathcal{I} - \mathcal{T}$ 的像不是 $\ell^1$, 故 $\lambda\mathcal{I} - \mathcal{T}$ 不是正则的, 0 是谱点.

当 $0 < |\lambda| \leqslant 1$ 时, 取 $f = (1, 0, \cdots, 0, \cdots) \in \ell^1$, 下面验证 $f$ 不是 $\lambda\mathcal{I} - \mathcal{T}$ 的像点.

若

$$(\lambda\mathcal{I} - \mathcal{T})x = f \tag{4.20}$$

代入 $x$ 计算, 有

$$(\lambda x_1, \lambda x_2 + x_1, \cdots, \lambda x_n + x_{n-1}, \cdots) = (1, 0, \cdots, 0, \cdots)$$

比较有

$$x_1 = \frac{1}{\lambda}, \ x_2 = -\frac{1}{\lambda^2}, \cdots, x_n = (-1)^{n-1}\frac{1}{\lambda^n}, \cdots$$

由于 $|\lambda| \leqslant 1$ 和

$$\sum_{n=1}^{\infty} |x_n|^2 = \sum_{n=1}^{\infty} \frac{1}{|\lambda|^{2n}}$$

的发散性, 满足式 (4.20) 的 $x$ 不属于 $\ell^2$, 从而不存在 $x \in \ell^2$, 使得式 (4.20) 成立, 即 $f$ 不是 $\lambda\mathcal{I} - \mathcal{T}$ 的像点. 于是 $\mathfrak{R}(\lambda\mathcal{I} - \mathcal{T}) \neq \ell^2$, $\lambda$ 不是 $\mathcal{T}$ 的正则点, 而是谱点. 因此, 当 $|\lambda| \leqslant 1$ 时, $\lambda \in \sigma(\mathcal{T})$. 由于集 $\{\lambda \mid |\lambda| > 1\}$ 和集 $\{\lambda \mid |\lambda| \leqslant 1\}$ 的互补性, 则

$$\varrho(\mathcal{T}) = \{\lambda \mid |\lambda| > 1\}$$

$$\sigma(\mathcal{T}) = \{\lambda \mid |\lambda| \leqslant 1\}$$

例 4.11.6 表明: 算子的谱点不一定就是算子的特征值, 谱点除了特征值外还包含其他点. 还有一点需注意, 就是有界线性算子的谱点会形成一个区间.

### 4.11.3 紧算子的 Riesz-Schauder 理论

作为无限维赋范线性空间上的线性算子, 紧算子具有与有限维赋范线性空间上线性算子接近的性质. 下面介绍紧算子谱的性质, 这些性质与有限维赋范线性空间上线性变换特征值的性质是相似的.

研究紧算子谱性质的主要工具就是 Riesz 引理 (引理 3.3.2): 设 $Y$, $Z$ 都是赋范线性空间 $X$ 的子空间, $Y$ 是闭的且是 $Z$ 的真子集, 则对任意 $\xi \in (0,1)$, 存在单位向量 $z \in Z$, 使得对任意 $y \in Y$, 有 $\|z - y\| \geqslant \xi$.

**定理 4.11.6** 0 是任意从无限维赋范线性空间到其自身紧算子的谱点.

**证** 设 $X$ 是无限维赋范线性空间, $\mathcal{T} : X \mapsto X$ 是紧算子.

若 0 是其正则点, 则 $\mathcal{T}$ 存在有界的逆算子 $\mathcal{T}^{-1}$. 所以恒等算子 $\mathcal{I} = \mathcal{T}\mathcal{T}^{-1}$ 是紧的. 故 $X$ 上的闭单位球

$$\overline{B}(\vartheta; 1) = \{x \mid \|x\| \leqslant 1, x \in X\}$$

作为它的像是紧的.

另外, 由 Riesz 引理 (引理 3.3.2) 可知, 若 $X$ 是无限维的, 则闭单位球不是紧的. 矛盾. 所以 0 不是其正则点, 而是谱点, 即 $0 \in \sigma(\mathcal{T})$. 证完.

**定理 4.11.7** 设 $X$ 是 Banach 空间, $\mathcal{T} : X \mapsto X$ 是紧算子, 则对任意 $\delta > 0$, 其模超过 $\delta$ 的特征值只有有限多个, 每个非零特征值对应的特征向量仅有有限多个是线性无关的.

**证** 若紧算子 $\mathcal{T}$ 有无限多个特征值 $\lambda_1, \lambda_2, \cdots, \lambda_n, \cdots$, 使得 $|\lambda_n| > \delta$, 与它们对应的特征向量分别是 $x_1, x_2, \cdots, x_n, \cdots$, 这些特征向量是线性无关的.

设 $M_n = \operatorname{span}\{x_1, x_2, \cdots, x_n\}$, 则每个 $M_n$ 都是闭子空间, 由定理 4.11.6 可知, $x_{n+1} \notin M_n$. 由 Riesz 引理 (引理 3.3.2) 可知, 存在单位向量 $y_1, y_2, \cdots, y_n, \cdots$, 使得

(1) $y_n \in M_n$;

(2) $\inf\{\|y_n - x\| \mid x \in M_{n-1}\} > \dfrac{1}{2}$.

因为 $|\lambda_n| > \delta$, 所以 $\left\{\dfrac{y_n}{\lambda_n}\right\}$ 是有界的. 而由于 $\mathcal{T}$ 的紧性, $\left\{\mathcal{T}\left(\dfrac{y_n}{\lambda_n}\right)\right\}$ 存在收敛子列.

下证这是不可能的.

因为 $y_n \in M_n$, 所以可设 $y_n = \sum_{i=1}^{n} \alpha_i x_i$. 注意到 $\mathcal{T} x_i = \lambda_i x_i$, 因此有

$$\mathcal{T} \left( \frac{y_n}{\lambda_n} \right) = \sum_{i=1}^{n-1} \frac{\alpha_i \lambda_i}{\lambda_n} x_i + \alpha_n x_n = \sum_{i=1}^{n} \alpha_i x_i + \sum_{k=1}^{n-1} \alpha_k \left( \frac{\lambda_k}{\lambda_n} - 1 \right) x_k = y_n + z_n$$

式中

$$z_n = \sum_{k=1}^{n-1} \alpha_k \left( \frac{\lambda_k}{\lambda_n} - 1 \right) x_k \in M_{n-1}$$

对任意 $m > \ell$, 有

$$\left\| \mathcal{T} \left( \frac{y_m}{\lambda_m} \right) - \mathcal{T} \left( \frac{y_\ell}{\lambda_\ell} \right) \right\| = \| y_m + z_m - (y_\ell + z_\ell) \|$$
$$= \| y_m - (y_\ell + z_\ell - z_m) \|$$
$$> \frac{1}{2}$$

这是因为 $y_\ell + z_\ell - z_m \in M_{m-1}$, 所以 $\left\{ \mathcal{T} \left( \frac{y_n}{\lambda_n} \right) \right\}$ 不存在收敛子列, 与 $\mathcal{T}$ 的紧性矛盾. 这表明 $\mathcal{T}$ 只能有有限多个模大于 $\delta$ 的特征值. 证完.

若某特征值 $\lambda$ 对应无限多个线性无关的特征向量 $x_1, x_2, \cdots, x_n, \cdots$, 重复上述步骤可推出矛盾.

**推论 4.11.3** 设 $X$ 是 Banach 空间, $\mathcal{T} : X \mapsto X$ 是紧算子, 则其特征值集至多有可数个, 且仅可能有一个聚点 0.

**证** 设 $\sigma_P(\mathcal{T})$ 是 $\mathcal{T}$ 的特征值全体, 由上述定理, 可知

$$P_n = \sigma_P(\mathcal{T}) \cap \left\{ \lambda \mid |\lambda| > \frac{1}{n} \right\}$$

是有限的, 所以

$$\sigma_P(\mathcal{T}) = \left( \bigcup_{n=1}^{\infty} P_n \right) \cup \{0\}$$

至多是可数的. 而任意给定的 $\lambda_0 \neq 0$, 其邻域

$$N \left( \lambda_0; \frac{|\lambda_0|}{2} \right) \subset \left\{ \lambda \mid |\lambda| > \frac{|\lambda_0|}{2} \right\}$$

只含有有限多个 $\sigma_P(\mathcal{T})$ 的元, 所以 $\lambda_0$ 不是 $\sigma_P(\mathcal{T})$ 的聚点. 证完.

**定理 4.11.8** 设 $X$ 是 Banach 空间, $\mathcal{T}: X \mapsto X$ 是紧算子. 若 $\lambda \neq 0$, 则对任意 $n \in \mathbb{Z}^+$, $\mathfrak{N}(\lambda \mathcal{I} - \mathcal{T})^n$ 是有限维的, 特别地, 核子空间 $\mathfrak{N}(\lambda \mathcal{I} - \mathcal{T})$ 是有限维的; 进一步地还有

$$\mathfrak{N}(\lambda \mathcal{I} - \mathcal{T})^0 \subset \mathfrak{N}(\lambda \mathcal{I} - \mathcal{T})^1 \subset \cdots \subset \mathfrak{N}(\lambda \mathcal{I} - \mathcal{T})^n \subset \cdots, \quad (\lambda \mathcal{I} - \mathcal{T})^0 = \mathcal{I}$$

**证** 因为

$$\mathfrak{N}(\lambda \mathcal{I} - \mathcal{T}) = \{x \mid (\lambda \mathcal{I} - \mathcal{T})x = \vartheta\} = \{x \mid \mathcal{T}x = \lambda x\}$$

若 $\mathfrak{N}(\lambda \mathcal{I} - \mathcal{T}) \neq \{\vartheta\}$, 则 $\lambda$ 是 $\mathcal{T}$ 的特征值, $\mathfrak{N}(\lambda \mathcal{I} - \mathcal{T})$ 是与 $\lambda$ 对应的特征子空间. 由定理 4.11.6 可知, $\mathfrak{N}(\lambda \mathcal{I} - \mathcal{T})$ 是有限维的.

为证 $\mathfrak{N}(\lambda \mathcal{I} - \mathcal{T})^n$ 的有限维性, 只需证 $(\lambda \mathcal{I} - \mathcal{T})^n$ 具有 $\mu \mathcal{I} - \mathcal{M}$ 的形式, 其中 $\mathcal{M}$ 是某一紧算子.

因为

$$\begin{aligned}
(\lambda \mathcal{I} - \mathcal{T})^n &= \sum_{k=0}^{n} \binom{n}{k} \lambda^{n-k} (-\mathcal{T})^k \\
&= \lambda^n \mathcal{I} - \mathcal{T} \sum_{k=0}^{n} \binom{n}{k} \lambda^{n-k} (-\mathcal{T})^{k-1} \\
&= \mu \mathcal{I} - \mathcal{M}
\end{aligned}$$

式中: $\mu = \lambda^n$, 则

$$\mathcal{M} = \mathcal{T} \sum_{k=0}^{n} \binom{n}{k} \lambda^{n-k} (-\mathcal{T})^{k-1}$$

利用紧算子定义, 可证 $\mathcal{M}$ 是一个紧算子.

第二部分的证明.

若 $x \in \mathfrak{N}(\lambda \mathcal{I} - \mathcal{T})^n$, 则 $(\lambda \mathcal{I} - \mathcal{T})^n x = \vartheta$, 所以

$$(\lambda \mathcal{I} - \mathcal{T})^{n+1} x = (\lambda \mathcal{I} - \mathcal{T})(\lambda \mathcal{I} - \mathcal{T})^n = \vartheta$$

故 $x \in \mathfrak{N}(\lambda \mathcal{I} - \mathcal{T})^{n+1}$. 从而

$$\mathfrak{N}(\lambda \mathcal{I} - \mathcal{T})^n \subset \mathfrak{N}(\lambda \mathcal{I} - \mathcal{T})^{n+1}$$

证完.

已知有限维赋范线性空间上的谱点都是特征值. 下证除了 0 以外, 紧算子的所有谱点也都是特征值. 这一结果需下述引理, 证略.

**引理 4.11.2** 设 $X$ 是 Banach 空间, $\mathcal{T} : X \mapsto X$ 是紧算子, 则对每个 $n \in \mathbb{Z}^+$, $\mathfrak{R}(\lambda \mathcal{I} - \mathcal{T})^n$ 都是闭的, 特别地, 像集 $\mathfrak{R}(\lambda \mathcal{I} - \mathcal{T})$ 是闭的; 进一步地还有

$$\mathfrak{R}(\lambda \mathcal{I} - \mathcal{T})^0 \supset \mathfrak{R}(\lambda \mathcal{I} - \mathcal{T})^1 \supset \cdots \supset \mathfrak{R}(\lambda \mathcal{I} - \mathcal{T})^n \supset \cdots, \ (\lambda \mathcal{I} - \mathcal{T})^0 = \mathcal{I}$$

**定理 4.11.9** 设 $X$ 是 Banach 空间, $\mathcal{T} : X \mapsto X$ 是紧算子. 若 $\lambda \neq 0$ 不是其特征值, 则是正则点, 即 $\lambda \in \varrho(\mathcal{T})$.

**证** 若 $\lambda \neq 0$ 不是 $\mathcal{T}$ 的特征值, 则核 $\mathfrak{N}(\lambda \mathcal{I} - \mathcal{T}) = \{\vartheta\}$.

先证 $\mathfrak{R}(\lambda \mathcal{I} - \mathcal{T}) = X$.

若不然, 设 $\mathfrak{R}(\lambda \mathcal{I} - \mathcal{T}) \neq X$, 由上述引理, 有

$$\mathfrak{R}(\lambda \mathcal{I} - \mathcal{T})^1, \ \mathfrak{R}(\lambda \mathcal{I} - \mathcal{T})^2, \cdots, \mathfrak{R}(\lambda \mathcal{I} - \mathcal{T})^n, \cdots$$

都是闭的, 且

$$\mathfrak{R}(\lambda \mathcal{I} - \mathcal{T})^0 \supset \mathfrak{R}(\lambda \mathcal{I} - \mathcal{T})^1 \supset \cdots \supset \mathfrak{R}(\lambda \mathcal{I} - \mathcal{T})^n \supset \cdots, \ (\lambda \mathcal{I} - \mathcal{T})^0 = \mathcal{I}$$

下证若 $\mathfrak{R}(\lambda \mathcal{I} - \mathcal{T})^n$ 是 $\mathfrak{R}(\lambda \mathcal{I} - \mathcal{T})^{n-1}$ 的真子空间, 则 $\mathfrak{R}(\lambda \mathcal{I} - \mathcal{T})^{n+1}$ 是 $\mathfrak{R}(\lambda \mathcal{I} - \mathcal{T})^n$ 的真子空间.

若不然, 设 $\mathfrak{R}(\lambda \mathcal{I} - \mathcal{T})^n = \mathfrak{R}(\lambda \mathcal{I} - \mathcal{T})^{n+1}$. 则对任意 $x \in \mathfrak{R}(\lambda \mathcal{I} - \mathcal{T})^{n-1}$, 有

$$(\lambda \mathcal{I} - \mathcal{T})x \in \mathfrak{R}(\lambda \mathcal{I} - \mathcal{T})^n = \mathfrak{R}(\lambda \mathcal{I} - \mathcal{T})^{n+1}$$

故存在 $y \in \mathfrak{R}(\lambda \mathcal{I} - \mathcal{T})^n$, 使得 $(\lambda \mathcal{I} - \mathcal{T})x = (\lambda \mathcal{I} - \mathcal{T})y$.

由于 $\mathfrak{N}(\lambda \mathcal{I} - \mathcal{T}) = \{\vartheta\}$, $\lambda \mathcal{I} - \mathcal{T}$ 的一一对应性, $x = y \in \mathfrak{R}(\lambda \mathcal{I} - \mathcal{T})^n$, 即 $\mathfrak{R}(\lambda \mathcal{I} - \mathcal{T})^{n-1} = \mathfrak{R}(\lambda \mathcal{I} - \mathcal{T})^n$, 矛盾. 所以所有包含关系:

$$\mathfrak{R}(\lambda \mathcal{I} - \mathcal{T})^0 \supset \mathfrak{R}(\lambda \mathcal{I} - \mathcal{T})^1 \supset \cdots \supset \mathfrak{R}(\lambda \mathcal{I} - \mathcal{T})^n \supset \cdots, \ (\lambda \mathcal{I} - \mathcal{T})^0 = \mathcal{I} \quad (4.21)$$

都是真的.

由式 (4.21) 和 Riesz 引理 (引理 3.3.2) 可知, 存在单位向量 $x_n \in \mathfrak{R}(\lambda \mathcal{I} - \mathcal{T})^n$, 满足

$$\varrho\left(x_n, \mathfrak{R}(\lambda \mathcal{I} - \mathcal{T})^{n+1}\right) \geqslant \frac{1}{2}, \ n \in \mathbb{Z}^+$$

于是对 $n > m$, 有

$$\frac{1}{\lambda}(\mathcal{T}x_m - \mathcal{T}x_n) = x_m + \left\{-x_n - \frac{(\lambda \mathcal{I} - \mathcal{T})x_m - (\lambda \mathcal{I} - \mathcal{T})x_n}{\lambda}\right\} = x_m - x \quad (4.22)$$

式中

$$x = x_n + \frac{(\lambda \mathcal{I} - \mathcal{T})x_m - (\lambda \mathcal{I} - \mathcal{T})x_n}{\lambda} \in \mathfrak{R}(\lambda \mathcal{I} - \mathcal{T})^{m+1} \quad (4.23)$$

由式 (4.22) 和式 (4.23), 有

$$\|\mathcal{T}x_m - \mathcal{T}x_n\| = |\lambda|\,\|x_m - x\| \geqslant \frac{|\lambda|}{2}$$

即 $\{\mathcal{T}x_n\}$ 中不存在收敛子列. 这与 $\mathcal{T}$ 的紧性矛盾. 于是, $\mathfrak{R}(\lambda\mathcal{I} - \mathcal{T}) = X$ 成立.

由于 $\lambda\mathcal{I} - \mathcal{T}$ 的一一对应性, 且

$$\|\lambda\mathcal{I} - \mathcal{T}\| \leqslant \|\lambda\mathcal{I}\| + \|\mathcal{T}\| = |\lambda| + \|\mathcal{T}\|$$

$\lambda\mathcal{I} - \mathcal{T}$ 是有界的. 由开映射定理 (定理 4.8.1) 可知, 逆算子 $(\lambda\mathcal{I} - \mathcal{T})^{-1}$ 存在, 且其定义域是 $\mathfrak{R}(\lambda\mathcal{I} - \mathcal{T}) = X$. 所以 $\lambda$ 是 $\mathcal{T}$ 的正则点, 即 $\lambda \in \varrho(\mathcal{T})$. 证完.

**推论 4.11.4** 设 $X$ 是 Banach 空间, $\mathcal{T}: X \mapsto X$ 是紧算子. 若 $\lambda \neq 0$ 不是谱点, 则是特征值.

综合上述结论, 紧算子 $\mathcal{T}$ 的谱 $\sigma(\mathcal{T})$ 至多由其特征值与 0 组成, 若 $X$ 是无限维线性空间时, 则 0 肯定是其谱点. 而当 $X$ 是有限维线性空间时, $0 \in \sigma(\mathcal{T})$ 的 0 是其特征值. 现在的问题是 0 到底是不是其特征值呢? 这是不确定的.

考虑 $\mathcal{T}: \ell^2 \mapsto \ell^2$, 使得

$$\mathcal{T}x = \left(x_1, \frac{x_2}{2}, \cdots, \frac{x_n}{n}, \cdots\right)$$

显然, $\mathcal{T}$ 是紧的. 所以 0 是其谱点.

下面说明 0 不是其特征值.

因为 $\mathcal{T}x = 0x = \vartheta$, 所以 $x = \vartheta$, 即不存在非 $\theta$ 的 $x$ 使 $\mathcal{T}x = 0x$. 但若其定义修改为

$$\mathcal{T}x = \left(0, x_2, \frac{x_3}{2}, \cdots, \frac{x_{n+1}}{n}, \cdots\right)$$

则它是紧的, 谱点 0 就是其特征值, 相应的特征向量是 $(x_1, 0, \cdots, 0, \cdots)$.

还有一点需注意, 非零特征值的特征子空间是有限维的, 但若 0 是紧算子的特征值, 它对应的特征子空间可能就是无限维的.

定义 $\mathcal{T}: \ell^2 \mapsto \ell^2$, 使得

$$\mathcal{T}x = (x_1, x_2, 0, \cdots, 0, \cdots)$$

则 $\mathcal{T}$ 是紧的. 显然 0 对应的特征子空间为

$$\left\{(0, 0, x_3, \cdots, x_n, \cdots) \mid \sum_{i=3}^{\infty} |x_i|^2 < \infty\right\}$$

这个空间是无限维的.

**习题**

1. 设 $X$ 是复 Banach 空间, $T \in \mathcal{B}(X, X)$, 试证 $\|R(\lambda, T)\| \to 0$, $\lambda \to \infty$.

2. 设算子 $T : C[0,1] \mapsto C[0,1]$, 使得 $Tx = vx$, 其中 $v \in C[0,1]$ 是固定的. 试求 $\sigma(T)$.

3. 设算子 $T : \ell^\infty \mapsto \ell^\infty$, 使得 $Tx = (x_2, x_3, \cdots, x_n, \cdots)$. 试证 (1) 若 $|\lambda| > 1$, 则 $\lambda \in \varrho(T)$; (2) 若 $|\lambda| \leqslant 1$, 则 $\lambda$ 是特征值.

4. 设算子 $T : \ell^p \mapsto \ell^p$, $1 \leqslant p < \infty$, 使得 $Tx = (x_2, x_3, \cdots, x_n, \cdots)$. 若 $|\lambda| = 1$, 试问 $\lambda$ 是特征值吗?

5. 设 $X$ 是复 Banach 空间. 试求恒等算子 $\mathcal{I}$ 的特征值, $\sigma(\mathcal{I})$, $\varrho(\mathcal{I})$.

6. 定义算子 $T : \ell^2 \mapsto \ell^2$. (1) 若 $Tx = \left(x_2, \dfrac{x_3}{2}, \cdots, \dfrac{x_{n+1}}{n}, \cdots\right)$, 试证 $T$ 是紧的, 且 $\sigma_P(T) = \{0\}$; (2) 若 $Tx = \left(0, x_1, \dfrac{x_2}{2}, \cdots, \dfrac{x_n}{n}, \cdots\right)$, 试证 $T$ 是紧的, 且 $\sigma(T) = \sigma_R(T) = \{0\}$; (3) 若 $Tx = \left(x_1, \dfrac{x_2}{2}, \cdots, \dfrac{x_n}{n}, \cdots\right)$, 试证 $T$ 是紧的, 且 $\sigma_C(T) = \{0\}$.

7. 设 $X$ 是复 Banach 空间, $T \in \mathcal{B}(X, X)$, $\lambda_0 \in \varrho(T)$, 又设 $\{T_n\}$ 是 $X$ 上的有界线性算子列且满足 $\|T_n - T\| \to 0$, $n \to \infty$, 试证当 $n$ 充分大以后, $\lambda_0$ 是 $T_n$ 的正则点, 且 $\|R(\lambda_0, T_n) - R(\lambda, T)\| \to 0$, $n \to \infty$.

# 第 5 章　内积空间

## 5.1　内积空间的概念

内积空间是一种具有 "内积" 结构的线性空间. 由于 "内积" 可赋予线性空间几何特征, 如派生出范数, 内积空间同时是赋范线性空间, 因此对一般赋范线性空间成立的结论对内积空间也是适用的. 进一步, 还具有其他丰富的性质. 但由于内积空间具有 "内积" 这种结构, 使得它有着比一般赋范线性空间更为特殊的性质. 本章将叙述这些特殊性质, 包括正交集的存在性、正交投影以及空间上线性泛函和算子的特殊表现形式.

Hilbert 空间的理论已广泛地应用于许多学科和学科分支中去, 例如在量子力学、概率论、Fourier 分析和调和分析等学科中就是如此. 近年来蓬勃发展的小波分析理论就是植根于 Hilbert 空间基本理论的.

### 5.1.1　有限维内积空间

先来回顾矩阵分析中学习过的有限维内积空间的概念.

**定义 5.1.1**　设 $V$ 是实数域上的有限维线性空间. 若对 $V$ 中任意两个向量 $x, y$, 存在实数 $\langle x, y \rangle$, 满足下述条件:

(1) (正定性) $\langle x, x \rangle \geqslant 0$, $\langle x, x \rangle = 0$, 当且仅当 $x = \vartheta$;

(2) (对称性) $\langle x, y \rangle = \langle y, x \rangle$;

(3) (齐次性, homogeneity) $\langle \lambda x, y \rangle = \lambda \langle x, y \rangle$, $\lambda$ 是任意实数;

(4) (可加性, additivity) $\langle x + y, z \rangle = \langle x, z \rangle + \langle y, z \rangle$, $z \in V$.

则称其为向量 $x, y$ 的内积 (inner product), 定义了内积的实线性空间 $V$ 称为实内积空间 (real inner product space).

易验证, 在微积分中, 通常 $\mathbb{R}^3$ 中的数量积就是其中的内积, 所以它是实内积空间. 下面几例中所定义的内积满足定义 5.1.1 的验证过程是比较容易的.

**例 5.1.1** 对 $\mathbb{R}^n$ 中的任意两个向量

$$x = (\xi_1, \xi_2, \cdots, \xi_n)^{\mathrm{T}}$$
$$y = (\eta_1, \eta_2, \cdots, \eta_n)^{\mathrm{T}}$$

定义内积:

$$\langle x, y \rangle = x^{\mathrm{T}} y = \sum_{i=1}^{n} \xi_i \eta_i$$

则 $\mathbb{R}^n$ 成为内积空间.

**例 5.1.2** 对 $\mathbb{R}^{n \times n}$ 中的任意两个矩阵

$$A = (a_{ij})_{n \times n}$$
$$B = (b_{ij})_{n \times n}$$

定义内积:

$$\langle A, B \rangle = \sum_{i,j=1}^{n} a_{ij} b_{ij}$$

则 $\mathbb{R}^{n \times n}$ 成为内积空间.

由内积定义可推出内积 $\langle x, y \rangle$ 具有下述基本性质:
(1) $\langle x, \lambda y \rangle = \lambda \langle x, y \rangle$, $\lambda$ 是任意实数;
(2) $\langle x, \vartheta \rangle = \langle \vartheta, x \rangle = 0$;
(3) $\langle x, y + z \rangle = \langle x, y \rangle + \langle x, z \rangle$.
因为 $\langle x, x \rangle \geqslant 0$, 所以 $\sqrt{\langle x, x \rangle}$ 有意义. 在一般的内积空间中引入下述定义.

**定义 5.1.2** 设 $x$ 是实内积空间 $V$ 的任一向量, 则非负实数 $\sqrt{\langle x, x \rangle}$ 称为向量的范数, 记为 $\|x\|$, 即 $\|x\| = \sqrt{\langle x, x \rangle}$.

由定义可知, 非零向量的范数是正数, 只有零向量的范数是零, 且这样定义的长度符合正齐次性和三角不等式.

关于内积有重要的 Cauchy-Schwarz 不等式: 设 $V$ 是有限维实内积空间, 则对任意 $x, y \in V$, 有

$$|\langle x, y \rangle| \leqslant \|x\| \|y\| \tag{5.1}$$

且当且仅当 $x, y$ 是线性相关时等号成立.

**证** 设 $t$ 是任意实数, 由内积定义知 $\langle x - ty, x - ty \rangle \geqslant 0$, 即

$$\langle y,y\rangle t^2 - 2\langle x,y\rangle t + \langle x,x\rangle \geqslant 0$$

因为上面不等式的左端是关于 $t$ 的恒取非负值的二次三项式, 所以判别式

$$\Delta = [-2\langle x,y\rangle]^2 - 4\langle y,y\rangle\langle x,x\rangle \leqslant 0$$

从而 Cauchy-Schwarz 不等式 (5.1) 成立.

设 $x, y$ 是线性相关的向量, 不妨设 $y \neq \vartheta$, 则 $x = ky$ ($k = \text{const}$). 于是

$$|\langle x,y\rangle| = |\langle ky,y\rangle| = |k|\langle y,y\rangle = |k|\|y\|^2 = |k|\|y\|\|y\| = \|x\|\|y\|$$

反之, 设 $\langle x,y\rangle^2 = \langle x,x\rangle\langle y,y\rangle$.

不妨设 $y \neq \vartheta$, 则当 $\langle x,y\rangle \geqslant 0$ 时, 取 $t = \dfrac{\|x\|}{\|y\|}$, 当 $\langle x,y\rangle \leqslant 0$ 时, 取 $t = -\dfrac{\|x\|}{\|y\|}$, 从而

$$\langle x - ty, x - ty\rangle = \langle x,x\rangle - 2t\langle x,y\rangle + t^2\langle y,y\rangle = 0$$

于是 $x - ty = \vartheta$, 即 $x, y$ 是线性相关的. 证完.

对任意非零向量 $x$, $\dfrac{x}{\|x\|}$ 是一个单位向量, 通常把这种做法叫做把向量 $x$ 单位化或规范化.

若对实内积空间中的两个向量 $x, y$, 有 $\langle x,y\rangle = 0$, 则称它们是正交的 (orthogonal), 记为 $x \perp y$.

显然, 零向量与任意向量正交.

设 $x, y$ 是正交向量, 则有 Pythagoras[1] 定理 (Pythagorean identity):

$$\|x + y\|^2 = \|x\|^2 + \|y\|^2 \tag{5.2}$$

一般地, 若向量组 $x_1, x_2, \cdots, x_k$ 是两两正交的, 则称它们是正交的, 且有广义的 Pythagoras 定理:

$$\|x_1 + x_2 + \cdots + x_k\|^2 = \|x_1\|^2 + \|x_2\|^2 + \cdots + \|x_k\|^2 \tag{5.3}$$

在实内积空间中可选择一种特殊的, 用起来很方便的基, 即正交基. 正交概念的引入, 使得实内积空间中增加了不少在线性空间中所没有的, 但很有意义的性质.

---

①Pythagoras of Samos (公元前 582—公元前 497), 古希腊人, 研究了黄金分割, 发现了正五角形和相似多边形的作法; 还证明正多面体只有 5 种 —— 正四面体、正六面体、正八面体、正 12 面体和正 20 面体.

**定理 5.1.1**  正交向量组是线性无关的.

在有限维内积空间中, 由正交向量组构成的基称为正交的. 若正交基中每个向量都是单位向量, 就称其为规范正交的 (orthonormal).

因此, 若 $e_1, e_2, \cdots, e_n$ 是 $n$ 维实内积空间的规范正交基, 则

$$\langle e_i, e_j \rangle = \delta_{ij} = \begin{cases} 1, & i = j \\ 0, & i \neq j \end{cases}$$

式中: $\delta_{ij}$ 为 Kronecker $\delta$ 符号.

有限维内积空间都有规范正交基.

下面给出有限维复内积空间的概念.

**定义 5.1.3**  设 $V$ 是复数域上的有限维线性空间. 若对任意 $x, y \in V$, 存在复数 $\langle x, y \rangle$, 满足下述条件:

(1) (正定性) $\langle x, x \rangle \geqslant 0$, $\langle x, x \rangle = 0$, 当且仅当 $x = \vartheta$;

(2) (Hermite 性, Hermiticity) $\langle x, y \rangle = \overline{\langle y, x \rangle}$;

(3) (齐次性) $\langle \lambda x, y \rangle = \lambda \langle x, y \rangle$;

(4) (可加性) $\langle x + y, z \rangle = \langle x, z \rangle + \langle y, z \rangle$, $z \in V$.

则称其为向量 $x, y$ 的内积. 定义了内积的线性空间 $V$ 称为复内积空间 (complex inner product space).

显然, 实内积空间是复内积空间的特例. 从下述讨论可看出, 复内积空间有一套和实内积空间基本相似的理论.

**例 5.1.3**  对 $\mathbb{C}^n$ 中的任意两个向量

$$\boldsymbol{x} = (\xi_1, \xi_2, \cdots, \xi_n)^{\mathrm{T}}$$
$$\boldsymbol{y} = (\eta_1, \eta_2, \cdots, \eta_n)^{\mathrm{T}}$$

定义内积:

$$\langle \boldsymbol{x}, \boldsymbol{y} \rangle = \boldsymbol{y}^{\mathrm{H}} \boldsymbol{x} = \sum_{i=1}^{n} \xi_i \bar{\eta}_i$$

式中: $\boldsymbol{y}^{\mathrm{H}} = (\bar{\eta}_1, \bar{\eta}_2, \cdots, \bar{\eta}_n)$ 是向量 $\boldsymbol{y}$ 的共轭转置, 则 $\mathbb{C}^n$ 成为复内积空间.

由上述定义容易推出复内积空间的下述性质:

(1) $\langle x, \vartheta \rangle = \langle \vartheta, x \rangle = 0$;

(2) $\langle x, \lambda y \rangle = \bar{\lambda} \langle x, y \rangle$;

(3) $\langle x, y + z \rangle = \langle x, y \rangle + \langle x, z \rangle$.

在复内积空间中, Cauchy-Schwarz 不等式仍然成立: 设 $V$ 是有限维复内积空间. 则对任意 $x, y \in V$, 有

$$|\langle x, y\rangle| \leqslant \|x\| \|y\| \tag{5.4}$$

且当且仅当 $x, y$ 是线性相关时等号成立.

**证** 不妨设 $y \neq \vartheta$. 由 $\langle x - \lambda y, x - \lambda y\rangle \geqslant 0$, 有

$$\langle x, x\rangle - \bar{\lambda}\langle x, y\rangle - \lambda\overline{\langle x, y\rangle} + \lambda\bar{\lambda}\langle y, y\rangle \geqslant 0$$

取 $\lambda = \dfrac{\langle x, y\rangle}{\langle y, y\rangle}$, 并用 $\langle y, y\rangle$ 来乘上述不等式的各项, 有

$$\langle x, x\rangle\langle y, y\rangle - \overline{\langle x, y\rangle}\langle x, y\rangle - \langle x, y\rangle\overline{\langle x, y\rangle} + \langle x, y\rangle\overline{\langle x, y\rangle} \geqslant 0$$

或

$$\overline{\langle x, y\rangle}\langle x, y\rangle \leqslant \langle x, x\rangle\langle y, y\rangle$$

即 Cauchy-Schwarz 不等式 (5.4) 成立.

若向量 $x, y$ 是线性无关的, 则 $x - \lambda y \neq \vartheta$, 于是 $\langle x - \lambda y, x - \lambda y\rangle > 0$. 从上述推导知

$$|\langle x, y\rangle|^2 < \langle x, x\rangle\langle y, y\rangle$$

若向量 $x, y$ 是线性相关的, 令 $x = \lambda y$, 则易证上式成立. 证完.

类似于实内积空间的情形, 对复内积空间 $V$ 中的任一向量 $x$, 可定义其长度为 $\|x\| = \sqrt{\langle x, x\rangle}$. 由 Cauchy-Schwarz 不等式 (5.4) 可证, 在复内积空间中三角不等式仍然成立.

应用上述结果, 在复内积空间 $\mathbb{C}^n$ 中, 长度的表达式为

$$\|x\| = \sqrt{|\xi_1|^2 + |\xi_2|^2 + \cdots + |\xi_n|^2}$$

$\mathbb{C}^n$ 中的 Cauchy-Schwarz 不等式是

$$|\xi_1\bar{\eta}_1 + \xi_2\bar{\eta}_2 + \cdots + \xi_n\bar{\eta}_n|$$
$$\leqslant \sqrt{|\xi_1|^2 + |\xi_2|^2 + \cdots + |\xi_n|^2} \cdot \sqrt{|\eta_1|^2 + |\eta_2|^2 + \cdots + |\eta_n|^2}$$

类似于实内积空间中的做法, 同样可定义复内积空间中正交基和规范正交基. 从而, 任意复内积空间都有规范正交基. 易证, 在 $n$ 维复内积空间中, 在规范正交基 $e_1, e_2, \cdots, e_n$ 下的任意两个向量

$$x = \xi_1 e_1 + \xi_2 e_2 + \cdots + \xi_n e_n$$
$$y = \eta_1 e_1 + \eta_2 e_2 + \cdots + \eta_n e_n$$

的内积可表示为

$$\langle x, y \rangle = \xi_1 \bar{\eta}_1 + \xi_2 \bar{\eta}_2 + \cdots + \xi_n \bar{\eta}_n$$

### 5.1.2　一般内积空间的概念

**定义 5.1.4**　设 $X$ 是 $\Phi$ 上的线性空间. 若对任意 $x, y \in V$, 存在 $\langle x, y \rangle$, 满足下述条件:

(1) (正定性) $\langle x, x \rangle \geqslant 0$, $\langle x, x \rangle = 0$, 当且仅当 $x = \vartheta$;

(2) (Hermite 性) $\langle x, y \rangle = \overline{\langle y, x \rangle}$;

(3) (齐次性) $\langle \alpha x, y \rangle = \alpha \langle x, y \rangle$, $\alpha \in \Phi$;

(4) (可加性) $\langle x + y, z \rangle = \langle x, z \rangle + \langle y, z \rangle$.

则称其为 $X$ 上的内积, 并称 $X$ 是内积空间 (inner product space).

若 $\Phi = \mathbb{R}$, 则上述定义的 (2) 就是

(2) (对称性) $\langle x, y \rangle = \langle y, x \rangle$.

作为内积概念的简单应用给出下述结论, 它在后面还有应用.

**定理 5.1.2**　若对内积空间 $X$ 中的每个 $w$, 有 $\langle z_1, w \rangle = \langle z_2, w \rangle$, 则 $z_1 = z_2$. 特别地, 若对每个 $w \in X$, 有 $\langle z_1, w \rangle = 0$, 则 $z_1 = \vartheta$.

**证**　因为对每个 $w \in X$, 有

$$\langle z_1 - z_2, w \rangle = \langle z_1, w \rangle - \langle z_2, w \rangle = 0$$

取 $w = z_1 - z_2$, 有

$$\langle x, z_1 - z_2 \rangle = \langle z_1 - z_2, z_1 - z_2 \rangle = \| z_1 - z_2 \|^2 = 0$$

所以 $z_1 = z_2$. 证完.

由上述定义, 有下面重要的公式:

$$\langle \alpha x + \beta y, z \rangle = \alpha \langle x, z \rangle + \beta \langle y, z \rangle, \ \alpha, \beta \in \Phi$$

$$\langle x, \alpha y \rangle = \overline{\alpha} \langle x, y \rangle, \ \alpha \in \Phi$$

$$\langle x, \alpha y + \beta z \rangle = \overline{\alpha} \langle x, y \rangle + \overline{\beta} \langle x, z \rangle, \ \alpha, \beta \in \Phi$$

通过内积, 可在内积空间 $X$ 上分别定义范数

$$\| x \| = \sqrt{\langle x, x \rangle}$$

和度量

$$\varrho(x, y) = \| x - y \| = \sqrt{\langle x - y, x - y \rangle}$$

以后对内积空间提范数都是指生成范数. 通过简单的计算, 可证内积空间上的范数满足重要的平行四边形法则 (parallelogram identity):

$$\|x+y\|^2 + \|x-y\|^2 = 2\left(\|x\|^2 + \|y\|^2\right) \tag{5.5}$$

这是内积生成范数的独特性质. 若范数不满足平行四边形法则式 (5.5), 则它就不可能是由内积生成的.

内积和相应的范数满足下述不等式:

(1) Cauchy-Schwarz 不等式:

$$|\langle x, y\rangle| \leqslant \|x\|\|y\| \tag{5.6}$$

(2) 三角不等式:

$$\|x+y\| \leqslant \|x\| + \|y\| \tag{5.7}$$

**证** (1) 与 Cauchy-Schwarz 不等式 (5.4) 类似, 证略.

(2) 因为

$$\|x+y\|^2 = \langle x+y, x+y\rangle = \|x\|^2 + \langle x, y\rangle + \langle y, x\rangle + \|y\|^2$$

又由 Cauchy-Schwarz 不等式 (5.6), 有

$$\|x+y\|^2 \leqslant \|x\|^2 + 2|\langle x, y\rangle| + \|y\|^2 \leqslant \|x\|^2 + 2\|x\|\|y\| + \|y\|^2$$

所以, 三角不等式 (5.7) 成立. 证完.

定义了范数的内积空间就是赋范线性空间. 若内积空间按生成范数是完备的, 就称为 Hilbert 空间 (Hilbert space).

内积空间作为一种赋范线性空间, 仍然适用前述极限和连续性等概念.

**引理 5.1.1 (内积的连续性, continuity in inner product)** 若 $x_n \to x$, $n \to \infty$ 和 $y_n \to y$, $n \to \infty$, 则 $\langle x_n, y_n\rangle \to \langle x, y\rangle$, $n \to \infty$.

**证** 由 Cauchy-Schwarz 不等式 (5.6), 有

$$
\begin{aligned}
|\langle x_n, y_n\rangle - \langle x, y\rangle| &= |\langle x_n, y_n\rangle - \langle x_n, y\rangle + \langle x_n, y\rangle - \langle x, y\rangle| \\
&\leqslant |\langle x_n, y_n\rangle - \langle x_n, y\rangle| + |\langle x_n, y\rangle - \langle x, y\rangle| \\
&\leqslant \|x_n\|\,\|y_n - y\| + \|x_n - x\|\,\|y\| \\
&\to 0, \ n \to \infty
\end{aligned}
$$

证完.

**例 5.1.4** $\mathbb{R}^n$ 是具有内积 $\langle \boldsymbol{x}, \boldsymbol{y} \rangle = \sum\limits_{i=1}^{n} x_i y_i$ 的 Hilbert 空间.

事实上, 这一内积诱导的范数就是

$$\|\boldsymbol{x}\| = \left( \sum_{i=1}^{n} |x_i|^2 \right)^{\frac{1}{2}}$$

因为它按这一范数是完备的, 所以按上述给出的内积是完备的. 故其为 Hilbert 空间.

**例 5.1.5** $\mathbb{C}^n$ 是具有内积 $\langle \boldsymbol{x}, \boldsymbol{y} \rangle = \sum\limits_{i=1}^{n} x_i \overline{y_i}$ 的 Hilbert 空间.

事实上, 这一内积诱导的范数就是

$$\|\boldsymbol{x}\| = \left( \sum_{i=1}^{n} |x_i|^2 \right)^{\frac{1}{2}}$$

因为它按这一范数是完备的, 所以按上述给出的内积是完备的. 故其为 Hilbert 空间.

**例 5.1.6** 在 $\ell^2$ 上定义

$$\langle x, y \rangle = \sum_{n=1}^{\infty} x_n \overline{y_n}$$

由 Cauchy-Schwarz 不等式 (5.6) 可知, 这是有意义的, 它满足内积定义, 生成的范数为

$$\|x\| = \left( \sum_{n=1}^{\infty} |x_n|^2 \right)^{\frac{1}{2}}$$

因为它在这一范数下是完备的, 所以其为 Hilbert 空间.

**例 5.1.7** $\ell^p (p \neq 2)$ 不是内积空间, 当然也不是 Hilbert 空间.

事实上, 只需证 $\ell^p$ 上的范数不满足平行四边形法则式 (5.5), 即

$$\|x+y\|^2 + \|x-y\|^2 = 2 \left( \|x\|^2 + \|y\|^2 \right)$$

不成立.

若取 $x = (1, 1, 0, \cdots), y = (1, -1, 0, \cdots) \in \ell^p$, 则

$$\|x\| = \|y\| = 2^{\frac{1}{p}}$$

$$\|x+y\| = \|x-y\| = 2$$

不满足平行四边形法则.

因为 $\ell^p$ 是完备的, 所以当 $p \neq 2$ 时, 它是 Banach 空间, 但不是 Hilbert 空间.

**例 5.1.8** $C[a,b]$ 不是内积空间, 当然也不是 Hilbert 空间.

事实上, 只需证 $C[a,b]$ 上的范数不满足平行四边形法则式 (5.5), 即

$$\|x+y\|^2 + \|x-y\|^2 = 2\left(\|x\|^2 + \|y\|^2\right)$$

不成立.

若取 $x(t) = 1, y(t) = \dfrac{t-a}{b-a}$, 则 $\|x\| = \|y\| = 1$, 且

$$x(t) + y(t) = 1 + \frac{t-a}{b-a}$$

$$x(t) - y(t) = 1 - \frac{t-a}{b-a}$$

因此, $\|x+y\| = 2, \|x-y\| = 1$ 不满足平行四边形法则.

由定理 2.4.9 可知, 立即有下述定理.

**定理 5.1.3** Hilbert 空间 $X$ 的子空间是 Hilbert 空间的充要条件是其在 $X$ 是闭的.

进一步, 还有下述定理.

**定理 5.1.4** (1) Hilbert 空间的有限维子空间是 Hilbert 空间;

(2) 可分 Hilbert 空间的子空间是可分的.

证略.

类似于度量空间的完备化定理 (定理 3.5.1) 和赋范线性空间的完备化定理 (定理 3.5.2) 可给出内积空间的完备化定理.

**定义 5.1.5 (内积空间的同构, isomorphism of inner product spaces)** 设 $X, Y$ 都是内积空间, $T : X \mapsto Y$.

(1) 若

$$\langle Tx, Ty \rangle = \langle x, y \rangle$$

则称 $T$ 为保内积的 (inner product-preserving);

(2) 若存在从 $X$ 到 $Y$ 上一一对应的保内积映射, 则称它们是同构的.

**定理 5.1.5 (内积空间的完备化定理, completion theorem of an inner product space)** 对内积空间 $X$, 在对保内积空间不加区别的意义下存在唯一的 Hilbert 空间 $Y$, 且存在子空间 $W \subset Y$ 与 $X$ 是保内积的并在 $Y$ 中是稠密的.

证略.

## 习题

1. 试证平行四边形法则式 (5.5): $\|x+y\|^2 + \|x-y\|^2 = 2\left(\|x\|^2 + \|y\|^2\right)$.

2. (1) 试证 Pythagoras 定理式 (5.2) 在内积空间 $X$ 中, 若 $x\perp y$, 则 $\|x+y\|^2 = \|x\|^2 + \|y\|^2$; (2) 试证广义的 Pythagoras 定理式 (5.3) 在内积空间 $X$ 中, 若向量组 $x_1, x_2, \cdots, x_k$ 是两两正交的, 则

$$\|x_1 + x_2 + \cdots + x_k\|^2 = \|x_1\|^2 + \|x_2\|^2 + \cdots + \|x_k\|^2$$

3. (1) 试证在实内积空间中, 若 Pythagoras 定理式 (5.2) 成立, 则 $x\perp y$; (2) 在复内积空间中, 则不一定有 (1) 的结论. 提示: 考虑 $x=(1,1)$, $y=(i,i)\in\mathbb{C}$.

4. 在实内积空间中, 若 $|x|=|y|$, 试证 $\langle x+y, x-y\rangle = 0$, 并在几何上给出解释; 在复内积空间中呢?

5. 在内积空间 $X$ 中, 试证 Apollonius[①] 恒等式 (Apollonius identity):

$$\|z-x\|^2 + \|z-y\|^2 = \frac{\|x-y\|^2}{2} + 2\left\|z - \frac{x+y}{2}\right\|^2$$

提示: 直接计算或用平行四边形法则式 (5.5).

6. 若 $y\perp x_n$, $x_n\to x$, $n\to\infty$, 试证 $x\perp y$.

7. 在内积空间中, 若序列 $\|x_n\|\to\|x\|$, $n\to\infty$ 和 $\langle x_n, x\rangle\to\langle x,x\rangle$, $n\to\infty$, 试证 $x_n\to x$, $n\to\infty$.

8. 试证在内积空间中, $x\perp y$ 当且仅当 (1) 对任意 $\alpha$, 有 $\|x+\alpha y\| = \|x-\alpha y\|$; 或 (2) 对任意 $\alpha$, 有 $\|x+\alpha y\|\geqslant\|x\|$.

9. 试证定理 5.1.3: Hilbert 空间 $X$ 的子空间是 Hilbert 空间的充要条件是其在 $X$ 是闭的. 提示: 参考定理 2.4.9.

10. 试证定理 5.1.4: (1) Hilbert 空间的有限维子空间是 Hilbert 空间; (2) 可分 Hilbert 空间的子空间是可分的.

## 5.2　直和分解

**定义 5.2.1**　设 $X$ 是内积空间.

(1) 若对两向量 $x,y\in X$, 有 $\langle x,y\rangle = 0$, 则称 $x,y$ 是正交的, 记为 $x\perp y$;

(2) 对 $A\subset X$, 若对任意 $a\in A$, 有 $x\perp a$, 则称向量 $x$ 和集 $A$ 是正交的, 记为 $x\perp A$;

(3) 对两子集 $A,B\subset X$, 若对任意 $a\in A$, $b\in B$, 有 $a\perp b$, 则称 $A,B$ 是正交的, 记为 $A\perp B$.

---

① Apollonius of Perga (公元前 262—公元前 190), 古希腊人, 给出了抛物线、椭圆、双曲线的名称, 古希腊三大数学巨人之一.

**定义 5.2.2** 设 $X$ 是线性空间, $Y, Z$ 都是其两子空间. 若对每个 $x$, 都有唯一的表示 $x = y + z, y \in Y, z \in Z$, 则称 $X$ 为两子空间的直和 (direct sum), 记为 $X = Y \oplus Z$, 且将 $Z$ 称为 $Y$ 在 $X$ 中的补 (子空间)(complementary subset), 反之亦然. 而又称它们在 $X$ 中是互补的 (complemented).

**定义 5.2.3** 设 $M$ 是内积空间 $X$ 中的任一子集. 称 $X$ 中与 $M$ 正交的向量构成的集为其正交补 (orthogonal complement), 记为 $M^\perp = \{z \in X \mid z \perp M\}$.

**引理 5.2.1** 设 $M$ 是内积空间 $X$ 中的子集. 则 $M$ 的正交补是 $X$ 的闭子空间.

**证** 若 $x, y \in M^\perp$, 则对任意 $z \in M$, 有

$$\langle x, z \rangle = \langle y, z \rangle = 0$$

故对任意 $\alpha, \beta \in \Phi$, 有

$$\langle \alpha x + \beta y, z \rangle = \alpha \langle x, z \rangle + \beta \langle y, z \rangle = 0$$

因而 $\alpha x + \beta y \in M^\perp$, 即 $M^\perp$ 是线性子空间.

设 $x_n \in M^\perp$, $x_n \to x_0$, $n \to \infty$, 则对任意 $z \in M$, 有

$$\langle x_0, z \rangle = \lim_{n \to \infty} \langle x_n, z \rangle = 0$$

所以 $x_0 \in M^\perp$. 因此, $M^\perp$ 是闭子空间. 证完.

**推论 5.2.1** 设 $M$ 是内积空间 $X$ 中的子集. 则 $\overline{\mathrm{span}\{M\}}^\perp = M^\perp$.

**证** 因为 $\overline{\mathrm{span}\{M\}} \supset M$, 所以 $\overline{\mathrm{span}\{M\}}^\perp \subset M^\perp$.

反之, 若 $x \in M^\perp$, 则 $M \subset \{x\}^\perp$. 由上述引理可知, $\{x\}^\perp$ 是闭子空间, 所以, $\overline{\mathrm{span}\{M\}} \subset \{x\}^\perp$, 或 $x \perp \overline{\mathrm{span}\{M\}}$. 故有 $x \in \overline{\mathrm{span}\{M\}}^\perp$, 所以 $\overline{\mathrm{span}\{M\}}^\perp \supset M^\perp$. 证完.

在赋范线性空间 $X$ 中, 从点 $x \in X$ 到非空集 $M \subset X$ 的距离 $\delta$ 定义为

$$\delta(x, M) = \inf_{y \in M} \|x - y\|$$

连接 $X$ 中两点 $x, y$ 的线段 (line segment) 定义为

$$\{z = \alpha x + (1 - \alpha)y \mid \alpha \in [0, 1]\}$$

若对任意两点 $x, y \in M \subset X$, 连接两点的线段落在其内, 则称其为凸的 (convex).

下述变分引理是 Hilbert 空间中凸闭集的重要属性, 它在逼近论中有重要的应用.

**引理 5.2.2 (变分引理, variational lemma)**　设 $M$ 是 Hilbert 空间 $X$ 中的非空凸闭子集, 则对每个 $x \in X$, 存在唯一的 $y_0 \in M$, 使得

$$\delta = \inf_{y \in M} \|x - y\| = \|x - y_0\|$$

**证**　先证存在性.

由下确界定义可知, 存在 $\{y_n\}$, 使得

$$\delta_n = \|y_n - x\| \to \delta, \; n \to \infty \tag{5.8}$$

记 $y_n - x = v_n$, 则 $\|v_n\| = \delta_n$. 此外, 还有 $y_m - y_n = v_m - v_n$, 故由平行四边形法则式 (5.5), 有

$$\|v_m + v_n\|^2 + \|v_m - v_n\|^2 = 2(\|v_m\|^2 + \|v_n\|^2)$$

再注意到 $M$ 是凸的, 故有

$$\|v_m + v_n\| = \|y_m + y_n - 2x\| = 2 \left\| \frac{y_m + y_n}{2} - x \right\| \geqslant 2\delta$$

故当 $m, n \to \infty$ 时, 有

$$
\begin{aligned}
\|y_m - y_n\|^2 &= \|v_m - v_n\|^2 \\
&= -\|v_m + v_n\|^2 + 2(\|v_m\|^2 + \|v_n\|^2) \\
&\leqslant -(2\delta)^2 + 2(\delta_m^2 + \delta_n^2) \\
&\to 0
\end{aligned}
$$

所以, $\{y_n\}$ 是 Cauchy 的.

又由于 $M$ 的闭性, 它是完备的. 由 Cauchy 收敛准则 (定理 3.3.5) 可知, $\{y_n\}$ 是收敛的, 记 $y_n \to y_0 \in M, n \to \infty$, 所以 $\|x - y_0\| \geqslant \delta$. 而由式 (5.8), 又有

$$\|x - y_0\| \leqslant \|x - y_n\| + \|y_n - y_0\| = \delta_n + \|y_n - y_0\| \to \delta, \; n \to \infty$$

所以, $\|x - y_0\| = \delta$.

下证唯一性.

设 $y_0, y_0'$ 都满足

$$\|x - y_0\| = \delta$$
$$\|x - y_0'\| = \delta$$

由平行四边形法则式 (5.5), 有

$$
\begin{aligned}
\|y_0 - y_0'\|^2 &= \|(y_0 - x) - (y_0' - x)\|^2 \\
&= 2\|y_0 - x\|^2 + 2\|y_0' - x\|^2 - \|(y_0 - x) + (y_0' - x)\|^2 \\
&= 2\delta^2 + 2\delta^2 - 2^2 \left\|\frac{y_0 + y_0'}{2} - x\right\|^2 \\
&\leqslant 0
\end{aligned}
$$

所以, $y_0 = y_0'$. 证完.

变分引理 (引理 5.2.2) 在赋范线性空间中一般不成立. 当 $M$ 是闭子空间时, 变分引理可有更直接的形式, 这就是下述引理.

**引理 5.2.3** 设 $M$ 是 Hilbert 空间 $X$ 的闭子空间, 则对每个 $x \in X$, 存在 $y_0 \in M$, 使得

$$
\|x - y_0\| = \inf_{y \in M} \|x - y\|
$$

且

$$
z = x - y_0 \perp M
$$

**证** 若不然, 则存在 $y_0' \in M$, 使得

$$
\langle z, y_0' \rangle = \beta \neq 0
$$

显然 $y_0' \neq \vartheta$. 对任意 $\alpha \in \Phi$, 有

$$
\begin{aligned}
\|z - \alpha y_0'\|^2 &= \langle z - \alpha y_0', z - \alpha y_0' \rangle \\
&= \langle z, z \rangle - \overline{\alpha}\langle z, y_0' \rangle - \alpha\left(\langle y_0', z \rangle - \overline{\alpha}\langle y_0', y_0' \rangle\right) \\
&= \langle z, z \rangle - \overline{\alpha}\beta - \alpha\left(\overline{\beta} - \overline{\alpha}\langle y_0', y_0' \rangle\right)
\end{aligned}
$$

选取 $\overline{\alpha} = \dfrac{\overline{\beta}}{\langle y_0', y_0' \rangle}$, 又由

$$
\delta = \inf_{y \in M} \|x - y\| = \|x - y_0\|
$$

有

$$
\|z\| = \|x - y_0\| = \delta
$$

所以

$$
\|z - \alpha y_0'\|^2 = \|z\|^2 - \frac{|\beta|^2}{\langle y_0', y_0' \rangle} < \delta^2
$$

但

$$z - \alpha y_0' = x - y_1'$$
$$y_1' = y + \alpha y_0' \in M$$

这说明 $y_1' = y + \alpha y_0'$ 是 $M$ 中离 $x$ 更近的点. 矛盾. 证完.

引理 5.2.3 给出的结论非常重要, 与许多优化问题有关.

下述投影定理是 Hilbert 空间中极其重要的基本定理, 它实际上是 Pythagoras 定理的最一般形式.

**定理 5.2.1 (投影定理, projection theorem)** 设 $M$ 是 Hilbert 空间 $X$ 的闭子空间, 则 $X = M \oplus M^\perp$.

**证** 因为 $X$ 是 Hilbert 空间, $M$ 是闭的, 所以 $M$ 是完备的. 又由于其凸性, 由引理 5.2.3 可知, 对每个 $x \in X$, 存在唯一的 $y \in M$, 使得

$$x = y + z, \ z \in Z = M^\perp \tag{5.9}$$

若有

$$x = y + z = y_1 + z_1, \ y, y_1 \in M, \ z, z_1 \in Z = M^\perp$$

则 $y - y_1 = z_1 - z$. 因为 $y - y_1 \in M$, 而

$$z_1 - z \in Z = M^\perp$$

所以

$$y - y_1 \in MM^\perp = \{\vartheta\}$$

这样就有 $y = y_1$, 从而也有 $z = z_1$. 证完.

给定 Hilbert 空间 $X$ 的闭子空间 $M$, 任意 $x \in X$ 可写成 $x = y + z$, $y \in M$, $z \in M^\perp$, 表示形式是唯一的, 这样可定义正交投影概念.

**定义 5.2.4** (1) 式 (5.9) 中的 $y$ 称为 $x$ 在子空间 $M$ 上的正交投影 (orthogonal projection);

(2) 式 (5.9) 中的映射 $\mathcal{P} : X \mapsto M$, 使得 $\mathcal{P}x = y$, 称为 $X$ 到 $M$ 上的正交投影 (算子)(orthogonal projector).

易见 $\mathcal{P}$ 满足 $\mathcal{P} : X \mapsto M$; $\mathcal{P} : M \mapsto M$; $\mathcal{P} : M^\perp \mapsto \{\vartheta\}$, 且是幂等的 (idempotent), 即 $\mathcal{P}^2 = \mathcal{P}$. 又 $\mathcal{P}x = x$, $x \in M$, 所以 $\mathcal{P}|_M = \mathcal{I}$ 是子空间 $M$ 上的恒等算子.

**定理 5.2.2** 设 $M$ 是 Hilbert 空间 $X$ 的闭子空间, $\mathcal{P}$ 是 $X$ 到子空间 $M$ 上的正交投影算子, 则 $\mathfrak{N}(\mathcal{P}) = M^{\perp}$, $\mathfrak{R}(\mathcal{P}) = M$.

若 $M$ 是 Hilbert 空间 $X$ 的闭子空间, 可证 $M^{\perp}$ 是闭线性空间, 且

$$M \subset M^{\perp\perp} = \left(M^{\perp}\right)^{\perp} \tag{5.10}$$

进一步有下述结论.

**定理 5.2.3** 设 $M$ 是 Hilbert 空间 $X$ 的闭子空间, 则 $M = M^{\perp\perp}$.

**证** 由式 (5.10), 只需证 $M \supset M^{\perp\perp}$.

取 $x \in M^{\perp\perp}$, 则由投影定理 (定理 5.2.1), 有 $x = y + z$, 其中

$$y \in M \subset M^{\perp\perp}$$

因为 $M^{\perp\perp}$ 是线性空间, 所以

$$z = x - y \in M^{\perp\perp}$$

因此 $z \perp M^{\perp}$. 再由投影定理 (定理 5.2.1) 可知, $z \in M^{\perp}$, 所以 $z = \vartheta$, 即 $x = y$, 故 $x \in M$. 证完.

**习题**

1. 考虑实平面. (1) 设 $M = \{x\}$, $x \neq \vartheta$, 试求 $M^{\perp}$; (2) 设 $M = \{x_1, x_2\}$, $x_1$, $x_2$ 是线性无关的, 试求 $M^{\perp}$.
2. (1) 试证 $Y = \left\{x \in \ell^2 \mid x_{2n} = 0, n \in \mathbb{Z}^+\right\}$ 是 $\ell^2$ 的闭子空间, 并求 $Y^{\perp}$; (2) 若 $Y = \operatorname{span}\{e_1, e_2, \cdots, e_n\} \subset \ell^2$, 其中 $e_i = (0, \cdots, 0, 1, 0, \cdots, 0)$, 其中 1 在第 $i$ 个位置, 其余位置是 0. 试问 $Y^{\perp}$ 是什么?
3. 设 $A$, $B$ 是内积空间 $X$ 中的非空子集. 试证 (1) $A \subset A^{\perp\perp}$; (2) $A^{\perp\perp\perp} = A^{\perp}$; (3) 若 $A \subset B$, 则 $B^{\perp} \subset A^{\perp}$.
4. 试证 Hilbert 空间 $X$ 的子空间 $Y$ 在其中闭当且仅当 $Y = Y^{\perp\perp}$.

## 5.3 正交集

### 5.3.1 规范正交集

**定义 5.3.1** 设 $M$ 是内积空间 $X$ 中非零向量组成的集.

(1) 若对任意两个不同的 $x, y \in M$, 都有 $x \perp y$, 则称 $M$ 为 $X$ 的正交集 (orthogonal set);

(2) 若正交集 $M$ 中每个向量都是单位向量, 则称其为 $X$ 的规范正交集 (orthonormal set).

显然, 规范正交集是线性无关的.

**例 5.3.1**  在 $\mathbb{R}^n$ 中, 有

$$
\begin{cases}
e_1 = (1, 0, \cdots, 0) \\
e_2 = (0, 1, \cdots, 0) \\
\quad \vdots \\
e_n = (0, 0, \cdots, 1)
\end{cases}
$$

是规范正交集.

**例 5.3.2**  在 $\ell^2$ 中, 有

$$
\begin{cases}
e_1 = (1, 0, \cdots, 0, \cdots) \\
e_2 = (0, 1, \cdots, 0, \cdots) \\
\quad \vdots \\
e_n = (0, 0, \cdots, 1, \cdots) \\
\quad \vdots
\end{cases}
$$

是规范正交集.

**例 5.3.3**  在 $C[-\pi, \pi]$ 中定义内积 $\langle x, y \rangle = \int_{-\pi}^{\pi} x(t)y(t)\mathrm{d}t$, 则

$$
1, \cos t, \sin t, \cos 2t, \sin 2t, \cdots, \cos nt, \sin nt, \cdots
$$

是正交集, 而

$$
\frac{1}{\sqrt{2\pi}}, \frac{1}{\sqrt{\pi}}\cos t, \frac{1}{\sqrt{\pi}}\sin t, \frac{1}{\sqrt{\pi}}\cos 2t, \frac{1}{\sqrt{\pi}}\sin 2t, \cdots \frac{1}{\sqrt{\pi}}\cos nt, \frac{1}{\sqrt{\pi}}\sin nt, \cdots
$$

是规范正交集.

下面研究规范正交序列的重要性质.

在微积分中, Fourier 级数有重要的 Bessel[1] 不等式 (Bessel inequality): 若 $f(x)$ 在 $[-\pi, \pi]$ 上是 Riemann 可积的, Riemann 平方可积的, 其 Fourier 级数是

$$
f(x) \sim \frac{a_0}{2} + \sum_{n=1}^{\infty} (a_n \cos nx + b_n \sin nx)
$$

则

$$
\frac{a_0^2}{2} + \sum_{n=1}^{\infty} (a_n^2 + b_n^2) \leqslant \frac{1}{\pi} \int_{-\pi}^{\pi} f^2(x)\mathrm{d}x \tag{5.11}
$$

在内积空间中有下述推广结果.

---

[1] Friedrich Wilhelm Bessel (1784.07.22—1846.03.17), 德国人.

**定理 5.3.1 (Bessel 不等式)** 设 $\{e_1, e_2, \cdots, e_n, \cdots\}$ 是内积空间 $X$ 中的规范正交序列, 则对任意 $x \in X$, 有

$$\sum_{n=1}^{\infty} |\langle x, e_n \rangle|^2 \leqslant \|x\|^2 \tag{5.12}$$

**证** 设 $\{e_1, e_2, \cdots, e_n, \cdots\}$ 是内积空间 $X$ 中的规范正交序列.

记 $M_n = \text{span}\{e_1, e_2, \cdots, e_n\}$. 对任意 $x \in M_n$, 有 $x = \sum_{i=1}^{n} \alpha_i e_i$, 故有

$$x = \sum_{i=1}^{n} \langle x, e_i \rangle e_i, \ \alpha_i = \langle x, e_i \rangle$$

更一般地, 对任意 $x \in X$, 定义 $y = \sum_{i=1}^{n} \langle x, e_i \rangle e_i$. 再定义 $z = x - y$, 则 $z \perp y$. 注意到对任意 $y \in M_n$, 有

$$y = \sum_{i=1}^{n} \alpha_i e_i, \ \alpha_i = \langle y, e_i \rangle$$

用规范正交性, 有

$$\|y\|^2 = \left\langle \sum_{i=1}^{n} \langle x, e_i \rangle e_i, \sum_{j=1}^{n} \langle x, e_j \rangle e_j \right\rangle$$

故

$$\begin{aligned}
\langle z, y \rangle &= \langle x - y, y \rangle \\
&= \langle x, y \rangle - \langle y, y \rangle \\
&= \left\langle x, \sum_{i=1}^{n} \langle x, e_i \rangle e_i \right\rangle - \|y\|^2 \\
&= \sum_{i=1}^{n} \langle x, e_i \rangle \overline{\langle x, e_i \rangle} - \sum_{i=1}^{n} |\langle x, e_i \rangle|^2 \\
&= 0
\end{aligned}$$

从而 $z \perp y$. 由 Pythagoras 定理式 (5.2), 有

$$\|z\|^2 = \|x\|^2 - \|y\|^2 = \|x\|^2 - \sum_{i=1}^{n} |\langle x, e_i \rangle|^2$$

证完.

Bessel 不等式 (5.12) 中的内积 $\langle x, e_n \rangle$ 称为 $x$ 关于规范正交序列

$$\{e_1, e_2, \cdots, e_n, \cdots\}$$

的 Fourier 系数 (Fourier coefficient).

当 Bessel 不等式 (5.11) 中等号成立时, 就称这一等式为 Parseval[1] 等式 (Parseval's equality):

$$\frac{a_0^2}{2} + \sum_{n=1}^{\infty} \left(a_n^2 + b_n^2\right) = \frac{1}{\pi} \int_{-\pi}^{\pi} f^2(x) \mathrm{d}x$$

类似地, 当 Bessel 不等式 (5.12) 中等号成立时, 也称这一等式为 Parseval 等式:

$$\sum_{n=1}^{\infty} |\langle x, e_n \rangle|^2 = \|x\|^2 \tag{5.13}$$

一般地, 设 $\{e_1, e_2, \cdots, e_n, \cdots\}$ 是 Hilbert 空间 $X$ 中的任意规范正交序列. 考虑 $\sum\limits_{n=1}^{\infty} \alpha_n e_n$, 其中 $\alpha_n \in \Phi (n \in \mathbb{Z}^+)$, 则有下述定理.

**定理 5.3.2**　设 $\{e_1, e_2, \cdots, e_n, \cdots\}$ 是 Hilbert 空间 $X$ 中的任意规范正交序列, 则

(1) $\sum\limits_{n=1}^{\infty} \alpha_n e_n$ 收敛的充要条件是 $\sum\limits_{n=1}^{\infty} |\alpha_n|^2 < \infty$;

(2) 对任意 $x \in X$, $\sum\limits_{n=1}^{\infty} \langle x, e_n \rangle e_n$ 是收敛的;

(3) 若 $\sum\limits_{n=1}^{\infty} \alpha_n e_n$ 是收敛的, 且 $x = \sum\limits_{n=1}^{\infty} \alpha_n e_n$, 则 $\alpha_n = \langle x, e_n \rangle (n \in \mathbb{Z}^+)$. 从而此时可将级数 $\sum\limits_{n=1}^{\infty} \alpha_n e_n$ 写成 $x = \sum\limits_{n=1}^{\infty} \langle x, e_n \rangle e_n$.

**证**　(1) 令 $s_n = \sum\limits_{i=1}^{n} \alpha_i e_i$, $\sigma_n = \sum\limits_{i=1}^{n} |\alpha_i|^2$. 由于规范正交性, 对任意 $n$ 和 $m > n$, 有

$$\|s_m - s_n\|^2 = \left\| \sum_{i=n+1}^{m} \alpha_i e_i \right\|^2 = \sum_{i=n+1}^{m} |\alpha_i|^2 = \sigma_m - \sigma_n$$

因此, $\{s_n\} \subset X$ 是 Cauchy 列的充要条件是 $\{\sigma_n\} \subset \mathbb{R}$ 是 Cauchy 列.

因为 $X$ 是 Hilbert 空间, 实数域是完备的, 所以由 Cauchy 收敛准则 (定理 2.4.3 和定理 3.3.5) 可知, (1) 成立.

---

[1] Marc-Antoine Parseval des Chênes (1755.04.27—1836.08.16), 法国人.

(2) 由 Bessel 不等式 (5.12), 即 $\sum\limits_{n=1}^{\infty} |\langle x, e_n\rangle|^2 \leqslant \|x\|^2$, 有 $\sum\limits_{n=1}^{\infty} |\langle x, e_n\rangle|^2 < \infty$. 再由 (1) 知, $\sum\limits_{n=1}^{\infty} \langle x, e_n\rangle e_n$ 是收敛的.

(3) 因为 $\langle s_n, e_i\rangle = \alpha_i (i = 1, 2, \cdots, n)$, 由假设 $s_n \to x, n \to \infty$ 和内积的连续性 (引理 5.1.1), 有

$$\alpha_i = \langle s_n, e_i\rangle \to \langle x, e_i\rangle, \ n \to \infty, \ i = 1, 2, \cdots, n$$

所以当 $n \to \infty$ 时有 $\alpha_i = \langle x, e_i\rangle \, (i \in \mathbb{Z}^+)$. 证完.

给出内积空间 $X$ 上的线性无关的序列 $\{x_1, x_2, \cdots, x_n, \cdots\}$ 后, 如何有规范正交序列 $\{e_1, e_2, \cdots, e_n\}$ 呢? Gram[①]-Schmidt 规范正交化过程 (Gram-Schmidt normalized orthogonalization process) 可解决这个问题.

Gram-Schmidt 规范正交化过程如下:

(1) $\{e_1, e_2, \cdots, e_n, \cdots\}$ 中的第一个元 $e_1$ 取为 $e_1 = \dfrac{x_1}{\|x_1\|}$.

(2) $x_2$ 可表示成 $x_2 = \langle x_2, e_1\rangle e_1 + v_2$, 其中, $v_2 = x_2 - \langle x_2, e_1\rangle e_1$. 因为 $\{x_1, x_2\}$ 是线性无关的, 所以 $v_2 \neq \vartheta$. 因为 $\langle v_2, e_1\rangle = 0$, 所以 $v_2 \perp e_1$. 可取 $e_2 = \dfrac{v_2}{\|v_2\|}$.

(3) 因为 $\{x_1, x_2, x_3\}$ 是线性无关的, 所以

$$v_3 = x_3 - \langle x_3, e_1\rangle e_1 - \langle x_3, e_2\rangle e_2 \neq \vartheta$$

且 $v_3 \perp e_1, v_3 \perp e_2$, 故可取 $e_3 = \dfrac{v_3}{\|v_3\|}$.

$(n)$ 因为 $\{x_1, x_2, \cdots, x_n\}$ 是线性无关的, 所以

$$v_n = x_n - \sum_{i=1}^{n-1} \langle x_n, e_i\rangle e_i \neq \vartheta$$

且 $v_n \perp e_i (i = 1, 2, \cdots, n-1)$, 故可取 $e_n = \dfrac{v_n}{\|v_n\|}$.

$\cdots$

### 5.3.2　完全规范正交集

由完全子集定义, 一个集是完全的是指其闭包在赋范线性空间中是稠密的, Hilbert 空间中的规范正交集能否表示空间中任意向量, 与其是否完全有关系.

**引理 5.3.1**　设 $M$ 是 Hilbert 空间 $X$ 中的非空子集, 则 $M^\perp = \{\vartheta\}$ 的充要条件是 $\text{span}\{M\}$ 在 $X$ 中是稠密的.

---

① Jorgen Pedersen Gram (1850.06.27—1916.04.29), 丹麦人.

证 先证充分性.

设 $x \in M^\perp$. 若 $V = \text{span}\{M\}$ 在 $X$ 中是稠密的, 则 $x \in \overline{V} = X$. 由定理 2.4.8 可知, 存在 $\{x_n\} \subset V$, 使得 $x_n \to x$, $n \to \infty$. 又因为 $x \perp M$, $x \perp \text{span}\{M\} = V$, 所以 $\langle x_n, x \rangle = 0$. 由内积的连续性 (引理 5.1.1), 有 $\langle x_n, x \rangle \to \langle x, x \rangle$, $n \to \infty$, 所以

$$\langle x, x \rangle = \|x\|^2 = 0$$

即 $x = \vartheta$. 因而 $M^\perp = \{\vartheta\}$.

下证必要性.

设 $M^\perp = \{\vartheta\}$. 若 $x \perp V$, 则 $x \perp M$, 故有 $x \in M^\perp$. 因而 $x = \vartheta$, 即 $V^\perp = \{\vartheta\}$. 由投影定理 (定理 5.2.1), 有 $\overline{V} = X$. 证完.

**推论 5.3.1** 设 $M$ 是 Hilbert 空间 $X$ 的线性子空间, 则 $M^\perp = \{\vartheta\}$ 的充要条件是 $M$ 在 $X$ 中是稠密的.

**定理 5.3.3** 设 $M$ 是 Hilbert 空间 $X$ 中的子集, 则 $M$ 在其中完全的充要条件是 $x \perp M$ 蕴涵着 $x = \vartheta$.

证 先证必要性.

因为 $M$ 在 $X$ 中是完全的, 所以 $\text{span}\{M\}$ 在 $X$ 中是稠密的. 由引理 5.3.1 可知, $M^\perp = \{\vartheta\}$, 故 $x \perp M$ 蕴涵着 $x = \vartheta$.

下证充分性.

因为 $x \perp M$ 蕴涵着 $x = \vartheta$, 所以 $M^\perp = \{\vartheta\}$. 从而由引理 5.3.1 可知, $M$ 是完全的. 证完.

**定理 5.3.4** Hilbert 空间 $X$ 中的规范正交集 $M = \{e_1, e_2, \cdots, e_n, \cdots\}$ 完全的充要条件是对每个 $x \in X$, 有 Parseval 等式 (5.13), 即 $\sum\limits_{n=1}^{\infty} |\langle x, e_n \rangle|^2 = \|x\|^2$.

证 先证充分性.

若不然, 则由上述定理可知, 存在 $x \in X$ 且 $x \neq \vartheta$, 使得 $x \perp M$. 从而对每个 $n$, 有 $\langle x, e_n \rangle = 0$. 这样 $\sum\limits_{n=1}^{\infty} |\langle x, e_n \rangle|^2 = 0$. 但 $\|x\| \neq 0$. 所以 Parseval 等式 (5.13), 即 $\sum\limits_{n=1}^{\infty} |\langle x, e_n \rangle|^2 = \|x\|^2$ 不成立. 矛盾.

下证必要性.

若规范正交集 $M$ 在 $X$ 中是完全的, 则对每个 $x \in X$, 考虑其 Fourier 系数序列 $\{\langle x, e_n \rangle\}$, 并定义

$$y = \sum_{n=1}^{\infty} \langle x, e_n \rangle e_n \tag{5.14}$$

因为

$$\langle x - y, e_i \rangle = \langle x, e_i \rangle - \sum_{n=1}^{\infty} \langle x, e_n \rangle \langle e_n, e_i \rangle = \langle x, e_i \rangle - \langle x, e_i \rangle = 0$$

所以 $x - y \perp M$, 即 $x - y \in M^\perp$.

由于规范正交集 $M$ 在 $X$ 中的完全性, $M^\perp = \{\vartheta\}$, 故 $x - y = \vartheta$, 即

$$x = y = \sum_{n=1}^{\infty} \langle x, e_n \rangle e_n$$

由式 (5.14), 有

$$\|x\|^2 = \left\langle \sum_{n=1}^{\infty} \langle x, e_n \rangle e_n, \sum_{m=1}^{\infty} \langle x, e_m \rangle e_m \right\rangle = \sum_{n=1}^{\infty} \langle x, e_n \rangle \overline{\langle x, e_n \rangle}$$

即 Parseval 等式 $\sum_{n=1}^{\infty} |\langle x, e_n \rangle|^2 = \|x\|^2$ 成立. 证完.

从定理的证明可看到, 若 $\{e_1, e_2, \cdots, e_n, \cdots\}$ 是 Hilbert 空间 $X$ 中的规范正交集, 则对任意 $x \in X$ 都可表示为 $x = \sum_{n=1}^{\infty} \langle x, e_n \rangle e_n$. 反之, 若对任意 $x \in X$ 都可表示为 $x = \sum_{n=1}^{\infty} \langle x, e_n \rangle e_n$, 则 $\{e_1, e_2, \cdots, e_n, \cdots\}$ 是完全的.

**推论 5.3.2** 设 $M = \{e_1, e_2, \cdots, e_n, \cdots\}$ 是 Hilbert 空间 $X$ 中的规范正交集, 则 $M$ 完全的充要条件是 $\overline{\mathrm{span}\{M\}} = X$, 或对每个 $x \in X$, 有 $x = \sum_{n=1}^{\infty} \langle x, e_n \rangle e_n$.

**定理 5.3.5** 每个 Hilbert 空间 $X \neq \{\vartheta\}$ 都有完全规范正交集.

**证** 设 $\overline{M}$ 是 $X$ 的所有规范正交集构成的集. 由于 $X \neq \{\vartheta\}$, 故存在 $y \in X$, 这样 $\{y\} = \left\{\dfrac{x}{\|x\|}\right\} \in \overline{M}$ 就是 $X$ 的规范正交集, 即 $\{y\} \in \overline{M}$, 集 $\overline{M}$ 是非空的. 在其上定义半序 $A \leqslant B$ 当且仅当 $A \subset B$. 由假设知, 每个全序集 $C \subset M$ 都有上界, 即 $C$ 中所含 $M$ 的所有子集的并. 由 Zorn 引理 (公理 3.2.1) 可知, $M$ 存在极大元 $F$.

下证 $F$ 就是 $X$ 的完全规范正交集.

若不然, 存在 $z \in X$, $z \neq \vartheta$, 使得 $z \perp F$. 从而 $F_1 = F \cup \{e\}$ 也是规范正交集, 其中 $e = \dfrac{z}{\|z\|}$, 故 $F_1 \in M$, 且 $F_1$ 以 $F$ 为真子集. 这与 $F$ 的极大性矛盾. 证完.

**定理 5.3.6** (1) 可分 Hilbert 空间中的规范正交集是可数的;

(2) 含有可数完全规范正交集的 Hilbert 空间是可分的.

**证** (1) 设 $X$ 是可分的 Hilbert 空间, $B$ 是其中的稠密集, $M$ 是其规范正交集. 对任意 $x \neq x'(x, x' \in M)$, 有

$$\|x - x'\|^2 = \langle x - x', x - x' \rangle = \langle x, x \rangle + \langle x', x' \rangle = 2$$

所以 $B\left(x; \dfrac{\sqrt{2}}{3}\right)$, $B\left(x'; \dfrac{\sqrt{2}}{3}\right)$ 是互斥的. 由于 $B$ 在 $X$ 中的稠密性, 存在 $b, b' \in B$, 使得 $b \in B\left(x; \dfrac{\sqrt{2}}{3}\right)$, $b' \in B\left(x'; \dfrac{\sqrt{2}}{3}\right)$. 从而 $b \neq b'$. 若规范正交集 $M$ 是不可数的, 则有不可数个两两互斥的球型邻域都含有 $B$ 的点, 所以 $B$ 是不可数的. 由于 $B$ 的任意性, $X$ 的每个稠密子集都是不可数的, 这与其可分性矛盾.

(2) 设 $\{e_1, e_2, \cdots, e_n, \cdots\}$ 是 Hilbert 空间 $X$ 中的完全规范正交集, $A$ 是形如 $\sum\limits_{i=1}^{n} \gamma_i^{(n)} e_i (n \in \mathbb{Z}^+)$ 的线性组合的集, 其中 $\gamma_j^{(n)} = \alpha_j^{(n)} + \mathrm{i}\beta_j^{(n)}$, 且 $\alpha_j^{(n)}, \beta_j^{(n)} (j = 1, 2, \cdots, n, n \in \mathbb{Z}^+)$ 都是有理数. 显然 $A$ 是可数的.

下证 $A$ 在 $X$ 中的稠密性.

因为 $\{e_1, e_2, \cdots, e_n, \cdots\} \subset X$ 是完全规范正交集, 所以在 $X$ 中是稠密的. 故对任意 $x \in X$ 和 $\varepsilon > 0$, 存在 $n \in \mathbb{Z}^+$, 使得 $Y_n = \mathrm{span}\{e_1, e_2, \cdots, e_n\}$ 中有一点, 它到 $x$ 的距离小于 $\dfrac{\varepsilon}{2}$. 特别地, 对 $x$ 在集 $Y_n$ 上的正交投影 $y$, 有 $\|x - y\| < \dfrac{\varepsilon}{2}$. 因此,

$$\left\| x - \sum_{i=1}^{n} \langle x, e_i \rangle e_i \right\| < \frac{\varepsilon}{2} \tag{5.15}$$

由于有理数集的稠密性, 对每个 $\langle x, e_i \rangle$, 存在 $\gamma_j^{(n)}$, 使得

$$\left\| \sum_{j=1}^{n} \left( \langle x, e_j \rangle - \gamma_j^{(n)} \right) e_j \right\| < \frac{\varepsilon}{2} \tag{5.16}$$

因此, 定义 $v = \sum\limits_{j=1}^{n} \gamma_j^{(n)} e_j$, 并由式 (5.15) 和式 (5.16), 满足

$$\begin{aligned}
\|x - v\| &= \left\| x - \sum_{j=1}^{n} \gamma_j^{(n)} e_j \right\| \\
&\leqslant \left\| x - \sum_{j=1}^{n} \langle x, e_j \rangle e_j \right\| + \left\| \sum_{j=1}^{n} \langle x, e_j \rangle e_j - \sum_{j=1}^{n} \gamma_j^{(n)} e_j \right\| \\
&< \frac{\varepsilon}{2} + \frac{\varepsilon}{2} \\
&= \varepsilon
\end{aligned}$$

则 $A$ 在 $X$ 中是稠密的.

又 $A$ 是可数的, 所以 $X$ 是可分的. 证完.

可证, 在 Hilbert 空间 $X \neq \{\vartheta\}$ 中, 所有的完全规范正交集具有相同基数. 这个基数称为 Hilbert 维数 (Hilbert dimension). 当 $X = \{\vartheta\}$ 时, 定义 $\dim X = 0$. 事实上, 两个 Hilbert 空间同构当且仅当它们的 Hilbert 维数是相同的.

**例 5.3.4**  在 $[-1,1]$ 上的平方可积函数集 $L^2[-1,1]$ (set of square integrable functions) 中定义内积为

$$\langle x,y \rangle = \int_{-1}^{1} |x(t)y(t)| \mathrm{d}t$$

则 $L^2[-1,1]$ 为 Hilbert 空间.

考虑 $x_n(t) = t^n (n \in \mathbb{N})$, $t \in [-1,1]$.

显然, 它们是线性无关的. 对它们施行 Gram-Schmidt 规范正交化过程后可有规范正交集 $M = \{e_0, e_1, \cdots, e_n, \cdots\}$, 且可看出 $e_n$ 是 $n$ 次多项式. 具体形式写出来就是

$$e_n(t) = \sqrt{\frac{2n+1}{2}} P_n(t), \ n \in \mathbb{N}$$

$$P_n(t) = \frac{1}{2^n n!} \frac{\mathrm{d}^n}{\mathrm{d}t^n} (t^2-1)^n, \ n \in \mathbb{N}$$

式中的 $P_n(t)$ 称为 Legendre[1] 多项式 (Legendre polynomial), 而其表达式称为 Legendre 多项式的 Rodriques[2] 公式.

事实上, 将 $(t^2-1)^n$ 用 Newton[3] 二项式定理展开, 再完成 $\frac{\mathrm{d}^n}{\mathrm{d}t^n}(t^2-1)^n$ 的 $n$ 次微分, Legendre 多项式还有下述公式:

$$P_n(t) = \begin{cases} \sum_{i=0}^{\frac{n}{2}} (-1)^i \frac{(2n-2i)!}{2^n i!(n-i)!(n-2i)!} t^{n-2i}, & n \text{ 为偶数} \\ \sum_{i=0}^{\frac{n-1}{2}} (-1)^i \frac{(2n-2i)!}{2^n i!(n-i)!(n-2i)!} t^{n-2i}, & n \text{ 为奇数} \end{cases}$$

---

[1] Adrien-Marie Legendre (1752.09.18—1833.01.10), 法国人, 发明了最小二乘法.

[2] Benjamin Olinde Rodrigues (1794.10.16—1851.12.17), 法国人.

[3] Sir Isaac Newton (1643.01.04—1727.03.31), 英国人, 三大数学家之一, 微积分创立者.

下面写出前几项 Legendre 多项式:

$$\begin{cases} P_0(t) = 1 \\ P_1(t) = t \\ P_2(t) = \dfrac{1}{2}\left(3t^2 - 1\right) \\ P_3(t) = \dfrac{1}{2}\left(5t^3 - 3t\right) \\ P_4(t) = \dfrac{1}{8}\left(35t^4 - 30t^2 + 3\right) \\ P_5(t) = \dfrac{1}{8}\left(63t^5 - 70t^3 + 15t\right) \end{cases}$$

通过计算, 有

$$\langle P_m, P_n \rangle = \int_{-1}^{1} P_m(t)P_n(t)\mathrm{d}t = \begin{cases} \dfrac{2}{2n+1}, & m = n \\ 0, & m \neq n,\ m, n \in \mathbb{N} \end{cases}$$

还可证 $M = \{e_0, e_1, \cdots, e_n, \cdots\}$ 在 $L^2[-1,1]$ 中是完全规范正交集. 从而 $L^2[-1,1]$ 是可分的.

Legendre 多项式是 Legendre 方程 (Legendre equation)

$$\left(1 - t^2\right)P_n'' - 2tP_n' + n(n+1)P_n = 0$$

的解.

**例 5.3.5**  在 $L^2(-\infty, \infty)$ 中定义内积为

$$\langle x, y \rangle = \int_{-\infty}^{\infty} \mathrm{e}^{-t^2}|x(t)y(t)|\mathrm{d}t,$$

则 $L^2(-\infty, \infty)$ 为 Hilbert 空间.

考虑 $w(t) = \mathrm{e}^{\frac{-t^2}{2}}, tw(t), t^2w(t), \cdots, t^n w(t)(n \in \mathbb{N})$.

显然, 它们是线性无关的, 对它们施行 Gram-Schmidt 规范正交化过程后有规范正交集 $M = \{e_0, e_1, \cdots, e_n, \cdots\}$. 具体形式为

$$e_n(t) = \frac{1}{\left(2^n n! \sqrt{2\pi}\right)^{\frac{1}{2}}} \mathrm{e}^{\frac{-t^2}{2}} H_n(t),\ n \in \mathbb{N}$$

$$H_n(t) = (-1)^n \mathrm{e}^{t^2} \frac{\mathrm{d}^n}{\mathrm{d}t^n} \mathrm{e}^{-t^2},\ n \in \mathbb{N}$$

式中的 $H_n(t)$ 称为 Hermite 多项式 (Hermite polynomial).

事实上, 完成 $\dfrac{\mathrm{d}^n}{\mathrm{d}t^n}$ 的 $n$ 次微分后, Hermite 多项式还有下述公式:

$$H_n(t) = \begin{cases} n! \displaystyle\sum_{i=0}^{\frac{n}{2}} (-1)^i \dfrac{2^{n-2i}}{i!(n-2i)!} t^{n-2i}, & n\text{为偶数} \\[4mm] n! \displaystyle\sum_{i=0}^{\frac{n-1}{2}} (-1)^i \dfrac{2^{n-2i}}{i!(n-2i)!} t^{n-2i}, & n\text{为奇数} \end{cases}$$

下面写出前几项 Hermite 多项式:

$$\begin{cases} H_0(t) = 1 \\ H_1(t) = 2t \\ H_2(t) = 4t^2 - 2 \\ H_3(t) = 8t^3 - 12t \\ H_4(t) = 16t^4 - 48t^2 + 12 \\ H_5(t) = 32t^5 - 160t^3 + 120t \end{cases}$$

通过计算, 有

$$\langle H_m, H_n \rangle = \int_{-\infty}^{\infty} \mathrm{e}^{-t^2} H_m(t) H_n(t) \mathrm{d}t = \begin{cases} 2^n n! \sqrt{\pi}, & m = n \\ 0, & m \neq n,\ m, n \in \mathbb{N} \end{cases}$$

还可证 $M = \{e_0, e_1, \cdots, e_n, \cdots\}$ 在 $L^2(-\infty, \infty)$ 中是完全规范正交集. 从而 $L^2(-\infty, \infty)$ 是可分的.

Hermite 多项式是 Hermite 方程 (Hermite equation)

$$H_n'' - 2tH_n' + 2nH_n = 0$$

的解.

**例 5.3.6** 在 $L^2[0, \infty)$ 中考虑 $\mathrm{e}^{\frac{-t}{2}}, t\mathrm{e}^{\frac{-t}{2}}, t^2\mathrm{e}^{\frac{-t}{2}}, \cdots, t^n\mathrm{e}^{\frac{-t}{2}}, \cdots, t \geqslant 0 (n \in \mathbb{N})$.
显然, 它们是线性无关的. 对它们施行 Gram-Schmidt 规范正交化过程后有规范正交集 $M = \{e_0, e_1, \cdots, e_n, \cdots\}$. 具体形式为

$$e_n(t) = \mathrm{e}^{\frac{-t}{2}} L_n(t),\ n \in \mathbb{N}$$
$$L_n(t) = \dfrac{\mathrm{e}^t}{n!} \dfrac{\mathrm{d}^n}{\mathrm{d}t^n} \mathrm{e}^{-t},\ n \in \mathbb{N}$$

式中的 $L_n(t)$ 称为 Laguerre 多项式 (Laguerre polynomial).

事实上, 完成 $\dfrac{\mathrm{d}^n}{\mathrm{d}t^n}\mathrm{e}^{-t}$ 的 $n$ 次微分后, Laguerre 多项式还有下述公式:

$$L_n(t) = \sum_{i=0}^{n} \dfrac{(-1)^i}{i!} \binom{n}{i} t^i$$

下面写出前几项 Laguerre 多项式:

$$\begin{cases} L_0(t) = 1 \\ L_1(t) = 1 - t \\ L_2(t) = 1 - 2t + \dfrac{1}{2}t^2 \\ L_3(t) = 1 - 3t + \dfrac{3}{2}t^2 - \dfrac{1}{6}t^3 \\ L_4(t) = 1 - 4t + 3t^2 - \dfrac{2}{3}t^3 + \dfrac{1}{24}t^4 \end{cases}$$

还可证 $M = \{e_0, e_1, \cdots, e_n, \cdots\}$ 在 $L^2[0, \infty)$ 中是完全规范正交集. 从而 $L^2[0, \infty)$ 是可分的.

Laguerre 多项式是 Laguerre 方程 (Laguerre equation)

$$tL_n'' + (1 - t)L_n' + nL_n = 0$$

的解.

**习题**

1. 试在 $\mathbb{R}^3$ 中给出一个包含 $\left(\dfrac{1}{\sqrt{3}}, \dfrac{1}{\sqrt{3}}, \dfrac{1}{\sqrt{2}}\right)$ 的规范正交集.

2. 设 $\{e_1, e_2, \cdots, e_n\}$ 是内积空间 $X$ 中的规范正交集, $x \in X$, $y = \sum\limits_{i=1}^{n} \beta_i e_i$, 试证 $\|x - y\|$ 达到最小当且仅当 $\beta_i = \langle x, e_i \rangle \, (i = 1, 2, \cdots, n)$. 提示: $x$ 向 $\{e_1, e_2, \cdots, e_n\}$ 的正交投影是 $\sum\limits_{i=1}^{n} \langle x, e_i \rangle e_i$.

3. 试证对任意 $x, y \in X$, 有 $\sum\limits_{n=1}^{\infty} |\langle x, e_n \rangle \langle y, e_n \rangle| \leqslant \|x\| \|y\|$, 其中 $\{e_1, e_2, \cdots, e_n\}$ 是内积空间 $X$ 中的任意规范正交集. 提示: 用 Cauchy-Schwarz 不等式和 Bessel 不等式.

4. 试将序列 $\{x_0, x_1, x_2, \cdots, x_n, \cdots\}$ 的前 3 项规范正交化, 其中 $x_i(t) = t^i$, $t \in [-1, 1]$, 内积是 $\langle x, y \rangle = \int_{-1}^{1} x(t)y(t)\mathrm{d}t$.

5. 设 $\{x_n\}$ 是内积空间中使得 $\sum\limits_{n=1}^{\infty} \|x_n\|$ 收敛的序列, 令 $s_n = \sum\limits_{i=1}^{n} x_i$, 试证序列 $\{s_n\}$ 是 Cauchy 的.

6. 试证在 Hilbert 空间中, 级数的绝对收敛性蕴涵着收敛性.

## 5.4 Hilbert 空间中的线性泛函表示

一般赋范线性空间泛函的存在性是个困难的问题, 一般是用 Hahn-Banach 定理保证. 同时, 赋范线性空间上线性泛函的表示也各有不同, 如 $(\ell^p)^* = \ell^q$,

$(\mathbb{R}^n)^* = \mathbb{R}^n$, 等等. 但对 Hilbert 空间, 其上的泛函可直接用内积表示出来, 即有下述 Fréchet[①]-Riesz 表示定理.

**定理 5.4.1 (Fréchet-Riesz 表示定理, Fréchet-Riesz representation theorem)** 设 $f$ 是 Hilbert 空间 $X$ 上的有界线性泛函, 则存在 $z \in X$, 对任一 $x \in X$, 有

$$f(x) = \langle x, z \rangle \tag{5.17}$$

$z$ 是由 $f$ 唯一确定的, 且 $\|z\| = \|f\|$.

**证** 不妨设 $f \neq \vartheta$.

由定理 3.4.1 和推论 3.4.1 可知, 核 $\mathfrak{N}(f)$ 是闭子空间. 此外, $f \neq \vartheta$ 蕴涵着核 $\mathfrak{N}(f) \neq X$, 故由投影定理 (定理 5.2.1) 可知, $\mathfrak{N}(f)^\perp \neq \{\vartheta\}$. 因此, 在 $\mathfrak{N}(f)^\perp$ 取 $z_0 \neq \vartheta$. 对任意 $x \in X$, 考虑

$$v = f(x)z_0 - f(z_0)x$$

用 $f$ 作用两端, 有

$$f(v) = f(x)f(z_0) - f(z_0)f(x) = 0$$

所以 $v \in \mathfrak{N}(f)$. 因为 $z_0 \perp \mathfrak{N}(f)$, 所以

$$0 = \langle v, z_0 \rangle = \langle f(x)z_0 - f(z_0)x, z_0 \rangle = f(x)\langle z_0, z_0 \rangle - f(z_0)\langle x, z_0 \rangle$$

注意到

$$\langle z_0, z_0 \rangle = \|z_0\|^2 \neq 0$$

可解出

$$f(x) = \left\langle x, \frac{\overline{f(z_0)}}{\langle z_0, z_0 \rangle} z_0 \right\rangle$$

令 $z = \dfrac{\overline{f(z_0)}}{\langle z_0, z_0 \rangle} z_0$ 即有式 (5.17) 对所有 $x \in X$ 成立.

下证这样 $z$ 的唯一性.

若存在 $z_1, z_2$, 对每个 $x \in X$, 有

$$f(x) = \langle x, z_1 \rangle = \langle x, z_2 \rangle$$

---

① Maurice René Fréchet (1878.09.02—1973.06.04), 法国人, 第一个引进了度量空间概念, 但名称是 F. Hausdorff 给出的.

则 $\langle x, z_1 - z_2 \rangle = 0$. 特别地取 $x = z_1 - z_2$, 有

$$\langle x, z_1 - z_2 \rangle = \langle z_1 - z_2, z_1 - z_2 \rangle = \|z_1 - z_2\|^2 = 0$$

即 $z_1 = z_2$.

下证 $\|z\| = \|f\|$.

因为 $|f(z)| \leqslant \|f\|\|z\|$, 即

$$\|z\|^2 = \langle z, z \rangle \leqslant \|f\|\|z\|$$

所以 $\|z\| \leqslant \|f\|$.

此外, 由式 (5.17) 和 Cauchy-Schwarz 不等式 (5.6), 有

$$|f(x)| = |\langle x, z \rangle| \leqslant \|x\|\|z\|$$

所以 $\|f\| \leqslant \|z\|$, 于是 $\|f\| = \|z\|$. 证完.

# 第 6 章　不动点定理及其应用

## 6.1　Banach 压缩映像原理及其应用

### 6.1.1　Banach 压缩映像原理

迭代 (iteration) 是常见的一种数学模式, 是工程中经常出现的, 特别是在计算机的程序设计上更是带有普遍性. 这一节要介绍的压缩映像原理在处理迭代产生的序列时是个很有效的方法.

**定义 6.1.1**　设 $f:[a,b]\mapsto[a,b]$, 若对任意 $x,y\in[a,b]$, 有

$$|f(x)-f(y)|\leqslant\alpha|x-y|,\ \alpha\in[0,1)$$

则称 $f(x)$ 在 $[a,b]$ 上是压缩的 (contractive), 其中 $\alpha$ 是压缩常数 (contractive constant).

易证简单事实: $[a,b]$ 上的压缩函数是连续的. 但若复合函数 $f(f(x))$ 在 $[a,b]$ 上是压缩的, 则 $f(x)$ 不一定是连续的.

**例 6.1.1**　考虑 $f:[0,2]\mapsto[0,2]$, 使得

$$f(x)=\begin{cases}0,&x\in[0,1]\\1,&x\in(1,2]\end{cases}$$

因为对任意 $x\in[0,2]$, 有 $f(f(x))=0$, 所以 $f(f(x))$ 是压缩的. 显然, $f(x)$ 不是连续的.

**定理 6.1.1 (压缩映像原理, contraction mapping principle)** 设 $f(x)$ 是 $[a,b]$ 上的压缩函数, 则存在唯一的 $\xi \in [a,b]$, 使得 $\xi = f(\xi)$, 即 $f(x)$ 在 $[a,b]$ 上存在唯一的不动点 (fixed point)$x^*$.

**证** 取 $x_0 \in [a,b]$, 作迭代

$$x_n = f(x_{n-1}), \; n \in \mathbb{Z}^+ \tag{6.1}$$

因为 $f: [a,b] \mapsto [a,b]$, 所以序列 $\{x_n\} \subset [a,b]$.

先证 $\{x_n\}$ 的 Cauchy 性.

对任意 $\varepsilon > 0$, 取 $N = \left[ \dfrac{\ln \dfrac{\varepsilon}{b-a}}{\ln \alpha} \right]$, 则当 $n > N$ 时, 对任意 $p \in \mathbb{Z}^+$, 有

$$\begin{aligned}
|x_{n+p} - x_n| &\leqslant \alpha |x_{n+p-1} - x_{n-1}| \\
&\leqslant \alpha^2 |x_{n+p-2} - x_{n-2}| \\
&\leqslant \cdots \\
&\leqslant \alpha^n |x_p - x_0| \\
&\leqslant \alpha^n (b-a) \\
&< \varepsilon
\end{aligned} \tag{6.2}$$

所以 $\{x_n\}$ 是 Cauchy 的, 故由 Cauchy 收敛准则 (定理 2.4.3) 可知, 它是收敛的, 记极限为 $\xi \in [a,b]$. 因为 $f(x)$ 在 $[a,b]$ 上是压缩的, 所以是连续的, 故可在迭代式 (6.1) 两端取极限有 $\xi = f(\xi)$.

下证唯一性.

设 $f(x)$ 在 $[a,b]$ 上还有不动点 $\eta$, 即 $\eta = f(\eta)$, 而 $\eta \neq \xi$, 则由

$$|\xi - \eta| = |f(\xi) - f(\eta)| \leqslant \alpha |\xi - \eta|$$

因为 $\alpha \in [0,1)$, 所以只能有 $\xi = \eta$. 矛盾. 证完.

证明中所使用的方法称为逐次逼近法 (successive approximation method). 逐次逼近法其实是 J. Liouville 于 1838 年最早提出并使用的, 而在 50 年后由 C. Picard 推广到更一般的形式.

**例 6.1.2** 设 $x_1 = \sqrt{2}$, $x_{n+1} = \sqrt{2 + x_n}(n \in \mathbb{Z}^+)$, 则序列 $\{x_n\}$ 是收敛的.

事实上, 取 $f(x) = \sqrt{2+x}$, 则 $f: [0,2] \mapsto [0,2]$. 因为

$$|f(x) - f(y)| = \sqrt{2+x} - \sqrt{2+y} = \frac{|x-y|}{\sqrt{2+x} + \sqrt{2+y}} \leqslant \frac{1}{2\sqrt{2}} |x-y|$$

所以 $f(x)$ 是压缩的, 从而序列 $\{x_n\}$ 是收敛的.

由压缩映像原理 (定理 6.1.1), $f(x)$ 存在唯一的不动点, 设为 $\xi$, 则 $f(\xi) = \sqrt{2+\xi}$. 求解有 $\xi = 2$, 即 $\{x_n\}$ 的极限是 2.

**推论 6.1.1** 在压缩映像原理 (定理 6.1.1) 的条件下, 迭代 $x_n = f(x_{n-1})$ 产生的序列对任意 $x_0 \in [a,b]$ 都收敛到 $f(x)$ 的唯一不动点 $x^*$, 且有误差的先验估计 (*a priori* estimate):

$$|x_n - \xi| \leqslant \frac{\alpha^n}{1-\alpha} |x_1 - x_0| \tag{6.3}$$

和误差的后验估计 (*posterior* estimate):

$$|x_n - \xi| \leqslant \frac{\alpha}{1-\alpha} |x_{n-1} - x_n| \tag{6.4}$$

**证** 在式 (6.2) 的推导过程中可以推出下述不等式:

$$|x_{n+p} - x_n| \leqslant \frac{\alpha^n}{1-\alpha} |x_1 - x_0|$$

在其中令 $p \to \infty$, 有式 (6.3).

在式 (6.3) 中, 取 $n = 1$, $x_0 = y_0$, $x_1 = y_1$, 有

$$|y_1 - \xi| \leqslant \frac{\alpha}{1-\alpha} |y_0 - y_1| \tag{6.5}$$

再在式 (6.1) 中, 取 $y_0 = x_{n-1}$, 有

$$y_1 = f(y_0) = f(x_{n-1}) = x_n$$

代入不等式 (6.5), 有式 (6.4). 证完.

上述内容和方法完全是局限于微积分的范围之内的, 而这个简单又漂亮的方法就是 Picard[①] 的逐次逼近法. 下面要介绍的既简单又非常有用的 Banach 压缩映像原理实际上就是 Picard 的逐次逼近法的抽象表述, 是典型的代数型不动点定理. 由它不仅可判定不动点的存在唯一性, 且可构造迭代序列, 逼近不动点到任意精确程度. Banach 压缩映像原理在应用数学的几乎各个分支都有着广泛的应用.

**定义 6.1.2** 设 $D$ 是 Banach 空间 $X$ 中的非空闭子集, $\mathcal{T} : D \mapsto D$. 若对任意 $x, y \in D$, 有

$$\|\mathcal{T}x - \mathcal{T}y\| \leqslant \alpha \|x - y\|, \ \alpha \in [0, 1)$$

则称 $\mathcal{T}$ 在 $D$ 上是压缩的.

---

① Charles Émile Picard (1856.07.24—1941.12.11), 法国人.

易证简单事实: Banach 空间中非空闭子集上的压缩算子是连续的.

**定理 6.1.2 (Banach 压缩映像原理, Banach's contraction mapping principle)** 设 $D$ 是 Banach 空间 $X$ 中的非空闭子集, $T: D \mapsto D$ 是压缩算子. 则存在唯一的 $x^* \in D$, 使得 $Tx^* = x^*$, 即 $T$ 在 $D$ 内存在唯一的不动点 $x^*$.

**证** 取 $x_0 \in D$, 作迭代 $x_n = Tx_{n-1}(n \in \mathbb{Z}^+)$. 因为 $T: D \mapsto D$, 所以序列 $\{x_n\} \subset D$.

先证 $\{x_n\}$ 的 Cauchy 性.

因为

$$\|x_2 - x_1\| = \|Tx_1 - Tx_0\| \leqslant \alpha \|x_1 - x_0\| = \alpha \|Tx_0 - x_0\|$$
$$\|x_3 - x_2\| = \|Tx_2 - Tx_1\| \leqslant \alpha \|x_2 - x_1\| \leqslant \alpha^2 \|Tx_0 - x_0\|$$

所以由归纳法有

$$\|x_{n+1} - x_n\| \leqslant \alpha^n \|Tx_0 - x_0\|, \ n \in \mathbb{Z}^+$$

因此, 对任意 $p \in \mathbb{Z}^+$, 有

$$\|x_{n+p} - x_n\| \leqslant \sum_{i=1}^{p} \|x_{n+i} - x_{n+i-1}\|$$
$$\leqslant \|Tx_0 - x_0\| \sum_{i=0}^{p-1} \alpha^{n+i}$$
$$= \frac{\alpha^n - \alpha^{n+p}}{1 - \alpha} \|Tx_0 - x_0\|$$
$$\leqslant \frac{\alpha^n}{1 - \alpha} \|Tx_0 - x_0\|$$

故对所有 $p \in \mathbb{Z}^+$ 一致地有 $\|x_{n+p} - x_n\| \to 0, n \to \infty$. 从而 $\{x_n\}$ 是 Cauchy 的.

因为 $X$ 是 Banach 空间, 所以由 Cauchy 收敛准则 (定理 3.3.5) 可知, 存在 $x^* \in B$, 使得 $x_n \to x^*, n \to \infty$. 又因为 $D$ 是闭的, 所以 $x^* \in D$.

下证 $Tx^* = x^*$.

因为
$$\|Tx^* - x^*\| \leqslant \|Tx^* - x_n\| + \|x_n - x^*\|$$
$$= \|Tx^* - Tx_{n-1}\| + \|x_n - x^*\|$$
$$\leqslant \alpha \|x^* - x_{n-1}\| + \|x_n - x^*\|$$
$$\to 0, \ n \to \infty$$

所以 $\mathcal{T}x^* = x^*$.

下证唯一性.

设 $\mathcal{T}x^* = x^*$, $\mathcal{T}y^* = y^*$, $x^* \neq y^*$, 则由

$$\|x^* - y^*\| = \|\mathcal{T}x^* - \mathcal{T}y^*\| \leqslant \alpha \|x^* - y^*\|$$

有 $x^* = y^*$. 矛盾. 证完.

在 Banach 压缩映像原理 (定理 6.1.2) 中空间的完备性是不可缺少的. 例如, 考虑 $X = (0,1]$, 并取通常的度量, 则 $X$ 不是完备的度量空间. 定义 $\mathcal{T}x = \dfrac{x}{2}$, $x \in X$, 则 $\|\mathcal{T}x - \mathcal{T}y\| = \dfrac{\|x-y\|}{2}$, 从而 $\mathcal{T} : X \mapsto X$ 是压缩的. 但 $\mathcal{T}x = x$ 的解是 $0 \notin X$.

在 Banach 压缩映像原理 (定理 6.1.2) 中的常数 $\alpha$ 不能依赖于 $x$ 和 $y$. 例如, 定义 $\mathcal{T}x = \dfrac{\pi}{2} + x - \arctan x$, 则由 Lagrange[①] 中值定理, 有

$$\begin{aligned}
\|\mathcal{T}x - \mathcal{T}y\| &= |x - y + \arctan y - \arctan x| \\
&= \left| x - y + \frac{y-x}{1+\xi^2} \right| \\
&= \frac{\xi^2}{1+\xi^2} \|x - y\|
\end{aligned}$$

记 $\alpha = \dfrac{\xi^2}{1+\xi^2} < 1$. 但 $\mathcal{T}$ 没有不动点.

在 Banach 压缩映像原理 (定理 6.1.2) 中, $\|\mathcal{T}x - \mathcal{T}y\| \leqslant \alpha\|x-y\|$ 不能改为 $\|\mathcal{T}x - \mathcal{T}y\| < \|x-y\|$. 例如, 考虑 $\mathcal{T}x = \sqrt{1+x^2}$, $x \geqslant 0$. 显然, $|\mathcal{T}x - \mathcal{T}y| < |x-y|$. 但 $\mathcal{T}$ 没有不动点.

在应用中常用 $x_n$ 来直接近似 $x$, 下面给出近似的估计.

**推论 6.1.2** 在 Banach 压缩映像原理 (定理 6.1.2) 的条件下, 迭代 $x_n = \mathcal{T}x_{n-1}$ 对任意 $x_0 \in X$ 都收敛到其唯一不动点 $x$, 且有误差的先验估计

$$\|x_n - x\| \leqslant \frac{\alpha^n}{1-\alpha} \|x_0 - x_1\|$$

和后验估计

$$\|x_n - x\| \leqslant \frac{\alpha}{1-\alpha} \|x_{n-1} - x_n\|$$

完全仿推论 6.1.1 的证明即可.

---

[①] Joseph-Louis Lagrange (1736.01.25—1813.04.10), 法国人/意大利人.

**推论 6.1.3**　设 $D$ 是 Banach 空间 $X$ 中的非空闭子集, $T : D \mapsto D$, 存在 $n \in \mathbb{Z}^+$, 使得 $T^n$ 是压缩算子, 则存在唯一的 $x^* \in D$, 使得 $Tx^* = x^*$, 即 $T$ 在 $D$ 内存在唯一的不动点 $x^*$.

**证**　设 $\mathcal{S} = T^n$, 则其在集 $D$ 上是压缩的, 由 Banach 压缩映像原理 (定理 6.1.2) 可知, $T^n$ 有唯一的不动点 $x^*$.

先证 $x^*$ 是 $T$ 的不动点.

因为

$$\mathcal{S}T = T^{n+1} = T\mathcal{S}$$

所以

$$\mathcal{S}(Tx^*) = T(\mathcal{S}x^*) = Tx^*$$

因此 $Tx^*$ 是 $\mathcal{S}$ 的不动点. 由唯一性有 $Tx^* = x^*$.

下证 $x^*$ 是 $T$ 的唯一不动点.

设 $x'$ 是 $T$ 的任意不动点, 则因为 $Tx' = x'$, 有

$$T^n x' = T^{n-1} x' = \cdots = Tx' = x'$$

所以 $x'$ 是 $T^n$ 的不动点. 再由唯一性, 有 $x' = x^*$. 证完.

**例 6.1.3**　考虑算子 $T : C[0,1] \mapsto C[0,1]$, 使得

$$Tx(t) = \int_0^t x(s)\mathrm{d}s, \ t \in [0,1], \ x \in C[0,1]$$

则 $T$ 不是压缩的, 而 $T^2$ 是压缩的.

事实上, 取 $x_i(t) \equiv C_i = \text{const}(i = 1, 2)$, 则

$$\|Tx_1 - Tx_2\| = \max_{t \in [0,1]} \left| \int_0^t C_1 \mathrm{d}s - \int_0^t C_2 \mathrm{d}s \right| = |C_1 - C_2| = \|x_1 - x_2\|$$

故 $T$ 不是压缩的.

此外, 对任意 $x_1, x_2 \in C[0,1]$, 有

$$\|T^2 x_1 - T^2 x_2\| = \max_{t \in [0,1]} \left| \int_0^t \mathrm{d}s \int_0^s (x_1(\tau) - x_2(\tau)) \, \mathrm{d}\tau \right|$$

$$\leqslant \max_{t \in [0,1]} \left| \int_0^t s\varrho(x_1, x_2) \, \mathrm{d}s \right|$$

$$= \frac{1}{2} \|x_1 - x_2\|$$

故 $T^2$ 是压缩的.

### 6.1.2 应用 1: 线性方程组解的存在唯一性

#### 6.1.2.1 线性方程组解的存在唯一性

Banach 压缩映像原理 (定理 6.1.2) 在用迭代求解线性方程组方面有重要应用, 也为收敛性和误差界的估计提供了充分条件.

在 $\mathbb{R}^n$ 上定义范数 $\|\cdot\|$, 使得

$$\|\boldsymbol{x} - \boldsymbol{y}\| = \max_{i=1,2,\cdots,n} |x_i - y_i|, \ \boldsymbol{x}, \boldsymbol{y} \in \mathbb{R}^n$$

则 $\mathbb{R}^n = (\mathbb{R}^n, \|\cdot\|)$ 是 Banach 空间.

**定理 6.1.3 (线性方程组解的存在唯一性定理, existence and uniqueness theorem of solutions of system of linear equations)** 考虑线性代数方程组 $\boldsymbol{x} = \boldsymbol{C}\boldsymbol{x} + \boldsymbol{b}$, 若矩阵 $\boldsymbol{C}$ 的 $\infty$-范数满足 $\|\boldsymbol{C}\|_{\infty} < 1(i = 1, 2, \cdots, n)$, 则方程组有唯一的解 $\boldsymbol{x}$, 且可通过求迭代 $\left(\boldsymbol{x}^{(0)}, \boldsymbol{x}^{(1)}, \cdots, \boldsymbol{x}^{(m)}\right)$ 的极限而得, 其中 $\boldsymbol{x}^{(0)}$ 是任意取的, 满足迭代格式

$$\boldsymbol{x}^{(m+1)} = \boldsymbol{C}\boldsymbol{x}^{(m)} + \boldsymbol{b}, \ m \in \mathbb{Z}^+$$

误差界是

$$\|\boldsymbol{x}^{(m)} - \boldsymbol{x}\| \leqslant \frac{\alpha}{1-\alpha} \|\boldsymbol{x}^{(m-1)} - \boldsymbol{x}^{(m)}\| \leqslant \frac{\alpha^m}{1-\alpha} \|\boldsymbol{x}^{(0)} - \boldsymbol{x}^{(1)}\|$$

**证** 定义算子 $\mathcal{T}: \mathbb{R}^n \mapsto \mathbb{R}^n$, 使得

$$\boldsymbol{y} = \mathcal{T}\boldsymbol{x} = \boldsymbol{C}\boldsymbol{x} + \boldsymbol{b} \tag{6.6}$$

式中: $\boldsymbol{C} \in \mathbb{R}^{n \times n}$, $\boldsymbol{b} \in \mathbb{R}^n$. 将式 (6.6) 按分量写出来, 有

$$y_i = \sum_{j=1}^{n} c_{ij} x_j + b_i, \ i = 1, 2, \cdots, n \tag{6.7}$$

令 $\boldsymbol{w} = \mathcal{T}\boldsymbol{z}$, 则由式 (6.6) 和式 (6.7), 有

$$\begin{aligned}
\|\boldsymbol{y} - \boldsymbol{w}\| &= \|\mathcal{T}\boldsymbol{x} - \mathcal{T}\boldsymbol{z}\| \\
&= \max_{i=1,2,\cdots,n} |y_i - w_i| \\
&= \max_{i=1,2,\cdots,n} \left| \sum_{j=1}^{n} c_{ij} (x_j - z_j) \right| \\
&\leqslant \max_{i=1,2,\cdots,n} |x_j - z_j| \max_{i=1,2,\cdots,n} \sum_{j=1}^{n} |c_{ij}| \\
&= \|\boldsymbol{x} - \boldsymbol{z}\| \max_{i=1,2,\cdots,n} \sum_{j=1}^{n} |c_{ij}|
\end{aligned}$$

或

$$\|\boldsymbol{y} - \boldsymbol{w}\| \leqslant \alpha \|\boldsymbol{x} - \boldsymbol{z}\|$$

式中

$$\alpha = \max_{i=1,2,\cdots,n} \sum_{j=1}^{n} |c_{ij}| < 1$$

是矩阵 $\boldsymbol{C}$ 的 $\infty$-范数 $\|\boldsymbol{C}\|_{\infty}$. 故由 Banach 压缩映像原理 (定理 6.1.2) 可知, 线性方程组存在唯一的解. 证完.

通常, 将线性方程组写成 $\boldsymbol{Ax} = \boldsymbol{c}$ 的形式, 其中 $\boldsymbol{A} \in \mathbb{R}^{n \times n}$, $\boldsymbol{c} \in \mathbb{R}^n$. 由 Cramer[1] 法则, 当 $\det \boldsymbol{A} \neq 0$ 时, 方程组是有唯一解的. 但为收敛速度加快, 又会将写成 $\boldsymbol{A} = \boldsymbol{B} - \boldsymbol{G}$ 的形式, 其中 $\boldsymbol{B}$ 是适当的非奇异矩阵, 则方程组 $\boldsymbol{Ax} = \boldsymbol{c}$ 变成 $\boldsymbol{Bx} = \boldsymbol{Gx} + \boldsymbol{c}$ 或 $\boldsymbol{x} = \boldsymbol{B}^{-1}(\boldsymbol{Gx} + \boldsymbol{c})$. 这就给出了迭代格式:

$$\boldsymbol{x}^{(m+1)} = \boldsymbol{Cx}^{(m)} + \boldsymbol{b}, \ m \in \mathbb{Z}^+$$

式中: 取 $\boldsymbol{C} = \boldsymbol{B}^{-1}\boldsymbol{G}$, $\boldsymbol{b} = \boldsymbol{B}^{-1}\boldsymbol{c}$. 故当 $\|\boldsymbol{B}^{-1}\boldsymbol{G}\|_{\infty} < 1$ 时, 上述迭代格式可计算线性方程组 $\boldsymbol{Ax} = \boldsymbol{c}$ 的解.

### 6.1.2.2　Jacobi 迭代

Jacobi[2] 迭代 (Jacobi iteration) 是用迭代格式

$$x_i^{(m+1)} = \frac{1}{a_{ii}} \left( c_i - \sum_{j=1,j \neq i}^{n} a_{ij} x_j^{(m)} \right), \ i = 1, 2, \cdots, n$$

来定义的, 其中 $a_{ii} \neq 0 (i = 1, 2, \cdots, n)$.

令 $\boldsymbol{C} = -\boldsymbol{D}^{-1}(\boldsymbol{A} - \boldsymbol{D})$, $\boldsymbol{b} = \boldsymbol{D}^{-1}\boldsymbol{c}$, 其中 $\boldsymbol{D} = \text{diag}\,(a_{ii})$. 由 $\|\boldsymbol{C}\|_{\infty} < 1$ $(i = 1, 2, \cdots, n)$, 有 Jacobi 迭代的收敛条件是

$$\sum_{j=1,j \neq i}^{n} \left| \frac{a_{ij}}{a_{ii}} \right| < 1, \ i = 1, 2, \cdots, n$$

或

$$\sum_{j=1,j \neq i}^{n} |a_{ij}| < |a_{ii}|, \ i = 1, 2, \cdots, n$$

即矩阵 $\boldsymbol{A}$ 是对角占优的 (diagonally dominant).

---

[1] Gabriel Cramer (1704.07.31—1752.01.04), 瑞士人.

[2] Carl Gustav Jacob Jacobi (1804.12.10—1851.02.18), 德国人, 椭圆函数论的开拓者之一, 卓越的数学教育家, 创造了 "讨论班" 这种生动活泼的教学形式.

### 6.1.2.3   Gauss-Seidel 迭代

Jacobi 迭代是同时校正的方法, 而 Gauss-Seidel[①] 迭代 (Gauss-Seidel iteration) 可给出逐次校正的方法. 事实上, Gauss-Seidel 迭代是用迭代格式

$$x_i^{(m+1)} = \frac{1}{a_{ii}} \left( c_i - \sum_{j=1}^{i-1} a_{ij} x_j^{(m+1)} - \sum_{j=i+1}^{n} a_{ij} x_j^{(m)} \right), \ i = 1, 2, \cdots, n$$

来定义的, 其中 $a_{ii} \neq 0 (i = 1, 2, \cdots, n)$. 分解 $\boldsymbol{A} = -\boldsymbol{L} + \boldsymbol{D} - \boldsymbol{U}$, 其中 $-\boldsymbol{L} = (a_{ij})$, $i > j$, $\boldsymbol{D} = \mathrm{diag}\,(a_{ii})$, $-\boldsymbol{U} = (a_{ij})$, $i < j$. 用 $\boldsymbol{D}$ 乘以上述迭代格式有

$$\boldsymbol{D}\boldsymbol{x}^{(m+1)} = \boldsymbol{c} + \boldsymbol{L}\boldsymbol{x}^{(m+1)} + \boldsymbol{U}\boldsymbol{x}^{(m)}$$

或

$$(\boldsymbol{D} - \boldsymbol{L})\boldsymbol{x}^{(m+1)} = \boldsymbol{c} + \boldsymbol{U}\boldsymbol{x}^{(m)}$$

再用 $(\boldsymbol{D} - \boldsymbol{L})^{-1}$ 乘以上式, 有

$$\boldsymbol{x}^{(m+1)} = \boldsymbol{C}\boldsymbol{x}^{(m)} + \boldsymbol{b}, \ m \in \mathbb{Z}^+$$

式中: $\boldsymbol{C} = (\boldsymbol{D} - \boldsymbol{L})^{-1}\boldsymbol{U}$; $\boldsymbol{b} = (\boldsymbol{D} - \boldsymbol{L})^{-1}\boldsymbol{c}$.

由 $\|\boldsymbol{C}\|_\infty < 1 (i = 1, 2, \cdots, n)$, 有 Gauss-Seidel 迭代的收敛条件是

$$\sum_{j=1, j \neq i}^{n} \left| \frac{a_{ij}}{a_{ii}} \right| < 1, \ i = 1, 2, \cdots, n$$

或

$$\sum_{j=1, j \neq i}^{n} |a_{ij}| < |a_{ii}|, \ i = 1, 2, \cdots, n$$

即矩阵 $\boldsymbol{A}$ 是对角占优的.

### 6.1.3   应用 2: 微分方程解的存在唯一性

在这一节中, 研究微分方程

$$\boldsymbol{x}' = \boldsymbol{f}(t, \boldsymbol{x}), \ (t, \boldsymbol{x}) \in G \subset \mathbb{R} \times \mathbb{R}^n = \mathbb{R}^{n+1}$$

若给定一点 $(\tau, \xi) \in G$, 则微分方程的基本问题之一是求 $\varphi(t)$, 使得它在含 $\tau$ 的区间 $I$ 上是可微的, 并满足

(1) $\varphi(\tau) = \xi$;

---

① Philipp Ludwig von Seidel (1821.10.24—1896.08.13), 德国人.

(2) $(t, \varphi(t)) \in G$, $t \in I$;

(3) $\varphi'(t) = f(t, \varphi(t))$, $t \in I$.

这一问题称为方程

$$x' = f(t, x), \ (t, x) \in G \subset \mathbb{R} \times \mathbb{R}^n = \mathbb{R}^{n+1}$$

的 Cauchy 问题 (Cauchy problem), 并记为

$$\begin{cases} x' = f(t, x), \ (t, x) \in G \\ x(\tau) = \xi \end{cases} \tag{6.8}$$

若存在满足上述条件的函数 $\varphi(t)$, 则称其为 Cauchy 问题式 (6.8) 的解 (solution). 至于这样的解是否存在, 是否唯一, 便是这一节所要研究的问题.

**定义 6.1.3** 若对任意 $x, \overline{x}$, 当 $(t, x), (t, \overline{x}) \in G$ 时, 有

$$\|f(t, x) - f(t, \overline{x})\| \leqslant L \|x - \overline{x}\|$$

则称 $f(t, x)$ 在区域 $G$ 上关于 $x$ 是 Lipschitz 的, 其中 $L$ 称为 Lipschitz 常数.

下面给出 Picard 解的存在唯一性定理.

**定理 6.1.4 (Picard 解的存在唯一性定理, Picard existence and uniqueness theorem of solutions)** 若 $f(t, x)$ 在 $G : |t - \tau| \leqslant a, \|x - \xi\| \leqslant b$ 上是连续的, 且关于 $x$ 是 Lipschitz 的, Lipschitz 常数是 $L$, 则 Cauchy 问题式 (6.8) 至少在区间 $I : |t - \tau| \leqslant h$ 上存在唯一的解, 其中

$$h = \min \left\{ a, \frac{b}{M} \right\}$$
$$M = \max_{(t, x) \in G} \|f(t, x)\|$$

**证** 在定理的条件下, Cauchy 问题式 (6.8) 等价于求解积分方程

$$x(t) = \xi + \int_\tau^t f(s, x(s)) \mathrm{d}s, \ t \in I \tag{6.9}$$

为简单计, 只考虑右半区间 $[\tau, \tau + h]$(至于左半区间的情形可类似地讨论). 对任意 $\varphi \in C[\tau, \tau + h]$, 定义范数为

$$\|\varphi\| = \max_{t \in [\tau, \tau+h]} \|\varphi(t)\| \mathrm{e}^{-\beta t}$$

式中: $\beta > L$, 则 $C[\tau, \tau + h]$ 是 Banach 空间.

考虑 $D = \{x \in C[\tau, \tau + h] \mid \|x(t) - \xi\| \leqslant b, t \in [\tau, \tau + h]\}$. 定义算子 $T : D \mapsto C[\tau, \tau + h]$, 使得

$$(T\varphi)(t) = \xi + \int_{\tau}^{t} f(s, \varphi(s))\mathrm{d}s, \ t \in [\tau, \tau + h], \ \varphi \in D$$

取 $\varphi \in D$, 因为

$$\|(T\varphi)(t) - \xi\| = \left\| \int_{\tau}^{t} f(s, \varphi(s))\mathrm{d}s \right\| \leqslant Mh \leqslant b, \ t \in [\tau, \tau + h]$$

所以有 $T : D \mapsto D$. 又对任意 $\varphi_1, \varphi_2 \in D$, 当 $t \in [\tau, \tau + h]$ 时, 有

$$\|(T\varphi_1)(t) - (T\varphi_2)(t)\| = \left\| \int_{\tau}^{t} [f(s, \varphi_1(s)) - f(s, \varphi_2(s))]\mathrm{d}s \right\|$$

$$\leqslant L \int_{\tau}^{t} \|\varphi_1(s) - \varphi_2(s)\| \mathrm{e}^{-\beta s} \mathrm{e}^{\beta s} \mathrm{d}s$$

$$\leqslant \frac{L}{\beta} \max_{t \in [\tau, \tau + h]} \{\|\varphi_1(t) - \varphi_2(t)\| \mathrm{e}^{-\beta t}\} \mathrm{e}^{\beta t}$$

即

$$\|(T\varphi_1)(t) - (T\varphi_2)(t)\| \mathrm{e}^{-\beta t} \leqslant \frac{L}{\beta} \max_{t \in [\tau, \tau + h]} \{\|\varphi_1(t) - \varphi_2(t)\| \mathrm{e}^{-\beta t}\}$$

从而

$$\|T\varphi_1 - T\varphi_2\| \leqslant \frac{L}{\beta} \|\varphi_1 - \varphi_2\|$$

因此, $T$ 是压缩的, 故由 Banach 压缩映像原理 (定理 6.1.2) 可知, 存在唯一的 $\varphi \in D$, 使得 $T\varphi = \varphi$, 即

$$\varphi(t) = \xi + \int_{\tau}^{t} f(s, \varphi(s))\mathrm{d}s, \ t \in [\tau, \tau + h]$$

即积分方程式 (6.9) 存在唯一解. 证完.

### 6.1.4 应用 3: Fredholm 积分方程解的存在唯一性

考虑第二类 Fredholm 积分方程[①](Fredholm integral equation):

$$x(t) - \mu \int_{a}^{b} k(t, \tau)x(\tau)\mathrm{d}\tau = v(t) \tag{6.10}$$

**定理 6.1.5 (第二类 Fredholm 积分方程解的存在唯一性定理, existence and uniqueness theorem of solutions of Fredholm integral equation)** 设

---

① 所谓第一类 Fredholm 积分方程是指形如 $\int_{a}^{b} k(t, \tau)x(\tau)\mathrm{d}\tau = v(t)$ 的方程.

积分方程式 (6.10) 的核 $k(t, \tau)$ 是 $[a, b] \times [a, b]$ 上的连续函数, $v(t)$ 是 $[a, b]$ 上的连续函数, 且 $|\mu| < \dfrac{1}{c(b-a)}$, 其中 $c$ 由 $|k(t, \tau)| \leqslant c$ 来定义, 则积分方程式 (6.10) 在 $[a, b]$ 上存在唯一的解 $x$. 且可通过求迭代序列 $\{x^{(n)}\}$ 的极限而可得, 其中 $x^{(0)}$ 是任意取的, 满足迭代格式

$$x^{(n+1)} = v(t) + \mu \int_a^b k(t, \tau) x^{(n)}(\tau) \mathrm{d}\tau$$

**证** 在 $C[a, b]$ 上定义范数

$$\|x - y\| = \max_{t \in [a, b]} |x(t) - y(t)|$$

则 $C[a, b]$ 是 Banach 空间. 将积分方程式 (6.10) 写成 $x = \mathcal{T}x$, 其中

$$\mathcal{T}x(t) = v(t) + \mu \int_a^b k(t, \tau) x(\tau) \mathrm{d}\tau$$

则 $\mathcal{T} : C[a, b] \mapsto C[a, b]$. 这样有

$$\begin{aligned}
\|\mathcal{T}x - \mathcal{T}y\| &= \max_{t \in [a, b]} |\mathcal{T}x(t) - \mathcal{T}y(t)| \\
&= |\mu| \max_{t \in [a, b]} \left| \int_a^b k(t, \tau)(x(\tau) - y(\tau)) \mathrm{d}\tau \right| \\
&\leqslant |\mu| \max_{t \in [a, b]} \int_a^b |k(t, \tau)| |x(\tau) - y(\tau)| \mathrm{d}\tau \\
&\leqslant |\mu| c \max_{t \in [a, b]} |x(t) - y(t)| \int_a^b \mathrm{d}\tau \\
&= |\mu| c(b - a) \|x - y\|
\end{aligned}$$

或

$$\|\mathcal{T}x - \mathcal{T}y\| \leqslant \alpha \|x - y\|$$

式中: $\alpha = |\mu| c(b - a)$. 故若 $|\mu| < \dfrac{1}{c(b-a)}$, 则 $\mathcal{T}$ 是压缩的. 故由 Banach 压缩映像原理 (定理 6.1.2), 第二类 Fredholm 积分方程存在唯一解. 证完.

### 6.1.5 应用 4: Volterra 积分方程解的存在唯一性

考虑第二类 Volterra 积分方程[①] (Volterra integral equation):

$$x(t) - \mu \int_a^t k(t, \tau) x(\tau) \mathrm{d}\tau = v(t) \tag{6.11}$$

---

①所谓第一类 Volterra 积分方程是指形如 $\int_a^t k(t, \tau) x(\tau) \mathrm{d}\tau = v(t)$ 的方程.

积分方程式 (6.11) 与积分方程式 (6.10) 的差别仅仅在于积分的上限, 而这将会是本质的.

**定理 6.1.6 (第二类 Volterra 积分方程解的存在唯一性定理, existence and uniqueness theorem of solutions of Volterra integral equation)** 设积分方程式 (6.11) 的核 $k(t,\tau)$ 是 $R : a \leqslant \tau \leqslant t, a \leqslant t \leqslant b$ 上的连续函数, $v(t)$ 是 $[a,b]$ 上的连续函数, 则积分方程式 (6.11) 在 $[a,b]$ 上对每个 $\mu$ 都存在唯一的解 $x$.

**证** 将积分方程式 (6.11) 写成 $x = \mathcal{T}x$, 其中

$$\mathcal{T}x(t) = v(t) + \mu \int_a^t k(t,\tau)x(\tau)\mathrm{d}\tau$$

则 $\mathcal{T} : C[a,b] \mapsto C[a,b]$. 设 $|k(t,\tau)| \leqslant c, (t,\tau) \in R$. 这样有

$$|\mathcal{T}x(t) - \mathcal{T}y(t)| = |\mu| \left| \int_a^t k(t,\tau)(x(\tau) - y(\tau))\mathrm{d}\tau \right|$$

$$\leqslant |\mu| c \|x - y\| \int_a^t \mathrm{d}\tau$$

$$= |\mu| c(t-a) \|x - y\|$$

设

$$|\mathcal{T}^n x(t) - \mathcal{T}^n y(t)| \leqslant |\mu|^n c^n \frac{(t-a)^n}{n!} \|x - y\|$$

则

$$|\mathcal{T}^{n+1} x(t) - \mathcal{T}^{n+1} y(t)| = |\mu| \left| \int_a^t k(t,\tau)\left(\mathcal{T}^n x(\tau) - \mathcal{T}^n y(\tau)\right)\mathrm{d}\tau \right|$$

$$\leqslant |\mu| c \int_a^t |\mu|^n c^n \frac{(\tau-a)^n}{n!}\mathrm{d}\tau \cdot \|x - y\|$$

$$= |\mu|^{n+1} c^{n+1} \frac{(t-a)^{n+1}}{(n+1)!} \|x - y\|$$

故由归纳法, 有

$$|\mathcal{T}^n x(t) - \mathcal{T}^n y(t)| \leqslant |\mu|^n c^n \frac{(t-a)^n}{n!} \|x - y\|$$

所以

$$|\mathcal{T}^n x(t) - \mathcal{T}^n y(t)| \leqslant \alpha_n \|x - y\|$$

式中: $\alpha_n = |\mu|^n c^n \dfrac{(b-a)^n}{n!}$. 对任意 $\mu$, 只要 $n$ 充分大, 就有 $\alpha_n < 1$, 即 $\mathcal{T}^n$ 是压缩的. 再由推论 6.1.3 可知, 积分方程式 (6.11) 在 $[a,b]$ 上对每个 $\mu$ 都存在唯一的解 $x$. 证完.

### 6.1.6  应用 5: 隐函数的存在唯一性

在微积分中, 隐函数定理是这样表述的.

**定理 6.1.7 (隐函数定理, implicit function theorem)**    设二元函数 $F(x,y)$ 满足

(1) 在区域 $D: |x - x_0| < a, |y - y_0| < b$ 内有关于 $x, y$ 的一阶连续偏导数;

(2) $F(x_0, y_0) = 0$;

(3) $F_y'(x_0, y_0) \neq 0$.

则

(1) 在点 $(x_0, y_0)$ 的某邻域内, 由方程 $F(x,y) = 0$ 可确定唯一的函数 $y = f(x)$, 即存在 $\eta > 0$, 当 $x \in B(x_0, \eta)$ 时有 $F(x, f(x)) = 0$, $y_0 = f(x_0)$;

(2) $f(x)$ 在 $B(x_0, \eta)$ 内是连续的;

(3) $f(x)$ 在 $B(x_0, \eta)$ 内是一阶连续可导的, 且

$$f'(x) = -\frac{F_x'(x,y)}{F_y'(x,y)} \tag{6.12}$$

称 $y = f(x)$ 为由方程 $F(x,y) = 0$ 确定的隐函数 (implicit function).

**证**    先证隐函数的存在唯一性.

由假设, 存在 $\delta, \tau$, $0 < \delta \leqslant a$, $0 < \tau \leqslant b$, 当 $(x,y) \in B(x_0; \delta) \times B(y_0; \tau)$ 时, $F_y'(x,y)$ 在 $D$ 内是连续的, 且在点 $(x_0, y_0)$ 的邻域

$$N = \{(x,y) \mid |x - x_0| < \delta, |y - y_0| < \tau\}$$

内有

$$\left| F_y'(x,y) - F_y'(x_0, y_0) \right| < \frac{1}{2M} \tag{6.13}$$

式中: $M = \dfrac{1}{\left| F_y'(x_0, y_0) \right|}$. 又由 $F(x, y_0)$ 是连续的, 故存在 $0 < \eta \leqslant \delta$, 当 $x \in B(x_0; \eta)$ 时, 有

$$|F(x, y_0)| = |F(x, y_0) - F(x_0, y_0)| < \frac{\tau}{2M} \tag{6.14}$$

固定 $x \in B(x_0; r)$, 令

$$\mathcal{T}(x, y) = y - \frac{F(x, y)}{F_y'(x_0, y_0)}$$

显然, 方程 $F(x,y) = 0$ 的解 $y$ 等价于 $\mathcal{T}$ 在 $B(y_0; \tau)$ 中的不动点. 因此, 只需证 $\mathcal{T}$ 在闭区间 $\overline{B(y_0; \tau)}$ 内具有唯一的不动点.

由式 (6.13) 可知, 当 $y \in \overline{B(y_0; \tau)}$ 时, 有

$$
\begin{aligned}
\left|\mathcal{T}_y'(x, y)\right| &= \left|1 - \frac{F_y'(x, y)}{F_y'(x_0, y_0)}\right| \\
&\leqslant \frac{1}{\left|F_y'(x_0, y_0)\right|} \left|F_y'(x_0, y_0) - F_y'(x, y)\right| \\
&< M \cdot \frac{1}{2M} \\
&= \frac{1}{2}
\end{aligned}
$$

于是, 由 Lagrange 中值定理可知, 当 $y_1, y_2 \in \overline{B(y_0; \tau)}$ 时, 有

$$
\left|\mathcal{T}(x, y_2) - \mathcal{T}(x, y_1)\right| \leqslant \left|\mathcal{T}_y'(x, y_1 + \xi(y_2 - y_1))(y_2 - y_1)\right| \leqslant \frac{1}{2}\left|y_2 - y_1\right| \quad (6.15)
$$

式中: $\xi \in (0, 1)$, 故 $\mathcal{T}$ 是压缩的. 注意到式 (6.14) 和式 (6.15), 当 $y \in \overline{B(y_0; \tau)}$ 时, 有

$$
\begin{aligned}
\left|\mathcal{T}(x, y) - y_0\right| &\leqslant \left|\mathcal{T}(x, y) - \mathcal{T}(x, y_0)\right| + \left|\mathcal{T}(x, y_0) - y_0\right| \\
&= \left|\mathcal{T}(x, y) - \mathcal{T}(x, y_0)\right| + \left|\frac{F(x, y_0)}{F_y'(x_0, y_0)}\right| \\
&< \frac{1}{2}\left|y - y_0\right| + M \cdot \frac{\tau}{2M}
\end{aligned}
$$

故 $\mathcal{T}: \overline{B(y_0; \tau)} \mapsto B(y_0; \tau)$. 由 Banach 压缩映像原理 (定理 6.1.2) 可知, $\mathcal{T}$ 在开区间 $B(y_0; \tau)$ 内具有唯一不动点 $y = f(x)$. 显然, $y_0 = f(x_0)$.

下证 $f(x)$ 在 $B(x_0, \eta)$ 内的连续性.

设 $x_1, x_2 \in B(x_0; \eta)$. 令 $y_i = f(x_i) \, (i = 1, 2)$, 则由式 (6.15), 有

$$
\begin{aligned}
\left|y_1 - y_2\right| &= \left|\mathcal{T}(x_2, y_2) - \mathcal{T}(x_1, y_1)\right| \\
&\leqslant \left|\mathcal{T}(x_2, y_2) - \mathcal{T}(x_2, y_1)\right| + \left|\mathcal{T}(x_2, y_1) - \mathcal{T}(x_1, y_1)\right| \\
&\leqslant \frac{1}{2}\left|y_2 - y_1\right| + \left|\frac{F(x_1, y_1) - F(x_2, y_1)}{F_y'(x_0, y_0)}\right|
\end{aligned}
$$

故

$$
\left|f(x_2) - f(x_1)\right| = \left|y_1 - y_2\right| \leqslant 2M\left|F(x_1, y_1) - F(x_2, y_1)\right|
$$

由 $F(x, y)$ 的连续性知隐函数 $f(x)$ 的连续性.

下证 $f(x)$ 在 $B(x_0, \eta)$ 内的一阶连续可微性, 且式 (6.12) 成立.

由前证有 $F(x, f(x)) = 0$, $F(x + h, f(x + h)) = 0$, 其中 $x + h \in B(x_0; \eta)$. 记 $k = f(x + h) - f(x)$. 由二元函数可微定义有

$$
\begin{aligned}
0 &= F(x + h, f(x + h)) - F(x, f(x)) \\
&= F(x + h, f(x + h)) - F(x, f(x + h)) + F(x, f(x + h)) - F(x, f(x)) \\
&= F'_x(x, f(x) + k)h + F'_y(x, f(x))k + o(|h|) + o(|k|)
\end{aligned}
$$

注意到当 $|h| \to 0$ 时有 $|k| \to 0$, 故由 $F'_x(x, y)$, $f(x)$ 的连续性, 有

$$
F'_x(x, f(x) + k)h = F'_x(x, f(x))h + o(|h|)
$$

由此

$$
F'_x(x, f(x))h + F'_y(x, f(x))k = o(|h|) + o(|k|)
$$

所以对任意 $x, \varepsilon > 0$, 存在 $\alpha > 0$, 当 $|h| < \alpha$ 时, 有

$$
\left| F'_x(x, f(x))h + F'_y(x, f(x))k \right| \leqslant \varepsilon (|h| + |k|)
$$

故有

$$
\left| f(x + h) - f(x) + \frac{F'_x(x, f(x))}{F'_y(x, f(x))}h \right| \leqslant \frac{\varepsilon}{\left| (F'_y(x, f(x))) \right|} (|h| + |k|)
$$

取 $\varepsilon > 0$ 充分小, 使得 $\dfrac{\varepsilon}{\left| (F'_y(x, f(x))) \right|} < \dfrac{1}{2}$. 令 $M = 2\left| \dfrac{F'_x(x, f(x))}{F'_y(x, f(x))} \right| + 1$. 则由上式, 有

$$
|f(x + h) - f(x)| - \frac{M - 1}{2}|h| \leqslant \frac{1}{2}(|h| + |k|)
$$

即 $|f(x + h) - f(x)| \leqslant M|h|$, 故有

$$
\left| f(x + h) - f(x) + \frac{F'_x(x, f(x))}{F'_y(x, f(x))}h \right| \leqslant \frac{\varepsilon (M + 1)|h|}{\left| (F'_y(x, f(x))) \right|}
$$

由此, 隐函数 $f(x)$ 是可微的. 由定理假设和式 (6.12) 可知, $f'(x)$ 是连续的. 证完.

隐函数定理说明在什么条件下可解出函数 $y = f(x)$. 事实上, 即使 $F(x, y)$ 的表达式很简单, 也未必能将隐函数 $y = f(x)$ 从其中具体解出来. 例如, 天体力学中著名的 Kepler[①] 方程 (Kepler's equation)

$$
F(x, y) = y - x - \varepsilon \sin y = 0, \ 0 < \varepsilon < 1
$$

---

① Johannes Kepler (1571.12.27—1630.11.15), 德国人, 发现了行星运动三大定律, 奠定了天体力学的基础, 微积分的先驱者之一.

易验证 $F(x,y)$ 在点 $(0,0)$ 附近满足隐函数定理的条件, 从而隐函数, 即 Kepler 函数存在, 且是连续和可微的, 且可按式 (6.12) 求出 Kepler 函数的导数, 即

$$\frac{\mathrm{d}y}{\mathrm{d}x} = -\frac{F'_x}{F'_y} = \frac{1}{1-\varepsilon\cos y}$$

然而, Kepler 函数不能解出为初等函数形式.

对方程 $F(x_1, x_2, \cdots, x_n, y) = 0$ 在某一点 $(x_1^{(0)}, x_2^{(0)}, \cdots, x_n^{(0)}, y_0)$ 附近确定 $n$ 元的隐函数 $y = f(x_1, x_2, \cdots, x_n, y)$ 也有类似的结果. 实际上还可考虑隐函数组的情形.

## 习题

1. 设 $x_1 = 1$, $x_{n+1} = 1 + \dfrac{1}{x_n}(n \in \mathbb{Z}^+)$. 试证序列 $\{x_n\}$ 是收敛的, 并求其极限.

2. 设集 $X = \{x \mid x \geqslant 1\}$, 定义 $\mathcal{T}x = \dfrac{x}{2} + \dfrac{1}{x}$, 试证 $\mathcal{T}$ 是压缩的, 并求出最小的 $\alpha$.

3. 设 $X$ 是赋范线性空间. 若 $\|\mathcal{T}x - \mathcal{T}y\| < \|x - y\|$, $\mathcal{T}$ 有不动点, 试证不动点是唯一的.

4. 设 $|\varphi'(x)| \leqslant \alpha < 1$. 试用 Banach 压缩映像原理 (定理 6.1.2) 证迭代 $x_{n+1} = \varphi(x_n)$ 是收敛的, 并给出误差估计.

5. 设 $f(a) < 0$, $f(b) > 0$, $0 < k_1 \leqslant f'(x) \leqslant k_2$, $x \in [a, b]$. 试用 Banach 压缩映像原理 (定理 6.1.2) 构造求解方程 $f(x) = 0$ 的迭代序列. 提示: 构造 $\varphi(x) = x - \lambda f(x)$, 其中 $\lambda$ 是适当选取的.

6. 设 $f \in C^2[a, b]$, 其中 $C^2[a, b]$ 是 $[a, b]$ 上的二阶连续可微函数集 (set of secondly continuously differentiable functions), $\hat{x}$ 是 $f(x)$ 在 $(a, b)$ 内的单根, 试证 Newton 迭代 (Newton iteration) $x_{n+1} = \varphi(x_n)$, $\varphi(x_n) = x_n - \dfrac{f(x_n)}{f'(x_n)}$ 在 $\hat{x}$ 附近是压缩的.

7. 试证计算给定正数 $c$ 的方根的迭代序列是 $x_{n+1} = \varphi(x_n) = \dfrac{1}{2}\left(x_n + \dfrac{c}{x_n}\right)$.

8. 对方程

$$\begin{cases} 5x_1 - x_2 = 7 \\ -3x_1 + 10x_2 = 24 \end{cases}$$

$$\begin{cases} x_1 - 0.25x_2 - 0.25x_3 = 0.50 \\ -0.25x_1 + x_2 - 0.25x_4 = 0.50 \\ -0.25x_1 + x_3 - 0.25x_4 = 0.25 \\ -0.25x_2 - 0.25x_3 + x_4 = 0.25 \end{cases}$$

(1) 试求精确解; (2) 试用 Jacobi 迭代求解第一个方程, 其中取 $\boldsymbol{x}^{(0)} = (1, 1)^{\mathrm{T}}$; (3) 试用 Gauss-Seidel 迭代求解第二个方程, 其中取 $\boldsymbol{x}^{(0)} = (1, 1, 1, 1)^{\mathrm{T}}$.

9. (Gershgorin 定理, Gershgorin theorem) 设 $\lambda$ 是矩阵 $\boldsymbol{C}$ 的特征值, 则存在 $i(1 \leqslant i \leqslant n)$, 使得 $|c_{ii} - \lambda| \leqslant \sum\limits_{j=1, j\neq i}^{n} |c_{ij}|$. (1) 试证方程组 $\boldsymbol{x} = \boldsymbol{Cx} + \boldsymbol{b}$ 可写成矩阵方程 $\boldsymbol{Kx} = \boldsymbol{b}$,

其中矩阵 $K = I - C$, 且由 Gershgorin 定理和 $\|C\|_\infty < 1 (i = 1, 2, \cdots, n)$ 知, $K$ 不存在零特征值; (2) 试证由 Gershgorin 定理和 $\|C\|_\infty < 1 (i = 1, 2, \cdots, n)$ 知, $C$ 的谱半径为 $\max\limits_{i=1,2,\cdots,n} |\lambda_i|$, 其中 $\lambda_i (i = 1, 2, \cdots, n)$ 是 $C$ 的特征值.

10. 试验证方程组
$$\begin{cases} 2x_1 + x_2 + x_3 = 4 \\ x_1 + 2x_2 + x_3 = 4 \\ x_1 + x_2 + 2x_3 = 4 \end{cases}$$

用 Jacobi 迭代是发散的, 而用 Gauss-Seidel 迭代却是收敛的.

11. 试验证方程组
$$\begin{cases} x_1 + x_3 = 2 \\ -x_1 + x_2 = 0 \\ x_1 + 2x_2 - 3x_3 = 0 \end{cases}$$

用 Jacobi 迭代是收敛的, 而用 Gauss-Seidel 迭代却是发散的.

12. 若在 $\mathbb{R}^n$ 上定义范数 $\|x - y\| = \sum\limits_{i=1}^{n} |x_i - y_i|$, 试证线性方程组解的存在唯一性定理 (定理 6.1.3) 的收敛条件是 $\sum\limits_{i=1}^{n} |c_{ij}| < 1 (j = 1, 2, \cdots, n)$, 即矩阵 $C$ 的 1–范数 $\|C\|_1 < 1$.

13. 若在 $\mathbb{R}^n$ 上定义范数 $\|x - y\| = \left( \sum\limits_{i=1}^{n} |x_i - y_i|^2 \right)^{\frac{1}{2}}$, 试证线性方程组解的存在唯一性定理 (定理 6.1.3) 的收敛条件是 $\left( \sum\limits_{i,j=1}^{n} |c_{ij}|^2 \right)^{\frac{1}{2}} < 1$, 即矩阵 $C$ 的 $F$–范数 $\|C\|_F < 1$.

14. (1) 若 $\dfrac{\partial f}{\partial x}$ 在闭集 $G$ 上是连续的, 试证 $f$ 关于 $x$ 在 $G$ 上是 Lipschitz 的; (2) 试证 $f(t, x) = |\sin x| + t$ 关于 $x$ 在整个平面上是 Lipschitz 的, 而当 $x \neq 0$ 时 $\dfrac{\partial f}{\partial x}$ 不存在; (3) 试问 $f(t, x) = |x|^{\frac{1}{2}}$ 是 Lipschitz 的吗?

15. 试找出 Cauchy 问题:
$$\begin{cases} tx' = 2x \\ x(\tau) = \xi \end{cases}$$

的所有初始条件, 使得 (1) 没有解; (2) 有多个解; (3) 有唯一解.

16. 试用 Picard 迭代对 Cauchy 问题:
$$\begin{cases} x' = 1 + x^2 \\ x(0) = 0 \end{cases}$$

迭代到第三步, 并与精确解进行比较.

17. (1) 试证 Cauchy 问题:
$$\begin{cases} x' = |x|^{\frac{1}{2}} \\ x(0) = 0 \end{cases}$$

有解 $x_1 = 0$, $x_2 = \dfrac{t|t|}{4}$; (2) 这与 Picard 解的存在唯一性定理 (定理 6.1.4) 矛盾吗? 试求其他解.

18. (1) 取 $x_0(t) = v(t)$, 试用迭代求解积分方程 $x(t) - \mu \int_0^1 e^{t-\tau} x(\tau) d\tau = v(t)$, $|\mu| < 1$;

    (2) 取 $x_0(t) = 1$, 试用迭代求解积分方程 $x(t) - \mu \int_0^1 x(\tau) d\tau = 1$.

19. 设 $v(t)$ 是 $[a,b]$ 上的连续函数, $k(t,\tau,u)$ 是 $[a,b] \times [a,b] \times \mathbb{R}$ 上的连续函数, 且关于 $u$ 是 Lipschitz 的, 即

$$|k(t,\tau,u_1) - k(t,\tau,u_2)| \leqslant \ell |u_1 - u_2|$$

试证非线性积分方程 $x(t) - \mu \int_a^b k(t,\tau,x(\tau)) d\tau = v(t)$ 对任意满足 $|\mu| < \dfrac{1}{\ell(b-a)}$ 的 $\mu$ 有唯一的解.

20. (1) 试通过将 $\mu$ 的幂级数 $x(t) = \sum\limits_{n=0}^{\infty} \mu^n v_n(t)$ 代入积分方程 $x(t) - \mu \int_a^b k(t,\tau) x(\tau) d\tau = v(t)$, 并比较系数证 $v_0(t) = v(t)$, $v_n(t) = \int_a^b k(t,\tau) v_{n-1}(\tau) d\tau (n \in \mathbb{Z}^+)$; (2) 设 $|v(t)| \leqslant c_0$, $|k(t,\tau)| \leqslant c$, 试证 $|v_n(t)| \leqslant c_0(c(b-a))^n (n \in \mathbb{Z}^+)$, 故 $|\mu| < \dfrac{1}{c(b-a)}$ 蕴涵着收敛性.

## 6.2 Brouwer 不动点定理及其应用

### 6.2.1 Brouwer 不动点定理

在介绍 Brouwer[①] 不动点定理之前, 先来看一个非常简单的例子.

**例 6.2.1** 设 $f(x)$ 是 $[a,b]$ 上的连续函数, 且 $f: [a,b] \mapsto [a,b]$, 则存在 $\xi \in [a,b]$, 使得 $f(\xi) = \xi$, 即 $f(x)$ 在 $[a,b]$ 上有不动点.

事实上, 引入辅助函数 $\varphi(x) = f(x) - x$, 因为 $f: [a,b] \mapsto [a,b]$, 所以

$$\varphi(a) = f(a) - a \geqslant 0$$
$$\varphi(b) = f(b) - b \leqslant 0$$

因此 $\varphi(a)\varphi(b) \leqslant 0$. 若等号成立, 则 $f(x)$ 以 $a$ 或 $b$ 为不动点. 否则, 由零点存在定理可知, $f(x)$ 在 $[a,b]$ 上有不动点.

例 6.2.1 实际上就是 Brouwer 不动点定理在实数域上的特例.

下面给出 Brouwer 不动点定理.

**定理 6.2.1 (Brouwer 不动点定理, Brouwer's fixed point theorem)** 设 $K \subset \mathbb{R}^n$ 是有界凸闭集, $\mathcal{T}: K \mapsto K$ 是连续算子, 则存在 $\boldsymbol{x}^* \in K$, 使得 $\mathcal{T}\boldsymbol{x}^* = \boldsymbol{x}^*$.

证略.

---

① Luitzen Egbertus Jan Brouwer (1881.02.27—1966.12.02), 荷兰人, 拓扑学奠基人之一.

### 6.2.2　应用: 多项式根的存在性

在 J. Gauss 之前有许多数学家认为已给出了多项式根的存在性定理 (也称为代数学基本定理) 的证明, 但无一是严密的. J. Gauss 把前人证明的缺陷一一指出来, 然后提出自己的证明. 他一生中一共给出四个不同证明.

V. Arnold[①] 应用 Brouwer 不动点定理给出了一个非常简洁的证明.

**定理 6.2.2 (代数学基本定理, fundamental theorem of algebra)**　复多项式一定存在根.

**证**　设 $f(z) = \sum\limits_{i=0}^{n} a_i z^i$ 是复多项式, 不妨设 $a_n = 1$.

令 $z = re^{i\vartheta}$, $0 \leqslant \vartheta < 2\pi$, $\alpha = 2 + \sum\limits_{i=0}^{n-1} |a_i|$. 在复数域上定义

$$
g(z) = \begin{cases} z - \dfrac{f(z)}{\alpha e^{i(n-1)\vartheta}}, & |z| \leqslant 1 \\[3mm] z - \dfrac{f(z)}{\alpha z^{n-1}}, & |z| > 1 \end{cases}
$$

显然 $g$ 在 $\mathbb{C}$ 上是连续的. 考虑闭球 $K = \overline{B(0; \alpha)}$, 显然它在复数域上是凸闭的.

下证 $g : K \mapsto K$.

当 $|z| \leqslant 1$ 时, 有

$$
|g(z)| \leqslant |z| + \frac{|f(z)|}{\alpha} \leqslant 1 + \frac{1 + \sum\limits_{i=0}^{n-1} |a_i|}{\alpha} \leqslant 1 + 1 = 2 < \alpha
$$

当 $|z| > 1$ 时, 有

$$
|g(z)| = \left| z - \frac{z}{\alpha} - \frac{\sum\limits_{i=0}^{n-1} a_i z^i}{\alpha z^{n-1}} \right| \leqslant \alpha - 1 + \frac{\sum\limits_{i=0}^{n-1} |a_i|}{\alpha} \leqslant \alpha - 1 + \frac{\alpha - 2}{\alpha} \leqslant \alpha
$$

故 $g : K \mapsto K$. 由 Brouwer 不动点定理 (定理 6.2.1) 可知, $g$ 在闭球 $K$ 中有不动点 $z_0$, 即是 $f$ 的零点. 证完.

---

① Vladimir Igorevich Arnold (1937.06.12—2010.06.03), 俄罗斯人, KAM (Kolmogorov-Arnold-Moser) 理论的创立者之一.

## 6.3 Schauder 不动点定理及其应用

### 6.3.1 全连续算子

连续的紧算子被称为是全连续的 (totally continuous). 下述定理说明全连续算子的极限仍是全连续的.

**定理 6.3.1** 设 $D$ 是赋范线性空间, $Y$ 是 Banach 空间, $\mathcal{T}_n : D \mapsto Y (n \in \mathbb{Z}^+)$ 是全连续算子, $\mathcal{T} : D \mapsto Y$. 若 $\mathcal{T}_n \to \mathcal{T}, n \to \infty$, 则 $\mathcal{T}$ 是全连续的.

**证** 先证 $\mathcal{T}$ 的连续性.

设 $x_0, x_n \in D (n \in \mathbb{Z}^+)$, $x_n \to x_0$, $n \to \infty$, 则集

$$S = \{x_0, x_1, x_2, \cdots, x_n\} \subset D$$

是有界的. 于是对任意 $\varepsilon > 0$, 可取 $k \in \mathbb{Z}^+$, 使得

$$\|\mathcal{T}_k x_n - \mathcal{T} x_n\| < \frac{\varepsilon}{3}, \ n \in \mathbb{Z}^+ \tag{6.16}$$

由于 $\mathcal{T}_k$ 的连续性, 存在 $N \in \mathbb{Z}^+$, 当 $n > N$ 时, 有

$$\|\mathcal{T}_k x_n - \mathcal{T}_k x_0\| < \frac{\varepsilon}{3} \tag{6.17}$$

由式 (6.16) 和式 (6.17) 可知, 当 $n > N$ 时, 有

$$\|\mathcal{T} x_n - \mathcal{T} x_0\| \leqslant \|\mathcal{T} x_n - \mathcal{T}_k x_n\| + \|\mathcal{T}_k x_n - \mathcal{T}_k x_0\| + \|\mathcal{T}_k x_0 - \mathcal{T} x_0\| < \varepsilon$$

故序列 $\mathcal{T} x_n \to \mathcal{T} x_0$, $n \to \infty$. 由 Heine 归结定理 (定理 3.4.6) 可知, $\mathcal{T}$ 是连续的.

下证 $\mathcal{T}$ 的紧性.

考虑任意有界的 $\{x_n\} \subset D$, 记 $\|x_n\| \leqslant c$. 因为 $\mathcal{T}_1$ 是紧的, 所以 $\{x_n\}$ 存在使得 $\mathcal{T}_1 x_{n,1}$ 是 Cauchy 的子列 $\{x_{n,1}\}$.

类似地, $\{x_{n,1}\}$ 存在使得 $\mathcal{T}_2 x_{n,2}$ 是 Cauchy 的子列 $\{x_{n,2}\}$.

如此继续下去, 有 $\{x_n\}$ 的子列 $\{y_n\} = \{x_{n,n}\}$, 它使得对任意 $k \in \mathbb{Z}^+$, $\{\mathcal{T}_k y_n\}$ 是 Cauchy 的.

对任意 $\varepsilon > 0$, 由于 $\{\mathcal{T}_n\}$ 的一致收敛性, 存在 $N_1 \in \mathbb{Z}^+$, 使得当 $k > N_1$ 时, 有

$$\|\mathcal{T}_k - \mathcal{T}\| < \frac{\varepsilon}{3c} \tag{6.18}$$

由于 $\{\mathcal{T}_k y_n\}$ 的 Cauchy 性, 存在 $N_2 \in \mathbb{Z}^+$, 使得当 $i, j > N_2$ 时, 有

$$\|\mathcal{T}_k y_i - \mathcal{T}_k y_j\| < \frac{\varepsilon}{3} \tag{6.19}$$

取 $N = \max\{N_1, N_2\}$，则当 $i, j, k > N$ 时，由式 (6.18) 和式 (6.19)，有

$$\|\mathcal{T}y_i - \mathcal{T}y_j\| \leqslant \|\mathcal{T}y_i - \mathcal{T}_k y_i\| + \|\mathcal{T}_k y_i - \mathcal{T}_k y_j\| + \|\mathcal{T}_k y_j - \mathcal{T}y_j\|$$
$$\leqslant \|\mathcal{T} - \mathcal{T}_k\| \|y_i\| + \frac{\varepsilon}{3} + \|\mathcal{T}_k - \mathcal{T}\| \|y_j\|$$
$$< \frac{\varepsilon}{3c}c + \frac{\varepsilon}{3} + \frac{\varepsilon}{3c}c$$
$$= \varepsilon$$

所以, 序列 $\{\mathcal{T}y_n\}$ 是 Cauchy 的. 因为 $Y$ 是 Banach 空间, 所以由 Cauchy 收敛准则 (定理 3.3.5) 可知, $\{\mathcal{T}y_n\}$ 是收敛的. 由 Arzelà-Ascoli 定理 (定理 4.10.2) 可知, $\mathcal{T}$ 是紧的. 证完.

**例 6.3.1**　定义算子 $\mathcal{T}_n : \ell^2 \mapsto \ell^2 (n \in \mathbb{Z}^+)$, 使得

$$\mathcal{T}_n x = \left(x_1, \frac{x_2}{2}, \cdots, \frac{x_n}{n}, 0, \cdots\right)$$

则 $\mathcal{T} : \ell^2 \mapsto \ell^2$, 使得 $\mathcal{T}x = \left(x_1, \frac{x_2}{2}, \cdots, \frac{x_n}{n}, \cdots\right)$, 是全连续的.

事实上, 因为对任意 $n \in \mathbb{Z}^+$, 有 $\mathcal{T}_n : \ell^2 \mapsto \mathbb{R}^n$, 而 $\mathbb{R}^n$ 是有限维赋范线性空间, 所以可证 $\mathcal{T}_n$ 的全连续性. 又因为

$$\|(\mathcal{T}_n - \mathcal{T})x\|^2 = \sum_{m=n+1}^{\infty} \frac{1}{m^2} \|x_m\|^2 \leqslant \frac{1}{(n+1)^2} \sum_{m=n+1}^{\infty} \|x_m\|^2 \leqslant \frac{\|x\|^2}{(n+1)^2}$$

所以 $\|\mathcal{T}_n - \mathcal{T}\| \leqslant \frac{1}{n+1}$. 再由定理 6.3.1 可知, $\mathcal{T}$ 是全连续的.

**定理 6.3.2 (全连续算子逼近定理, approximation theorem of totally continuous operator)**　设 $X, Y$ 都是赋范线性空间, $\mathcal{T} : D \subset X \mapsto Y$ 是有界算子, 则下述 3 个结论是等价的:

(1) $\mathcal{T}$ 是全连续的;

(2) 对任意 $\varepsilon > 0$, 存在有界连续算子 $\mathcal{T}_\varepsilon : D \mapsto Y_\varepsilon$, 使得对所有 $x \in D$ 均有 $\|\mathcal{T}x - \mathcal{T}_\varepsilon x\| < \varepsilon$, 其中, $Y_\varepsilon \subset Y$ 是某有限维子空间;

(3) $\mathcal{T}$ 可表示为 $\mathcal{T}x = \mathcal{T}_0 x + \sum_{n=1}^{\infty} \mathcal{T}_n x$, $x \in D$, 其中 $\mathcal{T}_n : D \mapsto Y_n^{(0)}$ 是有界连续算子, $Y_n^{(0)} \subset Y$ 是某有限维子空间, 且 $\|\mathcal{T}_n x\| \leqslant \frac{1}{2^n} (n \in \mathbb{Z}^+)$, $x \in D$.

**证**　(1)$\Rightarrow$(2). 因为集 $\mathcal{T}(D) \subset Y$ 是相对紧的, 所以对任意 $\varepsilon > 0$, 存在 $\mathcal{T}(D)$ 的 $\varepsilon$-网 $Y_\varepsilon = \text{span}\{y_1, y_2, \cdots, y_m\}$.

对任意 $y \in Y$, 令

$$d_i(y) = \max\{\varepsilon - \|y - y_i\|, 0\}, \quad i = 1, 2, \cdots, m$$

显然 $d_i(y)$ 在集 $Y$ 上是连续的, 非负的, 它只在球 $B(y_i; \varepsilon)$ 内是正的. 对任意 $y \in Y$, 令 $d(y) = \sum\limits_{i=1}^{m} d_i(y)$. 当 $x \in D$ 时, 存在 $y_i$, 使得 $\|\mathcal{T}x - y_i\| < \varepsilon$, 故 $d_i(\mathcal{T}x) > 0$.

令

$$\mathcal{T}_\varepsilon x = \frac{1}{d(\mathcal{T}x)} \sum_{i=1}^{m} d_i(\mathcal{T}x) y_i, \ x \in D$$

显然 $\mathcal{T}_\varepsilon \in C(D, Y_\varepsilon)$. 注意到当 $\|\mathcal{T}x - y_i\| \geqslant \varepsilon$ 时有 $d_i(\mathcal{T}x) = 0$, 所以, 当 $x \in D$ 时, 有

$$\|\mathcal{T}x - \mathcal{T}_\varepsilon x\| = \left\| \frac{1}{d(\mathcal{T}x)} \sum_{i=1}^{m} d_i(\mathcal{T}x)(\mathcal{T}x - y_i) \right\|$$
$$\leqslant \frac{1}{d(\mathcal{T}x)} \sum_{i=1}^{m} d_i(\mathcal{T}x) \|\mathcal{T}x - y_i\|$$
$$< \varepsilon$$

由于 $\mathcal{T}(D)$ 的相对紧性, 它是有界的. 设 $\|\mathcal{T}x\| \leqslant M, x \in D$. 于是, 由上式有 $\|\mathcal{T}_\varepsilon x\| \leqslant M + \varepsilon, x \in D$, 故 $\mathcal{T}_\varepsilon$ 是有界的.

(2)⇒(3). 由假设, 存在算子 $\mathcal{S}_n : D \mapsto H_n$ 是有界连续的, 使得

$$\|\mathcal{T}x - \mathcal{S}_n x\| < \frac{1}{2^{n+2}}, \ x \in D, \ n \in \mathbb{Z}^+ \tag{6.20}$$

式中: $H_n \subset Y$ 是某有限维子空间. 令

$$\mathcal{T}_0 = \mathcal{S}_0, \ \mathcal{T}_1 = \mathcal{S}_1 - \mathcal{S}_0, \cdots, \mathcal{T}_n = \mathcal{S}_n - \mathcal{S}_{n-1}, \cdots$$

显然

$$\mathcal{T}_n : D \mapsto Y_n^{(0)} = \{y = y_n + y_{n-1} \mid y_n \in H_n, y_{n-1} \in H_{n-1}\} \subset Y$$

当 $n \in \mathbb{Z}^+$ 时, 它是有限维子空间. 因为 $\mathcal{S}_n = \sum\limits_{k=0}^{n} \mathcal{T}_k$, 所以由式 (6.20) 有 $\mathcal{T}x = \sum\limits_{k=0}^{\infty} \mathcal{T}_k x, x \in D$. 另外, 当 $x \in D$ 时, 还有

$$\|\mathcal{T}_n x\| = \|\mathcal{S}_n x - \mathcal{S}_{n-1} x\| \leqslant \|\mathcal{S}_n x - \mathcal{T}x\| + \|\mathcal{T}x - \mathcal{S}_{n-1}x\| < \frac{1}{2^{n+2}} + \frac{1}{2^{n+1}} < \frac{1}{2^n}$$

而 $\mathcal{T}_n$ 的连续性和有界性是显然的.

(3)⇒(1). 对任意 $\varepsilon > 0$, 取 $n_0$, 使得 $\frac{1}{2^{n_0}} < \varepsilon$. 令 $\mathcal{K}_{n_0} = \sum\limits_{k=0}^{n_0} \mathcal{T}_k$. 显然, $\mathcal{K}_{n_0} : D \mapsto G_{n_0}$ 是有界连续的, 其中

$$G_{n_0} = \left\{ y = \sum_{i=0}^{n_0} y_i \mid y_i \in Y_i^{(0)}, i = 0, 1, \cdots, n_0 \right\} \subset Y$$

是有限维子空间. 当 $x \in D$ 时, 有

$$\|\mathcal{T}x - \mathcal{K}_{n_0}x\| = \left\|\sum_{n=n_0+1}^{\infty} \mathcal{T}_n x\right\| \leqslant \sum_{n=n_0+1}^{\infty} \frac{1}{2^n} = \frac{1}{2^{n_0}} < \varepsilon$$

故集 $\mathcal{K}_{n_0}(D)$ 是 $\mathcal{T}(D)$ 的 $\varepsilon$-网. 而 $\mathcal{K}_{n_0}(D) \subset G_{n_0}$ 是有界的, 从而是相对紧的. 由此, $\mathcal{T}(D) \subset Y$ 是相对紧的, 故 $\mathcal{T}$ 是紧的.

至于 $\mathcal{T}$ 的连续性是显然的.

事实上, 因为 $\mathcal{T}x = \sum\limits_{n=0}^{\infty} \mathcal{T}_n x$, $\mathcal{T}_n \in C\left(D, Y_n^{(0)}\right)$, 又此级数在 $D$ 上是一致收敛的, 所以 $\mathcal{T}$ 是连续的. 证完.

### 6.3.2 Schauder 不动点定理

在这一节, 介绍应用广泛的 Schauder 不动点定理, 它是有限维线性空间中 Brouwer 不动点定理 (定理 6.2.1) 在无限维空间中的推广. Schauder 不动点定理可证微分方程解的存在性定理, 至今仍是研究非线性微分方程解存在性的有力工具.

**定理 6.3.3 (Schauder 不动点定理, Schauder's fixed point theorem)** 设 $K$ 是 Banach 空间 $X$ 中的有界凸闭子集, 而 $\mathcal{T}: K \mapsto K$ 是全连续算子, 则存在 $x^* \in K$, 使得 $\mathcal{T}x^* = x^*$.

证略.

### 6.3.3 应用: 微分方程解的存在性

人们很早就考虑了 $f(t,x)$ 不是 Lipschitz 的情况. 例如, 方程 $x' = \sqrt{|x|}$ 右端不是 Lipschitz 的. 事实上, 这个方程过原点有两个解 $x \equiv 0$ 和 $x = \dfrac{t^2}{4}$, $t \geqslant 0$. 若只需保证解的存在性, 是否只要 $f(t,x)$ 是连续的就足够了呢? G. Peano 第一次给出了正面的回答, 并建立了下面解的存在性定理.

**定理 6.3.4 (Peano 解的存在性定理, Peano existence theorem of solutions)** 若 $\boldsymbol{f}(t,\boldsymbol{x})$ 在 $G: |t-\tau| \leqslant a, \|\boldsymbol{x}-\xi\| \leqslant b$ 上是连续的, 则 Cauchy 问题

$$\begin{cases} \boldsymbol{x}' = \boldsymbol{f}(t,\boldsymbol{x}), & (t,\boldsymbol{x}) \in G \\ \boldsymbol{x}(\tau) = \xi \end{cases}$$

在区间 $I: |t-\tau| \leqslant h$ 上有解, 其中 $h$ 满足

$$h = \min\left\{a, \frac{b}{M}\right\}$$

$$M = \max_{(t,\boldsymbol{x}) \in G} \|\boldsymbol{f}(t,\boldsymbol{x})\|$$

**证**   对任意 $x \in C(I)$, 定义范数为 $\|x\| = \max\limits_{t \in I} \|x(t)\|$, 则 $C(I)$ 是 Banach 空间. 考虑集 $K = \{x \in C(I) \mid \|x - \xi\| \leqslant b\}$ 和算子 $\mathcal{T}: K \mapsto C(I)$, 使得

$$(\mathcal{T}x)(t) = \xi + \int_\tau^t f(s, x(s)) \mathrm{d}s, \ (t, x) \in I \times K$$

先证 $K$ 的凸闭性.

取 $x_1, x_2, \cdots, x_n \in K$, 则只要 $\lambda_i \geqslant 0 (i = 1, 2, \cdots, n)$, $\sum\limits_{i=1}^n \lambda_i = 1$, 就有

$$\left\| \sum_{i=1}^n \lambda_i x_i - \xi \right\| = \left\| \sum_{i=1}^n \lambda_i (x_i - \xi) \right\| \leqslant \sum_{i=1}^n \lambda_i b = b$$

即 $\sum\limits_{i=1}^n \lambda_i x_i \in K$. 因此, $K$ 是凸的.

又设 $\{x_n\} \subset K$, $x_n \to x_0 \in C(I)$, $n \to \infty$, 则由 $\|x_n - \xi\| \leqslant b$, 有 $\|x_0 - \xi\| \leqslant b$, 即 $x_0 \in K$. 因此, $K$ 是闭的.

下证 $\mathcal{T}: K \mapsto K$.

因为对任意 $x \in K$, 有

$$\|(\mathcal{T}x)(t) - \xi\| = \left\| \int_\tau^t f(s, x(s)) \mathrm{d}s \right\| \leqslant b, \ t \in I \tag{6.21}$$

所以 $\mathcal{T}: K \mapsto K$.

下证 $\mathcal{T}$ 在 $K$ 上的连续性.

设 $x_0, x_n \in K (n \in \mathbb{Z}^+)$, $x_n \to x_0$, $n \to \infty$. 于是, 对任意 $\varepsilon > 0$, 存在 $N \in \mathbb{Z}^+$, 当 $n > N$, $t \in I$ 时, 有

$$\|x_n(t) - x_0(t)\| \leqslant \|x_n - x_0\| < \varepsilon$$

因此, 序列 $x_n(t)$ 一致收敛于 $x_0(t)$, $t \in I$. 从而在

$$(\mathcal{T}x_n)(t) = \xi + \int_\tau^t f(s, x_n(s)) \mathrm{d}s$$

中令 $n \to \infty$, 有

$$(\mathcal{T}x_n)(t) \to \xi + \int_\tau^t f(s, x_0(s)) \mathrm{d}s = (\mathcal{T}x_0)(t)$$

所以, 由 Heine 归结定理 (定理 3.4.6) 可知, $\mathcal{T}$ 在 $K$ 上是连续的.

下证 $\mathcal{T}$ 在 $K$ 上的全连续性.

对任意 $x \in K$, $t_1, t_2 \in I$, 有

$$\|(\mathcal{T}x)(t_1) - (\mathcal{T}x)(t_2)\| = \left\|\int_{t_1}^{t_2} f(s, x(s))\mathrm{d}s\right\| \leqslant M|t_1 - t_2|$$

所以, 集 $\mathcal{T}(K)$ 是等度连续的. 此外, 由式 (6.21) 可知, 它还是一致有界的, 故由 Arzelà-Ascoli 定理 (定理 2.5.6) 知其相对紧性.

再由 Schauder 不动点定理 (定理 6.3.3) 可知, 存在 $\varphi \in K$, 使得 $\mathcal{T}\varphi = \varphi$, 即

$$\varphi(t) = \xi + \int_{\tau}^{t} f(s, \varphi(s))\mathrm{d}s, \ t \in I$$

证完.

**习题**

设 $v(t)$ 是 $[a,b]$ 上的连续函数, $k(t, \tau, u)$ 是 $[a,b] \times [a,b] \times \mathbb{R}$ 上的连续有界函数. 试证非线性积分方程 $x(t) - \mu \int_a^b k(t, \tau, x(\tau))\mathrm{d}\tau = v(t)$ 在 $[a,b]$ 上存在连续解.

## 6.4 Krasnoselskii 不动点定理

虽然 Schauder 不动点定理 (定理 6.3.3) 在形式上比较一般, 但它不能包含 Banach 压缩映像原理 (定理 6.1.2). M. Krasnoselskii[①] 把两者很好地结合起来, 给出下面也很有用的不动点定理.

**定理 6.4.1 (Krasnoselskii 不动点定理, Krasnoselskii's fixed point theorem)** 设 $K$ 是 Banach 空间 $X$ 中的有界凸闭子集, 而算子 $\mathcal{T}, \mathcal{S} : K \mapsto X$ 满足

(1) 对任意 $x, y \in K$, 有 $\mathcal{T}x + \mathcal{S}y \in K$;
(2) $\mathcal{T}$ 是压缩的;
(3) $\mathcal{S}$ 在 $K$ 上是全连续的.
则算子 $\mathcal{T} + \mathcal{S}$ 在 $K$ 内有不动点.

**证** 由 (1), 对每个 $z \in \mathcal{S}(K)$, 有 $\mathcal{T}(x) + z : K \mapsto K$. 由 (2) 和 Banach 压缩映像原理 (定理 6.1.2) 可知, 方程 $\mathcal{T}x + z = x$ 或 $z = x - \mathcal{T}x$ 在 $K$ 内有且仅有一个解 $x = \tau(z) \in K$. 因为对任意 $z, \tilde{z} \in \mathcal{S}(K)$, 有

$$\begin{cases} \mathcal{T}(\tau(z)) + z = \tau(z) \\ \mathcal{T}(\tau(\tilde{z})) + \tilde{z} = \tau(\tilde{z}) \end{cases} \tag{6.22}$$

① Mark Aleksandrovich Krasnoselskii (1920.04.27—1997.02.13), 乌克兰人.

所以, 由 (2), 有

$$\|\tau(z) - \tau(\tilde{z})\| \leqslant \|\mathcal{T}(\tau(z)) - \mathcal{T}(\tau(\tilde{z}))\| + \|z - \tilde{z}\|$$
$$\leqslant \alpha\|\tau(z) - \tau(\tilde{z})\| + \|z - \tilde{z}\|$$

从而

$$\|\tau(z) - \tau(\tilde{z})\| \leqslant \frac{1}{1-\alpha}\|z - \tilde{z}\|$$

这说明 $\tau(z)$ 在 $\mathcal{S}(K)$ 上是连续的. 因此, 由于 $\mathcal{S}$ 在 $K$ 上的全连续性, 易证复合算子 $\tau\mathcal{S}$ 是全连续的, 故由 Schauder 不动点定理 (定理 6.3.3) 可知, 存在 $x^* \in K$, 使得 $\tau\mathcal{S}(x^*) = x^*$. 从而, 由式 (6.22) 有 $\mathcal{T}(\tau(\mathcal{S}(x^*))) + \mathcal{S}(x^*) = \tau(\mathcal{S}(x^*))$ 或 $\mathcal{T}x^* + \mathcal{S}x^* = x^*$. 证完.

# 第 7 章　非线性泛函分析基础

在这一章, 将重点讨论两个重要的非线性算子: Nemetskii 算子和 Urysohn[①] 算子. 另外还将讨论 Banach 空间中的微积分, 以及用途广泛的隐函数定理; 最后介绍锥的概念.

## 7.1　测度

### 7.1.1　外测度

在这一小节介绍实数域上的测度理论.

**定义 7.1.1**　设 $E \subset \mathbb{R}$, $I_1, I_2, \cdots, I_n, \cdots$ 是开区间序列, 且 $\bigcup\limits_{n=1}^{\infty} I_n \supset E$, 则称

$$\inf \left\{ u \mid u = \sum_{n=1}^{\infty} |I_n|, \bigcup_{n=1}^{\infty} I_n \supset E \right\}$$

为集 $E$ 的外测度 (outer-measure), 记为 mes*$E$, 其中 $|I_n|$ 是区间 $I_n$ 的长度.

为对外测度有具体的认识给出例 7.1.1.

**例 7.1.1**　有理数集的外测度是 0.

事实上, 由于有理数集的可数性, 可设有理数集为 $r_1, r_2, \cdots, r_n, \cdots$. 对任意

---

[①] Pavel Samuilovich Urysohn (1898.02.03—1924.08.17), 乌克兰人.

$\varepsilon > 0$, 做有理数集的区间覆盖, 即令

$$I_n = \left(r_n - \frac{\varepsilon}{2^{n-1}}, r_n + \frac{\varepsilon}{2^{n-1}}\right), \; n \in \mathbb{Z}^+$$

则 $\bigcup\limits_{n=1}^{\infty} I_n$ 包含了有理数集.

另外有

$$\sum_{n=1}^{\infty} |I_n| = \sum_{n=1}^{\infty} \frac{\varepsilon}{2^n} = \varepsilon$$

由于 $\varepsilon$ 的任意性, 由外测度定义可知, 有理数集的外测度是 0.

外测度是一个复杂的数学概念, 其性质分析和证明会涉及复杂的数学处理. 为简明起见, 不加证明地给出下述外测度性质.

**定理 7.1.1** 外测度具有下述性质:

(1) (非负性, nonnegativity) mes$^*E \geqslant 0$, mes$^*\varnothing = 0$;

(2) (单调性, monotonicity) 若 $A \subset B$, 则 mes$^*A \leqslant$ mes$^*B$;

(3) (可数次可加性, countable subadditivity)

$$\text{mes}^* \bigcup_{n=1}^{\infty} A_n \leqslant \sum_{n=1}^{\infty} \text{mes}^* A_n \tag{7.1}$$

**例 7.1.2** 若 $I$ 是区间, 则 mes$^*I = |I|$.

先设 $I = [a, b]$.

对任意 $\varepsilon > 0$, 因为 $(a - \varepsilon, b + \varepsilon)$ 包含了 $[a, b]$, 所以

$$\text{mes}^*[a, b] \leqslant |(a - \varepsilon, b + \varepsilon)| = b - a + 2\varepsilon$$

由于 $\varepsilon$ 的任意性, mes$^*[a, b] \leqslant b - a$.

另一方面, 设任意可数个开区间序列 $\{I_n\}$ 的并覆盖了 $[a, b]$, 由 Heine-Borel 有限覆盖定理 (定理 2.5.5), 可不妨设 $\bigcup\limits_{i=1}^{n} I_i$ 覆盖了 $[a, b]$, 只需证 $\sum\limits_{i=1}^{n} |I_i| \geqslant b - a$ 即可.

注意到 $a \in \bigcup\limits_{i=1}^{n} I_i$, 故存在 $I_i$ 包含了 $a$, 记 $(a_1, b_1)$, 所以 $a_1 < a < b_1$. 若 $b_1 \geqslant b$, 则

$$\sum_{i=1}^{n} |I_i| \geqslant b_1 - a_1 > b - a$$

若不然, 设 $b_1 < b$. 因为 $b_1 \notin (a_1, b_1)$, 又有不同于 $(a_1, b_1)$ 的 $(a_2, b_2)$ 包含了 $b_1$, 即 $a_2 < b_1 < b_2$. 若 $b_2 \geqslant b$, 则

$$\sum_{i=1}^{n} |I_i| \geqslant b_1 - a_1 + b_2 - a_2 = b_2 - a_1 + (b_1 - a_2) > b_2 - a_1 > b - a$$

继续下去, 注意到 $\bigcup\limits_{i=1}^{n} I_i$ 只有有限多个区间, 不妨设 $\bigcup\limits_{i=1}^{k} (a_i, b_i) \subset \bigcup\limits_{i=1}^{n} I_i$, 使得 $a_1 < a,\ a_{i+1} < b_i (1 \leqslant i \leqslant k),\ b_k > b$, 故有

$$\sum_{i=1}^{n} |I_i| \geqslant \sum_{i=1}^{k} |(a_i, b_i)|$$
$$= (b_k - a_k) + (b_{k-1} - a_{k-1}) + \cdots + (b_1 - a_1)$$
$$= b_k - a_1 + (b_{k-1} - a_k) + \cdots + (b_1 - a_2)$$
$$> b_k - a_1$$
$$> b - a$$

即 $\mathrm{mes}^*[a, b] = b - a$.

下设 $I$ 是任意区间.

对任意 $\varepsilon > 0$, 存在两个闭区间 $J_1, J_2$, 使得 $J_1 \subset I \subset J_2$, 以及

$$|I| - \varepsilon < |J_1|,\ |J_2| < |I| + \varepsilon$$

故有

$$|I| - \varepsilon < |J_1| = \mathrm{mes}^* J_1 \leqslant \mathrm{mes}^* I \leqslant \mathrm{mes}^* J_2 = |J_2| < |I| + \varepsilon$$

由于 $\varepsilon$ 的任意性, $|I| = \mathrm{mes}^* I$.

再设 $I$ 是无界区间.

存在闭区间 $J$, 使得 $J \subset I$, 以及

$$\mathrm{mes}^* I \geqslant \mathrm{mes}^* J = |J| = n$$

令 $n \to \infty$, 就有 $\mathrm{mes}^* I = \infty$.

### 7.1.2 可测集

从外测度的可数次可加性式 (7.1) 可看到外测度作为合理的几何度量有重大缺陷, 即不相交并的外测度不等于这些集外测度的和. 改进的方法是在所有集中选出一类集, 这类集是可测集, 其标准就是 Carathéodory[①] 条件.

**定义 7.1.2**　若对任意集 $T \subset \mathbb{R}$, 有 Carathéodory 条件 (Carathéodory condition):

$$\mathrm{mes}^* T = \mathrm{mes}^* (TE) + \mathrm{mes}^* (T \setminus E)$$

成立, 则称 $E$ 是可测的 (measurable), 当 $E$ 可测时称其外测度为其测度 (measure).

---

① Constantin Carathéodory (1873.09.13—1950.02.02), 希腊人.

**例 7.1.3** 有理数集是可测的, 且测度是 0.

事实上, 对任意集 $T \subset \mathbb{R}$, $T\mathbb{Q}$ 是可数的. 由例 7.1.1 可知, $\mathrm{mes}^*(T\mathbb{Q}) = 0$. 因为 $T = (T\mathbb{Q}) + (T \setminus \mathbb{Q})$, 所以

$$\mathrm{mes}^*T \leqslant \mathrm{mes}^*(T\mathbb{Q}) + \mathrm{mes}^*(T \setminus \mathbb{Q}) = \mathrm{mes}^*(T \setminus \mathbb{Q})$$

又因为 $T \setminus \mathbb{Q} \subset T$, 所以 $\mathrm{mes}^*(T \setminus \mathbb{Q}) \leqslant \mathrm{mes}^*T$. 从而

$$\mathrm{mes}^*T = \mathrm{mes}^*(T\mathbb{Q}) + \mathrm{mes}^*(T \setminus \mathbb{Q})$$

于是由可测集定义可知, 有理数集是可测的, 且测度是 0.

可测集具有所希望的性质. 下面将这些性质进行归纳, 部分证略.

**定理 7.1.2** 集可测的充要条件是其余是可测的.

**定理 7.1.3 (有限可加性, finite additivity)** 若 $S_1, S_2$ 都是可测集, 则它们的并是可测的. 进一步, 若 $S_1, S_2$ 是互斥的, 则

$$\mathrm{mes}\,(S_1 \cup S_2) = \mathrm{mes}S_1 + \mathrm{mes}S_2$$

**推论 7.1.1 (有限可加性)** 若 $S_1, S_2, \cdots, S_n$ 都是可测集, 则它们的并是可测的. 进一步, 若它们是两两互斥的, 则

$$\mathrm{mes} \bigcup_{i=1}^n S_i = \sum_{i=1}^n \mathrm{mes}S_i$$

**定理 7.1.4** 若 $S_1, S_2$ 都是可测集, 则它们的交和差是可测的.

**证** 由 de Morgan 律有 $S_1 S_2 = (S_1^c \cup S_2^c)^c$, 故由定理 7.1.2 和定理 7.1.3 可知, 它们的交是可测的.

因为 $S_1 \setminus S_2 = S_1 S_2^c$, 故由上述和定理 7.1.2 可知, 它们的差是可测的. 证完.

**推论 7.1.2** 若 $S_1, S_2, \cdots, S_n$ 是可测集, 则它们的交是可测的.

**定理 7.1.5 (可数可加性, countable additivity)** 若 $S_1, S_2, \cdots, S_n, \cdots$ 是两两互斥的可测集, 则它们的并是可测的, 且

$$\mathrm{mes} \bigcup_{n=1}^\infty S_n = \sum_{n=1}^\infty \mathrm{mes}S_n$$

**推论 7.1.3** 若 $S_1, S_2, \cdots, S_n, \cdots$ 都是可测集, 则它们的交、并是可测的.

**证**　注意到 $\bigcap\limits_{n=1}^{\infty} S_n = \left( \bigcup\limits_{n=1}^{\infty} S_n^c \right)^c$，它们的交是可测的.

注意到

$$\bigcup_{n=1}^{\infty} S_n = S_1 + (S_2 \setminus S_1) + (S_3 \setminus (S_1 \cup S_2)) + \cdots + (S_n \setminus (S_1 \cup \cdots \cup S_{n-1}))$$

故由定理 7.1.4 和上述证明可知, 它们的并是可测的. 证完.

**定理 7.1.6 (测度的连续性, continuity in measure)**　设 $S_1, S_2, \cdots, S_n, \cdots$ 都是可测集.

(1) 若它们是递升的 (ascending), 即

$$S_1 \subset S_2 \subset \cdots \subset S_n \subset \cdots$$
$$S = \bigcup_{n=1}^{\infty} S_n = \lim_{n \to \infty} S_n$$

则 $\text{mes} S = \lim\limits_{n \to \infty} \text{mes} S_n$;

(2) 若它们是递减的 (descending), 即

$$S_1 \supset S_2 \supset \cdots \supset S_n \supset \cdots$$
$$S = \bigcap_{n=1}^{\infty} S_n = \lim_{n \to \infty} S_n$$

则 $\text{mes} S = \lim\limits_{n \to \infty} \text{mes} S_n$.

**例 7.1.4**　开区间 $I$ 是可测的, 且 $\text{mes} I = |I|$.

证略.

例 7.14 表明区间都是可测的, 且其测度就是其长度. 这正好说明测度概念是长度概念的推广.

由于开区间的可测性, 由推论 7.1.2 和开集构造定理 (定理 2.3.2) 可知, 开集是可测的.

## 习题

1. 有界集的外测度是有限的.
2. 试证介值定理 (intermediate value theorem): 设 $E \subset \mathbb{R}$ 是有界集, 且 $\text{mes}^* E > 0$, 则对任意 $C = \text{const}(0 < C < \text{mes}^* E)$, 存在子集 $E_1 \subset E$, 使得 $\text{mes}^* E_1 = C$.
3. 试证外测度是 0 的集是可测的.
4. 试证 Cantor 集的测度是 0.
5. 试证定理 7.1.2: 集可测的充要条件是其余是可测的.

## 7.2 可测函数

### 7.2.1 可测函数的概念

迄今为止最熟悉的函数是连续函数, 但这一类函数不能满足数学理论和工程应用的需要. 同时, 积分理论需考虑更广泛的函数类, 工程应用中的许多时域信号就不能用连续函数准确地刻画, 如控制理论或信号处理的随机噪声信号等. 这些都需研究更一般的函数类. 可测函数是一类比连续函数更广泛的函数, 虽然它没有连续函数直观, 但具有更多的优良性质可以刻画工程应用中更多的数学对象.

为后面叙述方便, 若集的测度是零, 则称其为零测集 (zero measure set).

进一步地, 设 $\pi(x)$ 是关于集 $E$ 中点 $x$ 的命题. 若存在零测集 $N \subset E$, 使得 $\pi(x)$ 在集 $E \setminus N$ 上成立, 则称 $\pi(x)$ 在 $E$ 上几乎处处 (almost everywhere) 成立, 记 "$\pi(x)$, $x \in E$, a.e.[①]".

**例 7.2.1** Cantor 函数在 $[0,1]$ 上几乎处处是常数, 记为 $\varphi(x) = \text{const}$, $x \in [0,1]$, a.e..

**例 7.2.2** 在 Stieltjes 积分中, 若 $\mu'(x)$ 减弱为几乎处处可导的, 则

$$\int_a^b f(x)\mathrm{d}\mu(x) = \int_a^b f(x)\mu'(x)\mathrm{d}x$$

就不一定成立了. 为方便, 设 $[a,b] = [0,1]$. 取 $f(x) \equiv 1$, $\mu(x) = \varphi(x)$, 其中 $\varphi(x)$ 是例 1.2.9 中的 Cantor 函数, 所以

$$\int_0^1 \mathrm{d}\varphi(x) = \varphi(1) - \varphi(0) = 1$$

由例 7.2.2 知, $\varphi'(x) = 0$, a.e., 所以 $\int_0^1 \varphi'(x)\mathrm{d}x = 0$.

**例 7.2.3** Dirichlet 函数

$$D(x) = \begin{cases} 1, & x \text{ 是无理数} \\ 0, & x \text{ 是有理数} \end{cases}$$

在 $(-\infty, \infty)$ 上几乎处处等于 1, 记为 $D(x) = 1$, $x \in (-\infty, \infty)$, a.e..

**例 7.2.4** $f(x) = \dfrac{1}{x-1}$ 在实数域上是几乎处处有限的, 记 $|f(x)| < \infty$, a.e..

---

[①] 这是英文 almost everywhere 的缩写; 也可用 p. p. 来表示, 它是法文 prosque partont 的缩写.

以前最熟悉的连续函数的极限性质可以说并不好. 例如, 连续函数序列的极限可能不是连续的, 即连续函数序列关于极限运算不是封闭的. 为保证连续函数序列关于极限运算是封闭的, 需较强的一致收敛性条件.

为解释这件事情先给出集 $E$ 上的处处收敛性与一致收敛性定义.

**定义 7.2.1**    (1) 若对任意 $\varepsilon > 0$, $x \in E$, 存在 $N \in \mathbb{Z}^+$, 使得当 $n > N$ 时有 $|f_n(x) - f(x)| < \varepsilon$, 则称序列 $\{f_n(x)\}$ 在 $E$ 上是处处收敛的, 记 $f_n(x) \to f(x)$, $n \to \infty$;

(2) 若对任意 $\varepsilon > 0$, 存在 $N \in \mathbb{Z}^+$, 使得当 $n > N$ 时, 对任意 $x \in E$, 有 $|f_n(x) - f(x)| < \varepsilon$, 则称序列 $\{f_n(x)\}$ 在 $E$ 上是一致收敛的.

下面介绍的可测函数是一类比连续函数性质更一般的一类函数.

**定义 7.2.2**    设 $f(x)$ 是可测集 $E$ 上的非负函数. 若对任意 $a$, 集 $\{x \mid f(x) > a\}$ 是可测的, 则称其为非负可测的 (non-negatively measurable).

**定理 7.2.1**    可测集 $E$ 上的非负函数 $f(x)$ 非负可测的充要条件是下述条件之一成立:

(1) 对任意 $a$, 集 $\{x \mid f(x) \geqslant a\}$ 是可测的;

(2) 对任意 $a$, 集 $\{x \mid f(x) < a\}$ 是可测的;

(3) 对任意 $a$, 集 $\{x \mid f(x) \leqslant a\}$ 是可测的;

(4) 对任意 $a < b$, 集 $\{x \mid a \leqslant f(x) < b\}$ 是可测的.

从下述定理可看到非负可测函数序列的特点, 其关于极限运算是封闭的. 证略.

**定理 7.2.2**    收敛的非负可测函数序列的极限是非负可测的.

**定理 7.2.3**    非负可测函数的和、积是非负可测的.

对可测集上的 $f(x)$, 定义函数

$$f^+(x) = \max\{f(x), 0\},$$
$$f^-(x) = \max\{-f(x), 0\}$$

即

$$f^+(x) = \begin{cases} f(x), & f(x) \geqslant 0 \\ 0, & f(x) < 0 \end{cases}$$

$$f^-(x) = \begin{cases} 0, & f(x) \geqslant 0 \\ -f(x), & f(x) < 0 \end{cases}$$

则 $f^+(x), f^-(x)$ 都是非负的, 且

$$f(x) = f^+(x) - f^-(x)$$
$$|f(x)| = f^+(x) + f^-(x)$$

**定义 7.2.3** 若 $f^+(x), f^-(x)$ 在集 $E$ 上都是非负可测函数, 则称 $f(x)$ 在 $E$ 上是可测的.

**定理 7.2.4** 可测集 $E$ 上的 $f(x)$ 可测的充要条件是对任意 $a$, 集 $\{x \mid f(x) > a\}$ 是可测的.

**证** 先证必要性.

对任意 $a$, 因为

$$\{x \mid f(x) > a\} = \begin{cases} \{x \mid f^+(x) > a\}, & a \geqslant 0 \\ \{x \mid f^-(x) < -a\}, & a < 0 \end{cases}$$

所以, 由非负可测函数定义和定理 7.2.1 可知, $\{x \mid f(x) > a\}$ 是可测的.

下证充分性.

对任意 $a$, 有

$$\{x \mid f^+(x) > a\} = \begin{cases} E, & a < 0 \\ \{x \mid f(x) > a\}, & a \geqslant 0 \end{cases}$$

所以, 由非负可测函数定义, $f^+(x)$ 是非负可测的. 对任意 $a$, 有

$$\{x \mid f^-(x) < a\} = \begin{cases} \{x \mid f(x) > -a\}, & a > 0 \\ \varnothing, & a \leqslant 0 \end{cases}$$

所以, 由定理 7.2.1 可知, $f^-(x)$ 是非负可测的. 证完.

因为定理 7.2.4 是函数可测的充要条件, 故亦可将其作为可测函数定义.

**推论 7.2.1** 可测集 $E$ 上的 $f(x)$ 可测的充要条件是下述条件之一成立:
(1) 对任意 $a$, 集 $\{x \mid f(x) \geqslant a\}$ 是可测的;
(2) 对任意 $a$, 集 $\{x \mid f(x) < a\}$ 是可测的;
(3) 对任意 $a$, 集 $\{x \mid f(x) \leqslant a\}$ 是可测的;
(4) 对任意 $a < b$, 集 $\{x \mid a \leqslant f(x) < b\}$ 是可测的.

**推论 7.2.2** 设 $f(x), g(x)$ 都是 $E$ 上的可测函数, 则集 $\{x \mid f(x) > g(x)\}$ 是可测的.

**证** 将有理数集排成序列 $r_1, r_2, \cdots, r_n, \cdots$, 则可证

$$\{x \mid f(x) > g(x)\} = \bigcup_{n=1}^{\infty} (\{x \mid f(x) > r_n\} \{x \mid g(x) < r_n\})$$

所以, 由可测函数定义和定理 7.2.1 可知, $\{x \mid f(x) > g(x)\}$ 是可测的. 证完.

**引理 7.2.1** 设 $f(x)$ 是 $E$ 上的可测函数, 则对任意 $c$, $cf(x)$ 和 $f(x) - c$ 在 $E$ 上都是可测的.

**证** 记 $g(x) = cf(x)$, 则

$$g^+(x) = \begin{cases} cf^+(x), & c \geqslant 0 \\ (-c)f^+(x), & c < 0 \end{cases}$$

$$g^-(x) = \begin{cases} cf^-(x), & c \geqslant 0 \\ (-c)f^-(x), & c < 0 \end{cases}$$

所以 $cf(x)$ 在 $E$ 上是可测的.

记 $h(x) = f(x) - c$, 则

$$\{x \mid h(x) > a\} = \{x \mid f(x) > a + c\}$$

所以 $f(x) - c$ 在 $E$ 上是可测的. 证完.

**定理 7.2.5** 可测函数的和是可测的.

**证** 由上述引理, $a - g(x)$ 是可测的. 由推论 7.2.2, 集

$$\{x \mid f(x) + g(x) > a\} = \{x \mid f(x) > a - g(x)\}$$

是可测的. 证完.

**推论 7.2.3** 函数可测的充要条件是其为两个非负可测函数的差.

**证** 只需证充分性.

设 $f(x) = g(x) - h(x)$, 其中 $g(x), h(x)$ 都是非负可测函数. 由上面引理可知, $(-1)h(x) = -h(x)$ 是可测的. 由定理 7.2.5 可知, $f(x) = g(x) - h(x) = g(x) + (-1)h(x)$ 是可测的. 证完.

**定理 7.2.6** 可测函数的积是可测的.

**证** 因为

$$f(x)g(x) = (f^+(x) - f^-(x))(g^+(x) - g^-(x))$$
$$= (f^+(x)g^+(x) + f^-(x)g^-(x)) - (f^+(x)g^-(x) + f^-(x)g^+(x))$$

所以, 由定理 7.2.3 可知, $f(x)g(x)$ 是可测的. 证完.

**定理 7.2.7**　可测函数的绝对值是可测的.

**证**　因为 $|f(x)| = f^+(x) + f^-(x)$, 由定理 7.2.5 可知, $|f(x)|$ 是可测的. 证完.

**定理 7.2.8**　几乎处处不为 0 可测函数的倒数是可测的.

**证**　记 $\mathfrak{N}(f) = \{x \in E \mid f(x) = 0\}$. 令 $g(x) = f(x)$, $x \notin \mathfrak{N}(f)$, $g(x) \neq 0$, 则它是可测的. 此外有

$$\left\{x \mid \frac{1}{g(x)} > a\right\} = \begin{cases} \left\{x \mid 0 < g(x) < \dfrac{1}{a}\right\}, & a > 0 \\ \{x \mid g(x) > 0\}, & a = 0 \\ \{x \mid g(x) > 0\} \cup \left\{x \mid g(x) < \dfrac{1}{a}\right\}, & a < 0 \end{cases}$$

所以, $\dfrac{1}{g(x)}$ 是可测的, 即 $\dfrac{1}{f(x)}$ 是可测的. 证完.

从下述定理可看到可测函数序列的特点, 其关于极限运算是封闭的.

**定理 7.2.9**　收敛的可测函数序列的极限函数是可测的.

**证**　设 $f_n(x) \to f(x)$, $n \to \infty$, 则 $f_n^+(x) \to f^+(x)$, $n \to \infty$, $f_n^-(x) \to f^-(x)$, $n \to \infty$. 因而 $f^+(x)$, $f^-(x)$ 在 $E$ 上都是可测的, 故 $f(x)$ 在 $E$ 上是可测的. 证完.

### 7.2.2　可测函数的构造

为给出 Luzin[1] 可测函数构造定理, 建立可测函数与连续函数的联系, 需先给出 Egorov[2] 定理.

**定理 7.2.10 (Egorov 定理, Egorov theorem)**　(1) 设 $\mathrm{mes}\,E < \infty$, $f_1(x)$, $f_2(x), \cdots, f_n(x), \cdots$ 都是集 $E$ 上的可测函数, 且

$$|f_n(x)| < \infty, \quad n \in \mathbb{Z}^+, \text{ a.e.}$$

(2) $f_n(x) \to f(x)$, $n \to \infty$, a.e., 且 $|f(x)| < \infty$, a.e., 则对任意 $\delta > 0$, 存在 $E_\delta \subset E$, $\mathrm{mes}(E \setminus E_\delta) < \delta$, 使得 $f_n(x)$ 一致收敛于 $f(x)$, $x \in E_\delta$.

证略.

---

[1] Nikolai Nikolaevich Luzin (1883.12.09—1950.02.25), 俄罗斯人.
[2] Dimitri Feddrovich Egorov (1869.12.22—1931.09.10), 俄罗斯人.

Egorov 定理 (定理 7.2.10) 说明了函数序列几乎处处收敛与一致收敛之间的关系, 并在处理极限问题时是有用的工具. 因为通过它可使得不一致收敛的函数序列部分地 "恢复" 一致收敛性.

为研究可测函数与连续函数的关系, 可改写函数在区间上的连续性定义, 给出函数在集上的连续性定义.

**定义 7.2.4** (1) 若对任意 $\varepsilon > 0$, 存在 $\delta > 0$, 使得当 $x \in EB(x_0; \delta)$ 时有 $|f(x) - f(x_0)| < \varepsilon$, 则称 $f(x)$ 在点 $x_0 \in E$ 是连续的, 其中 $B(x_0; \delta)$ 是球心在 $x_0$, 半径是 $\delta$ 的开球;

(2) 若 $f(x)$ 在每点 $x \in E$ 都是连续的, 则称其在 $E$ 上是连续的.

**例 7.2.5** Dirichlet 函数

$$D(x) = \begin{cases} 1, & x \text{ 为无理数} \\ 0, & x \text{ 为有理数} \end{cases}$$

在 $[0,1]$ 上不是连续的, 但在 $[0,1]$ 的无理数集上是连续的.

**例 7.2.6** 设 $F_1, F_2, \cdots, F_m$ 都是实数域上的闭集, 且是 $F$ 的分划. 做函数

$$f(x) = c_i = \text{const}, \ x \in F_i, \ i = 1, 2, \cdots, m$$

则其在 $F$ 上是连续的.

事实上, 设 $x_0 \in F$, 则存在 $i_0$, 使得 $x_0 \in F_{i_0}$. 由于 $F_i$ 是两两互斥的闭集, 存在 $d > 0$, 使得 $\varrho(x_0, F_i) > d$, $i \neq i_0$. 从而 $FB(x_0; d) = F_{i_0} B(x_0; d)$. 但 $f(x) = c_{i_0} = \text{const}$, $x \in F_{i_0}$, 所以 $f(x)$ 在 $F$ 上是连续的.

与定理 2.1.11 类似可给出下述定理.

**定理 7.2.11** 设 $\{f_n(x)\}$ 是集 $E$ 上一致收敛于 $f(x)$ 的连续函数序列, 则 $f(x)$ 是连续的.

**定理 7.2.12 (Luzin 可测函数构造定理, Luzin's measurable function construction theorem)** 设 $\text{mes} E < \infty$, $f(x)$ 是集 $E$ 上的可测函数, 且 $|f(x)| < \infty$, a.e., 则对任意 $\varepsilon > 0$, 存在闭集 $F \subset E$, 满足 $\text{mes}(E \setminus F) < \varepsilon$, 使得 $f(x)$ 在 $F$ 上是连续的.

**证** 先设 $f(x)$ 是简单函数 (simple function), 即 $f(x) = c_i = \text{const}$, $x \in E_i$, $E_1, E_2, \cdots, E_n$ 是 $E$ 的分划. 则对每个 $i$, 存在闭集 $F_i \subset E_i$, 满足

$$\text{mes}(E_i \setminus F_i) < \frac{\varepsilon}{n}, \ i = 1, 2, \cdots, n$$

令 $F = \bigcup\limits_{i=1}^{n} F_i$, 则集 $F$ 是闭的, 且

$$\operatorname{mes}(E \setminus F) = \operatorname{mes} \bigcup_{i=1}^{n} (E_i \setminus F_i) < \varepsilon$$

由例 7.2.6 可知, $f(x)$ 在 $F$ 上是连续的.

不妨设 $f(x)$ 是非负可测函数, 则可证存在一列非负的简单函数 $f_n(x) \to f(x)$, $n \to \infty$. 由 Egorov 定理 (定理 7.2.10) 可知, 存在集 $E_\delta \subset E$, 满足

$$\operatorname{mes}(E \setminus E_\delta) < \frac{\varepsilon}{2} \tag{7.2}$$

使得 $f_n(x)$ 一致收敛于 $f(x)$, $x \in E_\delta$. 由前面的证明可知, 对每个 $f_n(x)$, 存在闭集 $F_n \subset E_\delta$, 使得

$$\operatorname{mes}(E_\delta \setminus F_n) < \frac{\varepsilon}{2^{n+1}}$$

且 $f_n(x)$ 在 $F_n$ 上是连续的. 令 $F = \bigcap\limits_{n=1}^{\infty} F_n$, 则集 $F$ 是闭的, 且 $F \subset E_\delta \subset E$, 则

$$\operatorname{mes}(E_\delta \setminus F) = \operatorname{mes} \bigcup_{n=1}^{\infty} (E_\delta \setminus F_n) < \frac{\varepsilon}{2} \tag{7.3}$$

于是, 由式 (7.2) 和式 (7.3), 有

$$\operatorname{mes}(E \setminus F) \leqslant \operatorname{mes}(E \setminus E_\delta) + \operatorname{mes}(E_\delta \setminus F) < \varepsilon$$

所以, $f(x)$ 在 $F$ 上是连续的. 证完.

Luzin 可测函数构造定理 (定理 7.2.12) 揭示了可测函数与连续函数之间的关系. 通过它可将可测函数问题转化为连续函数问题, 从而使问题得到简化.

**习题**

1. 试证 (1) 零测集上的任意函数都是可测的; (2) 可测集上的任意连续函数都是可测的.
2. 设 $f(x)$ 是集 $E$ 上的可测函数, 且 $f(x) = g(x)$, a.e., 试证 $g(x)$ 在 $E$ 上是可测的.
3. 试证单调函数是可测的.

## 7.3 Lebesgue 积分

### 7.3.1 Lebesgue 积分概念

H. Lebesgue 用 "Borel 测度" 概念建立了实变函数论的核心内容 —— Lebesgue 积分, 其是微积分的重大推广, 使微积分的适用范围大大扩展, 引起微积分的深刻变化和飞速发展, 成为近代分析的开端.

下面讨论 Lebesgue 积分概念及其性质, 它与 Riemann 积分理论比有惊人的进展. 为简单起见, 下设 $E$ 是可测集, $\mathrm{mes}E < \infty$, $f(x)$ 是 $E$ 上的有界函数.

**定义 7.3.1**  若 $E_1, E_2, \cdots, E_n$ 是两两互斥的可测集, 且 $E = \bigcup\limits_{i=1}^{n} E_i$, 则称 $P : E_1, E_2, \cdots, E_n$ 是集 $E$ 的分划.

**定义 7.3.2**  若 $P' : E_1', E_2', \cdots, E_n'$ 和 $P'' : E_1'', E_2'', \cdots, E_m''$ 是集 $E$ 的两个分划, 则称 $P : E_i' E_j'' (i = 1, 2, \cdots, n, j = 1, 2, \cdots, m)$ 是比这两个分划更细的分划.

**定义 7.3.3**  若 $b_i = \inf\limits_{x \in E_i} f(x)$, $B_i = \sup\limits_{x \in E_i} f(x) (i = 1, 2, \cdots, n)$, 则

$$P : E_1, E_2, \cdots, E_n$$

是集 $E$ 的分划, 则分别称

$$s = \sum_{i=1}^{n} b_i \mathrm{mes}E_i$$
$$S = \sum_{i=1}^{n} B_i \mathrm{mes}E_i$$

是 $f(x)$ 关于 $P$ 的下 Darboux 和与上 Darboux 和.

若

$$b = \inf_{x \in E} f(x)$$
$$B = \sup_{x \in E} f(x)$$

则显然有

$$b \leqslant f(x) \leqslant B$$
$$b\mathrm{mes}E \leqslant s \leqslant S \leqslant B\mathrm{mes}E$$

**引理 7.3.1**  若 $P'$ 是比 $P$ 更细的分划, 则 $s \leqslant s' \leqslant S' \leqslant S$.

**证**  设 $P : E_1, E_2, \cdots, E_n$ 是分划. 因为 $P'$ 是比 $P$ 更细的分划, 所以 $P'$ 应是 $P$ 与某一分划 $P'' : E_1'', E_2'', \cdots, E_m''$ 合并的. 从而 $P'$ 使得

$$E = \bigcup_{i=1}^{n} \bigcup_{j=1}^{m} E_i E_j'' = \bigcup_{i=1}^{n} \bigcup_{j=1}^{m} E_{ij}$$

的分划.

令

$$b_i = \inf_{x \in E_i} f(x), \ B_i = \sup_{x \in E_i} f(x), \ i = 1, 2, \cdots, n$$

$$b_{ij} = \inf_{x \in E_{ij}} f(x), \ B_{ij} = \sup_{x \in E_{ij}} f(x), \ i = 1, 2, \cdots, n, \ j = 1, 2, \cdots, m$$

则

$$b \leqslant b_i \leqslant b_{ij} \leqslant B_{ij} \leqslant B_i \leqslant B, \ i = 1, 2, \cdots, n, j = 1, 2, \cdots, m$$

于是

$$s' = \sum_{i=1}^{n} \sum_{j=1}^{m} b_{ij} \mathrm{mes} E_{ij} \geqslant \sum_{i=1}^{n} b_i \left( \sum_{j=1}^{m} \mathrm{mes} E_{ij} \right) = \sum_{i=1}^{n} b_i \mathrm{mes} E_i = s$$

类似地有 $S' \leqslant S$. 证完.

令

$$\underline{\int}_E f(x)\mathrm{d}\mu = \sup_P \{s\}$$

$$\overline{\int}_E f(x)\mathrm{d}\mu = \inf_P \{S\}$$

分别称为 $f(x)$ 在集 $E$ 上的下 Lebesgue 积分 (lower Lebesgue integral) 和上 Lebesgue 积分 (upper Lebesgue integral).

**引理 7.3.2**

$$\underline{\int}_E f(x)\mathrm{d}\mu \leqslant \overline{\int}_E f(x)\mathrm{d}\mu$$

与引理 4.2.2 类似, 证略.

**定义 7.3.4** (1) 若 $f(x)$ 在集 $E$ 上的下上 Lebesgue 积分相等, 则称其在 $E$ 上是 Lebesgue 可积的 (Lebesgue integrable), 记为 $f \in L(E)$;

(2) 这个相等的积分值称为 $f(x)$ 在 $E$ 上的 Lebesgue 积分 (Lebesgue integral), 记为

$$\int_E f(x)\mathrm{d}\mu$$

或

$$(\mathfrak{L}) \int_E^b f(x)\mathrm{d}\mu$$

**定理 7.3.1** $f(x)$ 在集 $E$ 上 Lebesgue 可积的充要条件是对任意 $\varepsilon > 0$, 存在分划 $P$, 使得 $S - s < \varepsilon$.

与定理 4.2.1 类似, 证略.

下述定理表明 Lebesgue 可积与可测函数之间的关系, 证略.

**定理 7.3.2** 集 $E$ 上的函数 Lebesgue 可积的充要条件是其在 $E$ 上是可测的.

关于 Lebesgue 积分与 Riemann 积分之间的关系有下述定理.

**定理 7.3.3** $[a,b]$ 上的 Riemann 可积函数是 Lebesgue 可积的, 且积分值相同.

**证** 注意到积分定义, 引理 7.3.2 以及在 Riemann 意义下的 Darboux 和是 Lebesgue 意义下的 Darboux 和, 故有

$$(\mathfrak{R})\underline{\int}_a^b f(x)\mathrm{d}x \leqslant (\mathfrak{L})\underline{\int}_a^b f(x)\mathrm{d}\mu \leqslant (\mathfrak{L})\overline{\int}_a^b f(x)\mathrm{d}\mu \leqslant (\mathfrak{R})\overline{\int}_a^b f(x)\mathrm{d}x$$

证完.

**例 7.3.1** 已知 Dirichlet 函数

$$D(x) = \begin{cases} 1, & x \text{ 是无理数} \\ 0, & x \text{ 是有理数} \end{cases}$$

在 $[0,1]$ 上不是 Riemann 可积的, 但是 Lebesgue 可积的.

事实上

$$\begin{aligned}
\int_0^1 D(x)\mathrm{d}\mu &= \int_{[0,1]\cap\mathbb{Q}} D(x)\mathrm{d}\mu + \int_{[0,1]\setminus\mathbb{Q}} D(x)\mathrm{d}\mu \\
&= 0 + \mathrm{mes}[0,1]\setminus\mathbb{Q} \\
&= \mathrm{mes}[0,1] - \mathrm{mes}\mathbb{Q} \\
&= 1
\end{aligned}$$

因此, Lebesgue 积分是比 Riemann 积分更广泛的一种积分. 与 Riemann 积分类似, Lebesgue 积分也有下述性质, 证略.

**定理 7.3.4** 设 $\mathrm{mes}E < \infty$, $f(x)$ 和 $g(x)$ 都是集 $E$ 上的有界可测函数, 则

(1) $\int_E (f(x) + g(x))\mathrm{d}\mu = \int_E f(x)\mathrm{d}\mu + \int_E g(x)\mathrm{d}\mu$;

(2) $\int_E cf(x)\mathrm{d}\mu = c\int_E f(x)\mathrm{d}\mu$;

(3) $b\,\mathrm{mes}E \leqslant \int_E f(x)\mathrm{d}\mu \leqslant B\,\mathrm{mes}E$, 其中 $b \leqslant f(x) \leqslant B$; 特别地, 若 $E$ 是零测集, 则 $\int_E f(x)\mathrm{d}\mu = 0$; 若 $f(x) \equiv c$, 则 $\int_E f(x)\mathrm{d}\mu = c\,\mathrm{mes}E$;

(4) 若 $f(x) \leqslant g(x)$, 则 $\int_E f(x)\mathrm{d}\mu \leqslant \int_E g(x)\mathrm{d}\mu$.

进一步, Lebesgue 积分还有下述性质.

**定理 7.3.5** 设 $\text{mes}E < \infty$, $f(x)$ 是集 $E$ 上的有界可测函数. 若 $f(x) \geqslant 0, \int_E f(x)\mathrm{d}\mu = 0$, 则 $f(x) = 0$, a.e..

**证** 令

$$E_n = \left\{ x \mid \frac{B}{n+1} < f(x) \leqslant \frac{B}{n} \right\}$$

则 $E_1, E_2, \cdots, E_n, \cdots$ 是两两互斥的可测集, 且 $\{x \mid f(x) \neq 0\} = \bigcup\limits_{n=1}^{\infty} E_n$. 由定理 7.3.4 的 (3), (4), 有

$$\frac{B\text{mes}E_n}{n+1} \leqslant \int_{E_n} f(x)\mathrm{d}\mu \leqslant \int_E f(x)\mathrm{d}\mu = 0$$

所以 $E_n(n \in \mathbb{Z}^+)$ 是零测集. 从而

$$\text{mes}\{x \mid f(x) \neq 0\} = \sum_{n=1}^{\infty} \text{mes}E_n = 0$$

即 $f(x) = 0$, a.e.. 证完.

下面不加证明地罗列一些关于 Lebesgue 积分的结论.

**定理 7.3.6 (积分的连续性, continuity in integration)** 设 $f(x)$ 是集 $E$ 上的 Lebesgue 可积函数.

(1) 若 $E$ 的子集 $E_1, E_2, \cdots, E_n, \cdots$ 都是可测的, 且是递升的, 则

$$\int_{\bigcup\limits_{n=1}^{\infty} E_n} f(x)\mathrm{d}\mu = \lim_{n \to \infty} \int_{E_n} f(x)\mathrm{d}\mu$$

(2) 若 $E$ 的子集 $E_1, E_2, \cdots, E_n, \cdots$ 都是可测的, 且是递减的, 则

$$\int_{\bigcap\limits_{n=1}^{\infty} E_n} f(x)\mathrm{d}\mu = \lim_{n \to \infty} \int_{E_n} f(x)\mathrm{d}\mu$$

**定理 7.3.7** 任意函数在零测集上是 Lebesgue 可积的.

**定理 7.3.8** 设 $E_1, E_2$ 是 $E$ 的分划. 若 $f(x)$ 分别在 $E_1, E_2$ 上是 Lebesgue 可积的, 则其在 $E$ 上是 Lebesgue 可积的, 且

$$\int_{E_1 \cup E_2} f(x)\mathrm{d}\mu = \int_{E_1} f(x)\mathrm{d}\mu + \int_{E_2} f(x)\mathrm{d}\mu$$

**定理 7.3.9** 集 $E$ 上的 Lebesgue 可积函数在 $E$ 的可测子集上是 Lebesgue 可积的.

**推论 7.3.1**  设可测集 $E_1$, $E_2$ 是 $E$ 的分划. 若 $f(x)$ 在 $E$ 上是 Lebesgue 可积的, 则其分别在 $E_1$, $E_2$ 上是 Lebesgue 可积的, 且

$$\int_E f(x)\mathrm{d}\mu = \int_{E_1} f(x)\mathrm{d}\mu + \int_{E_2} f(x)\mathrm{d}\mu$$

**证**  由上述定理可知, $f(x)$ 分别在集 $E_1$, $E_2$ 上是 Lebesgue 可积的. 由定理 7.3.8 可知, 上式成立. 证完.

**定理 7.3.10**  若 $f(x) = g(x)$, a.e., $g(x)$ 在集 $E$ 上是 Lebesgue 可积的, 则 $f(x)$ 在集 $E$ 上是 Lebesgue 可积的, 且

$$\int_E f(x)\mathrm{d}\mu = \int_E g(x)\mathrm{d}\mu$$

**证**  令 $N = \{x \mid f(x) \neq g(x)\}$, 则 $N$ 是零测集. 由定理 7.3.7 和上述推论, 有

$$\int_E g(x)\mathrm{d}\mu = \int_{E\setminus N} g(x)\mathrm{d}\mu = \int_{E\setminus N} f(x)\mathrm{d}\mu = \int_E f(x)\mathrm{d}\mu$$

证完.

定理说明在零测集上改变函数值, 甚至无定义, 不影响函数的可积性和积分值.

**定理 7.3.11**  Lebesgue 可积函数是几乎处处有界的.

**定理 7.3.12**  设 $\mathrm{mes}E < \infty$, $f(x)$, $g(x)$ 都是 $E$ 上的 Lebesgue 可积函数, 则

(1) $\int_E (f(x) + g(x))\mathrm{d}\mu = \int_E f(x)\mathrm{d}\mu + \int_E g(x)\mathrm{d}\mu$;

(2) $\int_E cf(x)\mathrm{d}\mu = c\int_E f(x)\mathrm{d}\mu$.

**定理 7.3.13**  设 $\mathrm{mes}E < \infty$, 则 $f(x)$ 在集 $E$ 上是 Lebesgue 可积的充要条件是 $|f(x)|$ 在 $E$ 上是 Lebesgue 可积的, 且

$$\left| \int_E f(x)\mathrm{d}\mu \right| \leqslant \int_E |f(x)|\mathrm{d}\mu$$

**证**  只证上面的不等式. 注意到 $|f(x)| \pm f(x) \geqslant 0$, 有

$$\int_E (|f(x)| \pm f(x))\mathrm{d}\mu = \int_E |f(x)|\mathrm{d}\mu \pm \int_E f(x)\mathrm{d}\mu \geqslant 0$$

即

$$-\int_E |f(x)|\mathrm{d}\mu \leqslant \int_E f(x)\mathrm{d}\mu \leqslant \int_E |f(x)|\mathrm{d}\mu$$

证完.

定理说明了 Lebesgue 积分是一种绝对收敛的积分. 然而, Riemann 积分则不具有这样的性质. 以后, $L(E), L^1(E)$ 将不用再区分.

### 7.3.2 Lebesgue 控制收敛定理

Lebesgue 控制收敛定理是在分析数学中经常被引用的定理之一, 它是研究函数序列积分收敛的工具.

**定理 7.3.14** 设 $f(x)$ 是可测集 $E$ 上的函数. 若存在它的控制函数 (dominant function) $F(x)$, $x \in E$, 即 $|f(x)| \leqslant F(x)$, $x \in E$, 且 $F(x)$ 在集 $E$ 上是 Lebesgue 可积的, 则 $f(x)$ 在集 $E$ 上是 Lebesgue 可积的.

证略.

先给出基本的 Arzelà 控制收敛定理.

**定理 7.3.15 (Arzelà 控制收敛定理, Arzelà dominated convergence theorem)** 设 $\{f_n(x)\}$ 是一致有界的可积函数序列. 若 $f_n(x) \to f(x)$, $n \to \infty$, $x \in [a, b]$, 且 $f(x)$ 在 $[a, b]$ 上是 Lebesgue 可积的, 则

$$\lim_{n \to \infty} \int_a^b f_n(x) \mathrm{d}x = \int_a^b f(x) \mathrm{d}x$$

Arzelà 控制收敛定理是 C. Arzelà 于 1885 年给出的第一个控制收敛定理. W. Osgood[①] 又于 1897 年在连续的情况下独立地重新发现了这个定理. 毫无疑问, Arzelà 控制收敛定理的条件比传统的逐项积分定理要弱得多, 根本无需一致收敛性条件.

下面给出 Lebesgue 控制收敛定理.

**定理 7.3.16 (Lebesgue 控制收敛定理, Lebesgue dominated convergence theorem)** 设 $\mathrm{mes}E < \infty$, $\{f_n(x)\}$ 是集 $E$ 上一致有界的可测函数序列. 若 $f_n(x) \to f(x)$, $n \to \infty$, $x \in E$, a.e., 且 $f(x)$ 在 $E$ 上是可测的, 则

$$\lim_{n \to \infty} \int_E f_n(x) \mathrm{d}\mu = \int_E f(x) \mathrm{d}\mu$$

上述两个控制收敛定理证略.

**例 7.3.2** 计算 $\lim\limits_{n \to \infty} \int_0^1 \dfrac{nx}{1 + n^2 x^2} \mathrm{d}\mu$.

事实上, 因为 $2nx \leqslant 1 + n^2 x^2$, 所以

$$0 \leqslant \frac{nx}{1 + n^2 x^2} \leqslant \frac{1}{2}$$

---

① William Fogg Osgood (1864.03.10—1943.07.22), 美国人.

又在 $[0,1]$ 上, 显然有

$$\lim_{n\to\infty} \frac{nx}{1+n^2x^2} = 0$$

故由 Lebesgue 控制收敛定理 (定理 7.3.16), 有

$$\lim_{n\to\infty} \int_0^1 \frac{nx}{1+n^2x^2}\mathrm{d}\mu = \int_0^1 \lim_{n\to\infty} \frac{nx}{1+n^2x^2}\mathrm{d}\mu = \int_0^1 0\mathrm{d}\mu = 0$$

**习题**

1. 试证引理 7.3.2:

$$\underline{\int_E} f(x)\mathrm{d}\mu \leqslant \overline{\int}_E f(x)\mathrm{d}\mu$$

2. 试证定理 7.3.1: $f(x)$ 在集 $E$ 上 Lebesgue 可积的充要条件是对任意 $\varepsilon > 0$, 存在分划 $P$, 使得 $S - s < \varepsilon$. 提示: 参考定理 4.2.1.

3. 试证 Lebesgue 定理 (Lebesgue theorem): 有界函数在 $[a,b]$ 上 Riemann 可积, 当且仅当其在 $[a,b]$ 上是几乎处处连续的.

## 7.4  Nemetskii 算子与 Urysohn 算子

### 7.4.1  Nemetskii 算子

设 $X, Y$ 都是 Banach 空间, 考虑算子 $T: D \subset X \mapsto Y$.

由定理 3.4.7 和推论 3.4.2 可知, 对线性算子 (泛函) 来说, 连续性和有界性是等价的. 然而对非线性算子 (泛函) 来说则不然.

**例 7.4.1**  在 $\ell_0$ 上定义范数

$$\|x\| = \sup_{n\in\mathbb{Z}^+} |x_n|$$

令

$$f(x) = \sum_{n=1}^{\infty} |x_n|^n, \ x \in \ell_0$$

易见 $f$ 是 $\ell_0$ 上的连续泛函. 但若取单位向量 $x = (1, \cdots, 1, 0, \cdots)$, 因为

$$|f(x)| = \sum_{n=1}^{\infty} |x_n|^n = n$$

所以 $f$ 在 $\ell_0$ 上是无界的.

将度量空间中的一致连续性定义改写成赋范线性空间中的形式.

**定义 7.4.1** 设 $X, Y$ 都是赋范线性空间, $\mathcal{T}: D \subset X \mapsto Y$. 若对任意 $\varepsilon > 0$, 存在 $\delta > 0$, 使得当 $x_1, x_2 \in X$, $\|x_1 - x_2\| < \delta$ 时有 $\|\mathcal{T}x_1 - \mathcal{T}x_2\| < \varepsilon$, 则称 $\mathcal{T}$ 在集 $D$ 上是一致连续的.

由算子的连续性和一致连续性定义看出, 它们最本质的差别在于 $\delta$. 前者与 $\varepsilon$ 和点 $x_0$ 都有关, 后者只与 $\varepsilon$ 有关, 而与点 $x_0$ 无关.

下述结论很简单.

**定理 7.4.1** (1) 赋范线性空间 $X$ 上一致连续算子 $\mathcal{T}: X \mapsto Y$ 是连续的;

(2) 赋范线性空间 $X$ 上一致连续算子 $\mathcal{T}: X \mapsto Y$ 在任意子集上是一致连续的.

**定义 7.4.2** 设 $X, Y$ 都是赋范线性空间. 若对任意 $x_1, x_2$, 有

$$\|\mathcal{T}x_1 - \mathcal{T}x_2\| \leqslant L \|x_1 - x_2\|$$

则称 $\mathcal{T}$ 为 Lipschitz 的, 其中 $L = \text{const}$ 称为 Lipschitz 常数.

**定理 7.4.2** Lipschitz 算子是一致连续的.

现给出有下述结果.

**定理 7.4.3** 设 $X, Y$ 都是 Banach 空间, $D \subset X$, 其中 $D = \overline{B(x_0; r)}$. 若算子 $\mathcal{T}: D \mapsto Y$ 是一致连续的, 则它在 $D$ 上是有界的.

**证** 由假设, 存在 $\delta > 0$, 当 $x_1, x_2$, $\|x_1 - x_2\| < \delta$ 时有 $\|\mathcal{T}x_1 - \mathcal{T}x_2\| < 1$. 取 $n_0 \in \mathbb{Z}^+$, 使得 $\dfrac{r}{n_0} < \delta$.

对任意 $x \in D$, 令

$$x_i = x_0 + \frac{i}{n_0}(x - x_0), \ i = 0, 1, \cdots, n_0$$

则由

$$\|x_{i+1} - x_i\| = \frac{1}{n_0}\|x - x_0\| \leqslant \frac{r}{n_0} < \delta$$

有

$$\|\mathcal{T}x_{i+1} - \mathcal{T}x_i\| < 1, \ i = 0, 1, \cdots, n_0 - 1$$

故有

$$\|\mathcal{T}x\| \leqslant \|\mathcal{T}x - \mathcal{T}x_0\| + \|\mathcal{T}x_0\| \leqslant \sum_{i=0}^{n_0-1} \|\mathcal{T}x_{i+1} - \mathcal{T}x_i\| + \|\mathcal{T}x_0\| \leqslant n_0 + \|\mathcal{T}x_0\|$$

即 $\mathcal{T}$ 是有界的. 证完.

下面, 讨论常用的非线性算子 —— Nemetskii 算子 (Nemetskii operator): $\mathcal{N}\varphi(\boldsymbol{x}) = f(\boldsymbol{x}, \varphi(\boldsymbol{x}))$ 的连续性和有界性.

设 $G \subset \mathbb{R}^n$ 是可测集, 且 $0 < \mathrm{mes}\,G \leqslant \infty$.

设 $f(\boldsymbol{x}, u)$ 满足 Carathéodory 条件:

(1) 对几乎所有的 $\boldsymbol{x} \in G$, $f(\boldsymbol{x}, u)$ 在是 $u$ 的连续函数;

(2) 对每个 $u \in \mathbb{R}$, $f(\boldsymbol{x}, u)$ 在 $G$ 上是 $\boldsymbol{x}$ 的可测函数.

下述引理刻画了 $f(\boldsymbol{x}, u)$ 满足 Carathéodory 条件的特征.

**引理 7.4.1** 设 $\mathrm{mes}\,G < \infty$, 则 $f(\boldsymbol{x}, u)$ 满足 Carathéodory 条件的充要条件是对任意 $\eta > 0$, 存在有界闭集 $F \subset G$, $\mathrm{mes}\,F > \mathrm{mes}\,G - \eta$, 使得 $f(\boldsymbol{x}, u)$ 在 $F \times \mathbb{R}$ 上是连续的.

**证** 先证充分性.

由假设可知, 存在有界闭集 $F_n \subset G$, $\mathrm{mes}\,F_n > \mathrm{mes}\,G - \dfrac{1}{n}$, 使得 $f(\boldsymbol{x}, u)$ 在 $F_n \times \mathbb{R}$ 上是连续的. 令 $F = \bigcup\limits_{n=1}^{\infty} F_n \subset G$, 则 $\mathrm{mes}\,F = \mathrm{mes}\,G$.

事实上, $\mathrm{mes}\,F \leqslant \mathrm{mes}\,G$ 是显然的. 不妨设 $F_n \subset F_{n+1}$. 若不然, 令 $F_n = \bigcup\limits_{i=1}^{n} F_i$ 即可. 此外, 因为

$$\mathrm{mes}\,G < \mathrm{mes}\,F_n + \frac{1}{n}$$

在上式两端取极限有 $\mathrm{mes}\,F \geqslant \mathrm{mes}\,G$, 故 $\mathrm{mes}\,F = \mathrm{mes}\,G$. 又当 $\boldsymbol{x} \in F$ 时, $f(\boldsymbol{x}, u)$ 是 $u$ 的连续函数, 故满足 Carathéodory 条件 (1).

又易见对固定的 $u$, $\{\boldsymbol{x} \in F_n \mid f(\boldsymbol{x}, u) \geqslant a\}$ 是有界闭的. 从而集

$$\{\boldsymbol{x} \in F \mid f(\boldsymbol{x}, u) \geqslant a\} = \bigcup_{n=1}^{\infty} \{\boldsymbol{x} \in F_n \mid f(\boldsymbol{x}, u) \geqslant a\}$$

是可测的. 因此, 对每个 $u$, $f(\boldsymbol{x}, u)$ 在 $F$ 上是 $\boldsymbol{x}$ 的可测函数. 当然, $f(\boldsymbol{x}, u)$ 在 $G$ 上也是 $\boldsymbol{x}$ 的可测函数, 故满足 Carathéodory 条件 (2).

必要性证略. 证完.

下设 $f(\boldsymbol{x}, u)$ 是满足 Carathéodory 条件的函数.

**引理 7.4.2** 若 $\varphi(\boldsymbol{x})$ 在集 $G$ 上是可测的, 则 $\mathcal{N}\varphi(\boldsymbol{x}) = f(\boldsymbol{x}, \varphi(\boldsymbol{x}))$ 是可测的.

**证** 先设 $\mathrm{mes}\,G < \infty$.

由上述引理可知, 存在闭集 $F_n \subset G$, $\mathrm{mes}\,F_n > \mathrm{mes}\,G - \dfrac{1}{n}$, 使得 $f(\boldsymbol{x}, u)$ 在 $F_n \times \mathbb{R}$ 上是连续的. 不妨设 $F_n \subset F_{n+1}$. 由 Luzin 可测函数构造定理 (定理 7.2.12) 可知, 存在闭集 $D_n \subset F_n$, $\mathrm{mes}\,D_n > \mathrm{mes}\,F_n - \dfrac{1}{n}$, 使得 $\varphi(\boldsymbol{x})$ 在 $D_n$ 上是连续的.

同样不妨设 $D_n \subset D_{n+1}$. 令 $D = \bigcup\limits_{n=1}^{\infty} D_n$, $H = G \setminus D$, 则

$$\mathrm{mes}D = \lim_{n \to \infty} \mathrm{mes}D_n = \lim_{n \to \infty} \mathrm{mes}F_n = \mathrm{mes}G$$

且 $H$ 是零测集. 显然集 $\{\boldsymbol{x} \in D_n \mid f(\boldsymbol{x}, \varphi(\boldsymbol{x})) \geqslant a\}$ 是有界闭的, 故集

$$\{\boldsymbol{x} \in D \mid f(\boldsymbol{x}, \varphi(\boldsymbol{x})) \geqslant a\} = \bigcup_{n=1}^{\infty} \{\boldsymbol{x} \in D_n \mid f(\boldsymbol{x}, \varphi(\boldsymbol{x})) \geqslant a\}$$

是可测的. 从而集 $\{\boldsymbol{x} \in G \mid f(\boldsymbol{x}, \varphi(\boldsymbol{x})) \geqslant a\}$ 是可测的. 于是 $f(\boldsymbol{x}, \varphi(\boldsymbol{x}))$ 在 $G$ 上是 $\boldsymbol{x}$ 的可测函数.

下设 $\mathrm{mes}G = \infty$.

令 $\{G_n\}$ 是 $G$ 的分划, 且 $\mathrm{mes}G_n < \infty$. 由上面证明可知, $f(\boldsymbol{x}, \varphi(\boldsymbol{x}))$ 在集 $G_n$ 上是 $\boldsymbol{x}$ 的可测函数, 故集

$$\{\boldsymbol{x} \in G_n \mid f(\boldsymbol{x}, \varphi(\boldsymbol{x})) \geqslant a\}$$

是可测的. 从而集

$$\{\boldsymbol{x} \in G \mid f(\boldsymbol{x}, \varphi(\boldsymbol{x})) \geqslant a\} = \bigcup_{n=1}^{\infty} \{\boldsymbol{x} \in G_n \mid f(\boldsymbol{x}, \varphi(\boldsymbol{x})) \geqslant a\}$$

是可测的. 于是 $f(\boldsymbol{x}, \varphi(\boldsymbol{x}))$ 在 $G$ 上是 $\boldsymbol{x}$ 的可测函数. 证完.

下述定理需依测度收敛概念.

**定义 7.4.3** 设 $f(\boldsymbol{x})$ 是 $G$ 上的可测集, $f_n(\boldsymbol{x})(n \in \mathbb{Z}^+)$ 是 $G$ 上的几乎处处有界可测集. 若对任意 $\eta > 0$, 有

$$\lim_{n \to \infty} \mathrm{mes}\,\{x \in G \mid |f_n(\boldsymbol{x}) - f(\boldsymbol{x})| \geqslant \eta\} = 0$$

则称序列 $\{f_n(\boldsymbol{x})\}$ 在 $G$ 上是依测度收敛的 (convergent in measure), 记为 $f_n(\boldsymbol{x}) \xrightarrow{\mathrm{mes}} f(\boldsymbol{x}), n \to \infty$.

**定理 7.4.4** 设 $\mathrm{mes}G < \infty$. 若 $\varphi_n(\boldsymbol{x}) \xrightarrow{\mathrm{mes}} \varphi(\boldsymbol{x})$, $n \to \infty$, $\boldsymbol{x} \in G$, 则 $\mathcal{N}\varphi_n(\boldsymbol{x}) \xrightarrow{\mathrm{mes}} \mathcal{N}\varphi(\boldsymbol{x})$, $n \to \infty$, $\boldsymbol{x} \in G$.

**证** 对任意 $\sigma > 0$, 令

$$F_n = \{\boldsymbol{x} \in G \mid |f(\boldsymbol{x}, \varphi_n(\boldsymbol{x})) - f(\boldsymbol{x}, \varphi(\boldsymbol{x}))| \geqslant \sigma\}$$

则需证 $\mathrm{mes}D_n \to \mathrm{mes}G, n \to \infty$, 其中

$$D_n = G \setminus F_n = \{\boldsymbol{x} \in G \mid |f(\boldsymbol{x}, \varphi_n(\boldsymbol{x})) - f(\boldsymbol{x}, \varphi(\boldsymbol{x}))| < \sigma\}$$

令

$$G_k = \left\{ \boldsymbol{x} \in G \mid 对任意\ u, |\varphi(\boldsymbol{x}) - u| < \frac{1}{k}\ 有\ |f(\boldsymbol{x}, \varphi(\boldsymbol{x})) - f(\boldsymbol{x}, u)| < \sigma \right\}, \ k \in \mathbb{Z}^+$$

显然 $G_k \subset G_{k+1}$. 令 $H = \bigcup_{k=1}^{\infty} G_k$. 若 $\boldsymbol{x}_0 \in G \setminus H$, 则 $\boldsymbol{x}_0 \notin G_k$. 因此, 存在 $u_k$, 使得

$$|\varphi(\boldsymbol{x}_0) - u_k| < \frac{1}{k}$$
$$|f(\boldsymbol{x}_0, \varphi(\boldsymbol{x}_0)) - f(\boldsymbol{x}_0, u_k)| \geqslant \sigma$$

故 $f(\boldsymbol{x}_0, u)$ 在 $u_0 = \varphi(\boldsymbol{x}_0)$ 处不是连续的. 因为 $f(\boldsymbol{x}, u)$ 满足 Carathéodory 条件, 所以 $G \setminus H$ 是零测集, 即

$$\lim_{k \to \infty} \text{mes} G_k = \text{mes} H = \text{mes} G$$

对任意 $\varepsilon > 0$, 并注意到 $\text{mes} G < \infty$, 可取充分大的 $k_0$, 使得

$$\text{mes} G_{k_0} > \text{mes} G - \frac{\varepsilon}{2} \tag{7.4}$$

令

$$Q_n = \left\{ \boldsymbol{x} \in G \mid |\varphi_n(\boldsymbol{x}) - \varphi(\boldsymbol{x})| \geqslant \frac{1}{k_0} \right\}$$
$$R_n = G \setminus Q_n = \left\{ \boldsymbol{x} \in G \mid |\varphi_n(\boldsymbol{x}) - \varphi(\boldsymbol{x})| < \frac{1}{k_0} \right\}$$

因为 $\varphi_n(\boldsymbol{x}) \xrightarrow{\text{mes}} \varphi(\boldsymbol{x})$, $n \to \infty$, $\boldsymbol{x} \in G$, 所以 $\text{mes} Q_n \to 0$, $n \to \infty$, 即 $\text{mes} R_n \to \text{mes} G$, $n \to \infty$. 因此, 存在 $N \in \mathbb{Z}^+$, 使得 $n > N$ 时, 有

$$\text{mes} R_n > \text{mes} G - \frac{\varepsilon}{2} \tag{7.5}$$

显然, $G_{k_0} R_n \subset D_n$, 故

$$G \setminus D_n \subset G \setminus (G_{k_0} R_n) = (G \setminus G_{k_0}) \cup (G \setminus R_n)$$

于是, 由式 (7.4) 和式 (7.5), 并注意到 $\text{mes} G < \infty$, 当 $n > N$ 时, 有

$$\begin{aligned}
0 \leqslant \text{mes} G - \text{mes} D_n &= \text{mes}(G \setminus D_n) \\
&\leqslant \text{mes}(G \setminus G_{k_0}) + \text{mes}(G \setminus R_n) \\
&= (\text{mes} G - \text{mes} G_{k_0}) + (\text{mes} G - \text{mes} R_n) \\
&< \frac{\varepsilon}{2} + \frac{\varepsilon}{2} \\
&= \varepsilon
\end{aligned}$$

故 $\mathrm{mes}D_n \to \mathrm{mes}G, \, n \to \infty$. 证完.

下面讨论 Nemetskii 算子的连续性和有界性.

**定理 7.4.5** 若 Nemetskii 算子 $\mathcal{N} : L^{p_1}(G) \mapsto L^{p_2}(G)$, $p_1, p_2 \geqslant 1$, 则它是连续的.

证略.

所谓 Nemetskii 算子 $\mathcal{N} : L^{p_1}(G) \mapsto L^{p_2}(G)$ 的意思是指, 若 $\varphi \in L^{p_1}(G)$, 即

$$\int_G |\varphi(\boldsymbol{x})|^{p_1} \mathrm{d}\boldsymbol{x} < \infty$$

则 $\mathcal{N}\varphi \in L^{p_2}(G)$, 即

$$\int_G |\mathcal{N}\varphi(\boldsymbol{x})|^{p_2} \mathrm{d}\boldsymbol{x} = \int_G |f(\boldsymbol{x}, \varphi(\boldsymbol{x}))|^{p_2} \mathrm{d}\boldsymbol{x} < \infty$$

**定理 7.4.6** 若 Nemetskii 算子 $\mathcal{N} : L^{p_1}(G) \mapsto L^{p_2}(G)$, $p_1, p_2 \geqslant 1$, 则它是有界的.

**证** 先设 $f(\boldsymbol{x}, 0) \equiv 0$.

由定理 7.4.5 可知, $\mathcal{N}$ 在 0 处是连续的. 从而, 存在 $r > 0$, 当 $\varphi \in L^{p_1}(G)$, $\|\varphi\| \leqslant r$ 时, 有

$$\|\mathcal{N}\varphi\| = \left( \int_G |\mathcal{N}\varphi(\boldsymbol{x})|^{p_2} \mathrm{d}\boldsymbol{x} \right)^{\frac{1}{p_2}} \leqslant 1 \tag{7.6}$$

对任意 $\varphi \in L^{p_1}(G)$, 存在 $n \in \mathbb{Z}^+$, 使得

$$nr^{p_1} \leqslant \int_G |\varphi(\boldsymbol{x})|^{p_1} \mathrm{d}\boldsymbol{x} < (n+1)r^{p_1} \tag{7.7}$$

由积分的绝对连续性, 可将 $G$ 分划为 $G_1, G_2, \cdots, G_{n+1}$, 使得

$$\int_{G_i} |\varphi(\boldsymbol{x})|^{p_1} \mathrm{d}\boldsymbol{x} \leqslant r^{p_1}, \, i = 1, 2, \cdots, n+1 \tag{7.8}$$

令

$$\varphi_i(\boldsymbol{x}) = \begin{cases} \varphi(\boldsymbol{x}), & \boldsymbol{x} \in G_i, \\ 0, & \boldsymbol{x} \in G \setminus G_i, \end{cases} \quad i = 1, 2, \cdots, n+1$$

由式 (7.8), 有

$$\int_G |\varphi_i(\boldsymbol{x})|^{p_1} \mathrm{d}\boldsymbol{x} = \int_{G_i} |\varphi(\boldsymbol{x})|^{p_1} \mathrm{d}\boldsymbol{x} \leqslant r^{p_1}$$

故由式 (7.6) 可知, 并注意到 $f(\boldsymbol{x}, 0) \equiv 0$, 有

$$\int_{G_i} |\mathcal{N}\varphi(\boldsymbol{x})|^{p_2} \mathrm{d}\boldsymbol{x} = \int_G |\mathcal{N}\varphi_i(\boldsymbol{x})|^{p_2} \mathrm{d}\boldsymbol{x} \leqslant 1, \, i = 1, 2, \cdots, n+1$$

由此可知

$$\int_G |\mathcal{N}\varphi(\boldsymbol{x})|^{p_2} \mathrm{d}\boldsymbol{x} = \sum_{i=1}^{n+1} \int_{G_i} |\mathcal{N}\varphi(\boldsymbol{x})|^{p_2} \mathrm{d}\boldsymbol{x} \leqslant n+1 \qquad (7.9)$$

由式 (7.7) 和式 (7.9), 有

$$\|\mathcal{N}\varphi\| \leqslant (n+1)^{\frac{1}{p_2}} \leqslant \left( \left( \frac{\|\varphi\|}{r} \right)^{p_1} + 1 \right)^{\frac{1}{p_2}}$$

即 $\mathcal{N}$ 将 $L^{p_1}(G)$ 中的任意有界集变成 $L^{p_2}(G)$ 中的有界集.

下设 $f(\boldsymbol{x}, 0) \not\equiv 0$.

取 $\varphi_0 \in L^{p_1}(G)$, 令

$$f_1(\boldsymbol{x}, u) = f(\boldsymbol{x}, \varphi_0(\boldsymbol{x}) + u) - f(\boldsymbol{x}, \varphi_0(\boldsymbol{x})), \ (\boldsymbol{x}, u) \in G \times \mathbb{R}$$

则 $f_1(\boldsymbol{x}, 0) \equiv 0$.

考虑任意集 $S \subset L^{p_1}(G)$, 且对任意 $\varphi \in S$, 有 $\|\varphi\| \leqslant M$.

令 $S_1 = \{\varphi_1 \mid \varphi_1 = \varphi - \varphi_0, \varphi \in S\}$, 则对任意 $\varphi_1 \in S_1$, 有 $\|\varphi_1\| \leqslant M + \|\varphi_0\|$, 即集 $S_1 \subset L^{p_1}(G)$ 是有界的. 将上面的证明应用于 $\mathcal{N}_1 \varphi_1(\boldsymbol{x}) = f_1(\boldsymbol{x}, \varphi_1(\boldsymbol{x}))$, 则存在 $M_1 > 0$, 使得对任意 $\varphi_1 \in S_1$, 有 $\|\mathcal{N}_1 \varphi_1\| \leqslant M_1$. 设 $\varphi \in S$, $\varphi_1 = \varphi - \varphi_0$, 则 $\varphi_1 \in S_1$, 故 $|\mathcal{N}_1 \varphi_1| \leqslant M_1$. 但显然有 $\mathcal{N}_1 \varphi_1 = \mathcal{N}\varphi - \mathcal{N}\varphi_0$, 故

$$\|\mathcal{N}\varphi\| \leqslant \|\mathcal{N}_1 \varphi_1\| + \|\mathcal{N}\varphi_0\| \leqslant M_1 + \|\mathcal{N}\varphi_0\|$$

因此集 $\mathcal{N}(S) \subset L^{p_2}(G)$ 是有界的. 于是 $\mathcal{N}$ 是有界的. 证完.

为证下述定理给出一个简单事实: 设 $a, b, p \geqslant 0$, 则

$$(a+b)^p \leqslant 2^p (a^p + b^p) \qquad (7.10)$$

**定理 7.4.7**  *若存在 $b > 0$, $a \in L^{p_2}(G)$ 是非负的, 且*

$$|f(\boldsymbol{x}, u)| \leqslant a(\boldsymbol{x}) + b|u|^{\frac{p_1}{p_2}}, \ (\boldsymbol{x}, u) \in G \times \mathbb{R}, \ p_1, p_2 \geqslant 1$$

*则 $\mathcal{N} : L^{p_1}(G) \to L^{p_2}(G)$.*

**证**  对任意 $\varphi \in L^{p_1}(G)$, 由式 (7.10), 有

$$|f(\boldsymbol{x}, \varphi(\boldsymbol{x}))|^{p_2} \leqslant \left( a(\boldsymbol{x}) + b|\varphi(\boldsymbol{x})|^{\frac{p_1}{p_2}} \right)^{p_2} \leqslant 2^{p_2} \{ (a(\boldsymbol{x}))^{p_2} + b^{p_2} |\varphi(\boldsymbol{x})|^{p_1} \}$$

故

$$\int_G |f(\boldsymbol{x}, \varphi(\boldsymbol{x}))|^{p_2} \mathrm{d}\boldsymbol{x} \leqslant 2^{p_2} \left\{ \int_G (a(\boldsymbol{x}))^{p_2} \mathrm{d}\boldsymbol{x} + \int_G b^{p_2} |\varphi(\boldsymbol{x})|^{p_1} \mathrm{d}\boldsymbol{x} \right\} < \infty$$

从而 $\mathcal{N}\varphi \in L^{p_2}(G)$. 证完.

由上述几个定理, 很容易给出下述推论.

**推论 7.4.1** 若 $G \subset \mathbb{R}^n$ 是有界闭集, $f(x,u)$ 在 $G \times \mathbb{R}$ 上是连续的, 则 Nemetskii 算子 $\mathcal{N} : C(G) \mapsto C(G)$ 是有界连续的.

### 7.4.2 Hölder 不等式和 Minkowski 不等式

先介绍 Hölder 不等式: 设 $p,q > 1$ 是共轭指数, $|f(x)|^p$, $|g(x)|^q$ 都是 $E$ 上的 Lebesgue 可积函数, 则 $f(x)g(x)$ 在 $E$ 上是 Lebesgue 可积的, 且有

$$\int_E |f(x)g(x)|\mathrm{d}\mu \leqslant \left(\int_E |f(x)|^p \mathrm{d}\mu\right)^{\frac{1}{p}} \left(\int_E |g(x)|^q \mathrm{d}\mu\right)^{\frac{1}{q}} \tag{7.11}$$

**证** 不妨设

$$\int_E |f(x)|^p \mathrm{d}\mu > 0$$

$$\int_E |g(x)|^q \mathrm{d}\mu > 0$$

构造函数

$$\begin{cases} \varphi(x) = \dfrac{f(x)}{\left(\displaystyle\int_E |f(x)|^p \mathrm{d}\mu\right)^{\frac{1}{p}}} \\ \psi(x) = \dfrac{g(x)}{\left(\displaystyle\int_E |g(x)|^q \mathrm{d}\mu\right)^{\frac{1}{q}}} \end{cases} \tag{7.12}$$

令 $A = |\varphi(x)|^p$, $B = |\psi(x)|^q$, 代入式 (2.10), 有

$$|\varphi(x)\psi(x)| \leqslant \frac{|\varphi(x)|^p}{p} + \frac{|\psi(x)|^q}{q}$$

由于 $|\varphi(x)|^p$, $|\psi(x)|^q$ 在集 $E$ 上的 Lebesgue 可积性, 由上述不等式知, $|\varphi(x)\psi(x)|$ 在 $E$ 上是 Lebesgue 可积的, 且还有

$$\int_E |\varphi(x)\psi(x)|\mathrm{d}\mu \leqslant \int_E \frac{|\varphi(x)|^p}{p}\mathrm{d}\mu + \int_E \frac{|\psi(x)|^q}{q}\mathrm{d}\mu = 1$$

再由式 (7.12), 有 Hölder 不等式 (7.11). 证完.

在 Hölder 不等式 (7.11) 中, 令 $p = 2$, 有 K. Schwarz 给出的下述 Cauchy-Schwarz 不等式:

$$\int_E |f(x)g(x)|\mathrm{d}\mu \leqslant \left(\int_E |f(x)|^2 \mathrm{d}\mu\right)^{\frac{1}{2}} \left(\int_E |g(x)|^2 \mathrm{d}\mu\right)^{\frac{1}{2}}$$

下面介绍 Minkowski 不等式: 设 $p \geqslant 1$, $|f(x)|^p$, $|g(x)|^p$ 都是 $E$ 上的 Lebesgue 可积函数, 则 $|f(x) + g(x)|^p$ 在 $E$ 上是 Lebesgue 可积的, 且

$$\left( \int_E |f(x) + g(x)|^p \mathrm{d}\mu \right)^{\frac{1}{p}} \leqslant \left( \int_E |f(x)|^p \mathrm{d}\mu \right)^{\frac{1}{p}} + \left( \int_E |g(x)|^p \mathrm{d}\mu \right)^{\frac{1}{p}} \qquad (7.13)$$

**证**  不妨设 $p > 1$

$$\int_E |f(x) + g(x)|^p \mathrm{d}\mu > 0$$

因为 $|f(x)|^p$, $|g(x)|^p$ 都在 $E$ 上是 Lebesgue 可积的, 而 $|f(x) + g(x)| \leqslant |f(x)| + |g(x)|$, 所以 $|f(x) + g(x)|^p$ 是 Lebesgue 可积的. 取 $q$, 使得 $p, q$ 是共轭的, 则由 Hölder 不等式 (7.11), 有

$$\int_E |f(x)||f(x) + g(x)|^{\frac{p}{q}} \mathrm{d}\mu \leqslant \left( \int_E |f(x)|^p \mathrm{d}\mu \right)^{\frac{1}{p}} \left( \int_E |f(x) + g(x)|^p \mathrm{d}\mu \right)^{\frac{1}{q}} \quad (7.14)$$

$$\int_E |g(x)||f(x) + g(x)|^{\frac{p}{q}} \mathrm{d}\mu \leqslant \left( \int_E |g(x)|^p \mathrm{d}\mu \right)^{\frac{1}{p}} \left( \int_E |f(x) + g(x)|^p \mathrm{d}\mu \right)^{\frac{1}{q}} \quad (7.15)$$

故由式 (7.14) 和式 (7.15), 有

$$\begin{aligned}
\int_E |f(x) + g(x)|^p \mathrm{d}\mu &= \int_E |f(x) + g(x)|^{1 + \frac{p}{q}} \mathrm{d}\mu \\
&\leqslant \int_E (|f(x)| + |g(x)|)|f(x) + g(x)|^{\frac{p}{q}} \mathrm{d}\mu \\
&\leqslant \left( \left( \int_E |f(x)|^p \mathrm{d}\mu \right)^{\frac{1}{p}} + \left( \int_E |g(x)|^p \mathrm{d}\mu \right)^{\frac{1}{p}} \right) \\
&\quad \cdot \left( \int_E |f(x) + g(x)|^p \mathrm{d}\mu \right)^{\frac{1}{q}}
\end{aligned}$$

两端除以

$$\left( \int_E |f(x) + g(x)|^p \mathrm{d}\mu \right)^{\frac{1}{q}}$$

有 Minkowski 不等式 (7.13). 证完.

### 7.4.3  Urysohn 算子

在这一节讨论常用的非线性算子 —— Urysohn 算子 (Urysohn operator):

$$\mathcal{U}\varphi(\boldsymbol{x}) = \int_G k(\boldsymbol{x}, \boldsymbol{y}, \varphi(\boldsymbol{y})) \mathrm{d}\boldsymbol{y}$$

的全连续性, 其中 $k$ 定义于集 $G \times G \times \mathbb{R} = \widehat{G} \times \mathbb{R}$ 上, 集 $G \subset \mathbb{R}^n$ 是有界闭的.

为后面的应用, 可将 Cantor 定理 (定理 2.1.8) 改写为下述形式.

**定理 7.4.8 (Cantor 定理)** $\mathbb{R}^n$ 有界闭区域上的连续函数是一致连续的.

**定理 7.4.9** 若 $k(\boldsymbol{x},\boldsymbol{y},u)$ 是 $\widehat{G}\times\mathbb{R}$ 上的连续函数, 则 Urysohn 算子 $\mathcal{U}$ : $C(G)\mapsto C(G)$ 是全连续的.

**证** 先证 $\mathcal{U}$ 的紧性.

设 $S\subset C(G)$ 是有界集, 即对任意 $\varphi\in S$, $\|\varphi\|\leqslant a$. 于是, 对任意 $\varphi\in S$, 有

$$|\mathcal{U}\varphi(\boldsymbol{x})| = \left|\int_G k(\boldsymbol{x},\boldsymbol{y},\varphi(\boldsymbol{y}))\mathrm{d}\boldsymbol{y}\right| \leqslant M\,\mathrm{mes}\,G$$

式中

$$M = \max_{(\boldsymbol{x},\boldsymbol{y},u)\in\widehat{G}\times[-a,a]} |k(\boldsymbol{x},\boldsymbol{y},u)|$$

故集 $\mathcal{U}(S)$ 是一致有界的.

由 Cantor 定理 (定理 7.4.8) 可知, 对任意 $\varepsilon>0$, 由于 $k(\boldsymbol{x},\boldsymbol{y},u)$ 在集 $\widehat{G}\times[-a,a]$ 上的一致连续性, 存在 $\delta>0$, 当 $\boldsymbol{x}_1,\boldsymbol{x}_2\in G$, $\|\boldsymbol{x}_1-\boldsymbol{x}_2\|<\delta$ 时, 对任意 $(\boldsymbol{y},u)\in G\times[-a,a]$, 有

$$|k(\boldsymbol{x}_1,\boldsymbol{y},u) - k(\boldsymbol{x}_2,\boldsymbol{y},u)| < \frac{\varepsilon}{\mathrm{mes}\,G}$$

于是, 对任意 $\varphi\in S$, 当 $\|\boldsymbol{x}_1-\boldsymbol{x}_2\|<\delta$ 时, 有

$$\begin{aligned}|\mathcal{U}\varphi(\boldsymbol{x}_1) - \mathcal{U}\varphi(\boldsymbol{x}_2)| &= \left|\int_G (k(\boldsymbol{x}_1,\boldsymbol{y},\varphi(\boldsymbol{y})) - k(\boldsymbol{x}_2,\boldsymbol{y},\varphi(\boldsymbol{y})))\mathrm{d}\boldsymbol{y}\right|\\ &< \frac{\varepsilon}{\mathrm{mes}\,G}\cdot\mathrm{mes}\,G\\ &= \varepsilon\end{aligned}$$

故 $\mathcal{U}(S)$ 是等度连续的. 由 Arzelà-Ascoli 定理 (定理 2.5.6) 可知, $\mathcal{U}$ 是紧的.

下证 $\mathcal{U}$ 的连续性.

设 $\varphi_0,\varphi_n\in C(G)(n\in\mathbb{Z}^+)$, $\|\varphi_n-\varphi_0\|\to 0$, $n\to\infty$. 令

$$a = \sup\{\|\varphi_0\|,\|\varphi_1\|,\cdots,\|\varphi_n\|,\cdots\}$$

由 Cantor 定理 (定理 7.4.8) 可知, 对任意 $\varepsilon>0$, 由于 $k(\boldsymbol{x},\boldsymbol{y},u)$ 在集 $\widehat{G}\times[-a,a]$ 上的一致连续性, 存在 $\delta>0$, 当 $u_1,u_2\in[-a,a]$, $|u_1-u_2|<\delta$ 时, 对任意 $(\boldsymbol{x},\boldsymbol{y})\in\widehat{G}$, 有

$$|k(\boldsymbol{x},\boldsymbol{y},u_1) - k(\boldsymbol{x},\boldsymbol{y},u_2)| < \frac{\varepsilon}{\mathrm{mes}\,G}$$

取 $N \in \mathbb{Z}^+$, 当 $n > N$ 时, 有

$$
\begin{aligned}
|\mathcal{U}\varphi_n(\boldsymbol{x}) - \mathcal{U}\varphi_0(\boldsymbol{x})| &= \left| \int_G (k(\boldsymbol{x}, \boldsymbol{y}, \varphi_n(\boldsymbol{y})) - k(\boldsymbol{x}, \boldsymbol{y}, \varphi_0(\boldsymbol{y}))) \, \mathrm{d}\boldsymbol{y} \right| \\
&< \frac{\varepsilon}{\mathrm{mes} G} \cdot \mathrm{mes} G \\
&= \varepsilon
\end{aligned}
$$

从而, $\|\mathcal{U}\varphi_n - \mathcal{U}\varphi_0\| \to 0, n \to \infty$. 故由 Heine 归结定理 (定理 2.4.11) 可知, $\mathcal{U}$ 是连续的. 证完.

**定理 7.4.10**  设 $k(\boldsymbol{x}, \boldsymbol{y}, u)$ 满足 Carathéodory 条件和不等式

$$
|k(\boldsymbol{x}, \boldsymbol{y}, u)| \leqslant R(\boldsymbol{x}, \boldsymbol{y}), \ (\boldsymbol{x}, \boldsymbol{y}, u) \in \widehat{G} \times \mathbb{R} \tag{7.16}
$$

式中: $R \in L^p(\widehat{G}), p > 1$. 又设存在 $a > 0$, 使得 $k(\boldsymbol{x}, \boldsymbol{y}, u) \equiv 0$, $(\boldsymbol{x}, \boldsymbol{y}) \in \widehat{G}, |u| \geqslant a$, 则 $\mathcal{U} : L^p(G) \mapsto L^p(G)$ 是全连续的.

**证**  先证 $\mathcal{U} : L^p(G) \mapsto L^p(G)$.

由 Hölder 不等式 (7.11), 并注意到式 (7.16), 当 $\varphi \in L^p(G)$ 时, 有

$$
|\mathcal{U}\varphi(\boldsymbol{x})| \leqslant \int_G R(\boldsymbol{x}, \boldsymbol{y}) \mathrm{d}\boldsymbol{y} \leqslant (\mathrm{mes} G)^{\frac{1}{q}} \left( \int_G (R(\boldsymbol{x}, \boldsymbol{y}))^p \mathrm{d}\boldsymbol{y} \right)^{\frac{1}{p}}
$$

式中: $p, q$ 是共轭的, 故

$$
\int_G |\mathcal{U}\varphi(\boldsymbol{x})|^p \mathrm{d}\boldsymbol{x} \leqslant (\mathrm{mes} G)^{\frac{p}{q}} \int_{\widehat{G}} (R(\boldsymbol{x}, \boldsymbol{y}))^p \mathrm{d}\boldsymbol{x}\mathrm{d}\boldsymbol{y} < \infty
$$

因此 $\mathcal{U} : L^p(G) \mapsto L^p(G)$.

下证 $\mathcal{U}$ 的连续性.

考虑 Nemetskii 算子

$$
\mathcal{N}\psi(\boldsymbol{x}, \boldsymbol{y}) = k(\boldsymbol{x}, \boldsymbol{y}, \psi(\boldsymbol{x}, \boldsymbol{y}))
$$

由式 (7.16), 定理 7.4.5 和定理 7.4.7 可知, $\mathcal{N} \in C(L^p(\widehat{G}), L^p(\widehat{G}))$. 设 $\varphi_n, \varphi_0 \in L^p(G), \|\varphi_n - \varphi_0\| \to 0, n \to \infty$. 令 $\psi_n(\boldsymbol{x}, \boldsymbol{y}) = \varphi_n(\boldsymbol{y}), \psi_0(\boldsymbol{x}, \boldsymbol{y}) = \varphi_0(\boldsymbol{y})$. 则 $\|\psi_n - \psi_0\| \to 0, n \to \infty$. 从而 $\|\mathcal{N}\psi_n - \mathcal{N}\psi_0\| \to 0, n \to \infty$. 由 Hölder 不等式 (7.11), 有

$$
\begin{aligned}
\|\mathcal{U}\varphi_n - \mathcal{U}\varphi_0\| &= \int_G \mathrm{d}\boldsymbol{x} \left| \int_G (k(\boldsymbol{x}, \boldsymbol{y}, \varphi_n(\boldsymbol{y})) - k(\boldsymbol{x}, \boldsymbol{y}, \varphi_0(\boldsymbol{y}))) \, \mathrm{d}\boldsymbol{y} \right|^p \\
&\leqslant (\mathrm{mes} G)^{\frac{p}{q}} \int_{\widehat{G}} |k(\boldsymbol{x}, \boldsymbol{y}, \varphi_n(\boldsymbol{y})) - k(\boldsymbol{x}, y, \varphi_0(\boldsymbol{y}))|^p \, \mathrm{d}\boldsymbol{x}\mathrm{d}\boldsymbol{y} \\
&= (\mathrm{mes} G)^{\frac{p}{q}} \|\mathcal{N}\psi_n - \mathcal{N}\psi_0\|^p
\end{aligned}
$$

故 $\|\mathcal{U}\varphi_n - \mathcal{U}\varphi_0\| \to 0, n \to \infty$. 故由 Heine 归结定理 (定理 2.4.11) 可知, $\mathcal{U}$ 是连续的.

$\mathcal{U}$ 的紧性证略. 证完.

**习题**

1. 试证定理 7.4.1: (1) 赋范线性空间 $X$ 上一致连续算子 $\mathcal{T}: X \mapsto Y$ 是连续的; (2) 赋范线性空间 $X$ 上一致连续算子 $\mathcal{T}: X \mapsto Y$ 在任意子集上是一致连续的.

2. 试证定理 7.4.2: Lipschitz 算子是一致连续的.

3. 试问在定理 7.4.3 中, (1) 若将闭球 $D$ 换为有界闭集, 结论对不对? (2) 若将闭球 $D$ 换为有界凸闭集, 结论对不对?

4. 定义算子 $\mathcal{T}: \ell^2 \mapsto \ell^2$, 使得 $\mathcal{T}x = (x_1, x_2^2, \cdots, x_n^n, \cdots)$, 试证对任意 $r > 1$, $\mathcal{T} \in C(B(\vartheta; r))$, 但它是无界的.

5. 试证 Cantor 定理 (定理 7.4.8): $\mathbb{R}^n$ 有界闭区域上的连续函数是一致连续的. 提示: 参考 Cantor 定理 (定理 2.1.8).

## 7.5　Banach 空间中的微积分

### 7.5.1　抽象函数的积分

为研究抽象函数的积分, 需换一种方式重新讨论 Riemann 积分. 下述定义就是微积分中已有的, 设 $x: [a,b] \mapsto X$ 是抽象函数, $[a,b]$ 的分划是

$$P: a = t_0 < t_1 < \cdots < t_{i-1} < t_i < \cdots < t_{n-1} < t_n = b$$

任意取 $\xi_i \in [t_{i-1}, t_i]$, 作和式 $\sigma = \sum_{i=1}^{n} x(\xi_i) \Delta t_i$, 其中 $\Delta t_i = t_i - t_{i-1}$ $(i = 1, 2, \cdots, n)$.

若当

$$\lambda(P) = \max_{i=1,2,\cdots,n} \Delta t_i \to 0$$

时, $\sigma$ 有极限 $I \in X$, 则称 $x(t)$ 在 $[a,b]$ 上是 Riemann 可积的, 记为 $x \in R[a,b]$, $I$ 称为其在 $[a,b]$ 上的 Riemann 积分, 记为

$$I = \int_a^b x(t)\mathrm{d}t = \lim_{\lambda(P) \to 0} \sum_{i=1}^{n} x(\xi_i) \Delta t_i$$

**定理 7.5.1**　闭区间上的连续函数是 Riemann 可积的.

**证**　设 $x(t)$ 是 $[a,b]$ 上的连续函数, 故由 Cantor 定理 (定理 7.4.8) 可知, 它在 $[a,b]$ 上是一致连续的. 因此对任意 $\varepsilon > 0$, 存在 $\delta > 0$, 当 $t, t' \in [a,b]$,

$|t - t'| < \delta$ 时, 有

$$|x(t) - x(t')| < \frac{\varepsilon}{2(b-a)}$$

设 $P_1, P_2$ 是 $[a, b]$ 的两个分划, 满足 $\lambda(P_1) < \delta, \lambda(P_2) < \delta$.

先证对分划 $P_1, P_2$ 的任意两个和式 $\sigma_1, \sigma_2$, 均有

$$|\sigma_1 - \sigma_2| < \varepsilon \tag{7.17}$$

用 $P_3$ 表示用 $P_1, P_2$ 合并的分划. 设

$$P_1 : a = t_0 < t_1 < \cdots < t_n = b,$$

$$\sigma_1 = \sum_{i=1}^{n} x(\xi_i) \Delta t_i$$

又设分划 $P_3$ 是在 $P_1$ 的基础上, 再将 $[t_{i-1}, t_i]$ 分划为

$$t_{i-1} = t_{i,0} < t_{i,1} < \cdots < t_{i,k_i} = t_i, \ i = 1, 2, \cdots, n$$

令

$$\sigma_3 = \sum_{i=1}^{n} \sum_{j=1}^{k_i} x(t_{i,j})(t_{i,j} - t_{i,j-1})$$

于是有

$$|\sigma_1 - \sigma_3| = \left| \sum_{i=1}^{n} \sum_{j=1}^{k_i} (x(\xi_i) - x(t_{i,j}))(t_{i,j} - t_{i,j-1}) \right|$$

$$\leqslant \sum_{i=1}^{n} \sum_{j=1}^{k_i} |x(\xi_i) - x(t_{i,j})|(t_{i,j} - t_{i,j-1})$$

$$< \sum_{i=1}^{n} \sum_{j=1}^{k_i} \frac{\varepsilon}{2(b-a)} \cdot (t_{i,j} - t_{i,j-1})$$

$$= \frac{\varepsilon}{2}$$

同理可证 $|\sigma_2 - \sigma_3| < \dfrac{\varepsilon}{2}$. 由此, 式 (7.17) 成立. 用 $P^{(n)}$ 表示将 $[a, b]$ 进行 $n$ 等分的分划, 用 $\sigma^{(n)}$ 表示对 $P^{(n)}$ 取 $\xi_i$ 为右端点的和式. 由式 (7.17) 知, 当 $n, m \to \infty$ 时有 $|\sigma^{(n)} - \sigma^{(m)}| \to 0$, 所以 $\{\sigma^{(n)}\}$ 是 Cauchy 的, 故存在 $I$, 使得 $|\sigma^{(n)} - I| \to 0, n \to \infty$.

下证

$$\lim_{\lambda(P) \to 0} |\sigma - I| = 0 \tag{7.18}$$

对任意 $\varepsilon > 0$, 由式 (7.17), 存在 $\delta_1 > 0$, 当 $\lambda(P_1) < \delta_1$, $\lambda(P_2) < \delta_1$ 时有 $|\sigma_1 - \sigma_2| < \dfrac{\varepsilon}{2}$. 设 $P$ 是任意分划, 满足 $\lambda(P) < \delta_1$, $\sigma$ 是 $P$ 的任意和式. 取充分大的 $n$, 使得 $\dfrac{b-a}{n} < \delta_1$, 则

$$\left|\sigma^{(n)} - I\right| < \frac{\varepsilon}{2} \tag{7.19}$$

于是有 $\lambda\left(P^{(n)}\right) < \delta_1$. 从而

$$\left|\sigma - \sigma^{(n)}\right| < \frac{\varepsilon}{2} \tag{7.20}$$

由式 (7.19) 和式 (7.20) 可知, 式 (7.18) 成立. 证完.

下面讨论抽象函数的积分.

**定义 7.5.1** 设 $X$ 是 Banach 空间. $x : [a, b] \mapsto X$ 称为抽象函数 (abstract function).

先给出 Banach 空间中积分概念, 它几乎是定积分定义的重复.

**定义 7.5.2** 设 $x : [a, b] \mapsto X$ 是抽象函数. 分划 $P : a = t_0 < t_1 < \cdots < t_{i-1} < t_i < \cdots < t_{n-1} < t_n = b$, 任意取 $\xi_i \in [t_{i-1}, t_i]$, 作和式 $\sigma = \sum\limits_{i=1}^{n} x(\xi_i)\,\Delta t_i$, 其中 $\Delta t_i = t_i - t_{i-1} (i = 1, 2, \cdots, n)$. 若当

$$\lambda(P) = \max_{i=1,2,\cdots,n} \Delta t_i \to 0$$

时, $\sigma$ 在 Banach 空间 $X$ 中有极限 $I$, 则称 $x(t)$ 在 $[a, b]$ 上是 Riemann 可积的, 记 $x \in R[a, b]$, $I$ 称为其在 $[a, b]$ 上的 Riemann 积分, 记

$$I = \int_a^b x(t)\mathrm{d}t = \lim_{\lambda(P) \to 0} \sum_{i=1}^{n} x(\xi_i)\,\Delta t_i$$

**定理 7.5.2** $[a, b]$ 上的连续抽象函数是 Riemann 可积的.

与定理 7.5.1 类似, 证略.

下述定理给出了 Banach 空间中积分的几个性质, 证略.

**定理 7.5.3** 设 $x_1(t)$, $x_2(t)$, $x(t)$ 都是 $[a, b]$ 上的连续抽象函数, 则对任意实数 $\alpha, \beta$, $f \in X^*$, 下述公式成立:

$$\int_a^b (\alpha x_1(t) + \beta x_2(t))\,\mathrm{d}t = \alpha \int_a^b x_1(t)\mathrm{d}t + \beta \int_a^b x_2(t)\mathrm{d}t$$

$$\left\| \int_a^b x(t)\mathrm{d}t \right\| \leqslant \int_a^b \|x(t)\|\mathrm{d}t \leqslant (b-a) \max_{t \in [a,b]} \|x(t)\|$$

$$f\left( \int_a^b x(t)\mathrm{d}t \right) = \int_a^b f(x(t))\mathrm{d}t$$

### 7.5.2 抽象函数的微分

**定义 7.5.3** 设 $x : [a,b] \mapsto X$ 是抽象函数, $t_0 \in [a,b]$. 若存在 $z_0 \in X$, 使得

$$\lim_{\Delta t \to 0} \left\| \frac{x(t_0 + \Delta t) - x(t_0)}{\Delta t} - z_0 \right\| = 0 \qquad (7.21)$$

则称 $x(t)$ 在点 $t = t_0$ 处是可微的 (differentiable), $z_0$ 称为其在点 $t = t_0$ 处的导数 (derivative), 记 $x'(t_0)$, 即

$$x'(t_0) = \lim_{\Delta t \to 0} \frac{x(t_0 + \Delta t) - x(t_0)}{\Delta t}$$

若抽象函数 $x(t)$ 在 $[a,b]$ 上的每个点均是可微的, 则称其在 $[a,b]$ 上是可微的, $x' : [a,b] \mapsto X$ 也是抽象函数.

下述定理给出了 Banach 空间中微积分的几个基本结果.

**定理 7.5.4** (1) (抽象函数的 Newton-Leibniz 公式, Newton-Leibniz formula of abstract function) 若抽象函数 $x(t)$ 在 $[a,b]$ 上是可微的, 则

$$\int_a^b x'(t)\mathrm{d}t = x(b) - x(a) \qquad (7.22)$$

(2) (抽象函数的 Lagrange 中值定理, Lagrange mean-value theorem of abstract function) 若抽象函数 $x(t)$ 在 $[a,b]$ 上是连续的, 在 $(a,b)$ 内是可微的, 则存在 $\xi \in (a,b)$, 使得

$$\|x(b) - x(a)\| \leqslant (b-a)\|x'(\xi)\|$$

(3) 设 $x(t)$ 是 $[a,b]$ 上的连续抽象函数, $y(t) = \int_a^t x(s)\mathrm{d}s$, $t \in [a,b]$, 则抽象函数 $y(t)$ 在 $[a,b]$ 上是可微的, 且 $y'(t) = x(t)$, $t \in [a,b]$.

**证** (1) 设 $f \in X^*$, 考虑 $g(t) = f(x(t))$. 易知 $g'(t) = f(x'(t))$, $t \in [a,b]$, 故它在 $[a,b]$ 上是可微的. 由 Newton-Leibniz 公式, 有

$$\int_a^b g'(t)\mathrm{d}t = g(b) - g(a)$$

由

$$f\left(\int_a^b x(t)\mathrm{d}t\right) = \int_a^b f(x(t))\mathrm{d}t$$

有

$$f\left(\int_a^b x'(t)\mathrm{d}t\right) = \int_a^b f(x'(t))\mathrm{d}t = f(x(b)) - f(x(a))$$

即

$$f\left(\int_a^b x'(t)\mathrm{d}t - x(b) + x(a)\right) = 0$$

再由于 $f$ 的任意性, 抽象函数的 Newton-Leibniz 公式 (7.22) 成立.

(2) 由 Hahn-Banach 定理 (定理 4.3.3), 可取 $f \in X^*$, 使得 $\|f\| = 1$, 且

$$f(x(b) - x(a)) = \|x(b) - x(a)\|$$

设 $g(t) = f(x(t))$, 则由 Lagrange 中值定理, 存在 $\xi \in (a,b)$, 使得

$$\begin{aligned}
\|x(b) - x(a)\| &= g(b) - g(a) \\
&= g'(\xi)(b-a) \\
&= f(x'(\xi))(b-a) \\
&\leqslant \|f\|\|x'(\xi)\|(b-a) \\
&= \|x'(\xi)\|(b-a)
\end{aligned}$$

(3) 对任意 $\varepsilon > 0$, 由于 $x(t)$ 在 $[a,b]$ 上的连续性, 存在 $\delta > 0$, 当 $|s-t| < \delta$ 时有 $\|x(s) - x(t)\| < \varepsilon$. 于是当 $0 < |\Delta t| < \delta$ 时 (不妨设 $\Delta t > 0$), 由

$$\left\|\int_a^b x(t)\mathrm{d}t\right\| \leqslant \int_a^b \|x(t)\|\mathrm{d}t \leqslant (b-a)\max_{t\in[a,b]}\|x(t)\|$$

有

$$\begin{aligned}
\left\|\frac{y(t+\Delta t) - y(t)}{\Delta t} - x(t)\right\| &= \left\|\frac{1}{\Delta t}\int_t^{t+\Delta t}(x(s) - x(t))\mathrm{d}s\right\| \\
&\leqslant \frac{1}{\Delta t}\int_t^{t+\Delta t}\|x(s) - x(t)\|\,\mathrm{d}s \\
&< \frac{1}{\Delta t}\int_t^{t+\Delta t}\varepsilon\mathrm{d}s \\
&= \varepsilon
\end{aligned}$$

故 $y(t)$ 在 $[a,b]$ 上是可微的, 且 $y'(t) = x(t)$, $t \in [a,b]$. 证完.

### 7.5.3  Fréchet 微分

在微积分中, 若一元函数 $y = f(x)$ 在点 $x_0$ 增量 $f(x_0 + \Delta x) - f(x_0)$ 可表示为

$$f(x_0 + \Delta x) - f(x_0) = f'(x_0)\Delta x + o(\Delta x) \tag{7.23}$$

式中: $o(\Delta x)$ 满足

$$\lim_{\Delta x \to 0} \frac{o(\Delta x)}{\Delta x} = 0 \tag{7.24}$$

则称 $f(x)$ 在点 $x_0$ 是可微的, $f'(x_0)\,\Delta x$ 称为其在点 $x_0$ 的微分.

类似地, 若二元函数 $z = f(x, y)$ 在点 $(x_0, y_0)$ 增量 $f(x_0 + \Delta x, y_0 + \Delta y) - f(x_0, y_0)$ 可表示为

$$f(x_0 + \Delta x, y_0 + \Delta y) - f(x_0, y_0) = f'_x(x_0, y_0)\,\Delta x + f'_y(x_0, y_0)\,\Delta y + o(\varrho) \tag{7.25}$$

式中: $\varrho = \sqrt{\Delta x^2 + \Delta y^2}$ 满足

$$\lim_{(x_0, y_0) \to (0,0)} \frac{o(\varrho)}{\varrho} = 0 \tag{7.26}$$

则称 $f(x, y)$ 在点 $(x_0, y_0)$ 是可微的, $f'_x(x_0, y_0)\,\Delta x + f'_y(x_0, y_0)\,\Delta y$ 称为其在点 $(x_0, y_0)$ 的全微分.

记 $\boldsymbol{z}_0 = (x_0, y_0)$, $\boldsymbol{h} = (\Delta x, \Delta y)$, 则式 (7.25) 可改写为

$$\begin{aligned}
f(\boldsymbol{z}_0 + \boldsymbol{h}) - f(\boldsymbol{z}_0) &= f((x_0, y_0) + (\Delta x, \Delta y)) - f(x_0, y_0) \\
&= \left(f'_x(x_0, y_0), f'_y(x_0, y_0)\right)(\Delta x, \Delta y) + o(\|(\Delta x, \Delta y)\|) \\
&= \nabla f(x_0, y_0)(\Delta x, \Delta y) + o(\|(\Delta x, \Delta y)\|) \\
&= \nabla f(\boldsymbol{z}_0)\,\boldsymbol{h} + o(\|\boldsymbol{h}\|)
\end{aligned} \tag{7.27}$$

而式 (7.26) 可改写为

$$\lim_{\boldsymbol{z}_0 \to \vartheta} \frac{o(\|\boldsymbol{h}\|)}{\|\boldsymbol{h}\|} = 0 \tag{7.28}$$

发现式 (7.27) 与式 (7.23), 式 (7.28) 与式 (7.24) 分别有相同形式. 更一般地, 给出下述定义.

**定义 7.5.4** 设 $X, Y$ 都是 Banach 空间, $D \subset X$ 是开集, $\mathcal{T}: D \mapsto Y$, 点 $x_0 \in D$. 若存在 $\mathcal{B} \in \mathcal{B}(X, Y)$, 使得在点 $x_0$ 附近, 有

$$\mathcal{T}(x_0 + h) - \mathcal{T}x_0 = \mathcal{B}h + \omega(x_0, h) \tag{7.29}$$

式中: $\omega(x_0, h) = o(\|h\|)$, 即

$$\lim_{\|h\| \to 0} \frac{\|\omega(x_0, h)\|}{\|h\|} = 0 \tag{7.30}$$

则称 $\mathcal{T}$ 在点 $x_0$ 处是 Fréchet 可微的 (Fréchet differentiable), 其中 $\mathcal{B}h$ 称为其在点 $x_0$ 处对 $h$ 的 Fréchet 微分 (Fréchet differential), 记 $\mathrm{d}(\mathcal{T}(x_0)h)$, $\mathcal{B}$ 称为其在

点 $x_0$ 处的 Fréchet 导算子 (Fréchet derived operator), 记 $T'(x_0)$. 于是式 (7.29) 即为

$$T(x_0 + h) - Tx_0 = T'(x_0)h + \omega(x_0, h) \tag{7.31}$$

式中: $\omega(x_0, h)$ 满足式 (7.30), 即

$$\lim_{\|h\| \to 0} \frac{\|T(x_0 + h) - T(x_0) - T'(x_0)h\|}{\|h\|} = 0 \tag{7.32}$$

又有 $\mathrm{d}(T(x_0)h) = T'(x_0)h$.

易见, 当 $X = \mathbb{R}$ 时, $T$ 是抽象函数, 式 (7.32) 即为式 (7.21).

还易见, 式 (7.29) 与式 (7.27), 式 (7.30) 与式 (7.28) 分别有相同形式, 所以 Fréchet 微分和 Fréchet 导算子概念是全微分概念的推广.

与微积分类似地有下述结论.

**定理 7.5.5** 设 $X, Y$ 都是 Banach 空间, $D \subset X$ 是开集, $T : D \mapsto Y$, 点 $x_0 \in D$. 若 $T$ 在 $x_0$ 处是 Fréchet 可微的, 则它在 $x_0$ 处是连续的.

事实上, 由式 (7.31), 当 $\|h\| \to 0$ 时, 有

$$\|T(x_0 + h) - Tx_0\| \leqslant \|T'(x_0)\| \|h\| + \|\omega(x_0, h)\| \to 0$$

**例 7.5.1** 设算子 $T : \mathbb{R}^n \mapsto \mathbb{R}^m$, 使得 $\boldsymbol{y} = T\boldsymbol{x}$, 其中 $\boldsymbol{x} \in \mathbb{R}^n$, $\boldsymbol{y} \in \mathbb{R}^m$

$$y_i = f_i(x_1, x_2, \cdots, x_n), \ i = 1, 2, \cdots, m$$

设每个 $f_i$ 都在点 $\boldsymbol{x}^{(0)} = (x_1^{(0)}, x_2^{(0)}, \cdots, x_n^{(0)})$ 的附近具有连续的一阶偏导数, 于是对 $\boldsymbol{h} = (h_1, h_2, \cdots, h_n)$, 当 $\|\boldsymbol{h}\|$ 充分小时, 由 Lagrange 中值定理, 有

$$\begin{aligned}
&T(\boldsymbol{x}^{(0)} + \boldsymbol{h}) - T(\boldsymbol{x}^{(0)})\\
&= \Big(f_1\big(x_1^{(0)} + h_1, x_2^{(0)} + h_2, \cdots, x_n^{(0)} + h_n\big) - f_1\big(x_1^{(0)}, x_2^{(0)}, \cdots, x_n^{(0)}\big), \cdots,\\
&\quad f_2\big(x_1^{(0)} + h_1, x_2^{(0)} + h_2, \cdots, x_n^{(0)} + h_n\big) - f_2\big(x_1^{(0)}, x_2^{(0)}, \cdots, x_n^{(0)}\big), \cdots,\\
&\quad f_m\big(x_1^{(0)} + h_1, x_2^{(0)} + h_2, \cdots, x_n^{(0)} + h_n\big) - f_m\big(x_1^{(0)}, x_2^{(0)}, \cdots, x_n^{(0)}\big)\Big)\\
&= \left(\sum_{i=1}^n \frac{\partial f_1}{\partial x_i}\bigg|_{\boldsymbol{x}^{(0)}+\xi_1\boldsymbol{h}} h_i, \sum_{i=1}^n \frac{\partial f_2}{\partial x_i}\bigg|_{\boldsymbol{x}^{(0)}+\xi_2\boldsymbol{h}} h_i, \cdots, \sum_{i=1}^n \frac{\partial f_m}{\partial x_i}\bigg|_{\boldsymbol{x}^{(0)}+\xi_m\boldsymbol{h}} h_i\right)
\end{aligned}$$

式中: $\xi_i \in (0, 1)(i = 1, 2, \cdots, m)$. 因此, 由于 $\frac{\partial f_s}{\partial x_i}$ 的连续性, 易知 $T$ 在点 $x^{(0)}$ 处是 Fréchet 可微的, 且 Fréchet 微分 $T'(\boldsymbol{x}^{(0)})$ 由下式表示, 即

$$T'(\boldsymbol{x}^{(0)})\boldsymbol{h} = \left(\sum_{i=1}^n \frac{\partial f_1}{\partial x_i}\bigg|_{\boldsymbol{x}^{(0)}} h_i, \sum_{i=1}^n \frac{\partial f_2}{\partial x_i}\bigg|_{\boldsymbol{x}^{(0)}} h_i, \cdots, \sum_{i=1}^n \frac{\partial f_m}{\partial x_i}\bigg|_{\boldsymbol{x}^{(0)}} h_i\right)$$

即线性算子 $\mathcal{T}'$ 是由 Jacobi 矩阵 (Jacobian matrix) $\left(\dfrac{\partial f_s}{\partial x_i}\right)_{m \times n}$ 所确定的线性变换 $\boldsymbol{z} = \mathcal{T}'(\boldsymbol{x})\boldsymbol{h}$, 即

$$\begin{pmatrix} z_1 \\ z_2 \\ \vdots \\ z_m \end{pmatrix} = \begin{pmatrix} \dfrac{\partial f_1}{\partial x_1} & \dfrac{\partial f_1}{\partial x_2} & \cdots & \dfrac{\partial f_1}{\partial x_n} \\ \dfrac{\partial f_2}{\partial x_1} & \dfrac{\partial f_2}{\partial x_2} & \cdots & \dfrac{\partial f_2}{\partial x_n} \\ \vdots & \vdots & \vdots & \vdots \\ \dfrac{\partial f_m}{\partial x_1} & \dfrac{\partial f_m}{\partial x_2} & \cdots & \dfrac{\partial f_m}{\partial x_n} \end{pmatrix} \begin{pmatrix} h_1 \\ h_2 \\ \vdots \\ h_n \end{pmatrix}$$

**例 7.5.2**  考虑 Urysohn 算子, 其中 $G \subset \mathbb{R}^n$ 是有界闭集.

设 $k(\boldsymbol{x}, \boldsymbol{y}, u)$, $k_u'(\boldsymbol{x}, \boldsymbol{y}, u)$ 都是 $\widehat{G} \times \mathbb{R}$ 上的连续函数. 由定理 7.4.9 可知, $\mathcal{U} : C(G) \mapsto C(G)$ 是全连续的. 要证在任意点 $\varphi_0 \in C(G)$ 处 $\mathcal{U}$ 的 Fréchet 可微性, 且其 Fréchet 导算子 $\mathcal{U}'(\varphi_0)$ 是下述线性积分算子:

$$\mathcal{U}'(\varphi_0)\, h(\boldsymbol{x}) = \int_G k_u'\left(\boldsymbol{x}, \boldsymbol{y}, \varphi_0(\boldsymbol{y})\right) h(\boldsymbol{y}) \mathrm{d}\boldsymbol{y}$$

事实上, 令

$$\mathcal{B}h(\boldsymbol{x}) = \int_G k_u'\left(\boldsymbol{x}, \boldsymbol{y}, \varphi_0(\boldsymbol{y})\right) h(\boldsymbol{y}) \mathrm{d}\boldsymbol{y}$$

则 $\mathcal{B} : C(G) \mapsto C(G)$ 是有界线性的全连续算子. 由于 $\mathcal{B} : C(G) \mapsto C(G)$ 是线性 Urysohn 算子, 故有

$$\begin{aligned} &\left|\mathcal{U}\left(\varphi_0(\boldsymbol{x}) + h(\boldsymbol{x})\right) - \mathcal{U}\varphi_0(\boldsymbol{x}) - \mathcal{B}h(\boldsymbol{x})\right| \\ =& \left|\int_G \left(k\left(\boldsymbol{x}, \boldsymbol{y}, \varphi_0(\boldsymbol{y}) + h(\boldsymbol{y})\right) - k\left(\boldsymbol{x}, \boldsymbol{y}, \varphi_0(\boldsymbol{y})\right)\right) \mathrm{d}\boldsymbol{y} - \int_G k_u'\left(\boldsymbol{x}, \boldsymbol{y}, \varphi_0(\boldsymbol{y})\right) h(\boldsymbol{y})\mathrm{d}\boldsymbol{y}\right| \\ =& \left|\int_G \left(k_u'\left(\boldsymbol{x}, \boldsymbol{y}, \varphi_0(\boldsymbol{y}) + \xi(\boldsymbol{y})h(\boldsymbol{y})\right) - k_u'\left(\boldsymbol{x}, \boldsymbol{y}, \varphi_0(\boldsymbol{y})\right)\right) h(\boldsymbol{y})\mathrm{d}\boldsymbol{y}\right| \\ \leqslant& \|h\| \int_G \left|k_u'\left(\boldsymbol{x}, \boldsymbol{y}, \varphi_0(\boldsymbol{y}) + \xi(\boldsymbol{y})h(\boldsymbol{y})\right) - k_u'\left(\boldsymbol{x}, \boldsymbol{y}, \varphi_0(\boldsymbol{y})\right)\right| \mathrm{d}\boldsymbol{y} \end{aligned} \qquad (7.33)$$

式中: $\xi(\boldsymbol{y}) \in (0, 1)$.

令 $M = \max\limits_{\boldsymbol{x} \in G} |\varphi_0(\boldsymbol{x})|$. 由 Cantor 定理 (定理 7.4.8) 可知, 对任意 $\varepsilon > 0$, 由于 $k_u'(\boldsymbol{x}, \boldsymbol{y}, u)$ 在集 $\widehat{G} \times [-M-1, M+1]$ 上的一致连续性, 存在 $\delta > 0$(不妨设 $\delta < 1$), 使得 $u_1, u_2 \in [-M-1, M+1]$, $|u_1 - u_2| < \delta$ 时, 有

$$\left|k_u'\left(\boldsymbol{x}, \boldsymbol{y}, u_1\right) - k_u'\left(\boldsymbol{x}, \boldsymbol{y}, u_2\right)\right| < \frac{\varepsilon}{\mathrm{mes}G}, \quad (\boldsymbol{x}, \boldsymbol{y}) \in \widehat{G} \qquad (7.34)$$

于是, 由式 (7.33) 和式 (7.34), 当 $0 < \|h\| < \delta$ 时, 有

$$|\mathcal{U}(\varphi_0(\boldsymbol{x}) + h(\boldsymbol{x})) - \mathcal{U}\varphi_0(\boldsymbol{x}) - \mathcal{B}h(\boldsymbol{x})| < \|h\| \int_G \frac{\varepsilon}{\mathrm{mes}G}\mathrm{d}\boldsymbol{y} = \varepsilon\|h\|, \ \boldsymbol{x} \in G$$

故

$$\frac{\|\mathcal{U}(\varphi_0 + h) - \mathcal{U}\varphi_0 - \mathcal{B}h\|}{\|h\|} \leqslant \varepsilon$$

即

$$\lim_{\|h\| \to 0} \frac{\|\mathcal{U}(\varphi_0 + h) - \mathcal{U}\varphi_0 - \mathcal{B}h\|}{\|h\|} = 0$$

由此知 $\mathcal{U}$ 在任意点 $\varphi_0$ 处是 Fréchet 可微的, 且 $\mathcal{U}'(\varphi_0) = \mathcal{B}$.

为方便理解 Fréchet 微分的链式法则, 先来回顾微积分中的链式法则 (chain rule): 设 $u = \varphi(x)$ 在点 $x_0$ 处是可微的, $y = f(u)$ 在点 $u_0$ 处是可微的, 则复合函数 $y = f(\varphi(x))$ 在 $x_0$ 处是可微的, 且

$$(f(\varphi(x)))'(x_0) = f'(u_0)\,\varphi'(x_0) \tag{7.35}$$

**证** 由有限增量公式

$$\Delta y = f'(x_0)\,\Delta x + \omega(x)\Delta x$$

式中: $\omega(x)$ 满足 $\lim\limits_{x \to x_0} \omega(x) = \omega(x_0) = 0$, 分别有

$$\varphi(x) - \varphi(x_0) = \varphi'(x_0)\,\Delta x + \omega_1(x)\Delta x \tag{7.36}$$

式中: $\omega_1(x)$ 在 $x_0$ 处是连续的, 且 $\omega_1(x_0) = 0$, 则

$$f(u) - f(u_0) = f'(u_0)\,\Delta u + \omega_2(u)\Delta u \tag{7.37}$$

式中: $\omega_2(u)$ 在 $u_0$ 处是连续的, 且 $\omega_2(u_0) = 0$.

在式 (7.37) 中, 令 $u = \varphi(x)$, 用条件 $u_0 = \varphi(x_0)$, 从而 $\Delta u = \varphi(x) - \varphi(x_0)$. 再将式 (7.36) 代入, 有

$$\Delta y = f(\varphi(x)) - f(\varphi(x_0)) = f'(u_0)\,\varphi'(x_0)\,\Delta x + \omega(x)\Delta x \tag{7.38}$$

式中

$$\omega(x) = f'(u_0)\,\omega_1(x) + \varphi'(x_0)\,\omega_2(\varphi(x)) + \omega_1(x)\omega_2(\varphi(x))$$

由于 $\omega_1(x), \omega_2(u)$ 分别在 $x_0, u_0 = \varphi(x_0)$ 处的连续性, 且

$$\omega_1(x_0) = 0, \ \omega_2(\varphi(x_0)) = 0$$

$\omega(x)$ 在 $x_0$ 处是连续的, 且 $\omega(x_0) = 0$, 故有 $\lim\limits_{x \to x_0} \omega(x) = 0$.

式 (7.38) 两端同时除以 $\Delta x$, 有

$$\frac{\Delta y}{\Delta x} = f'(u_0)\varphi'(x_0) + \omega(x)$$

再令 $x \to x_0$, 就有所要证的式 (7.35). 证完.

这样比照链式法则式 (7.35) 及其证明就容易给出下述 Fréchet 微分的链式法则了.

**定理 7.5.6 (链式法则)** 设 $X, Y, Z$ 都是 Banach 空间, $D \subset X$ 和 $H \subset Y$ 都是开集, $\mathcal{A}: D \mapsto Y$, $\mathcal{B}: H \mapsto Z$, $\mathcal{A}(D) \subset H$. 若 $\mathcal{A}$ 在点 $x_0 \in D$ 处, $\mathcal{B}$ 在点 $y_0 = \mathcal{A}x_0$ 处都是 Fréchet 可微的, 则复合算子 $\mathcal{BA}: D \mapsto Z$ 在 $x_0$ 处是 Fréchet 可微的, 且

$$(\mathcal{BA})'(x_0) = \mathcal{B}'(y_0)\mathcal{A}'(x_0) \tag{7.39}$$

**证** 由假设有

$$\lim_{\|h\| \to 0} \frac{\|\omega(x_0, h)\|}{\|h\|} = 0$$
$$\mathcal{A}(x_0 + h) - \mathcal{A}x_0 = \mathcal{A}'(x_0)h + \omega(x_0, h)$$

故有

$$\mathcal{B}(y_0 + k) - \mathcal{B}y_0 = \mathcal{B}'(y_0)k + \omega(y_0, k) \tag{7.40}$$

式中

$$\lim_{\|k\| \to 0} \frac{\|\omega(y_0, k)\|}{\|k\|} = 0$$

令 $\omega(y_0, k) = \|k\|\omega_1(y_0, k)$, 则 $\lim\limits_{\|k\| \to 0} \|\omega_1(y_0, k)\| = 0$.

在式 (7.40) 中, 取

$$k = \mathcal{A}(x_0 + h) - \mathcal{A}x_0 = \mathcal{A}(x_0 + h) - y_0$$

故当 $\|h\| \to 0$ 时有 $\|k\| \to 0$. 此时, 式 (7.40) 变为

$$\mathcal{BA}(x_0 + h) - \mathcal{BA}x_0 = \mathcal{B}'(y_0)(\mathcal{A}'(x_0)h + \omega(x_0, h)) + \|k\|\omega_1(y_0, k)$$

故有

$$\mathcal{BA}(x_0 + h) - \mathcal{BA}x_0 = \mathcal{B}'(y_0)\mathcal{A}'(x_0)h + \omega_2(x_0, h) \tag{7.41}$$

式中

$$\omega_2(x_0, h) = \mathcal{B}'(y_0)\omega(x_0, h) + \|k\|\omega_1(y_0, k)$$

于是

$$\frac{\|\omega_2\,(x_0,h)\|}{\|h\|} \leqslant \|\mathcal{B}'\,(y_0)\|\,\frac{\|\omega\,(x_0,h)\|}{\|h\|} + \frac{\|k\|}{\|h\|}\,\|\omega_1\,(y_0,k)\| \tag{7.42}$$

而

$$\frac{\|k\|}{\|h\|} = \frac{\|\mathcal{A}'\,(x_0)\,h + \omega\,(x_0,h)\|}{\|h\|} \leqslant \|\mathcal{A}'\,(x_0)\| + \frac{\|\omega\,(x_0,h)\|}{\|h\|} \tag{7.43}$$

故由式 (7.42) 式 (7.43), 有

$$\lim_{\|h\|\to 0}\frac{\|\omega_2\,(x_0,h)\|}{\|h\|} = 0 \tag{7.44}$$

于是, 由式 (7.41) 和式 (7.44) 可知, $\mathcal{B}\mathcal{A}$ 在 $x_0$ 处是 Fréchet 可微的, 且式 (7.39) 成立. 证完.

**推论 7.5.1**　设 $X, Y, Z$ 都是 Banach 空间, $D \subset X$ 是开集, $\mathcal{A} \in \mathcal{B}(D,Y)$, $\mathcal{B} \in \mathcal{B}(Y,Z)$. 若 $\mathcal{A}$ 在点 $x_0 \in D$ 处是 Fréchet 可微的, 则复合算子 $\mathcal{B}\mathcal{A}$ 在点 $x_0 \in D$ 处是 Fréchet 可微的, 且 $(\mathcal{B}\mathcal{A})'\,(x_0) = \mathcal{B}\mathcal{A}'\,(x_0)$.

### 7.5.4　中值定理

在这一节推广微积分中的中值定理.

**定理 7.5.7**　设 $X$ 和 $Y$ 都是 Banach 空间, 记线段

$$\ell = \{x = x_0 + th \mid t \in [0,1], x_0, h \in X\}$$

(1) (泛函型 Lagrange 中值定理, Lagrange mean-value theorem of functional-type) 若 $f : D \mapsto \mathbb{R}$(线段 $\ell \subset D$) 在线段 $\ell$ 上是 Fréchet 可微的, 则存在 $\tau \in (0,1)$, 使得

$$f\,(x_0 + h) - f\,(x_0) = f'\,(x_0 + \tau h)\,h$$

(2) (算子型 Lagrange 中值定理, Lagrange mean-value theorem of operator-type) 若 $\mathcal{T} : D \mapsto Y$ (线段 $\ell \subset D$) 在线段 $\ell$ 上是 Fréchet 可微的, 则存在 $\tau \in (0,1)$, 使得

$$\|\mathcal{T}\,(x_0 + h) - \mathcal{T}x_0\| \leqslant \|\mathcal{T}'\,(x_0 + \tau h)\,h\|$$

(3) (算子型积分中值定理, integral mean-value theorem of operator-type) 若 $\mathcal{T} : D \mapsto Y$(线段 $\ell \subset D$) 在线段 $\ell$ 上是连续 Fréchet 可微的, 则

$$\mathcal{T}\,(x_0 + h) - \mathcal{T}x_0 = \int_0^1 \mathcal{T}'\,(x_0 + th)\,h\mathrm{dt}$$

**证** (1) 令 $\varphi(t) = f(x_0 + th)$, $t \in [0,1]$, 由链式法则式 (7.35) 可知, 它在 $[0,1]$ 上是可微的, 且 $\varphi'(t) = f'(x_0 + th)h$. 由 Lagrange 中值定理, 存在 $\tau \in (0,1)$, 使得 $\varphi(1) - \varphi(0) = \varphi'(\tau)$, 即泛函型 Lagrange 中值定理成立.

(2) 不妨设 $T(x_0 + h) - Tx_0 \neq \vartheta$.

由 Hahn-Banach 定理 (定理 4.3.3) 可知, 存在 $\psi \in Y^*$, 使得 $|\psi| = 1$, 且

$$\psi(T(x_0 + h) - Tx_0) = \|T(x_0 + h) - Tx_0\|$$

令 $\varphi(t) = \psi T(x_0 + th)$, $t \in [0,1]$. 易知 $\varphi'(t) = \psi T'(x_0 + th)h$. 由 Lagrange 中值定理, 存在 $\tau \in (0,1)$, 使得 $\varphi(1) - \varphi(0) = \varphi'(\tau)$, 即 $\psi(T(x_0 + h) - Tx_0) = \psi T'(x_0 + \tau h)h$. 从而

$$\begin{aligned}
\|T(x_0 + h) - Tx_0\| &= \psi T'(x_0 + \tau h)h \\
&\leqslant \|\psi\| \|T'(x_0 + \tau h)h\| \\
&= \|T'(x_0 + \tau h)h\|
\end{aligned}$$

即算子型 Lagrange 中值定理成立.

(3) 令 $y(t) = T(x_0 + th)$, $t \in [0,1]$. 由假设, $y'(t) = T'(x_0 + th)h$ 在 $[0,1]$ 上是连续的, 故由抽象函数的 Newton-Leibniz 公式 (7.22), 有

$$\int_0^1 y'(t)\mathrm{d}t = y(1) - y(0)$$

此即算子型积分中值定理. 证完.

例 7.5.3 说明对算子来说, 算子型 Lagrange 中值定理 (定理 7.5.7(2)) 中的等号一般不成立.

**例 7.5.3** 设算子 $T : \mathbb{R}^2 \mapsto \mathbb{R}^2$, 使得 $Tx = (x_1^2, x_2^3)$. 取点 $x^{(0)} = (0,0)$, $h = (1,1)$, 则 $T(x^{(0)} + h) - Tx^{(0)} = (1,1)$. 而 $T'(x^{(0)} + \tau h)h = (2\tau, 3\tau^2)$, 故若算子型 Lagrange 中值定理 (定理 7.5.7(2)) 中的等号成立, 则 $1 = 2\tau$, $1 = 3\tau^2$. 矛盾.

**定理 7.5.8** 若 $T : D \mapsto Y$ 是全连续算子, 且在点 $x_0 \in D$ 处是 Fréchet 可微的, 则算子 $T'(x_0) : X \mapsto Y$ 是全连续的.

**证** 因为 $T'(x_0)$ 是线性算子, 所以只需证 $T'(x_0)$ 将单位球 $B(\vartheta; 1) \subset X$ 变成 $Y$ 中的相对紧集.

若不然, 则存在 $\varepsilon_0 > 0$, $h_i \in B(\vartheta; 1)(i \in \mathbb{Z}^+)$, 使得

$$\|T'(x_0)h_i - T'(x_0)h_j\| \geqslant \varepsilon_0, \ i \neq j \tag{7.45}$$

由 $T'(x_0)$ 的定义并注意到 $D$ 的开性, 存在 $\tau > 0$, 当 $\|h\| \leqslant \tau$ 时有 $x_0 + h \in D$, 且

$$\|T(x_0 + h) - Tx_0 - T'(x_0)h\| \leqslant \frac{\varepsilon_0}{3}\|h\| \tag{7.46}$$

于是当 $i \neq j$ 时, 由式 (7.45) 和式 (7.46), 有

$$
\begin{aligned}
\|T(x_0 + \tau h_i) - T(x_0 + \tau h_j)\| &= \|(T(x_0 + \tau h_i) - Tx_0 - T'(x_0)(\tau h_i)) \\
&\quad - (T(x_0 + \tau h_j) - Tx_0 - T'(x_0)(\tau h_j)) \\
&\quad + \tau(T'(x_0)h_i - T'(x_0)h_j)\| \\
&\geqslant \tau\|T'(x_0)h_i - T'(x_0)h_j\| \\
&\quad - \|T(x_0 + \tau h_i) - Tx_0 - T'(x_0)(\tau h_i)\| \\
&\quad - \|T(x_0 + \tau h_j) - Tx_0 - T'(x_0)(\tau h_j)\| \\
&\geqslant \tau\varepsilon_0 - \frac{\varepsilon_0}{3}\|\tau h_i\| - \frac{\varepsilon_0}{3}\|\tau h_j\| \\
&\geqslant \frac{\tau\varepsilon_0}{3}
\end{aligned}
$$

这与其全连续性矛盾. 证完.

### 7.5.5 $n$ 阶 Fréchet 微分

**定义 7.5.5** 设 $X, Y$ 都是 Banach 空间, $D \subset X$ 是开集. 若 $T : D \mapsto Y$ 在 $D$ 中每点都是 Fréchet 可微的, 则 Fréchet 导算子 $T'(x)$ 随 $x$ 而变且 $T' : D \mapsto \mathcal{B}(X, Y)$. 若 $T'$ 又在点 $x_0 \in D$ 处是 Fréchet 可微的, 则称 $T$ 在点 $x_0 \in D$ 处是二阶 Fréchet 可微的 (second Fréchet differentiable), 而 $T'$ 在 $x_0 \in D$ 处的 Fréchet 导算子 $(T')'(x_0)$ 称为 $T$ 在 $x_0 \in D$ 处的二阶 Fréchet 导算子 (second Fréchet derived operator), 记为 $T''(x_0)$.

一般地, 可定义 $T$ 在 $x_0 \in D$ 处是 $n$ 阶 Fréchet 可微的 (nth Fréchet differentiable), $n$ 阶 Fréchet 可微算子 (nth Fréchet differentiable operator) 和 $T$ 在 $x_0 \in D$ 处的 $n$ 阶 Fréchet 导算子 (nth Fréchet derived operator) 概念, 并记为 $T^{(n)}(x)$.

由上述定义, 显然 $T' \in \mathcal{B}(X, Y)$, $T'' \in \mathcal{B}(X, \mathcal{B}(X, Y))$. 由归纳法可定义

$$T^{(n)} \in \mathcal{B}(X, \mathcal{B}(X, \cdots, \mathcal{B}(X, Y) \cdots))$$

**定义 7.5.6** 设 $X, Y$ 都是 Banach 空间. 若
(1) 算子 $u_n(x_1, x_2, \cdots, x_n)$ 对每个变元 $x_i(i = 1, 2, \cdots, n)$ 都是线性的;
(2) 存在 $M \geqslant 0$, 使得

$$\|u_n(x_1, x_2, \cdots, x_n)\| \leqslant M\|x_1\|\|x_2\|\cdots\|x_n\|, \quad x_i \in X, \ i = 1, 2, \cdots, n$$

则称 $u_n : X \times X \times \cdots \times X \mapsto Y$ 是 $n$ 有界线性算子 ($n$ bounded linear operator).

易证, 若按普通加法和数乘, 并定义范数

$$\|u_n\| = \sup_{\|x_i\|=1, i=1,2,\cdots,n} \|u_n(x_1, x_2, \cdots, x_n)\|$$

则所有算子 $u_n$ 构成 Banach 空间, 记 $\mathcal{B}(X \times X \times \cdots \times X, Y)$.

若 $u_n \in \mathcal{B}(X, \mathcal{B}(X, \cdots, \mathcal{B}(X, Y)\cdots))$, 则 $u_n \in \mathcal{B}(X \times X \times \cdots \times X, Y)$.

事实上, 若将 $(\cdots((u_n x_1) x_2)\cdots) x_n$ 视为算子 $u_n(x_1, x_2, \cdots, x_n)$, 则

$$\begin{aligned}
\|u_n(x_1, x_2, \cdots, x_n)\| &= \|(\cdots((u_n x_1) x_2)\cdots) x_n\| \\
&\leqslant \|(\cdots((u_n x_1) x_2)\cdots) x_{n-1}\| \|x_n\| \\
&\leqslant \cdots \\
&\leqslant \|u_n x_1\| \|x_2\| \|x_3\| \cdots \|x_{n-1}\| \|x_n\| \\
&\leqslant \|u_n\| \|x_1\| \|x_2\| \cdots \|x_n\|
\end{aligned}$$

故 $u_n \in \mathcal{B}(X \times X \times \cdots \times X, Y)$.

反之, 若 $u_n \in \mathcal{B}(X \times X \times \cdots \times X, Y)$, 让 $x_1, x_2, \cdots, x_{n-1}$ 固定, $x_n$ 变化, 则

$$u_n(x_1, x_2, \cdots, x_n) = u_n(x_1, x_2, \cdots, x_{n-1}) x_n$$

因为

$$\begin{aligned}
\|u_n(x_1, x_2, \cdots, x_{n-1}) x_n\| &= \|u_n(x_1, x_2, \cdots, x_n)\| \\
&\leqslant M \|x_1\| \|x_2\| \cdots \|x_n\|
\end{aligned}$$

所以

$$|u_n(x_1, x_2, \cdots, x_{n-1})| \leqslant M \|x_1\| \|x_2\| \cdots \|x_{n-1}\|$$

从而 $u_n(x_1, x_2, \cdots, x_{n-1}) \in \mathcal{B}(X, Y)$.

同理, 让 $x_1, x_2, \cdots, x_{n-2}$ 固定, $x_{n-1}$ 变化, 则

$$u_n(x_1, x_2, \cdots, x_{n-1}) = u_n(x_1, x_2, \cdots, x_{n-2}) x_{n-1},$$

式中: $u_n(x_1, x_2, \cdots, x_{n-2}) \in \mathcal{B}(X, \mathcal{B}(X, Y))$.

依此类推, 最后有 $u_n \in \mathcal{B}(X, \mathcal{B}(X, \cdots, \mathcal{B}(X, Y)\cdots))$.

以后将对 $(\cdots((u_n x_1) x_2)\cdots) x_n$ 和 $u_n(x_1, x_2, \cdots, x_n)$ 不再加以区别, 并简记 $u_n x_1 x_2 \cdots x_n$. 特别地, 若 $x_1 = x_2 = \cdots = x_n = h$, 则 $u_n h h \cdots h = u_n h^n$.

由 $n$ 有界线性算子定义有 $T''(x) \in \mathcal{B}(X \times X, Y)$. 一般地有

$$T^{(n)}(x) \in \mathcal{B}(X \times X \times \cdots \times X, Y)$$

若存在 $\mathcal{Q} \in \mathcal{B}(X \times X \times X, Y)$, 满足

$$\|T'(x_0 + h)k - T'(x_0)k - \mathcal{Q}hk\| \leqslant \|k\|\|h\|\alpha(h)$$

式中: $\alpha(h) \to 0,\ h \to \vartheta$, 则 $T''(x_0)$ 存在, 且 $T''(x_0) = \mathcal{Q}$. 事实上, 由上式可知

$$\|T'(x_0 + h) - T'(x_0) - \mathcal{Q}h\| \leqslant \|h\|\alpha(h)$$

由此有

$$\lim_{\|h\| \to 0} \frac{\|T'(x_0 + h) - T'(x_0) - \mathcal{Q}h\|}{\|h\|} = 0$$

故 $T''(x_0)$ 存在, 且 $T''(x_0) = \mathcal{Q}$.

**例 7.5.4**  设算子 $T : \mathbb{R}^n \mapsto \mathbb{R}^m$, 使得 $\boldsymbol{y} = T\boldsymbol{x}$, 其中 $\boldsymbol{x} \in \mathbb{R}^n$, $\boldsymbol{y} \in \mathbb{R}^m$, $y_i = f_i(x_1, x_2, \cdots, x_n)\,(i = 1, 2, \cdots, m)$.

设每个 $f_i(x_1, x_2, \cdots, x_n)$ 都在点 $\boldsymbol{x}^{(0)} = (x_1^{(0)}, x_2^{(0)}, \cdots, x_n^{(0)})$ 的附近具有连续的二阶偏导数. 由例 7.5.1 的结论可知, 对 $\boldsymbol{h} = (h_1, h_2, \cdots, h_n)$, 当 $\|\boldsymbol{h}\|$ 充分小时, 对 $\boldsymbol{k} = (k_1, k_2, \cdots, k_n)$, 由 Lagrange 中值定理, 有

$$
\begin{aligned}
&T'(\boldsymbol{x}^{(0)} + \boldsymbol{h})\boldsymbol{k} - T'(\boldsymbol{x}^{(0)})\boldsymbol{k} \\
&= \left( \sum_{i=1}^{n} \left( \left.\frac{\partial f_1}{\partial x_i}\right|_{\boldsymbol{x}^{(0)} + \boldsymbol{h}} - \left.\frac{\partial f_1}{\partial x_i}\right|_{\boldsymbol{x}^{(0)}} \right) k_i, \sum_{i=1}^{n} \left( \left.\frac{\partial f_2}{\partial x_i}\right|_{\boldsymbol{x}^{(0)} + \boldsymbol{h}} - \left.\frac{\partial f_2}{\partial x_i}\right|_{\boldsymbol{x}^{(0)}} \right) k_i, \cdots, \right. \\
&\quad \left. \sum_{i=1}^{n} \left( \left.\frac{\partial f_m}{\partial x_i}\right|_{\boldsymbol{x}^{(0)} + \boldsymbol{h}} - \left.\frac{\partial f_m}{\partial x_i}\right|_{\boldsymbol{x}^{(0)}} \right) k_i \right) \\
&= \left( \sum_{i,j=1}^{n} \left.\frac{\partial^2 f_1}{\partial x_i \partial x_j}\right|_{\boldsymbol{x}^{(0)} + \xi_i^{(1)}\boldsymbol{h}} k_i h_j, \sum_{i,j=1}^{n} \left.\frac{\partial^2 f_2}{\partial x_i \partial x_j}\right|_{\boldsymbol{x}^{(0)} + \xi_i^{(1)}\boldsymbol{h}} k_i h_j, \cdots, \right. \\
&\quad \left. \sum_{i,j=1}^{n} \left.\frac{\partial^2 f_m}{\partial x_i \partial x_j}\right|_{\boldsymbol{x}^{(0)} + \xi_i^{(m)}\boldsymbol{h}} k_i h_j \right)
\end{aligned}
$$

式中: $\xi_i^{(s)} \in (0, 1)\,(s = 1, 2, \cdots, m; i = 1, 2, \cdots, n)$. 由于 $\dfrac{\partial^2 f_s}{\partial x_i \partial x_j}$ 的连续性, 用

$$\|T'(\boldsymbol{x}_0 + \boldsymbol{h})\boldsymbol{k} - T'(\boldsymbol{x}_0)\boldsymbol{k} - \mathcal{Q}\boldsymbol{h}\boldsymbol{k}\| \leqslant \|\boldsymbol{k}\|\|\boldsymbol{h}\|\alpha(\boldsymbol{h})$$

易知 $T$ 在点 $\boldsymbol{x}^{(0)}$ 处是二阶 Fréchet 可微的, 且 $T''\left(\boldsymbol{x}^{(0)}\right)$ 由下式表示, 即

$$
\begin{aligned}
&T''\left(\boldsymbol{x}^{(0)}\right)\boldsymbol{hk}\\
&=\left(\sum_{i,j=1}^{n}\left.\frac{\partial^2 f_1}{\partial x_i\partial x_j}\right|_{\boldsymbol{x}^{(0)}}h_jk_i,\sum_{i,j=1}^{n}\left.\frac{\partial^2 f_2}{\partial x_i\partial x_j}\right|_{\boldsymbol{x}^{(0)}}h_jk_i,\cdots,\sum_{i,j=1}^{n}\left.\frac{\partial^2 f_m}{\partial x_i\partial x_j}\right|_{\boldsymbol{x}^{(0)}}h_jk_i\right)
\end{aligned}
$$

或

$$
\begin{aligned}
&T''\left(\boldsymbol{x}^{(0)}\right)\boldsymbol{hk}\\
&=\left(\sum_{i,j=1}^{n}\left.\frac{\partial^2 f_1}{\partial x_i\partial x_j}\right|_{\boldsymbol{x}^{(0)}}h_ik_j,\sum_{i,j=1}^{n}\left.\frac{\partial^2 f_2}{\partial x_i\partial x_j}\right|_{\boldsymbol{x}^{(0)}}h_ik_j,\cdots,\sum_{i,j=1}^{n}\left.\frac{\partial^2 f_m}{\partial x_i\partial x_j}\right|_{\boldsymbol{x}^{(0)}}h_ik_j\right),
\end{aligned}
$$

即 $T''\left(\boldsymbol{x}^{(0)}\right)$ 由二阶导数所构成的三维矩阵表示 $\left(\dfrac{\partial^2 f_s}{\partial x_i\partial x_j}\right)$ $(s=1,2,\cdots,m;i,j=1,2,\cdots,n)$.

**例 7.5.5** 考虑 Urysohn 算子, $G\subset\mathbb{R}^n$ 是有界闭集.

设 $k(\boldsymbol{x},\boldsymbol{y},u)$, $k'_u(\boldsymbol{x},\boldsymbol{y},u)$ 和 $k''_{uu}(\boldsymbol{x},\boldsymbol{y},u)$ 都是 $\widehat{G}\times\mathbb{R}$ 上的连续函数. 由定理 7.4.9 可知, $\mathcal{U}:C(G)\mapsto C(G)$ 是全连续的. 要证在任意点 $\varphi_0\in C(G)$ 处 $\mathcal{U}$ 的二阶 Fréchet 可微性, 且其 Fréchet 导算子 $\mathcal{U}''(\varphi_0)$ 是由线性积分算子

$$
\mathcal{U}''(\varphi_0(\boldsymbol{x}))h(\boldsymbol{x})k(\boldsymbol{x})=\int_G k''_{uu}\left(\boldsymbol{x},\boldsymbol{y},\varphi_0(\boldsymbol{y})\right)h(\boldsymbol{y})k(\boldsymbol{y})\mathrm{d}\boldsymbol{y}
$$

定义的.

事实上, 令

$$
\mathcal{Q}h(\boldsymbol{x})k(\boldsymbol{x})=\int_G k''_{uu}\left(\boldsymbol{x},\boldsymbol{y},\varphi_0(\boldsymbol{y})\right)h(\boldsymbol{y})k(\boldsymbol{y})\mathrm{d}\boldsymbol{y}
$$

显然, $\mathcal{Q}\in\mathcal{B}(C(G)\times C(G),C(G))$. 由例 7.5.2 可知, 对任意 $\varphi_0\in C(G)$, $\mathcal{U}'(\varphi_0)$ 都存在, 且有表达式

$$
\mathcal{U}'(\varphi_0)h(\boldsymbol{x})=\int_G k'_u\left(\boldsymbol{x},\boldsymbol{y},\varphi_0(\boldsymbol{y})\right)h(\boldsymbol{y})\mathrm{d}\boldsymbol{y}
$$

于是

$$
\begin{aligned}
&\mathcal{U}'(\varphi_0(\boldsymbol{x})+h(\boldsymbol{x}))k(\boldsymbol{x})-\mathcal{U}'(\varphi_0(\boldsymbol{x}))k(\boldsymbol{x})\\
&=\int_G\left(k'_u\left(\boldsymbol{x},\boldsymbol{y},\varphi_0(\boldsymbol{y})+h(\boldsymbol{y})\right)-k'_u\left(\boldsymbol{x},\boldsymbol{y},\varphi_0(\boldsymbol{y})\right)\right)k(\boldsymbol{y})\mathrm{d}\boldsymbol{y}\\
&=\int_G k''_{uu}\left(\boldsymbol{x},\boldsymbol{y},\varphi_0(\boldsymbol{y})+\xi h(\boldsymbol{y})\right)h(\boldsymbol{y})k(\boldsymbol{y})\mathrm{d}\boldsymbol{y}
\end{aligned}
$$

式中: $\xi \in [0,1]$. 从而

$$\|\mathcal{U}'\left(\varphi_0(\boldsymbol{x}) + h(\boldsymbol{x})\right) k(\boldsymbol{x}) - \mathcal{U}'\left(\varphi_0(\boldsymbol{x})\right) k(\boldsymbol{x}) - \mathcal{Q}h(\boldsymbol{x})k(\boldsymbol{x})\| \leqslant \|h\|\|k\|\alpha(h)$$

式中

$$\alpha(h) = \max_{(\boldsymbol{x},\boldsymbol{y})\in\widehat{G}, 0\leqslant\xi\leqslant 1} |k_{uu}''\left(\boldsymbol{x},\boldsymbol{y},\varphi_0(\boldsymbol{y}) + \xi h(\boldsymbol{y})\right) - k_{uu}''\left(\boldsymbol{x},\boldsymbol{y},\varphi_0(\boldsymbol{y})\right)| \operatorname{mes}G$$

显然 $\alpha(h) \to 0$, $\|h\| \to 0$, 故 $\mathcal{U}''\left(\varphi_0\right)$ 存在, 且 $\mathcal{U}''\left(\varphi_0\right) = \mathcal{Q}$.

### 7.5.6 Taylor 中值定理

下面分别给出泛函型, 算子型和带积分余项的算子型 Taylor[1] 中值定理. 在下面 3 个定理中, $\ell$ 都是线段, 即

$$\ell = \{x = x_0 + th \mid t \in [0,1], x_0, h \in X\}$$

**定理 7.5.9 (泛函型 Taylor 中值定理, Taylor mean-value theorem of functional-type)** 设 $X$ 是 Banach 空间, $D \subset X$ 是开集, $F : D \mapsto \mathbb{R}$, 线段 $\ell \subset D$. 若 $F \in C^{(n+1)}(\ell)$, 则存在 $\xi \in (0,1)$, 使得

$$F\left(x_0 + h\right) = \sum_{i=0}^{n} \frac{1}{i!} F^{(i)}\left(x_0\right) h^i + \frac{1}{(n+1)!} F^{(n+1)}\left(x_0 + \xi h\right) h^{n+1}$$

**证** 设 $\varphi(t) = F\left(x_0 + th\right)$, $t \in [0,1]$, 则 $\varphi^{(i)}(t) = F^{(i)}\left(x_0 + th\right) h^i (i = 1, 2, \cdots, n+1)$, $t \in [0,1]$. 由 Taylor 中值定理, 存在 $\xi \in (0,1)$, 使得

$$\varphi(1) = \sum_{i=0}^{n} \frac{1}{i!} \varphi^{(i)}(0) + \frac{1}{(n+1)!} \varphi^{(n+1)}(\xi)$$

此即泛函型 Taylor 中值定理. 证完.

**定理 7.5.10 (算子型 Taylor 中值定理, Taylor's mean-value theorem of operator-type)** 设 $X, Y$ 都是 Banach 空间, $D \subset X$ 是开集, $\mathcal{T} : D \mapsto Y$, 线段 $\ell \subset D$. 若算子 $\mathcal{T} \in C^{(n+1)}(\ell)$, 则存在 $\xi \in (0,1)$, 使得

$$\left\|\mathcal{T}\left(x_0 + h\right) - \sum_{i=0}^{n} \frac{1}{i!}\mathcal{T}^{(i)}\left(x_0\right) h^i\right\| \leqslant \frac{1}{(n+1)!} \left\|\mathcal{T}^{(n+1)}\left(x_0 + \xi h\right) h^{n+1}\right\|$$

**证** 令

$$z_0 = \mathcal{T}\left(x_0 + h\right) - \sum_{i=0}^{n} \frac{1}{i!}\mathcal{T}^{(i)}\left(x_0\right) h^i$$

[1] Brook Taylor (1685.08.18—1731.12.29), 英国人.

不妨设 $z_0 \neq \vartheta$.

由 Hahn-Banach 定理 (定理 4.3.3) 可知, 存在 $f \in Y^*$, 使得 $\|f\| = 1$, 且 $f(z_0) = \|z_0\|$. 设 $\varphi(t) = f\mathcal{T}(x_0 + th), t \in [0, 1]$, 则 $\varphi^{(i)}(t) = f\mathcal{T}^{(i)}(x_0 + th)h^i (i = 1, 2, \cdots, n+1), t \in [0, 1]$. 由 Taylor 中值定理, 存在 $\xi \in (0, 1)$, 使得

$$\varphi(1) = \sum_{i=0}^{n} \frac{1}{i!}\varphi^{(i)}(0) + \frac{1}{(n+1)!}\varphi^{(n+1)}(\xi)$$

即

$$f(z_0) = \frac{1}{(n+1)!}f\mathcal{T}^{(n+1)}(x_0 + \xi h)h^{n+1}$$

由此有

$$\begin{aligned}
\|z_0\| &= f(z_0) \\
&\leqslant \frac{1}{(n+1)!}\|f\|\|\mathcal{T}^{(n+1)}(x_0 + \xi h)h^{n+1}\| \\
&= \frac{1}{(n+1)!}\|\mathcal{T}^{(n+1)}(x_0 + \xi h)h^{n+1}\|
\end{aligned}$$

此即算子型 Taylor 中值定理. 证完.

**定理 7.5.11 (带积分余项的算子型 Taylor 中值定理, Taylor's mean-value theorem of operator-type with integral remainder)**    设 $X, Y$ 都是 Banach 空间, $D \subset X$ 是开集, $\mathcal{T} : D \mapsto Y$, 线段 $\ell \subset D$, 若算子 $\mathcal{T} \in C^{(n)}(\ell)$, 则

$$\mathcal{T}(x_0 + h) = \sum_{i=0}^{n-1} \frac{1}{i!}\mathcal{T}^{(i)}(x_0)h^i + \frac{1}{(n-1)!}\int_0^1 (1-t)^{n-1}\mathcal{T}^{(n)}(x_0 + th)h^n \mathrm{d}t$$

**证**    对任意 $f \in Y^*$, 考虑函数

$$\varphi(t) = f\mathcal{T}(x_0 + th), \ t \in [0, 1]$$

则 $\varphi^{(i)}(t) = f\mathcal{T}^{(i)}(x_0 + th)h^i (i = 1, 2, \cdots, n), t \in [0, 1]$. 由假设, $\varphi^{(n)} \in C[0, 1]$ 由带积分余项的 Taylor 中值定理, 有

$$\varphi(1) = \sum_{i=0}^{n-1} \frac{1}{i!}\varphi^{(i)}(0) + \frac{1}{(n-1)!}\int_0^1 \varphi^{(n)}(t)(1-t)^{n-1}\mathrm{d}t$$

即

$$f\mathcal{T}(x_0 + h) = f\left(\sum_{i=0}^{n-1} \frac{1}{i!}\mathcal{T}^{(i)}(x_0)h^i + \frac{1}{(n-1)!}\int_0^1 (1-t)^{n-1}\mathcal{T}^{(n)}(x_0 + th)h^n \mathrm{d}t\right)$$

由于 $f \in Y^*$ 的任意性, 由 Hahn-Banach 定理 (定理 4.3.3) 可知, 带积分余项的算子型 Taylor 中值定理成立. 证完.

### 7.5.7  Gâteaux 微分

Fréchet 微分和导算子概念是应用上用得最多的, 因为 Fréchet 微分

$$d\left(\mathcal{T}\left(x_0\right)h\right) = \mathcal{T}'\left(x_0\right)h$$

定义成算子改变量 $\mathcal{T}\left(x_0 + h\right) - \mathcal{T}x_0$ 的线性主部. 以后将看到, 研究非线性算子 $\mathcal{T}$ 的一些问题往往可转化为研究线性算子 $\mathcal{T}'\left(x_0\right)$ 的相应问题. 这反映了非线性问题中的线性化方法. 然而, Fréchet 微分概念对算子的要求较强, 在讨论算子, 特别是泛函的一些问题时, 可将条件减弱有较弱的微分和导算子概念.

在 $\mathbb{R}^3$ 中, 设射线 $\ell$ 的方向余弦是 $(\cos\alpha, \cos\beta, \cos\gamma)$, 则方向 $\ell$ 上的任意一点 $(x, y, z)$ 可表示为 $(x, y, z) = (x_0 + r\cos\alpha, y_0 + r\cos\beta, z_0 + r\cos\gamma)$, 其中 $r$ 是两点 $(x, y, z)$ 和 $(x_0, y_0, z_0)$ 之间的距离, 在微积分中, 三元函数 $u = f(x, y, z)$ 在点 $(x_0, y_0, z_0)$ 沿着方向 $\ell$ 的方向导数可定义为

$$\frac{\partial u}{\partial \ell} = \lim_{r\to 0} \frac{f\left(x_0 + r\cos\alpha, y_0 + r\cos\beta, z_0 + r\cos\gamma\right) - f\left(x_0, y_0, z_0\right)}{r}$$

记 $\boldsymbol{v}_0 = (x_0, y_0, z_0)$, $\boldsymbol{h} = (\cos\alpha, \cos\beta, \cos\gamma)$, 则上式可改写为

$$\frac{\partial u}{\partial \ell} = \lim_{r\to 0} \frac{f\left((x_0, y_0, z_0) + r(\cos\alpha, \cos\beta, \cos\gamma)\right) - f\left(x_0, y_0, z_0\right)}{r}$$
$$= \lim_{r\to 0} \frac{f\left(\boldsymbol{v}_0 + r\boldsymbol{h}\right) - f\left(\boldsymbol{v}_0\right)}{r}$$

更一般地, 给出 Gâteaux[①] 微分和 Gâteaux 导算子概念.

**定义 7.5.7**  设 $X, Y$ 都是 Banach 空间, $D \subset X$ 是开集, $\mathcal{T}: D \mapsto Y$, 点 $x_0 \in D$. 若对任意 $h \in X$, $\lim\limits_{t\to 0} \dfrac{\mathcal{T}\left(x_0 + th\right) - \mathcal{T}x_0}{t}$ 在 $Y$ 中存在, 则称 $\mathcal{T}$ 在点 $x_0$ 处是 Gâteaux 可微的 (Gâteaux differentiable), 极限称为其在点 $x_0$ 处沿方向 $h$ 的 Gâteaux 微分 (Gâteaux differential), 记为 $\mathrm{D}\left(\mathcal{T}\left(x_0\right)h\right)$, 即

$$\mathrm{D}\left(\mathcal{T}\left(x_0\right)h\right) = \lim_{t\to 0} \frac{\mathcal{T}\left(x_0 + th\right) - \mathcal{T}x_0}{t}. \tag{7.47}$$

若 Gâteaux 微分可表示为 $\mathrm{D}\left(\mathcal{T}\left(x_0\right)h\right) = \mathcal{B}h$, 其中 $\mathcal{B} \in \mathcal{B}(X, Y)$, 则称 $\mathcal{T}$ 在点 $x_0$ 处具有有界线性的 Gâteaux 微分, $\mathcal{B}$ 称为其在点 $x_0$ 处的 Gâteaux 导算子 (Gâteaux derived operator), 记 $\mathcal{T}'\left(x_0\right)$, 即 $\mathrm{D}\left(\mathcal{T}\left(x_0\right)h\right) = \mathcal{T}'\left(x_0\right)h$.

显然, 由 Gâteaux 微分式 (7.47) 可看出, Gâteaux 微分和导算子概念是方向导数概念的推广

---

① René Eugène Gâteaux (1889.05.05—1914.10.03), 法国人.

**定理 7.5.12** 设 $X, Y$ 都是 Banach 空间, $D \subset X$ 是开集, $\mathcal{T} : D \mapsto Y$, $x_0 \in D$, 则

(1) 若 $\mathcal{T}$ 在点 $x_0$ 处是 Fréchet 可微的, 则其在 $x_0$ 处具有有界线性的 Gâteaux 微分, 且 $\mathrm{D}\left(\mathcal{T}\left(x_0\right) h\right) = \mathrm{d}\left(\mathcal{T}\left(x_0\right) h\right)$;

(2) 若 $\mathcal{T}$ 在 $x_0$ 附近具有有界线性的 Gâteaux 微分, 而 Gâteaux 导算子 $\mathcal{T}'\left(x_0\right)$ 在 $x_0$ 处又是连续的, 则 $\mathcal{T}$ 在 $x_0$ 处是 Fréchet 可微的.

**证** (1) 由假设

$$\mathcal{T}\left(x_0 + h\right) - \mathcal{T} x_0 = \mathcal{T}'\left(x_0\right) h + \omega\left(x_0, h\right)$$

式中: $\mathcal{T}'\left(x_0\right)$ 是 Fréchet 导算子, $\omega\left(x_0, h\right)$ 满足

$$\lim_{\|h\| \to 0} \frac{\|\omega\left(x_0, h\right)\|}{\|h\|} = 0$$

于是有

$$\mathcal{T}\left(x_0 + th\right) - \mathcal{T} x_0 - \mathcal{T}'\left(x_0\right) th = \omega\left(x_0, th\right)$$

即

$$\frac{\mathcal{T}\left(x_0 + th\right) - \mathcal{T} x_0}{t} - \mathcal{T}'\left(x_0\right) h = \frac{\omega\left(x_0, th\right)}{t}$$

而

$$\lim_{t \to 0} \left\| \frac{\omega\left(x_0, th\right)}{t} \right\| = \lim_{t \to 0} \frac{\|\omega\left(x_0, th\right)\|}{\|th\|} \cdot \|h\| = 0$$

故

$$\lim_{t \to 0} \frac{\mathcal{T}\left(x_0 + th\right) - \mathcal{T} x_0}{t} = \mathcal{T}'\left(x_0\right) h$$

因此, $\mathcal{T}$ 在点 $x_0$ 处具有有界线性的 Gâteaux 微分, 且

$$\mathrm{D}\left(\mathcal{T}\left(x_0\right) h\right) = \mathcal{T}'\left(x_0\right) h = \mathrm{d}\left(\mathcal{T}\left(x_0\right) h\right)$$

(2) 由假设, 对任意 $\varepsilon > 0$, 存在 $\delta > 0$, 当 $\|h\| < \delta$ 时, 有

$$\left\| \mathcal{T}'\left(x_0 + h\right) - \mathcal{T}'\left(x_0\right) \right\| < \varepsilon \tag{7.48}$$

式中: $\mathcal{T}'\left(x_0 + h\right), \mathcal{T}'\left(x_0\right)$ 均是 Gâteaux 导算子.

下证当 $0 < \|h\| < \delta$ 时, 有

$$\left\| \mathcal{T}\left(x_0 + h\right) - \mathcal{T} x_0 - \mathcal{T}'\left(x_0\right) h \right\| \leqslant \varepsilon \|h\| \tag{7.49}$$

由 Hahn-Banach 定理 (定理 4.3.3) 可知, 存在 $f \in Y^*$, 使得 $\|f\| = 1$, 且

$$f\left(\mathcal{T}\left(x_0 + h\right) - \mathcal{T} x_0 - \mathcal{T}'\left(x_0\right) h\right) = \left\| \mathcal{T}\left(x_0 + h\right) - \mathcal{T} x_0 - \mathcal{T}'\left(x_0\right) h \right\| \tag{7.50}$$

令 $\varphi(t) = f\mathcal{T}(x_0 + th)$, $t \in [0,1]$. 易知 $\varphi'(t) = f\mathcal{T}'(x_0 + th)h$, 其中 $\mathcal{T}'(x_0 + h)$ 是 Gâteaux 导算子. 由 Lagrange 中值定理, 存在 $\tau \in (0,1)$, 使得 $\varphi(1) - \varphi(0) = \varphi'(\tau)$, 即

$$f(\mathcal{T}(x_0 + h) - \mathcal{T}x_0) = f\mathcal{T}'(x_0 + \tau h)h \tag{7.51}$$

由式 (7.48), 式 (7.50) 和式 (7.51), 有

$$\begin{aligned}
\|\mathcal{T}(x_0 + h) - \mathcal{T}x_0 - \mathcal{T}'(x_0)h\| &= f(\mathcal{T}(x_0 + h) - \mathcal{T}x_0 - \mathcal{T}'(x_0)h) \\
&= f(\mathcal{T}'(x_0 + \tau h) - \mathcal{T}'(x_0))h \\
&\leqslant \|f\| \|\mathcal{T}'(x_0 + \tau h) - \mathcal{T}'(x_0)\| \|h\| \\
&= \|\mathcal{T}'(x_0 + \tau h) - \mathcal{T}'(x_0)\| \|h\| \\
&< \varepsilon \|h\|
\end{aligned}$$

即式 (7.49) 成立. 证完.

由微积分知, 即使沿任意方向的方向导数都存在, 也不一定有全微分. 事实上, 上述定理的 (1) 的逆不成立.

**例 7.5.6**  设 $f : \mathbb{R}^2 \mapsto \mathbb{R}$, 使得

$$f(\boldsymbol{x}) = \begin{cases} x_1 + x_2 + \dfrac{x_1^3 x_2}{x_1^4 + x_2^2}, & \boldsymbol{x} \neq \vartheta \\ 0, & \boldsymbol{x} = \vartheta \end{cases}$$

因为

$$\left| \frac{x_1^3 x_2}{x_1^4 + x_2^2} \right| \leqslant \frac{1}{2} |x_1|$$

所以 $f$ 在点 $\vartheta$ 处是连续的. 令 $\boldsymbol{h} = (h_1, h_2)$, 则

$$\lim_{t \to 0} \frac{f(\vartheta + t\boldsymbol{h}) - f(\vartheta)}{t} = \lim_{t \to 0} \frac{th_1 + th_2 + \dfrac{t^4 h_1^3 h_2}{t^4 h_1^4 + t^2 h_2^2}}{t} = h_1 + h_2$$

故 $f$ 在 $\vartheta$ 处是 Gâteaux 可微的, 且具有有界线性的 Gâteaux 微分

$$\mathrm{D}(f(\vartheta)\boldsymbol{h}) = f'(\vartheta)\boldsymbol{h} = h_1 + h_2$$

式中: $f'(\vartheta)$ 是 Gâteaux 导算子.

下面说明 $f$ 在点 $\vartheta$ 处不是 Fréchet 可微的.

若不然, 有

$$\mathrm{d}(f(\vartheta)\boldsymbol{h}) = \mathrm{D}(f(\vartheta)\boldsymbol{h}) = f'(\vartheta)\boldsymbol{h} = h_1 + h_2$$

于是

$$\omega(\vartheta, \boldsymbol{h}) = f(\vartheta + \boldsymbol{h}) - f(\vartheta) - f'(\vartheta)\boldsymbol{h} = \frac{h_1^3 h_2}{h_1^4 + h_2^2}$$

故

$$\frac{\omega(\vartheta, \boldsymbol{h})}{\|\boldsymbol{h}\|} = \frac{h_1^3 h_2}{(h_1^4 + h_2^2)\sqrt{h_1^2 + h_2^2}}$$

取 $h_2 = h_1^2$. 令 $h_1 \to 0^+$, 有

$$\lim_{\|\boldsymbol{h}\| \to 0} \frac{\omega(\vartheta, \boldsymbol{h})}{\|\boldsymbol{h}\|} = \frac{h_1^5}{2 h_1^4 \sqrt{h_1^2 + h_1^4}} = \frac{1}{2}$$

矛盾.

从定理 7.5.7 的证明可看出, 当将 Fréchet 可微减弱为 Gâteaux 可微时, 定理 7.5.7 仍然成立.

## 习题

1. 试证定理 7.5.2: $[a, b]$ 上的连续抽象函数是 Riemann 可积的. 提示: 参考定理 4.2.2 或定理 7.5.1.

2. 试用 $\left|\int_a^b x(t)\mathrm{d}t\right| \leqslant \int_a^b |x(t)|\mathrm{d}t \leqslant (b-a)\max_{t \in [a,b]} |x(t)|$ 证若 $x_n : [a,b] \mapsto X$ 是抽象函数, $X$ 是 Banach 空间, 且 $x_n(t)$ 一致收敛于 $x(t)$, $t \in [a,b]$, 则 $x : [a,b] \mapsto X$ 也是抽象函数且 $\lim_{n \to \infty} \int_a^b x_n(t)\mathrm{d}t = \int_a^b x(t)\mathrm{d}t$.

3. 试证可微的抽象函数是连续的.

4. 试证 $C[a,b]$ 上的范数 $\|x\| = \max_{t \in [a,b]} |x(t)|$ 在 $x$ 处 Gâteaux 可微当且仅当存在唯一的 $t_0 \in [a,b]$, 使得 $|x(t_0)| = \|x\|$.

5. 设 $X$, $Y$ 都是实 Banach 空间, $G$ 在 $X$ 中是开集. 又设 $f : [a,b] \times G \mapsto Y$ 是连续算子, 且 $f'_x(t,x)$ 是连续的 Fréchet 导算子. 记 $g(x) = \int_a^b f(t,x)\mathrm{d}t$, 试证 $g$ 在 $G$ 上是 Fréchet 可微的, 且 $g'(x) = \int_a^b f'_x(t,x)\mathrm{d}t$.

6. 设 $X$ 是 Banach 空间, $\mathcal{T}$ 是 $X$ 上的连续 Fréchet 可微算子, 且对任意实数 $t$, $x \in X$, 有 $\mathcal{T}(tx) = t\mathcal{T}(x)$, 试证它是线性的 (注: $\mathcal{T}x = \mathcal{T}'(\vartheta)x$).

7. 设集 $X = \{x \in C[a,b] \mid x(a) = x(b) = 0\}$, $k(t,\tau)$ 是 $[a,b] \times [a,b]$ 上的连续函数, 且 $k(t,\tau) = k(\tau,t)$, 它定义了积分算子 $\mathcal{T}x(t) = x(t)\int_a^b k(t,\tau)x(\tau)\mathrm{d}\tau$. 试证它在 $X$ 上是 Fréchet 可微的, 并算出其 Fréchet 微分.

8. 设 $X$, $Y$ 都是 Banach 空间, $\mathcal{T} : X \mapsto Y$ 是紧算子. 试证若它在点 $x_0$ 处是 Fréchet 可微的, 则 Fréchet 导算子 $\mathcal{T}'(x_0) : X \mapsto Y$ 亦是紧算子.

9. 试证 (1) Fréchet 导算子是唯一的, 即若 $\mathcal{B}_1 \in \mathcal{B}(X, Y)$ 也满足

$$\mathcal{T}(x_0 + h) - \mathcal{T}x_0 = \mathcal{B}h + \omega(x_0, h)$$

$$\lim_{\|h\| \to 0} \frac{\|\omega(x_0, h)\|}{\|h\|} = 0$$

则 $\mathcal{B} = \mathcal{B}_1$; (2) 若算子 $\mathcal{T}_1$, $\mathcal{T}_2$ 都在点 $x_0$ 处是 Fréchet 可微的, 则 $\alpha\mathcal{T}_1 + \beta\mathcal{T}_2$ 在点 $x_0$ 处是 Fréchet 可微的, 且 $(\alpha\mathcal{T}_1 + \beta\mathcal{T}_2)'(x_0) = \alpha\mathcal{T}_1'(x_0) + \beta\mathcal{T}_2'(x_0)$; (3) 若算子 $\mathcal{T} \in \mathcal{B}(X,Y)$, 则 $\mathcal{T}'(x_0) = \mathcal{T}$, $x_0 \in X$; (4) 常算子的 Fréchet 导算子是 $\vartheta$, 即若 $\mathcal{T}x = y_0 \in Y$, $x \in X$, 则 $\mathcal{T}'(x_0) = \vartheta, x_0 \in X$.

## 7.6 应用

### 7.6.1 Grönwall-Bellman 不等式

下面给出在很多领域有重要应用的 Grönwall[1]-Bellman[2] 不等式 (Grönwall-Bellman inequality): 设 $u(t)$, $v(t)$ 都是 $[a,b]$ 上的非负函数, 且

$$u(t) \leqslant M + K\int_a^t u(s)v(s)\mathrm{d}s, \ t \in [a,b] \tag{7.52}$$

式中: $M, K \geqslant 0$, 则

$$u(t) \leqslant M\exp\left\{K\int_a^t v(s)\mathrm{d}s\right\}, \ t \in [a,b] \tag{7.53}$$

**证** 由式 (7.52), 有

$$\frac{u(t)v(t)}{M + K\displaystyle\int_a^t u(s)v(s)\mathrm{d}s} \leqslant v(t), \ t \in [a,b]$$

两端从 $a$ 到 $t$ 积分, 有

$$\ln\left(M + K\int_a^t u(s)v(s)\mathrm{d}s\right) - \ln M \leqslant K\int_a^t v(s)\mathrm{d}s, \ t \in [a,b]$$

所以

$$u(t) \leqslant M + K\int_a^t u(s)v(s)\mathrm{d}s \leqslant M\exp\left\{K\int_a^t v(s)\mathrm{d}s\right\}, \ t \in [a,b]$$

即 Grönwall-Bellman 不等式 (7.53) 成立. 证完.

### 7.6.2 应用 1: 算子方程隐函数定理

在第 6.1.6 小节的基础上, 这一小节将隐函数定理推广到算子方程.

设 $X$, $Y$, $Z$ 都是 Banach 空间, $\Omega \subset X \times Y$ 是开的, $\mathcal{F}: \Omega \mapsto Z$. 考虑算子方程 $\mathcal{F}(x,y) = \vartheta$.

---

[1] Thomas Hakon Grönwall (1877.01.16—1932.05.09), 瑞典人.
[2] Richard Ernest Bellman (1920.08.26—1984.03.19), 美国人.

设点 $(x_0, y_0) \in \Omega$, 使得 $\mathcal{F}(x_0, y_0) = \vartheta$. 要研究何时在点 $(x_0, y_0)$ 附近, 由算子方程 $\mathcal{F}(x, y) = \vartheta$ 可唯一确定 $y$ 为 $x$ 的算子 $y = f(x)$, 亦即何时当 $y$ 在点 $y_0$ 附近时, 算子方程 $\mathcal{F}(x, y) = \vartheta$ 在点 $x_0$ 附近具有唯一的解. 还要研究 $f(x)$ 的一些性质.

**定理 7.6.1 (算子方程隐函数定理, implicit function theorem for operator equations)**  设在点 $(x_0, y_0)$ 附近 $\mathcal{F}$ 是连续算子, 它对 $y$ 的 Fréchet 导算子 $\mathcal{F}'_y$ 在点 $(x_0, y_0)$ 处是连续的. 又设 $\mathcal{F}'_y(x_0, y_0): Y \mapsto Z$ 存在有界逆, 即 $\mathcal{F}'_y(x_0, y_0)$ 是 Banach 空间 $Y, Z$ 之间的同胚映射, 则存在 $r, \tau \in (0, 1)$, 当 $x \in B(x_0; r)$ 时, 算子方程 $\mathcal{F}(x, y) = \vartheta$ 在球 $B(y_0; \tau)$ 内具有唯一解算子 $y = f(x)$, 且 $y_0 = f(x_0)$, $f(x)$ 在 $B(x_0; r)$ 内是连续的.

**证**  由假设, 存在 $\delta, \tau \in (0, 1)$, 当 $(x, y) \in B(x_0; \delta) \times B(y_0; \tau)$ 时, $\mathcal{F}'_y$ 是连续的, 且

$$\left\| \mathcal{F}'_y(x, y) - \mathcal{F}'_y(x_0, y_0) \right\| < \frac{1}{2M} \tag{7.54}$$

式中: $M = \|(\mathcal{F}'_y(x_0, y_0))^{-1}\|$.

又由算子 $\mathcal{F}(x, y_0)$ 的连续性, 存在 $0 < r \leqslant \delta$, 当 $x \in B(x_0; r)$ 时, 有

$$\|\mathcal{F}(x, y_0)\| = \|\mathcal{F}(x, y_0) - \mathcal{F}(x_0, y_0)\| < \frac{\tau}{2M}$$

固定 $x \in B(x_0; r)$, 设

$$\mathcal{T}(x, y) = y - \left( \mathcal{F}'_y(x_0, y_0) \right)^{-1} \mathcal{F}(x, y)$$

显然, 算子方程 $\mathcal{F}(x, y) = \vartheta$ 的解 $y$ 等价于 $\mathcal{T}$ 在 Banach 空间 $Y$ 中的不动点. 因此, 只需证 $\mathcal{T}$ 在闭球 $\overline{B(y_0; \tau)}$ 内具有唯一的不动点.

由式 (7.54) 可知, 当 $y \in \overline{B(y_0; \tau)}$ 时, 有

$$\begin{aligned}
\left\| \mathcal{T}'_y(x, y) \right\| &= \left\| \mathcal{I} - \left( \mathcal{F}'_y(x_0, y_0) \right)^{-1} \mathcal{F}'_y(x, y) \right\| \\
&\leqslant \left\| (\mathcal{F}'_y(x_0, y_0))^{-1} \right\| \left\| \mathcal{F}'_y(x_0, y_0) - \mathcal{F}'_y(x, y) \right\| \\
&< M \cdot \frac{1}{2M} \\
&= \frac{1}{2}
\end{aligned}$$

于是, 由算子型 Lagrange 中值定理 (定理 7.5.7(2)) 可知, 当 $y_1, y_2 \in \overline{B(y_0; \tau)}$ 时, 有

$$\begin{aligned}
\|\mathcal{T}(x, y_2) - \mathcal{T}(x, y_1)\| &\leqslant \left\| \mathcal{T}'_y(x, y_1 + \xi(y_2 - y_1))(y_2 - y_1) \right\| \\
&\leqslant \left\| \mathcal{T}'_y(x, y_1 + \xi(y_2 - y_1)) \right\| \|y_2 - y_1\| \\
&\leqslant \frac{1}{2} \|y_2 - y_1\| \tag{7.55}
\end{aligned}$$

式中: $\xi \in (0, 1)$, 故 $\mathcal{T}$ 是压缩的.

注意到式 (7.54) 和式 (7.55), 当 $y \in \overline{B(y_0; \tau)}$ 时, 有

$$\begin{aligned}
\|\mathcal{T}(x, y) - y_0\| &\leqslant \|\mathcal{T}(x, y) - \mathcal{T}(x, y_0)\| + \|\mathcal{T}(x, y_0) - y_0\| \\
&= \|\mathcal{T}(x, y) - \mathcal{T}(x, y_0)\| + \|(\mathcal{F}_y'(x_0, y_0))^{-1}\mathcal{F}(x, y_0)\| \\
&< \frac{1}{2}\|y - y_0\| + M \cdot \frac{\tau}{2M}
\end{aligned}$$

故 $\mathcal{T} : \overline{B(y_0; \tau)} \mapsto B(y_0; \tau)$. 由 Banach 压缩映像原理 (定理 6.1.2) 可知, $\mathcal{T}$ 在球 $B(y_0; \tau)$ 内具有唯一不动点 $y = f(x)$. 显然, $y_0 = f(x_0)$.

下证 $f(x)$ 在 $B(x_0; r)$ 内的连续性.

设 $x_1, x_2 \in B(x_0; r)$, $y_i = f(x_i)\,(i = 1, 2)$, 则由式 (7.55), 有

$$\begin{aligned}
\|y_1 - y_2\| &= \|\mathcal{T}(x_2, y_2) - \mathcal{T}(x_1, y_1)\| \\
&\leqslant \|\mathcal{T}(x_2, y_2) - \mathcal{T}(x_2, y_1)\| + \|\mathcal{T}(x_2, y_1) - \mathcal{T}(x_1, y_1)\| \\
&\leqslant \frac{1}{2}\|y_2 - y_1\| + \|(\mathcal{F}_y'(x_0, y_0))^{-1}(\mathcal{F}(x_1, y_1) - \mathcal{F}(x_2, y_1))\|
\end{aligned}$$

故

$$\|f(x_2) - f(x_1)\| = \|y_1 - y_2\| \leqslant 2M\|\mathcal{F}(x_1, y_1) - \mathcal{F}(x_2, y_1)\|$$

由 $\mathcal{F}(x, y)$ 的连续性知 $f(x)$ 在 $B(x_0; r)$ 内的连续性. 证完.

为有隐函数的导算子公式, 需要下述引理.

**引理 7.6.1** 若算子 $\mathcal{T} \in \mathcal{B}(X, Y)$, 且 $\|\mathcal{T} - \mathcal{B}\| < \dfrac{1}{\|\mathcal{T}^{-1}\|}$, 则算子 $\mathcal{B} \in \mathcal{B}(X, Y)$, 且

$$\|\mathcal{B}^{-1}\| \leqslant \frac{\|\mathcal{T}^{-1}\|}{1 - \|\mathcal{T}^{-1}\|\,\|\mathcal{T} - \mathcal{B}\|} \tag{7.56}$$

$$\|\mathcal{B}^{-1} - \mathcal{T}^{-1}\| \leqslant \frac{\|\mathcal{T}^{-1}\|^2\|\mathcal{T} - \mathcal{B}\|}{1 - \|\mathcal{T}^{-1}\|\,\|\mathcal{T} - \mathcal{B}\|} \tag{7.57}$$

**证** 显然, $\mathcal{T}^{-1}\mathcal{B} : X \mapsto X$, 且

$$\|\mathcal{I} - \mathcal{T}^{-1}\mathcal{B}\| = \|\mathcal{T}^{-1}(\mathcal{T} - \mathcal{B})\| \leqslant \|\mathcal{T}^{-1}\|\,\|\mathcal{T} - \mathcal{B}\| < 1$$

由此可知, $\mathcal{T}^{-1}\mathcal{B} = \mathcal{I} - (\mathcal{I} - \mathcal{T}^{-1}\mathcal{B})$ 在 $\mathcal{B}(X, X)$ 中存在有界逆算子, 且

$$\|(\mathcal{T}^{-1}\mathcal{B})^{-1}\| \leqslant \frac{1}{1 - \|\mathcal{I} - \mathcal{T}^{-1}\mathcal{B}\|} \leqslant \frac{1}{1 - \|\mathcal{T}^{-1}\|\,\|\mathcal{T} - \mathcal{B}\|}$$

因为 $\mathcal{B} = \mathcal{T}\left(\mathcal{T}^{-1}\mathcal{B}\right)$, 所以 $\mathcal{B} \in \mathcal{B}(X,Y)$, 且 $\mathcal{B}^{-1} = \left(\mathcal{T}^{-1}\mathcal{B}\right)^{-1}\mathcal{T}^{-1}$. 由上式有式 (7.56). 又

$$\mathcal{B}^{-1} - \mathcal{T}^{-1} = \left(\mathcal{I} - \mathcal{T}^{-1}\mathcal{B}\right)\mathcal{B}^{-1} = \mathcal{T}^{-1}(\mathcal{T} - \mathcal{B})\mathcal{B}^{-1}$$

由式 (7.56), 有式 (7.57). 证完.

**定理 7.6.2 (算子方程隐函数导算子定理, derived operator theorem of implicit function)**    在隐函数定理 (定理 7.6.1) 的条件下, 还设在点 $(x_0, y_0)$ 附近 $\mathcal{F}'_x, \mathcal{F}'_y$ 都是连续的, 则存在 $r, \tau > 0$, 使得其唯一解算子 $y = f(x)$ 在球 $B\left(x_0; r\right)$ 内具有连续的 Fréchet 导算子 $f'(x)$, 且

$$f'(x) = -\left(\mathcal{F}'_y(x, f(x))\right)^{-1}\mathcal{F}'_x(x, f(x)) \tag{7.58}$$

**证**    由隐函数定理 (定理 7.6.1) 可知, 有 $\mathcal{F}(x, f(x)) = \vartheta$ 和 $\mathcal{F}(x + h, f(x + h)) = \vartheta$, 其中 $x + h \in B\left(x_0; r\right)$. 记 $k = f(x + h) - f(x)$. 由 Fréchet 可微定义, 有

$$\begin{aligned}
\vartheta &= \mathcal{F}(x + h, f(x + h)) - \mathcal{F}(x, f(x)) \\
&= \mathcal{F}(x + h, f(x + h)) - \mathcal{F}(x, f(x + h)) + \mathcal{F}(x, f(x + h)) - \mathcal{F}(x, f(x)) \\
&= \mathcal{F}'_x(x, f(x) + h)h + \mathcal{F}'_y(x, f(x))k + o(\|h\|) + o(\|k\|)
\end{aligned}$$

注意到当 $\|h\| \to 0$ 时有 $\|k\| \to 0$, 故由 $\mathcal{F}'_x(x, y)$ 和 $f(x)$ 的连续性, 有

$$\mathcal{F}'_x(x, f(x) + h)h = \mathcal{F}'_x(x, f(x))h + o(\|h\|)$$

由此

$$\mathcal{F}'_x(x, f(x))h + \mathcal{F}'_y(x, f(x))k = o(\|h\|) + o(\|k\|)$$

所以对任意 $x, \varepsilon > 0$, 存在 $\eta > 0$, 当 $\|h\| < \eta$ 时, 有

$$\left\|\mathcal{F}'_x(x, f(x))h + \mathcal{F}'_y(x, f(x))k\right\| \leqslant \varepsilon(\|h\| + \|k\|)$$

由上述引理可知, $\left(\mathcal{F}'_y(x, f(x))\right)^{-1}$ 存在且是有界线性算子, 故由上述不等式, 有

$$\begin{aligned}
&\left\|f(x + h) - f(x) + \left(\mathcal{F}'_y(x, f(x))\right)^{-1}\mathcal{F}'_x(x, f(x))h\right\| \\
&\leqslant \varepsilon\left\|\left(\mathcal{F}'_y(x, f(x))\right)^{-1}\right\|(\|h\| + \|k\|)
\end{aligned} \tag{7.59}$$

取 $\varepsilon > 0$ 充分小, 使得 $\varepsilon\|(\mathcal{F}'_y(x, f(x)))^{-1}\| < \dfrac{1}{2}$.
令

$$M = 2\|(\mathcal{F}'_y(x, f(x)))^{-1}\mathcal{F}'_x(x, f(x))\| + 1$$

则由式 (7.59), 有

$$\|f(x+h) - f(x)\| - \frac{M-1}{2}\|h\| \leqslant \frac{1}{2}(\|h\| + \|k\|)$$

即 $\|f(x+h) - f(x)\| \leqslant M\|h\|$, 故有

$$\|f(x+h) - f(x) + (\mathcal{F}'_y(x, f(x)))^{-1}\mathcal{F}'_x(x, f(x))h\|$$

$$\leqslant \varepsilon(M+1)\|(\mathcal{F}'_y(x, f(x)))^{-1}\|\|h\|$$

由此, $f(x)$ 是 Fréchet 可微的. 由定理假设和隐函数导算子式 (7.58) 可知, $f'(x)$ 是连续的. 证完.

**例 7.6.1** 设 $X = \mathbb{R}^n$, $Y = Z = \mathbb{R}^m$, $\mathcal{F}(\boldsymbol{x}, \boldsymbol{y}) = (F_1, F_2, \cdots, F_m)$, $\boldsymbol{x} \in \mathbb{R}^n$, $\boldsymbol{y} \in \mathbb{R}^m$, 则算子方程 $\mathcal{F}(\boldsymbol{x}, \boldsymbol{y}) = \vartheta$ 相当于

$$F_i(x_1, x_2, \cdots, x_n, y_1, y_2, \cdots, y_m) = 0, \ i = 1, 2, \cdots, m$$

满足

$$F_i(x_1^{(0)}, x_2^{(0)}, \cdots, x_n^{(0)}, y_1^{(0)}, y_2^{(0)}, \cdots, y_m^{(0)}) = 0$$

式中: $\boldsymbol{x}_0 = (x_1^{(0)}, x_2^{(0)}, \cdots, x_n^{(0)})$, $\boldsymbol{y}_0 = (y_1^{(0)}, y_2^{(0)}, \cdots, y_m^{(0)})$. 由例 7.5.1, 有 $\boldsymbol{z} = \mathcal{F}'_{\boldsymbol{y}}(\boldsymbol{x}_0, \boldsymbol{y}_0)\boldsymbol{h}$ 或

$$\begin{pmatrix} z_1 \\ z_2 \\ \vdots \\ z_m \end{pmatrix} = \left. \begin{pmatrix} \dfrac{\partial F_1}{\partial y_1} & \dfrac{\partial F_1}{\partial y_2} & \cdots & \dfrac{\partial F_1}{\partial y_m} \\ \dfrac{\partial F_2}{\partial y_1} & \dfrac{\partial F_2}{\partial y_2} & \cdots & \dfrac{\partial F_2}{\partial y_m} \\ \vdots & \vdots & \vdots & \vdots \\ \dfrac{\partial F_m}{\partial y_1} & \dfrac{\partial F_m}{\partial y_2} & \cdots & \dfrac{\partial F_m}{\partial y_m} \end{pmatrix} \right|_{(\boldsymbol{x}_0, \boldsymbol{y}_0)} \begin{pmatrix} h_1 \\ h_2 \\ \vdots \\ h_m \end{pmatrix}$$

因此, $\mathcal{F}'_{\boldsymbol{y}}(\boldsymbol{x}_0, \boldsymbol{y}_0)$ 存在有界逆相当于算子 $\mathcal{F}(\boldsymbol{x}, \boldsymbol{y})$ 在点 $(\boldsymbol{x}_0, \boldsymbol{y}_0)$ 的 Jacobi 行列式 (Jacobian):

$$\frac{\partial(F_1, F_2, \cdots, F_m)}{\partial(y_1, y_2, \cdots, y_m)} = \begin{vmatrix} \dfrac{\partial F_1}{\partial y_1} & \dfrac{\partial F_1}{\partial y_2} & \cdots & \dfrac{\partial F_1}{\partial y_m} \\ \dfrac{\partial F_2}{\partial y_1} & \dfrac{\partial F_2}{\partial y_2} & \cdots & \dfrac{\partial F_2}{\partial y_m} \\ \vdots & \vdots & \vdots & \vdots \\ \dfrac{\partial F_m}{\partial y_1} & \dfrac{\partial F_m}{\partial y_2} & \cdots & \dfrac{\partial F_m}{\partial y_m} \end{vmatrix} \neq 0$$

作为隐函数定理的特例, 下面讨论反函数定理.

**定理 7.6.3 (算子方程反函数定理, inverse function theorem)**    设 $f: D \mapsto Y$ 是 Fréchet 可微算子, $f'(x)$ 在点 $x_0$ 处是连续的且 $f'(x_0)$ 存在有界逆, 即 $f'(x_0)$ 是 Banach 空间 $X, Y$ 之间的同胚映像, 则 $f(x)$ 在点 $x_0$ 是局部同胚的.

**证**    令 $\mathcal{F}(x, y) = f(x) - y$, 则算子 $\mathcal{F} \in C(D \times Y, Y)$, 且 $\mathcal{F}'_x(x, y) = f'(x)$, $\mathcal{F}'_y(x, y) = -\mathcal{I}$. 因为 $\mathcal{F}'_x(x_0, y_0)$ 存在有界逆, 所以由隐函数导算子定理 (定理 7.6.2) 可知, 存在 $\tau, r > 0$, 当 $y \in B(y_0; \tau)$ 时, 算子方程 $\mathcal{F}(x, y) = \vartheta$ 在球 $B(x_0; r)$ 内具有唯一解 $x = \varphi(y)$, 且 $\varphi \in C(B(y_0; \tau))$. 令 $U(x_0) = \varphi(B(y_0; \tau))$. 显然 $U(x_0) = f^{-1}(B(y_0; \tau)) \cap B(x_0; r)$.

由于 $f$ 的 Fréchet 可微性, 它是连续的. 从而 $f^{-1}(B(y_0; \tau)) \subset D$ 是开的, 所以 $U(x_0) \subset X$ 是开的. 显然, $f$ 在 $U(x_0)$ 上的限制使得 $U(x_0)$ 和球 $B(y_0; \tau)$ 是一一对应的, 且 $f \in C(U(x_0))$, $f^{-1} = \varphi \in C(B(y_0; \tau))$, 即 $f$ 是 $U(x_0), B(y_0; \tau)$ 之间的同胚映像. 证完.

**定理 7.6.4 (算子方程反函数导算子定理, derived operator theorem of inverse function)**    在反函数定理 (定理 7.6.3) 的条件下, 再设 $f'(x)$ 是 $D$ 上的连续算子, 则 $f$ 在点 $x_0$ 是局部微分同胚的, 即存在点 $x_0$ 的邻域 $U(x_0)$, 点 $y_0$ 的邻域 $V(y_0)$, 使得 $f$ 在 $U(x_0)$ 上的限制使得 $U(x_0), V(y_0)$ 是同胚的, 且 $f$ 在 $U(x_0)$ 上具有连续的 Fréchet 导算子, 则逆算子 $f^{-1}$ 在 $V(y_0)$ 上也具有连续的 Fréchet 导算子, 且 $f'(x) = -(f^{-1}(y))^{-1}$.

**例 7.6.2**    考虑方程组

$$y_i = f_i(x_1, x_2, \cdots, x_n), \quad i = 1, 2, \cdots, n$$

式中: $f_i(x_1, x_2, \cdots, x_n)$ 在点 $\boldsymbol{x}_0 = \left(x_1^{(0)}, x_2^{(0)}, \cdots, x_n^{(0)}\right)$ 附近具有连续的一阶偏导数.

令 $\boldsymbol{x}, \boldsymbol{y} \in \mathbb{R}^n$, $\boldsymbol{f} = (f_1, f_2, \cdots, f_n)$, 将方程组写成算子方程的形式 $\boldsymbol{y} = \boldsymbol{f}(\boldsymbol{x})$. 若在点 $\boldsymbol{x}_0$ 的 Jacobi 行列式:

$$\frac{\partial(f_1, f_2, \cdots, f_n)}{\partial(x_1, x_2, \cdots, x_n)} = \begin{vmatrix} \dfrac{\partial f_1}{\partial x_1} & \dfrac{\partial f_1}{\partial x_2} & \cdots & \dfrac{\partial f_1}{\partial x_n} \\ \dfrac{\partial f_2}{\partial x_1} & \dfrac{\partial f_2}{\partial x_2} & \cdots & \dfrac{\partial f_2}{\partial x_n} \\ \vdots & \vdots & \vdots & \vdots \\ \dfrac{\partial f_n}{\partial x_1} & \dfrac{\partial f_n}{\partial x_2} & \cdots & \dfrac{\partial f_n}{\partial x_n} \end{vmatrix} \neq 0$$

则 $\boldsymbol{f}$ 在点 $\boldsymbol{x}_0$ 是局部微分同胚的.

事实上, 由例 7.5.1 可知, $\boldsymbol{f}$ 在点 $\boldsymbol{x}_0$ 附近是 Fréchet 可微的, 且

$$
\begin{pmatrix} z_1 \\ z_2 \\ \vdots \\ z_m \end{pmatrix} = \begin{pmatrix} \dfrac{\partial f_1}{\partial x_1} & \dfrac{\partial f_1}{\partial x_2} & \cdots & \dfrac{\partial f_1}{\partial x_n} \\ \dfrac{\partial f_2}{\partial x_1} & \dfrac{\partial f_2}{\partial x_2} & \cdots & \dfrac{\partial f_2}{\partial x_n} \\ \vdots & \vdots & \vdots & \vdots \\ \dfrac{\partial f_m}{\partial x_1} & \dfrac{\partial f_m}{\partial x_2} & \cdots & \dfrac{\partial f_m}{\partial x_n} \end{pmatrix} \begin{pmatrix} h_1 \\ h_2 \\ \vdots \\ h_n \end{pmatrix}
$$

从而 $\boldsymbol{f}'(\boldsymbol{x})$ 在点 $\boldsymbol{x}_0$ 附近是连续的. 又由 $\dfrac{\partial(f_1, f_2, \cdots, f_n)}{\partial(x_1, x_2, \cdots, x_n)} \neq 0$ 可知

$$
\begin{pmatrix} z_1 \\ z_2 \\ \vdots \\ z_m \end{pmatrix} = \begin{pmatrix} \dfrac{\partial f_1}{\partial x_1} & \dfrac{\partial f_1}{\partial x_2} & \cdots & \dfrac{\partial f_1}{\partial x_n} \\ \dfrac{\partial f_2}{\partial x_1} & \dfrac{\partial f_2}{\partial x_2} & \cdots & \dfrac{\partial f_2}{\partial x_n} \\ \vdots & \vdots & \vdots & \vdots \\ \dfrac{\partial f_m}{\partial x_1} & \dfrac{\partial f_m}{\partial x_2} & \cdots & \dfrac{\partial f_m}{\partial x_n} \end{pmatrix} \begin{pmatrix} h_1 \\ h_2 \\ \vdots \\ h_n \end{pmatrix}
$$

具有逆变换, 即 $\boldsymbol{f}'(\boldsymbol{x}_0): \mathbb{R}^n \mapsto \mathbb{R}^n$ 存在有界逆 $(\boldsymbol{f}'(\boldsymbol{x}_0))^{-1}$. 于是, 由反函数导算子定理 (定理 7.6.4) 可知, $\boldsymbol{f}(\boldsymbol{x})$ 在点 $\boldsymbol{x}_0$ 是局部微分同胚的.

### 7.6.3  应用 2: 微分方程解的存在唯一性

在这一节中, 研究 Banach 空间中的微分方程 Cauchy 问题解的存在唯一性等基本内容. 这些内容是变分原理、无限维动力系统的基础, 特别是整体解的存在性是研究大范围动力系统的前提.

设 $X$ 是 Banach 空间, $f: [a,b] \times D \mapsto X$, $D \subset X$ 是有界开集, 点 $x_0 \in X$. 考虑 Banach 空间 $X$ 中微分方程的 Cauchy 问题:

$$
\begin{cases} x'(t) = f(t, x(t)) \\ x(a) = x_0 \end{cases} \tag{7.60}
$$

式中: $x: [a,b] \mapsto X$ 是抽象函数. 由抽象函数的 Newton-Leibniz 公式 (7.22), 易验证 Cauchy 问题式 (7.60) 等价于积分方程:

$$
x(t) = x_0 + \int_a^t f(s, x(s)) \mathrm{d}s \tag{7.61}
$$

再设对固定的 $t \in [a, \infty)$, $f(t, x)$ 关于 $x$ 是局部 Lipschitz 的, 且 Lipschitz 常数对 $[a,b]$ 是一致有界的, 即对任意 $x_0 \in X$, 存在 $r, L > 0$, 当 $\|x - x_0\| < r$, $\|y - y_0\| < r$, $t \in [a,b]$ 时有 $\|f(t,x) - f(t,y)\| \leqslant L \|x - y\|$.

下面用 Grönwall-Bellman 不等式 (7.53) 给出 Banach 空间中解的存在唯一性定理.

**定理 7.6.5 (Banach 空间中解的存在唯一性定理, existence and uniqueness theorem of solutions in Banach space)** 设 $X$ 是 Banach 空间, $f : [a,b] \times D \mapsto X$, $D \subset X$ 是有界开集, 点 $x_0 \in X$. 则存在 $\beta \in (a,b]$, 使得 Cauchy 问题式 (7.60) 在 $[a,\beta]$ 上有唯一的解 $x(t)$, 它连续地依赖于初值 $x_0$, 即若 $x(t), y(t)$ 分别是 Cauchy 问题式 (7.60) 对应于初值 $x_0, y_0$ 的解且是 Lipschitz 的, 即

$$\|f(t,x) - f(t,y)\| \leqslant L\|x-y\| \tag{7.62}$$

则

$$\|x(t) - y(t)\| \leqslant \|x_0 - y_0\| \mathrm{e}^{Lt} \tag{7.63}$$

**证** 记 $M = \sup\limits_{t\in[a,b], \|x-x_0\|\leqslant r} \|f(t,x)\|$. 取 $\beta \in (a,b]$, 满足 $(\beta-a)L < 1$, $(\beta-a)M < r$.

先证积分方程式 (7.61) 在 $[a,\beta]$ 上有唯一的解.

令 $D = C([a,\beta], B(x_0;r))$. 定义范数 $\|x\| = \max\limits_{t\in[a,\beta]} \|x(t)\|$. 再令

$$(\mathcal{T}x)(t) = x_0 + \int_a^t f(s,x(s))\mathrm{d}s$$

因此, 积分方程式 (7.61) 的解等价于 $\mathcal{T}$ 的不动点, 故为证其有唯一不动点, 只需证 $\mathcal{T}: D \mapsto D$ 和它的压缩性.

取 $x,y \in D$, 则

$$\|(\mathcal{T}x)(t) - x_0\| = \left\| \int_a^t f(s,x(s))\mathrm{d}s \right\| \leqslant \int_a^t \|f(s,x(s))\|\mathrm{d}s \leqslant M(\beta-a) \leqslant r$$

$$|\mathcal{T}x - \mathcal{T}y| = \max_{t\in[a,\beta]} \left\| \int_a^t (f(s,x(s)) - f(s,y(s)))\mathrm{d}s \right\|$$

$$\leqslant \max_{t\in[a,\beta]} \int_a^t \|f(s,x(s)) - f(s,y(s))\|\mathrm{d}s$$

$$\leqslant L(\beta-a)\|x-y\|$$

故 $\mathcal{T}: D \mapsto D$, 且是压缩的.

下证式 (7.63) 成立.

设 $x(t)$, $y(t)$ 分别是 Cauchy 问题 (7.60) 对应于初值 $x_0$, $y_0$ 的解且是 Lipschitz 的, 即式 (7.62) 成立, 则

$$\|x(t) - y(t)\| \leqslant \|x_0 - y_0\| + \int_a^t \|f(s, x(s)) - f(s, y(s))\| \mathrm{d}s$$

$$\leqslant \|x_0 - y_0\| + L \int_a^\beta \|x(s) - y(s)\| \mathrm{d}s$$

令 $w(t) = \|x(t) - y(t)\|$, 则 $w(t)$ 满足

$$w(t) \leqslant \|x_0 - y_0\| + L \int_a^t w(s) \mathrm{d}s$$

由 Grönwall-Bellman 不等式 (7.53), 有式 (7.63). 证完.

### 7.6.4 应用 3: 微分方程解的 (整体) 存在性

下面用 Grönwall-Bellman 不等式 (7.53) 讨论解的存在极大区间, 并给出解的整体存在性定理.

**定理 7.6.6 (Banach 空间中解的 (整体) 存在性定理, (global) existence theorem of solutions in Banach space)** 设 $X$ 是 Banach 空间, $f : [a, \infty) \times D \mapsto X$, $D \subset X$ 是有界开集, 点 $x_0 \in X$, 则存在正数 $a$ 和 $b$, 使得

$$\|f(t, x)\| \leqslant a + b\|x\|, \ (t, x) \in [a, \infty) \times X \tag{7.64}$$

则 Cauchy 问题式 (7.60) 的解 $x(t)$ 的存在极大区间是 $[a, \infty)$.

**证** 由 Banach 空间中解的存在唯一性定理 (定理 7.6.5) 可知, Cauchy 问题式 (7.60) 在 $[a, \beta]$ 上有唯一的解 $x(t)$. 设其存在极大区间是 $[a, T)$. 要证 $T = \infty$. 设 $T < \infty$, 则由积分方程式 (7.61) 和式 (7.64), 有

$$\|x(t)\| \leqslant \|x_0\| + aT + b \int_a^t |x(s)| \mathrm{d}s$$

由 Grönwall-Bellman 不等式 (7.53), 有

$$\|x(t)\| \leqslant (\|x_0\| + aT) \, \mathrm{e}^{bT}, \ t \in [a, T)$$

这表明所有的 $x \in X$ 关于 $t$ 是一致有界的.

进一步, 对任意 $t, t' \in [a, T)$, 有

$$\|x(t) - x(t')\| = \left\| \int_t^{t'} f(s, x(s)) \mathrm{d}s \right\|$$

$$\leqslant a|t - t'| + b \left\| \int_t^{t'} \|x(s)\| \mathrm{d}s \right\|$$

$$\leqslant (a + bM)|t - t'|$$

式中: $M = (\|x_0\| + aT) \mathrm{e}^{bT}$. 因此, $\lim\limits_{t \to T^-} x(t) = \overline{x}$ 存在. 再由 Banach 空间中解的存在唯一性定理 (定理 7.6.5) 可知, Cauchy 问题

$$\begin{cases} x'(t) = f(t, x(t)) \\ x(T) = \overline{x} \end{cases}$$

在 $[T, T + \delta]$ 上有唯一解 $y(t)$. 将 $x(t)$ 延拓到 $[a, T + \delta]$ 上, 使得在 $[T, T + \delta]$ 上等于 $y(t)$, 则 $x(t)$ 在 $[a, T + \delta]$ 上是 Cauchy 问题 (7.60) 的解. 矛盾. 证完.

## 7.7 锥

锥的概念是研究非线性问题的重要理论基础和研究方法, 是由 M. Krein[①] 提出的, 在这一节来做介绍.

### 7.7.1 锥的概念

**定义 7.7.1** 若 $P$ 是 Banach 空间 $X$ 中的非空凸闭集, 且满足

(1) 若 $x \in P$, $\lambda \geqslant 0$, 则 $\lambda x \in P$;

(2) 若 $\pm x \in P$, 则 $x = \vartheta$,

则称其为 $X$ 中的锥 (cone).

给定 $X$ 中的锥 $P$. 在 $X$ 中引进半序 $\leqslant$: 若 $y - x \in P$, 则定义 $x \leqslant y$. 易知, 此半序具有定义 3.2.1 中的性质 (1)~(3). 此时, 称 $X$ 为半序 Banach 空间 (partial ordered Banach space).

**引理 7.7.1** 若 $M$ 是 Banach 空间 $X$ 中的非空凸闭集, 则 $M$ 是弱序列闭的 (weakly sequentially closed), 即对任意 $x_n \in M$, $x_n \xrightarrow{\mathrm{w}} x^*$, $n \to \infty$, 有 $x^* \in M$.

证略.

**引理 7.7.2** 设 $X$ 是半序 Banach 空间, $x_n \leqslant y_n (n \in \mathbb{Z}^+)$, 则

---

① Mark Grigorević Krein (1907.04.03—1989.10.17), 乌克兰人, Wolf 奖获得者.

(1) 若 $x_n \to x^*$, $n \to \infty$ 和 $y_n \to y^*$, $n \to \infty$, 则 $x^* \leqslant y^*$;

(2) 若 $x_n \xrightarrow{w} x^*$, $n \to \infty$ 和 $y_n \xrightarrow{w} y^*$, $n \to \infty$, 则 $x^* \leqslant y^*$.

**证** (1) 由 $x_n \leqslant y_n$, 有 $y_n - x_n \in P$. 由 $x_n \to x^*$, $n \to \infty$ 和 $y_n \to y^*$, $n \to \infty$, 有 $y_n - x_n \to y^* - x^*$, $n \to \infty$. 又 $P$ 是闭的, 所以 $y^* - x^* \in P$, 即 $x^* \leqslant y^*$.

(2) 由假设, 有 $y_n - x_n \in P(n \in \mathbb{Z}^+)$, $y_n - x_n \xrightarrow{w} y^* - x^*$, $n \to \infty$. 因为 $P$ 是凸闭的, 所以由上述引理可知, $P$ 是弱序列闭的, 故 $y^* - x^* \in P$, 即 $x^* \leqslant y^*$. 证完.

**定义 7.7.2** 设 $X$ 是半序 Banach 空间.

(1) 若 $x_1 \leqslant x_2 \leqslant \cdots \leqslant x_n \leqslant \cdots$, 则称序列 $\{x_n\}$ 是单调增加的;

(2) 若 $x_1 \geqslant x_2 \geqslant \cdots \geqslant x_n \geqslant \cdots$, 则称序列 $\{x_n\}$ 是单调减少的;

(3) 单调增加和单调减少序列都称为单调序列.

**定理 7.7.1 (单调收敛准则)** 相对紧的单调序列是收敛的.

(1) 若 $\{x_n\}$ 是单调增加的, 则 $x_n \leqslant x^*$, 其中 $x^* = \lim\limits_{n \to \infty} x_n$;

(2) 若 $\{x_n\}$ 是单调减少的, 则 $x_n \geqslant x^*$.

**证** 设 $\{x_n\}$ 是单调增加序列. 由于 $\{x_n\}$ 的相对紧性, 存在子列 $\{x_{n_i}\}$, $x_{n_i} \to x^*$, $i \to \infty$. 设 $\{x_n\}$ 不是收敛序列, 则它存在另一子列 $\{x_{n_j}\}$, 满足 $x_{n_j} \to y^* \neq x^*$, $j \to \infty$. 对任意 $n_{i_0}$, 当 $j$ 充分大时有 $x_{n_{i_0}} \leqslant x_{n_j}$. 从而由引理 7.7.2(1), 有 $x_{n_{i_0}} \leqslant y^*$, 故对所有 $n_i \in \mathbb{Z}^+$, 有 $x_{n_i} \leqslant y^*$. 再由引理 7.7.2(1), 有 $x^* \leqslant y^*$.

同理可证 $y^* \leqslant x^*$. 所以, $y^* = x^*$, 矛盾. 故 $\{x_n\}$ 是收敛的. 对任意 $n_0 \in \mathbb{Z}^+$, 当 $n \geqslant n_0$ 时有 $x_{n_0} \leqslant x_n$. 由引理 7.7.2(1), 有 $x_{n_0} \leqslant x^*$, 故对所有 $n \in \mathbb{Z}^+$, 有 $x_n \leqslant x^*$.

若 $\{x_n\}$ 是单调减少的, 可类似地讨论. 证完.

**定义 7.7.3** 设 $M$ 是 Banach 空间 $X$ 中的子集. 若任意 $\{x_n\} \subset M$, 存在子列 $\{x_{n_i}\}$, 满足 $x_{n_i} \xrightarrow{w} x^* \in X$, $i \to \infty$, 则称其为弱相对紧的 (weakly relatively compact).

与定理 7.7.1 完全类似地有下述单调弱收敛准则.

**定理 7.7.2 (单调弱收敛准则, monotone weak convergence criterion)** 弱相对紧的单调序列是弱收敛的. 进一步,

(1) 若序列 $\{x_n\}$ 是单调增加的, 则 $x_n \leqslant x^*$, 其中 $x_n \xrightarrow{w} x^*$, $n \to \infty$;

(2) 若序列 $\{x_n\}$ 是单调减少的, 则 $x_n \geqslant x^*$.

### 7.7.2 正规锥与正则锥

先介绍正规锥的概念.

**定义 7.7.4** 若存在 $\delta > 0$, 对任意单位向量 $x_1, x_2 \in P$, 有 $\|x_1 + x_2\| \geqslant \delta$, 则称锥 $P$ 是正规的.

**定理 7.7.3** Banach 空间中的锥是正规的充要条件是范数关于锥是半单调的 (semi-monotonic), 即存在 $N > 0$, 当 $\vartheta \leqslant x \leqslant y$ 时有 $\|x\| \leqslant N\|y\|$.

**证** 先证必要性.

设范数关于锥不是半单调的, 则存在 $\vartheta \leqslant x_n \leqslant y_n$, 使得 $\|x_n\| > n\|y_n\| (n \in \mathbb{Z}^+)$. 令

$$z_n^+ = \frac{x_n}{\|x_n\|} + \frac{y_n}{n\|y_n\|}$$

$$z_n^- = -\frac{x_n}{\|x_n\|} + \frac{y_n}{n\|y_n\|}$$

由于锥的正规性

$$\left\| \frac{z_n^+}{\|z_n^+\|} + \frac{z_n^-}{\|z_n^-\|} \right\| \geqslant \delta, \ n \in \mathbb{Z}^+ \tag{7.65}$$

但 $z_n^+ + z_n^- = \dfrac{2y_n}{n\|y_n\|}$, 所以

$$\begin{aligned}
\frac{z_n^+}{\|z_n^+\|} + \frac{z_n^-}{\|z_n^-\|} &= \frac{1}{\|z_n^+\|}\left( \frac{2y_n}{n\|y_n\|} - z_n^- \right) + \frac{z_n^-}{\|z_n^-\|} \\
&= \frac{2y_n}{n\|z_n^+\|\|y_n\|} + \frac{\|z_n^+\| - \|z_n^-\|}{\|z_n^+\|\|z_n^-\|} z_n^-
\end{aligned} \tag{7.66}$$

显然

$$1 - \frac{1}{n} \leqslant \|z_n^+\| \leqslant 1 + \frac{1}{n}$$

$$1 - \frac{1}{n} \leqslant \|z_n^-\| \leqslant 1 + \frac{1}{n}$$

故 $\left| \|z_n^+\| - \|z_n^-\| \right| \leqslant \dfrac{2}{n}$. 于是, 由式 (7.66), 有

$$\left\| \frac{z_n^+}{\|z_n^+\|} + \frac{z_n^-}{\|z_n^-\|} \right\| \leqslant \frac{2}{n} \cdot \frac{1}{1 - \frac{1}{n}} + \frac{2}{n} \cdot \frac{1}{1 - \frac{1}{n}} = \frac{4}{n-1} \to 0, \ n \to \infty$$

这与式 (7.65) 矛盾.

下证充分性.

设范数关于锥是半单调的. 若单位向量 $x_1, x_2 \in P$, 因为 $\vartheta \leqslant x_1 \leqslant x_1 + x_2$, 所以 $\|x_1\| \leqslant N\|x_1 + x_2\|$. 从而 $\|x_1 + x_2\| \geqslant \dfrac{1}{N} = \delta$. 证完.

定理 7.7.3 中满足 $\|x\| \leqslant N\|y\|$ 的最小正数 $N$ 称为正规常数 (normal constant). 易知 $N \geqslant 1$.

**定义 7.7.5**  设 $X$ 是 Banach 空间. 若 $u, v \in X$ 且 $u \leqslant v$, 则称 $[u, v] = \{x \mid u \leqslant x \leqslant v\}$ 为 $X$ 中的序区间 (ordered interval).

**定理 7.7.4**  Banach 空间中的锥正规的充要条件是任意序区间是有界的.

**证**  先证必要性.

设锥是正规的. 由定理 7.7.3 可知, 范数是半单调的, 故当 $x \in [u, v]$ 时, 有

$$\vartheta \leqslant x - u \leqslant v - u$$
$$\|x - u\| \leqslant N\|v - u\|$$

从而

$$\|x\| \leqslant \|x - u\| + \|u\| \leqslant N\|v - u\| + \|u\|$$

故序区间 $[u, v]$ 是有界的.

下证充分性.

若不然, 由定理 7.7.3 可知, 存在 $\vartheta \leqslant x_n \leqslant y_n$, 使得 $\|x_n\| > n^3 \|y_n\|$ $(n \in \mathbb{Z}^+)$. 令 $z_n = \dfrac{x_n}{n^2 \|y_n\|}$, 则 $\|z_n\| > n$, 故 $\{z_n\}$ 是无界的. 而

$$\vartheta \leqslant z_n \leqslant \frac{y_n}{n^2 \|y_n\|}$$
$$\sum_{n=1}^{\infty} \left\| \frac{y_n}{n^2 \|y_n\|} \right\| = \sum_{n=1}^{\infty} \frac{1}{n^2} < \infty$$

故 $\sum\limits_{n=1}^{\infty} \dfrac{y_n}{n^2 \|y_n\|}$ 是收敛的. 令 $u = \sum\limits_{n=1}^{\infty} \dfrac{y_n}{n^2 \|y_n\|}$, 则 $\dfrac{y_n}{n^2 \|y_n\|} \leqslant u(n \in \mathbb{Z}^+)$, 故 $\vartheta \leqslant z_n \leqslant u(n \in \mathbb{Z}^+)$. 因此, $[\vartheta, u]$ 是无界的. 矛盾. 证完.

**定理 7.7.5**  Banach 空间中的锥正规的充要条件是 $x_n \leqslant z_n \leqslant y_n$, $x_n \to x$, $n \to \infty$ 和 $y_n \to x$, $n \to \infty$, 则 $z_n \to x$, $n \to \infty$.

**证**  先证必要性.

设锥是正规的. 由定理 7.7.3 可知, 范数是半单调的. 设 $x_n \leqslant z_n \leqslant y_n$, $x_n \to x$, $n \to \infty$ 和 $y_n \to x$, $n \to \infty$, 则 $\vartheta \leqslant z_n - x_n \leqslant y_n - x_n$. 从而存在 $N$, 使

得 $\|z_n - x_n\| \leqslant N \|y_n - x_n\|$, 故

$$\begin{aligned}
\|z_n - x\| &\leqslant \|z_n - x_n\| + \|x_n - x\| \\
&\leqslant N \|y_n - x_n\| + \|x_n - x\| \\
&\leqslant N \|y_n - x\| + (N+1) \|x_n - x\| \\
&\to 0, \; n \to \infty
\end{aligned}$$

下证充分性.

若不然, 由定理 7.7.3 可知, 存在 $\vartheta \leqslant x_n \leqslant y_n$, 使得 $\|x_n\| > n^2 \|y_n\|$ $(n \in \mathbb{Z}^+)$. 令 $z_n = \dfrac{x_n}{n \|y_n\|}$, 则 $\|z_n\| > n$, 故 $\lim\limits_{n \to \infty} z_n \neq \vartheta$. 但 $\vartheta \leqslant z_n \leqslant y_n'$, $y_n' = \dfrac{y_n}{n \|y_n\|}$, 而 $\|y_n'\| = \dfrac{1}{n} \to 0, \; n \to \infty$, 故 $y_n' \to \vartheta, \; n \to \infty$, 所以 $z_n \to \vartheta, \; n \to \infty$. 矛盾. 证完.

**定理 7.7.6** 设 Banach 空间中的锥是正规的, 序列 $\{x_n\}$ 是单调的.

(1) 若序列 $\{x_n\}$ 有子列 $\{x_{n_i}\}$, $x_{n_i} \to x^*$, $i \to \infty$, 则 $x_n \to x^*$, $n \to \infty$;

(2) 若序列 $\{x_n\}$ 是单调增加的, 则 $x_n \leqslant x^*$;

(3) 若序列 $\{x_n\}$ 是单调减少的, 则 $x_n \geqslant x^*$.

**证** 设 $\{x_n\}$ 是单调增加序列, 则子列 $\{x_{n_i}\}$ 是单调增加的. 故由引理 7.7.2(1), 有 $x_n \leqslant x^*$. 对任意 $\varepsilon > 0$, 存在 $i_0$, 使得 $\|x_{n_{i_0}} - x^*\| < \dfrac{\varepsilon}{N}$, 其中 $N$ 是正规常数. 于是, 当 $n \geqslant n_{i_0}$ 时有 $x_{n_{i_0}} \leqslant x_n \leqslant x^*$. 从而 $\vartheta \leqslant x^* - x_n \leqslant x^* - x_{n_{i_0}}$, 所以当 $n \geqslant n_{i_0}$ 时, 有

$$\|x^* - x_n\| \leqslant N \|x^* - x_{n_{i_0}}\| < N \cdot \frac{\varepsilon}{N} = \varepsilon$$

证完.

不加证明地给出正规锥的一个重要性质.

**定理 7.7.7** 设 Banach 空间中的锥是正规的, $M \subset X$ 是全序集, 则 $M$ 相对紧的充要条件是其为弱相对紧的.

**推论 7.7.1** 设 Banach 空间中的锥是正规的, 序列 $\{x_n\}$ 是单调的, 则下述两个结论等价:

(1) $x_n \to x^*$, $n \to \infty$;

(2) $x_n \xrightarrow{\mathrm{w}} x^*$, $n \to \infty$.

下面介绍正则锥的概念.

**定义 7.7.6** 设 $\{x_n\}$ 是单调增加和有上界的序列. 若存在 $x^* \in X$, 使得

$$\|x_n - x^*\| \to 0, \; n \to \infty$$

则称锥是正则的.

**定理 7.7.8**  Banach 空间中的正则锥是正规的.

**证**  设锥不是正规的, 则存在单位向量序列 $\{x_n\}, \{y_n\} \subset P$, 使得

$$\|x_n + y_n\| < \frac{1}{n^2}, \ n \in \mathbb{Z}^+.$$

所以, $\sum\limits_{n=1}^{\infty} (x_n + y_n)$ 是收敛的. 设 $u = \sum\limits_{n=1}^{\infty} (x_n + y_n)$. 令 $z_n = \sum\limits_{i=1}^{n} x_i (n \in \mathbb{Z}^+)$, 则

$$\|z_{n+1} - z_n\| = \|x_{n+1}\| = 1, \ n \in \mathbb{Z}^+ \tag{7.67}$$

显然, 序列 $\{z_n\}$ 是单调增加和有上界的, 且

$$z_n \leqslant \sum_{i=1}^{n} (x_i + y_i) \leqslant u$$

由于锥的正则性, 存在 $x^* \in X$, 使得 $\|z_n - x^*\| \to 0, n \to \infty$. 这与式 (7.67) 矛盾. 证完.

**定理 7.7.9**  自反 Banach 空间中锥正则的充要条件是其为正规的.

证略.

### 7.7.3  锥的进一步性质及例子

**定义 7.7.7**  设 $X$ 是 Banach 空间, $D \subset X, z \in X$.

(1) 若对任意 $x \in D$, 有 $x \leqslant z$, 且由 $x \leqslant z_1$, 有 $z \leqslant z_1$, 则称 $z$ 是 $D$ 的上确界, 记 $z = \sup D$;

(2) 若对任意 $x \in D$, 有 $x \geqslant z$, 且由 $x \geqslant z_1$, 有 $z \geqslant z_1$, 则称 $z$ 是 $D$ 的下确界, 记 $z = \inf D$.

**定义 7.7.8**  设 $X$ 是 Banach 空间.

(1) 若对任意 $x, y \in X$, 都存在 $\sup\{x, y\}$, 记为 $x \vee y$, 则称锥 $P$ 是极小的 (minimal);

(2) 若任意有上界的集都存在上确界, 则称锥 $P$ 是强极小的 (strongly minimal).

**定理 7.7.10**  若锥是正则和极小的, 则它是强极小的.

**定义 7.7.9**  若对任意 $x \in X$, 都存在 $y, z \in P$, 使得 $x = y - z$, 则称锥 $P$ 是再生的 (regenerated).

**例 7.7.1**　设 $E = C(G)$, $\|\varphi\| = \max\limits_{x \in G} |\varphi(x)|$, 取 $P = \{\varphi \mid \varphi(x) \geqslant 0\}$.

因为 $\varphi \leqslant \psi$ 当且仅当 $\varphi(x) \leqslant \psi(x)$, 即范数具有单调性, 所以由定理 7.7.3 可知, $P$ 是正规的且正规常数 $N = 1$.

$P$ 不是正则锥.

例如, 取 $G = [0,1]$, $\varphi_n(x) = 1 - x^n (n \in \mathbb{Z}^+)$, 则

$$\varphi_1 \leqslant \varphi_2 \leqslant \cdots \leqslant \varphi_n \leqslant \cdots \leqslant \psi \equiv 1$$

但

$$\lim_{n \to \infty} \varphi_n(x) = \lim_{n \to \infty} (1 - x^n) = \begin{cases} 0, & 0 < x \leqslant 1 \\ 1, & x = 0 \end{cases}$$

不是连续的, 即序列 $\{\varphi_n\}$ 在 $C(G)$ 中不存在极限.

$P$ 是再生锥.

因为对任意 $\varphi \in C(G)$, 注意到

$$\varphi^+(x) = \begin{cases} \varphi(x), & \varphi(x) \geqslant 0 \\ 0, & \varphi(x) < 0 \end{cases}$$

$$\varphi^-(x) = \begin{cases} 0, & \varphi(x) \geqslant 0 \\ -\varphi(x), & \varphi(x) < 0 \end{cases}$$

所以 $\varphi = \varphi^+ - \varphi^-$, 且 $\varphi^+, \varphi^- \in P$.

$P$ 是极小锥.

因为对任意 $\varphi, \psi \in C(G)$, 有 $\varphi \vee \psi = h$, 其中 $h(x) = \max\{\varphi(x), \psi(x)\}$.

$P$ 不是强极小锥.

例如, 取 $G = [0,2]$, 定义

$$D = \{\varphi \mid \varphi(x) < 1, x \in (0,1); \varphi(x) < 2, x \in (1,2)\}$$

则

$$\sup_{\varphi \in C[0,2]} D = \begin{cases} 1, & x \in [0,1] \\ 2, & x \in (1,2] \end{cases}$$

显然, $\sup\limits_{\varphi \in C[0,2]} D \notin C[0,2]$.

**例 7.7.2**　设 $E = L^p(\Omega)$, $p \geqslant 1$, $0 < \text{mes}\,\Omega < \infty$. 取 $P = \{\varphi \mid \varphi(x) \geqslant 0\}$.

因为 $\varphi \leqslant \psi$ 当且仅当 $\varphi(x) \leqslant \psi(x)$, 即范数具有单调性, 所以由定理 7.7.3 可知, 锥 $P$ 是正规的, 且正规常数 $N = 1$.

$P$ 是再生锥.

因为对任意 $\varphi \in L^p(\Omega)$, 有 $\varphi = \varphi^+ - \varphi^-$, 且 $\varphi^+, \varphi^- \in P$.

$P$ 是极小锥.

因为对任意 $\varphi, \psi \in L^p(\Omega)$, 有 $\varphi \vee \psi = h$, 其中

$$h(x) = \max\{\varphi(x), \psi(x)\}$$

$P$ 是正则锥.

设 $\varphi_1 \leqslant \varphi_2 \leqslant \cdots \leqslant \varphi_n \leqslant \cdots \leqslant \psi$. 令 $\varphi^*(x) = \lim_{n\to\infty} \varphi_n(x)$. 显然 $\varphi^* \in L^p(\Omega)$. 因为

$$|\varphi_n(x) - \varphi^*(x)|^p \leqslant (\psi(x) - \varphi_1(x))^p \in L(\Omega)$$

所以由 Lebesgue 控制收敛定理 (定理 7.3.16), 有

$$\lim_{n\to\infty} \|\varphi_n - \varphi^*\|^p = \lim_{n\to\infty} \int_{\Omega} |\varphi_n(x) - \varphi^*(x)|^p \,\mathrm{d}x = 0$$

还可证 $P$ 的强极小性.

**例 7.7.3** 设 $E = C^1[0, 2\pi]$, 定义范数为

$$\|\varphi\| = \max_{x \in [0, 2\pi]} |\varphi(x)| + \max_{x \in [0, 2\pi]} |\varphi'(x)|$$

取 $P = \{\varphi \mid \varphi(x) \geqslant 0\}$.

$P$ 不是正规锥.

若不然, 则由定理 7.7.3 可知, 存在 $N > 0$, 当 $\vartheta \leqslant x \leqslant y$ 时有 $\|x\| \leqslant N\|y\|$. 令 $\varphi_n(x) = 1 - \cos nx$, $\psi_n(x) = 2$. 显然有

$$\vartheta \leqslant \varphi_n \leqslant \psi_n, \quad \|\varphi_n\| = 2 + n, \quad \|\psi_n\| = 2$$

于是有 $2 + n \leqslant 2N$, 这是不可能的.

$P$ 不是极小锥.

因为 $\sup\{\varphi, \psi\}$ 不存在, 其中 $\varphi(x) = x$, $\psi(x) = 2\pi - x$.

$P$ 是再生锥.

因为对任意 $\varphi \in C^1[0, 2\pi]$ 有 $\varphi = \varphi_1 - \varphi_2$, 其中

$$\varphi_1 = M > 0, \quad \varphi_2 = M - \varphi(x)$$

且 $\varphi_1, \varphi_2 \in P$, 其中

$$M > \max_{x \in [0, 2\pi]} |\varphi(x)|$$

## 习题

1. 试证锥 $P$ 在 Banach 空间 $X$ 中正则当且仅当序列 $\{x_n\}$ 是单调减少和有下界的, 即存在 $y \in X$, 使得 $x_1 \geqslant x_2 \geqslant \cdots \geqslant x_n \geqslant \cdots \geqslant y$.

2. (1) 若集有上确界, 试证上确界是唯一的; (2) 试求例 3.2.2 中的 $\inf\{A, B\}$, $\sup\{A, B\}$.

3. 试证 (1) 设 $X$ 是 Banach 空间. 锥极小当且仅当对任意 $x, y \in X$, 都存在 $\inf\{x, y\}$(记为 $x \wedge y$); (2) 锥强极小当且仅当任意有界的 $D \subset X$ 都存在 $\inf D$.

4. 在 $\mathbb{R}^n$ 中令锥 $P = \{x \mid x_i \geqslant 0, i = 1, 2, \cdots, n\}$, 试证其为正规的、正则的、强极小的和再生的.

# 参考文献

[1] Dugundji J, Granas A. Fixed Point Theory. Warszawa: Panstwowe Wydawnictwo Naukowe, 1982.

[2] 关肇直, 张恭庆, 冯德兴. 线性泛函分析入门. 上海: 上海科学技术出版社, 1979.

[3] 郭大钧. 抽象空间常微分方程. 济南: 山东科学技术出版社, 1989.

[4] 郭大钧. 非线性泛函分析 (第二版). 济南: 山东科学技术出版社, 2001.

[5] 郭大钧. 非线性分析中的半序方法. 济南: 山东科学技术出版社, 2000.

[6] 郭大钧, 孙经先, 刘兆理. 非线性常微分方程泛函方法. 济南: 山东科学技术出版社, 1995.

[7] Istrâtescu, V I. 不动点理论及其应用, 王濯缨, 李秉友, 王向东译. 上海: 上海科技文献出版社, 1991.

[8] 江泽坚, 吴智泉. 实变函数论 (第二版). 北京: 高等教育出版社, 1994.

[9] 科学出版社名词室. 新汉英数学词汇. 北京: 科学出版社, 2004.

[10] Lax, P D. Functional Analysis. New York: John Wiley & Sons, Inc, 2002.

[11] 齐玉霞. 英汉数学词汇 (第二版). 北京: 科学出版社, 1997.

[12] 曲长文, 何友, 刘卫华, 等. 框架理论及应用. 北京: 国防工业出版社, 2009.

[13] Royden, H L, Fitzpatrick, P M. Real Analysis, 4th Edition. New York: Pearson Education, Inc, 2010.

[14] 时宝, 盖明久. 矩阵分析引论及其应用. 北京: 国防工业出版社, 2010.

[15] 时宝, 王兴平, 盖明久, 等. 泛函分析引论及其应用. 北京: 国防工业出版社, 2006.

[16] 时宝, 张德存, 盖明久. 微分方程理论及其应用. 北京: 国防工业出版社, 2005.

[17] 吴从炘, 赵林生, 刘铁夫. 有界变差函数及其推广应用. 哈尔滨: 黑龙江科技出版社, 1988.

[18] 夏道行, 吴卓人, 严绍宗, 等. 实变函数论与泛函分析, 上/下册 (第二版). 北京: 高等教育出版社, 1983.

[19]  Yoshida, K. Functional Analysis, 5th ed. New York: Springer-Verlag, 1978.

[20]  张石生. 不动点理论及应用. 重庆: 重庆出版社, 1984.

[21]  赵义纯. 非线性泛函分析及其应用. 北京: 高等教育出版社, 1989.

# 中英文对照术语索引

# 符号意义 (有特殊说明的除外)

∥ · ∥: 范数

⟨·, ·⟩: 内积

[·]: 取整函数

⊥: 正交

⊕: 直和

$\boldsymbol{A}$: 矩阵 $\boldsymbol{A}$

a.e.: 几乎处处

ℵ: 连续统基数

ℵ₀: 可数基数

$\boldsymbol{A}^T$: 矩阵 $\boldsymbol{A}$ 的转置

$B(\cdot)$: 有界函数集

$B(\cdot; \cdot)$: 开球

$\overline{B(\cdot; \cdot)}$: 闭球

$\mathcal{B}(\cdot, \cdot)$: 有界线性算子集

ℂ: 复平面

$c$: 收敛序列集

$C(\cdot)$ 或 $C(\cdot, \cdot)$: 连续函数集

card: 基数

$C^n(\cdot)$: 具有连续的直到 $n$ 阶导数的函数集

$\mathbb{C}^n$: $n$ 维酉空间

$c_0$: 收敛到 0 的序列集

$\overline{co}$: 凸闭包

const: 常数

$\mathfrak{D}(\cdot)$: 定义域

$\delta_{ij}$: Kronecker $\delta$ 符号

diag$(\cdot)$: 对角矩阵

dim: 维数

∅: 空集

$\mathcal{I}$: 恒等算子

$\mathcal{K}(\cdot, \cdot)$: 紧算子集

$\ell_0$: 所有只有有限项是非零的序列集

$\ell^p$: 所有 $p$ 方收敛的序列集

$L^p(E)$: 满足 $\int_E |f(x)|^p \mathrm{d}x < \infty$ 的可积函数集

$\ell^\infty$: 所有有界序列集

$L^1(E)$: 可测集 $E$ 上的 Lebesgue 可积函数集

$\overline{M}$: 闭包

$M^\perp$: 正交补

$M^c$: 余 (集)

$\xrightarrow{\text{mes}}$: 依测度收敛

mes: 测度

mes*: 外测度

N: 自然数集

$\mathfrak{N}(\cdot)$: 核

$\mathcal{O}$: 零算子

$P(\cdot)$: 多项式集

$\Phi$: 实直线 $\mathbb{R}$ 或复平面 $\mathbb{C}$

$\mathbb{Q}$: 有理数集

$\mathbb{R}$: 实直线

$\mathfrak{R}(\cdot)$: 值域

$\varrho(\cdot,\cdot)$: 度量

$R(I)$: 区间 $I$ 上的 Riemann 可积函数集,
　　　　 或区间 $I$ 上的实函数集

$\mathbb{R}^n$: $n$ 维 Euclid 空间

$s$: 所有实序列集

$\overset{s}{\longrightarrow}$: 强收敛

sign: 符号函数

span$M$: 集 $M$ 张成的空间

$\mathcal{T}^*$: 伴随算子

$\vartheta$: 零元 (素) 或零算子

trace: 矩阵的迹

$V[a,b]$: 有界变差函数集

$\mathrm{Var}_a^b$: 有界变差

$\overset{w}{\longrightarrow}$: 弱收敛

$\overset{w^*}{\longrightarrow}$: 弱 * 收敛

$\boldsymbol{x}$: $n$ 维 Euclid 空间 $\mathbb{R}^n$ 中的向量

$X^*$: 对偶空间

$X^{**}$: 二次对偶空间

$x_n \to x,\, n \to \infty$: $\lim\limits_{n\to\infty} x_n = x$

$\{x \mid x$满足的性质$\}$: 集

$\mathbb{Z}$: 整数集

$\mathbb{Z}^+$: 正整数集